浙江省普通本科高校“十四五”首批新工科、新医科、新农科、新文科重点教材

概率论与数理统计

陈振龙　陈宜治　龚小庆　王江峰 主编

图书在版编目(CIP)数据

概率论与数理统计 / 陈振龙等主编. —2 版. —杭州：浙江工商大学出版社，2021.10(2023.8 重印)

ISBN 978-7-5178-4689-5

Ⅰ.①概… Ⅱ.①陈… Ⅲ.①概率论②数理统计 Ⅳ.①O21

中国版本图书馆 CIP 数据核字(2021)第 206862 号

概率论与数理统计

GAILÜLUN YU SHULI TONGJI(DI ER BAN)

陈振龙　陈宜治　龚小庆　王江峰 主编　王炳兴 主审

责任编辑　吴岳婷

封面设计　林朦朦

责任印制　包建辉

出版发行　浙江工商大学出版社

(杭州市教工路 198 号　邮政编码 310012)

(E-mail:zjgsupress@163.com)

(网址:http://www.zjgsupress.com)

电话:0571-88904980,88831806(传真)

排　　版　杭州朝曦图文设计有限公司

印　　刷　广东虎彩云印刷有限公司绍兴分公司

开　　本　787mm×960mm　1/16

印　　张　23.75

字　　数　481 千

版 印 次　2021 年 10 月第 2 版　2023 年 8 月第 5 次印刷

书　　号　ISBN 978-7-5178-4689-5

定　　价　58.00 元

“十四五”四新重点教材修订说明

2019年教育部发布《关于深化本科教育教学改革全面提高人才培养质量的意见》，要求“以新工科、新医科、新农科、新文科建设引领带动高校专业结构调整优化和内涵提升”。2021年4月，习近平总书记在清华大学考察时强调指出“推进新工科、新医科、新农科、新文科建设”，这一重要讲话精神将推进“四新”建设放在构建一流大学体系、用好学科交叉融合的“催化剂”、对现有学科专业体系调整升级。之后，“四新”建设开始以前期模式探索为基础走向范式变革。大学课程是专业建设的基础，也是高校人才培养的核心要素，是落实“立德树人”教育任务的关键一环，而教材才是学习之根本所在。

该“十四五”四新重点教材拟在本校自编的省普通高校“十三五”新形态教材《概率论与数理统计》基础上进行修订。该新形态教材由院长陈振龙教授主持，联合省优秀教师龚小庆教授、校教学名师陈宜治教授以及副系主任王江峰教授共同主编，依托优质专业和课程资源，在原先校重点教材《概率论与数理统计》基础上通过二维码等网络技术增加了模拟演示实验、章节习题解答，教学案例以及概率统计人物介绍等内容，探索了纸质教材、电子教材、网络资源、教学终端一体化。

尽管这本教材我们在形态上尝试地进行一些创新，但仍然存在一些不足的地方，主要表现在以下几个方面。**在教材内容上**，这本新形态教材仍沿用2016年出版的校重点教材《概率论与数理统计》的内容，这本纸质版教材尽管在取材和写作上既汲取了国内外大量同类教材的精华，但当时考虑到我校统计学学科发展实际和专业发展特点，内容上相比其他数学和统计等专业用的教材做了一些删减，尤其是概率部分，比如几何概型、事件域、特征函数、中心极限定理证明等内容。然而，在这些年对教材的应用，我们发现这部分内容对深刻掌握概率原理是至关重要的，另外这本教材对于考研学生来说，内容也过于简单。因此，**非常有必要对现有的教材内容进行适当地修订**，对于篇幅上的限制，可以借助二维码形式呈现。**在重难点和题型上**，这本新形态教材在重难点讲解上，还不够详细和透彻；在题型选择上，还是过去常见的老题型，没有与时俱进，缺乏现实的实际应用背景。因而，在修订版上，对重难点详细的讲解可以录制微课，以二维码形式嵌入教材中；在题型选择上，不仅做到典型，还要有新颖和应用背景。**在案例分析上**，这本新形态教材在取材上，不够新颖，都是常见的“中奖问题”、“投保赔付”等问题。因此在修订版中，要增加一些社会、政治以及经济上的热点问题去进行案例分析，如碳中和、抗疫情以及共同富裕等等。**在思政内容上**，这本新形态教材只给出几个概率统计学家的介绍，思政教育形式过于生硬。因此，在修订版中，急需从教材内容上全面深入地发掘所蕴含的思政元素，并汇集成相应的课程思政教学案例集、典型例题以及思政微课。

本修订版教材依托省优势学科、两个国家一流专业以及国家一流线下课程等资源，探索从教材出版向教学服务延伸，实现教学内容、教学技术与教学管理的紧密结合。基于移动互联网技术，以学习通 APP(应用程序)的互动特性支撑教师教学与学生自主学习的实时互动，通过二维码或增值服务码将纸质教材、课堂、线上的教学资源库、Blackboard 网络互动平台、思政微课以及微信"小概助手"有机地衔接融合起来，从而增强教学资源的丰富性、动态性及学生学习的实效性。在目前新形态教材基础上，我们做了以下几个方面的修订工作。

(1) 教材的知识点更加系统化，弥补了原教材中没有承载的内容

从附上教材修订的框架中，增加了课前必备知识点补充、知识的拓展以及定理的证明补充等内容，教材知识体系更具有科学性、权威性、前沿性。这些拓展的内容转化为在线资源后，嵌入二维码与纸质教材一体化设计，紧密配合，展现了知识多样的呈现形式，延伸了教材的内容，为学习者提供探索的空间。

(2) 题型精选又丰富，补充了原教材中试题不足的缺陷

修订版教材中的每章节后面都附有思考与练习，课后习题精挑细选以及自测题目，期中有不少题目是历届研究生入学考试的试题(数一、数三和理统研究生入学考卷)，做到每一题能够很好对应教材中的知识点，成为进一步深造同学的参考书目。同时扫描二维码实现在线测试以及在线作业提交等辅助教学工作。

(3) 丰富的模拟实验和案例分析，培养了学生的应用分析能力

为了学生对概率论知识点更加直观的理解，在修订版教材中的概率论部分每章增加了大量的模拟实验和典型案例分析，培养学生从确定性思维模式向随机性思维模式转变，运用随机思想描述"随机现象"的规律，建立随机模型。同时为培养学生们基本的统计软件应用能力，数理统计部分每章均加入 Excel 软件解决问题的方法、思路和具体的函数调用，并辅以热点问题方面的案例分析，来提高学生统计分析能力。

(4) 难点和重点内容的视频讲解，提升了学生对知识点的掌握和理解

修订版教材中的每章最后有章节视频，着重讲解每章的难点和重点内容，并且通过典型的例子进行详细讲解，分析解题思路和解题方法，这些内容大大地提升了学生对难点和重点知识的理解。

(5) 丰富的思政素材，增强了学生的人文素养和爱国情怀

修订版教材中对每章节内容中所蕴含的丰富思政元素进行提炼，挖掘课程思政教育的融入点，从课程介绍、概念引入、原理使用、案例分析、随机思维训练等方面融入思政内容，这极大地增加了教材的知识性、趣味性和可读性，增强了学生的人文素养和爱国情怀。

第二版前言

本书自2016年出版以来，至今已有5年之久。近年来，随着智能手机、移动互联网等技术的普及和发展，互联网正在改变知识的传播方式。信息化教学作为一种全新的教学方式，拓展了教学时空，丰富了教学内容，也对教学的重要载体——教材的内容和功能提出了新的要求。在这样的形势下，为了使本书更好地适应教学需要，本书对目前教材如何体现新形态进行了一些探索和尝试。

这次改版以"立足概率基本理论，侧重统计思想方法，体现实践综合应用"为教材建设指导思想，以"理论起源(或问题导向)—理论阐述—综合应用"为教材体系，以"呈现知识、启发思维、引导方法"为一体为教材结构，建设静态纸质资源和动态数字资源，打造网络教学课程和网络辅导课程。探索建成融合线上线下资源，集成文字、声音、图像以及视频等载体的新形态教材，全面提升教材质量，以不断丰富和创新教材的新形态形式，使教材特色鲜明，配套资源丰富，更加体现科学性、前沿性和时代性，实现教学内容、教学技术与教学管理的紧密结合。为此，在修订时，我们遵循"新体系—新思想—新体例—新融合"为宗旨，结合实践应用，探索纸质教材、电子教材、网络资源、教学终端一体化，打造这本新形态教材。本版在第一版的基础上，在如下几个方面做了努力：

(1)在每章结束后以二维码形式罗列出了该章的内容提要，以帮助读者深入理解每章的内容和概念等。在每章每节后的习题中，以二维码形式详细地解答了每个习题，以便读者能充分地掌握各种题型的解题技巧和方法。制作了22个模拟实验和演示视频，包括投骰子、正态分布、中心极限定理、点估计无偏性和相合性以及假设检验两类错误对比等模拟实验。读者通过这些演示视频在参数变化下的动态变化规律，能更好地加深对相关知识点的理解和掌握。

(2)增加了8个贴近生活且兼顾趣味性的教学案例，以二维码形式放置在相关的知识点位置上。读者通过这些典型的案例可以切身地感受到概率论与数理统计的实用性，同时提高自身应用概率统计知识解决实际问题的能力。

(3)融入概率论和数理统计学的发展史，同时增加了知识点背后概率统计学家的人物介绍以及国内老一辈概率统计大师的个人简介，通过他们追求真理、攻坚克难、兢兢业业以及爱国奉献的励志故事，激发读者的学习兴趣以及民族荣誉感，有效落实课程思政要求。

本次改版工作由陈振龙、陈宜治、龚小庆、王江峰、曾慧、王炳兴、王伟刚、陈庭贵、董雪梅、郝晓珍等老师共同完成。概率论部分由陈振龙、王炳兴、王伟刚负责修改，数理统计部分由陈宜治、龚小庆、王江峰、郝晓珍负责修改，王江峰对二维码内容进行编辑和设计，王炳兴主持了本书的审稿，最后由陈振龙统一修改定稿。另外，本书在编写过程中，模拟实验软件部分得到了天津商业大学安建业教授的全力支持和帮助，浙江工商大学统计与数学学院陈庭贵和董雪梅两位老师负责了模拟演示视频的录制工作，王伟刚、韩兆秀和郝晓珍老师以及研究生刘俊杰、江紫怡、夏礼云、周佳莲等也参与了部分稿件的校对工作，在此表示衷心地感谢。最后要特别感谢浙江省首批省级课程思政示范课程项目(概率论)、浙江省本科院校“十三五”新形态教材建设项目(概率论与数理统计)、首批国家级一流本科课程(概率论)、国家一流本科专业建设点(应用统计学)和浙江省重点高校优势特色学科(浙江工商大学统计学)的资助。

由于编者水平有限，书中不当之处在所难免，恳请广大教师和学生提出批评意见，我们将作进一步改进。

编　者

2021 年 8 月于杭州

前言

本教材是在我们多年教学实践的基础上撰写的，可作为高等学校统计和数学类本科专业概率论与数理统计基础课程的教材，也可作为报考硕士研究生人员和科研工作者的参考书。

概率论与数理统计作为现代数学的一个分支，是专门研究随机现象的统计规律性的一门学科，具有其特殊性。概率统计一方面具有应用性很强的特点，另一方面在数学理论上又显得比较抽象并且涉及的数学工具也较多。它有别于数学其他课程的重要一点在于，初学者往往对一些重要概率统计的概念实质感到疑惑不解，尤其是在学习数理统计时常常会有“入宝山而空归”的感觉。考虑到这些因素，我们在取材和写作上，在以下几个方面作了努力：

(1)用较多的篇幅详细地叙述了概率统计中的一些主要概念和方法产生的背景和思路，从直观入手逐步过渡到数学表述。

(2)坚持数学理论的完整性和严谨性，对基本的概念、定理和公式作严格、准确和规范的叙述，并尽量阐述其实际意义。

(3)由于基础课程本身的特点，本教材的重点放在对基本概念的准确理解、对常用方法的熟练掌握上。

(4)坚持理论与实际相结合的原则，注重培养学生对随机现象的理解和概率统计直觉。为此，我们不仅从实例出发引入基本概念，还精选了大量能够加深理解基本概念、定理和公式的例题和习题，目的在于使学生对实际事物中的随机性产生敏感、培养学生的概率统计直觉能力。

(5)注重思想方法的介绍。概率统计不仅是一门数学理论，而且还具有世界观的性质。具备正确的概率统计的思想方法是大学生应该具备一种基本修养和素质。因此本书特别注重阐释统计的思想、问题的背景和统计方法产生的历史，以使学生对统计的思想方法有一个系统的了解。

(6)本书有针对性地在例题和习题中收录了历年考研的各种题型，对考研中的重点和难点内容，我们尽可能地进行了细致的处理。

(7)为了帮助学生正确理解基本概念、准确掌握基本结论，本教材还特别配备了大量的客观练习题。

(8)在保持传统体系和经典内容的同时，注意渗透和吸收现代概率统计新的思想、概念和方法，有些思想和观点是第一次出现在此类教材中。

(9)本教材特别介绍了 Excel 2007 办公软件在概率统计计算中的应用。目的在于让学生在弄清概率统计基本思想的基础上能够学以致用。

根据我们的教学经验，讲完本书大约需要 96 学时。为了便于学生自学，我们配备了较多的例题，教师可根据需要选择其中的一部分在课堂讲授。

本书由浙江工商大学统计与数学学院组织编写，大纲和体系由集体讨论而定。概率论部分由陈振龙和王炳兴执笔；数理统计部分由陈宜治和龚小庆执笔，王炳兴教授主持了本书的审稿，最后由陈振龙统一修改定稿。

在编写的过程中，我们参考了较多的文献，为此我们均在书末的参考文献中列出。本书的编写自始至终得到浙江工商大学出版社、浙江工商大学教务处和浙江工商大学统计与数学学院的大力支持，尤其是浙江工商大学统计与数学学院的领导和老师给予了许多的帮助，研究生刘忠义、李楚矾、王杰、陈钰和朱玉等也参与了本书的部分抄写和校对工作，对此我们一并表示衷心的感谢。另外，还要特别感谢浙江省一流学科 A(浙江工商大学统计学)、浙江省“十三五”优势专业(经济统计学)、浙江工商大学优势特色专业(数学与应用数学)和浙江省高等教育课堂教学改革项目(KG2015146)的资助。

由于编者的水平有限，书中不当乃至错误之处在所难免，恳请读者不吝赐教。

编　者
2016 年 5 月于杭州

目 录

Contents

第一章　随机事件与概率

概率论与数理统计的起源与发展

在自然界和人类社会中发生的现象大体上可分为两种类型.

一类是**确定性现象**.这类现象的特点是，一旦某些条件给定，某一特定的结果将必定会发生，或者已知它过去的状态，它将来某一时刻的状态也被完全确定.例如，在一个标准大气压下，水在0℃和100℃时都会发生相变(结冰或汽化)；同性电荷一定相斥而异性电荷一定相吸；下一次日全食和月全食发生的时刻能精确预测；等等.可以说正是这一类现象的存在，导致了人们关于自然界中一定存在着秩序和规律的信念，这种信念又进一步导致了近代科学的发展.

另一类现象则是**不确定性现象**或**随机现象**.这类现象的特点是，即使在相同的条件下，也无法确定每次试验所得的结果，或者已知它过去的状态，它将来的发展状态仍然无法确定.例如，抛掷一枚质地均匀的硬币出现的结果是正面朝上还是反面朝上；中国足球队能否在下一届世界杯预选赛中出线；下一个星期的股市是涨还是跌等等.另外，有些事情即使已经发生了，但是在你知道结果之前，它们仍然具有不确定性.例如，一枚放在抽屉里的硬币的状态虽然已经确定，但是在观察之前你还是无法确定硬币是正面朝上还是反面朝上；病人以及得的是什么病虽然已经是客观存在的事实，但是在确诊之前，在医生看来仍然有多种可能性，而且即使是有经验的医生也有可能发生误诊等等.因此，不确定性现象中的“不确定性”包含有两方面的含义，其一是客观结果的不确定性，其二是主观判断的不确定性，后者往往融入了观察者个人的信念.

一般而言，概率是衡量随机事件发生可能性大小的一个数量指标.但是，这只是一种比较直观的说法，在涉及概率的本质时却存在着两种不同的观点.

一种观点认为，概率是随机事件的客观属性，它像面积、体积一样也是可以“测量”的.测量的方式，就是重复试验.表1-1给出了历史上一些科学家所做的著名的抛硬币试验以及相关的数据.

从表1-1中我们可以看到，随着试验次数的增加，正面朝上的次数所占的比例将逐渐稳定于50%.这种在大量试验中呈现的稳定性，我们将其称之为统计规律性.统计规律性的存在，使得所谓对事件不确定性大小进行度量的概率就有了其客观的基础.

表 1-1 历史上一些著名的抛硬币试验

实验者	n	n_H	$f_n(H)$
德·摩根	2048	1061	0.5181
蒲 丰	4040	2048	0.5069
K.皮尔逊	12000	6019	0.5016
K.皮尔逊	24000	12012	0.5005
维 尼	30000	14994	0.4998

表中 n 表示抛掷硬币的次数,n_H 表示出现正面的次数,$f_n(H)=n_H/n$ 表示出现正面的次数所占的比例.

另一种观点认为,不确定性在很大的程度上是由人的有限理性、不完全信息和环境的不确定等因素造成的,因此所谓概率只是反映了人们对事件发生可能性的主观信念.

投硬币模拟实验

例如,企业 A 生产的液晶电视的成本是给定的,但是在它的竞争者企业 B 看来却具有不确定性.类似于"企业 A 有 50%的可能是低成本的"这一判断很显然表达的是一种主观信念.不管真实的状况如何,关于企业 A 生产液晶电视成本的不同信念将会导致企业 B 的不同决策.例如,一旦企业 B 认为企业 A 是低成本的概率很大,则它就很有可能会作出放弃与其竞争的决策.

蒲丰人物介绍

抛硬币这一类试验是可以重复进行的,但是像"新产品投放市场后是否畅销","经济是否已经复苏","某企业在刚刚过去的一个月里是否存在有偷税漏税的行为"之类的试验则是不可重复的,人们更多是通过主观的信念来把握.

本教材将主要从概率的客观属性出发来处理随机事件,但是由于在经济管理中,概率的主观解释被越来越多地应用到实际决策中,因此,在某些例题中我们也会适当地阐述基于主观信念的概率含义.

数学以逻辑的严密性为其基本特征,因此将随机现象纳入数学研究范围的一个先决条件是,必须给出一个持各种不同观点的人都能接受的关于概率的定义.1932 年,苏联数学家柯尔莫格洛夫给出了概率的公理化定义,使得概率论很快就发展成现代数学的一个分支.

在给出概率的公理化定义以前,先引入一些基本的概念.

§1.1 基本概念

1.1.1 随机试验与事件

研究随机现象,首先要对研究对象进行观察或试验.这里所说的观察或试验,意义比较广泛，可以是各类科学试验，也可以是对某些事物的某些特征的观察. 下面是一些试验的例子：

E_1：抛一枚硬币，观察正面 H，反面 T 出现的情况；

E_2：将一枚硬币抛掷两次，观察正面 H，反面 T 出现的情况；

E_3：将一枚硬币抛掷三次，观察正面 H，反面 T 出现的情况；

E_4：掷一颗骰子，观察出现的点数；

E_5：在电视机厂的仓库里随机地抽取一台电视机，测试它的寿命；

蒲丰投针模拟实验

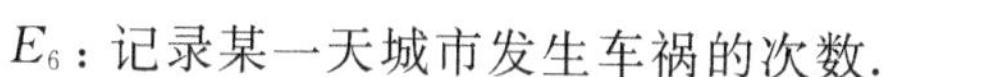

E_6：记录某一天城市发生车祸的次数.

以上所述的试验具有如下的共同特点：

(1)可在相同的条件下重复进行；

(2)每次试验的可能结果不止一个，但是能事先明确试验的所有可能的结果；

(3)试验之前不能确定哪一个结果会出现.

一般地，我们称满足以上三个特点的试验为**随机试验**，简称为**试验**.

由于计算机仿真技术的普及，使得很多在现实生活中成本很大或者不能重复的试验(如航天飞机发射、地震和溃坝等)现在都可以在计算机中实现，这样就保证了随机试验第一个特点的普遍性.

由随机试验的第二个特点知，那些事先不知道所有可能结果的随机现象不属于我们的考虑范围.

定义 1.1.1　随机试验 E 的所有可能结果组成的集合称为 E 的**样本空间**，记为 S. S 的元素，即 E 的一个可能结果，称为**样本点**或**基本事件**.

上面提到的各试验 E_k 的样本空间 S_k 分别为：

$S_1=\{H,T\}$

$S_2=\{HH,HT,TH,TT\}$

$S_3=\{HHH,HHT,HTH,HTT,THH,THT,TTH,TTT\}$

$S_4=\{1,2,3,4,5,6\}$

$S_5=\{t:t\geqslant 0\}$

$S_6=\{0,1,2,3,\cdots\}$

设 E_7 表示试验：将一枚硬币抛掷两次，观察正面出现的次数，则此时样本空间为 $S_7=\{0,1,2\}$. 同样是将硬币抛掷两次，但是 S_2 和 S_7 截然不同. 这说明，试验的目的决定试验所对应的样本空间.

今后，我们将把样本空间的某个子集(具有某种特征的样本点组成的子集)称为“随机事件”，简称为“事件”. 以 E_5 为例，如果电视机的寿命超过 10 000 个小时被认为是合格品，则“所抽取的电视机是合格品”这一事件可以用 S_5 的子集 $A=\{t:t>10\ 000\}$ 来表示. 又如在 E_2 中，如果用 A 表示“至少出现一次正面”这一事件，则 $A=\{HT,TH,HH\}$.

在 E_6 中,“发生了奇数次车祸”这一事件等同于 S_6 的子集 $\{1,3,5,7,\cdots\}$.

设 A 为一个事件,如果在试验中出现的样本点 $\omega \in A$,则称事件 A(在该次试验中)发生. 例如,在 E_5 中,若抽出的电视机的寿命为 10 500 小时,则事件“所抽取的电视机是合格品”即 $A=\{t:t>10\ 000\}$ 在该次试验中发生;若抽取的电视机的寿命为 9 500 小时,则事件“所抽取的电视机是合格品”没有发生. 在 E_6 中,若发生了 9 次车祸,则事件 $\{1,3,5,7,\cdots\}$=“发生了奇数次车祸”发生;若发生的车祸数为 2,则“发生了奇数次车祸”这个事件没有发生.

一般地,我们用英文字母表中前面的大写字母(可以带下标)表示事件,如用 A,B,C,或 A_1,A_2,B_2,D_{11} 等表示事件.

样本空间 S 有两个特殊的子集,一个是 S 本身,由于它包含了所有可能的结果,所以在每次试验中它总是发生的,我们将其称为**必然事件**. 另一个子集是空集$\varnothing$,它不包含任何元素,因此在每次试验中都不发生,我们将其称为**不可能事件**.

1.1.2 事件间的关系与运算

由于事件是样本空间的一个子集,因此事件之间的关系与运算就是集合间的关系与运算. 虽然在中学时就已经学过一些集合论方面的知识,但是读者们仍然要特别关注本节的内容. 在这里重点需要做的就是能正确地将集合论中的符号翻译成概率论的语言.

如上节所述,我们有如下的对应关系:

$$\text{事件 } A \text{ 发生} \Leftrightarrow \text{试验 } E \text{ 的结果 } \omega \in A \tag{1.1.1}$$

其中符号“$\Leftrightarrow$”表示“当且仅当”或“充分必要条件”. 从这个关系出发,就可以进一步讨论事件间的关系与运算.

(1)包含关系

符号“$A \subset B$”在集合论中意味着:“若 $\omega \in A$,则必有 $\omega \in B$”,因此,依据对应关系(1.1.1),其在概率论中的含义为:“若事件 A 发生,则事件 B 必发生”. 这时我们就称事件 B 包含事件 A.

因此,符号“$A \subset B$”用概率论的术语表示就是:“事件 B 包含事件 A”.

如果 $A \subset B$ 且 $B \subset A$,则我们称事件 A 与事件 B 相等,并记为 $A=B$.

(2)“和”运算

符号“$A \cup B$”在集合论中意味着:“$\omega \in A \cup B \Leftrightarrow \omega \in A$ 或 $\omega \in B$”,因此,其在概率论中的含义是:“$A \cup B$ 发生 $\Leftrightarrow A$ 发生或 B 发生 $\Leftrightarrow A$ 与 B 至少有一个发生”.

我们将 $A \cup B$ 称为 A,B 的**和事件**,它表示“A 与 B 至少有一个发生”这一新事件. 类似地,我们将“$\bigcup\limits_{k=1}^{n} A_k$”称为 n 个事件 $A_1,A_2,\cdots,A_n$ 的和事件,它表示“$A_1,A_2,\cdots,A_n$ 至少有一个发生”这一事件;将“$\bigcup\limits_{k=1}^{\infty} A_k$”称为可列个事件 $A_1,A_2,\cdots,A_n,\cdots$ 的和事件,它表示

"$A_1, A_2, \cdots, A_n, \cdots$ 至少有一个发生"这一事件.

(3)"积"运算

符号"$A \cap B$"或"AB"在集合中的含义是:"$\omega \in A \cap B \Leftrightarrow \omega \in A$ 且 $\omega \in B$",因此,其在概率论中意味着:"$A \cap B$ 发生 $\Leftrightarrow A$ 发生且 B 发生 $\Leftrightarrow A, B$ 同时发生".

我们将 $A \cap B$ 或 AB 称为 A, B 的**乘积事件**,它表示"事件 A 与 B 同时发生"这一事件. 类似地,称

$$\bigcap_{k=1}^{n} A_k = A_1 \cap A_2 \cap \cdots \cap A_n = A_1 A_2 \cdots A_n$$

为 n 个事件 $A_1, A_2, \cdots, A_n$ 的乘积事件,它表示"$A_1, A_2, \cdots, A_n$ 同时发生"这一事件;称 $\bigcap_{k=1}^{\infty} A_k$ 为可列个事件 $A_1, A_2, \cdots, A_n, \cdots$ 的乘积事件,它"表示 $A_1, A_2, \cdots, A_n, \cdots$ 同时发生"这一事件.

例 1.1.1 设有 n 座桥梁如下图所示串联而成

L —[1]—[2]- - - -[n]— R

用 A 表示事件"L 至 R 是通路",表示"第 i 座桥梁是畅通的"($i=1,2,\cdots,n$),则有

$$A = \bigcap_{i=1}^{n} A_i = A_1 A_2 \cdots A_n$$

如果这 n 座桥梁如下图所示是并联而成

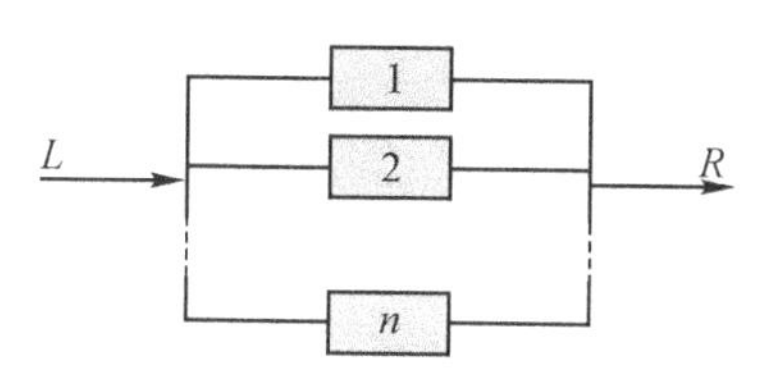

则有

$$A = \bigcup_{i=1}^{n} A_i = A_1 \cup A_2 \cup \cdots \cup A_n$$ ◇

(4)"差"运算

符号"$A - B$"在集合论中是指:"$\omega \in A - B \Leftrightarrow \omega \in A$ 且 $\omega \notin B$",因此在概率论中的意味着:"$A - B$ 发生 $\Leftrightarrow A$ 发生但 B 不发生".

称 $A - B$ 为 A 与 B 的**差事件**,它表示"事件 A 发生而事件 B 不发生"这一新事件.

由定义可知,有 $A - B = A - AB$.

(5) 互不相容或互斥

符号"$A \cap B = \varnothing$"或"$AB = \varnothing$"在集合论表示"A 与 B 不相交即没有公共部分",因而在概率论中就表示"A 与 B 同时发生是不可能事件".

一般地,如果 $AB = \varnothing$,我们就称事件 A 与 B **互不相容或互斥**,它表示事件 A 与 B 不可能同时发生.

(6)对立事件或逆事件

符号“$B=\overline{A}$”在集合论中表示 B 是 A 的补集，即 $B=S-A$，它又可以表示为：

$$A\cup B=S \text{ 且 } AB=\varnothing$$

因此，其在概率论中的含义为：事件 A 与 B 有且只有一个发生. 称 $B=\overline{A}$ 为 A 的**对立事件或逆事件**，称 A 与 $\overline{A}$ 的关系为**互相对立或互逆**.

由定义，符号 $\overline{A}$ 表示“A 不发生”这一事件，因此有 $A\overline{B}=A-B$.

(7)事件运算的规律

从上面我们可以看出事件的运算实际上就是集合的运算，因此，和集合的运算一样，事件的运算同样满足下面的几条规律：

(a)交换律

$$A\cup B=B\cup A, A\cap B=B\cap A$$

(b)结合律

$$A\cup(B\cup C)=(A\cup B)\cup C$$
$$A\cap(B\cap C)=(A\cap B)\cap C$$

(c)分配律

$$A\cup(B\cap C)=(A\cup B)\cap(A\cup C)$$
$$A\cap(B\cup C)=(A\cap B)\cup(A\cap C)$$

(d)德·摩根律(对偶律)

$$\overline{A\cup B}=\overline{A}\cap\overline{B}$$
$$\overline{A\cap B}=\overline{A}\cup\overline{B}$$

更一般地，有

$$\overline{\bigcup_{n\geqslant 1}A_n}=\bigcap_{n\geqslant 1}\overline{A}_n$$
$$\overline{\bigcap_{n\geqslant 1}A_n}=\bigcup_{n\geqslant 1}\overline{A}_n$$

正确地用符号表示事件的关系与运算是相当重要的，在很多时候往往成为解题的关键.

例 1.1.2 设 A,B,C 是随机事件，则

(1)“A 与 B 发生，C 不发生”可表示 $AB\overline{C}$；

(2)“A,B,C 至少有两个发生”可表示为

$$AB\cup AC\cup BC$$

或

$$ABC\cup\overline{A}BC\cup A\overline{B}C\cup AB\overline{C}$$

(3)“A,B,C 恰好发生两个”可表示为

$$AB\overline{C}\cup A\overline{B}C\cup\overline{A}BC$$

(4)“A,B,C 有不多于一个事件发生”可表示为

$$\overline{A}\overline{B}\overline{C}\cup A\overline{B}\overline{C}\cup\overline{A}B\overline{C}\cup\overline{A}\overline{B}C \qquad \diamond$$

例 1.1.3 如图所示的电路，以 A,B,C,D 分别表示开关 A,B,C,D 闭合，E 表示“信号灯亮”，则有

$$E=AB\cup C\cup D. \qquad \diamond$$

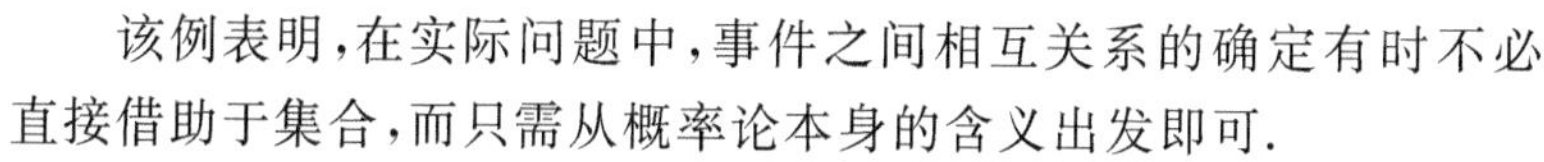

该例表明，在实际问题中，事件之间相互关系的确定有时不必直接借助于集合，而只需从概率论本身的含义出发即可.

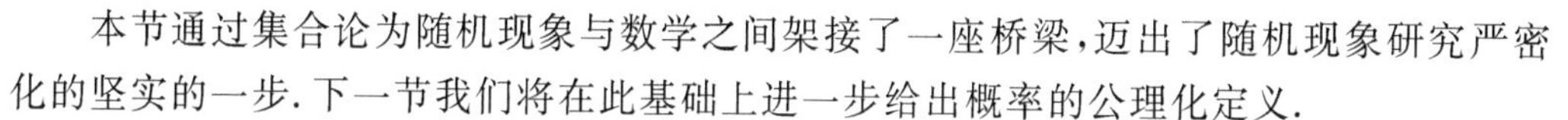

本节通过集合论为随机现象与数学之间架接了一座桥梁，迈出了随机现象研究严密化的坚实的一步. 下一节我们将在此基础上进一步给出概率的公理化定义.

练习题

§ 1.1 练习题解答

(1)填空题

设 A,B 是任意的两个事件，则 $(\overline{A}\cup B)(A\cup B)=$ __________;
$(\overline{A}\cup B)(A\cup B)(\overline{A}\cup\overline{B})(A\cup\overline{B})=$ __________.

(2)选择题

(a)对于任意二事件 A 和 B，与 $A\cup B=B$ 不等价的是 ( )

(A) $A\subset B$ (B) $\overline{B}\subset\overline{A}$

(C) $A\overline{B}=\varnothing$ (D) $\overline{A}B=\varnothing$

(b) 设 A,B,C 是任意三个事件，事件 D 表示 A,B,C 至少有两个事件发生，则下列事件中与 D 不相等的是 ( )

(A) $AB\overline{C}\cup A\overline{B}C\cup\overline{A}BC$ (B) $S-(\overline{AB}\cap\overline{AC}\cap\overline{BC})$

(C) $AB\cup AC\cup BC$ (D) $AB\overline{C}\cup A\overline{B}C\cup\overline{A}BC\cup ABC$

§ 1.2 频率与概率

1.2.1 概率的公理化定义

研究随机现象不仅要知道可能出现哪些事件，还要知道各种事件出现的可能性的大小. 我们把衡量事件发生可能性大小的数量指标称作事件的概率. 事件 A 的概率用 $P(A)$ 来表示.

现在我们要提出的问题是，对于一个给定的随机事件，它发生可能性大小的数量指标——概率，该如何确定呢? 例如，抛一枚质地均匀的硬币，其正面朝上的概率相信绝大多数读者都可以脱口而出——50%，现在的问题是，这个数字(50%)的客观性基础是什么?

为了从数学上对概率这个概念给出严格的定义,也为了回答以上的问题,先讨论一个与此相关的概念——频率.

定义 1.2.1 在相同条件下,进行了 n 次试验,在这 n 次试验中事件 A 发生的次数 n_A 称为事件 A 的频数,比值 n_A/n 称为事件 A 发生的**频率**,并记为 $f_n(A)$,即

$$f_n(A)=\frac{n_A}{n}$$

像某场篮球比赛中某运动员投篮的命中率和民意测验中某领导人的支持率等都是频率.

从实际经验以及本章一开始就给出的表 1-1 中可知,频率具有如下一些特点:

(1)频率的大小能体现事件发生可能性的大小,频率大则发生的可能性也应该大;反之,频率小则发生的可能性也小.事实上,在很多实际问题中我们就是用频率来衡量事件发生可能性大小的,例如在体育比赛中,体育评论员常用“投篮的命中率”,“射门的命中率”等来表示运动员在某一时段的水平.

(2)频率有一定的随机波动性.比如在表 1-1 中我们看到,当抛投硬币的次数不同时得到的频率常常会不一样,事实上,即使投同样多次硬币由于抛投的时间地点不同可能也会得到不同的频率.例如,即使像乔丹这样的篮球运动员其投篮命中率也是有波动和起伏的.这样就使频率缺乏科学度量单位所具有的客观性.

(3)当试验的次数逐渐增多时,频率具有稳定性.从表 1-1 中我们可以看出,随着 n 的增大,$f_n(H)$ 稳定在 50%左右.

如何来理解频率的波动性与稳定性呢?

给定一根木棒,谁都不会怀疑它有自身的“客观”长度,问题是它的长度是多少?在实际过程中,我们可以用仪器来测量,但是不论仪器有多精确,反复测量得到的数值总多多少少有一些差异,这类似于前面所说的频率的波动性.但是如果我们对大量重复测量的结果取平均值,这个平均值却总是稳定在真实的长度值的附近,这又有点类似于频率的稳定性.这个类比将不但有助于我们去理解概率与频率之间的内在联系,而且还可以更进一步地揭示出客观世界广泛的统一性:概率与长度、面积等变量一样,都具有“测度”(measure)的性质.

从上面的类比中,我们可以认为,频率实际上是概率的一个“测量”.在这个测量过程中频率所呈现出的稳定性反映了概率的客观性.因此,如果我们能找出频率所有稳定的性质,那么从这些性质中便可看出概率的本质属性来.

经过归纳总结,可以得到频率的如下三条最基本的性质,即

(1)**非负性** 任意事件 A 的频率非负:$f_n(A)\geqslant 0$

(2)**规范性** 必然事件 S 的频率为 1:$f_n(S)=1$

(3)**有限可加性** 若 $A_1,A_2,\cdots,A_m$ 是一组两两不相容的事件,则有

投掷骰子模拟实验

$$f_n(\bigcup_{i=1}^{m} A_i) = \sum_{i=1}^{m} f_n(A_i)$$

上面的三条性质可直接由频率的定义来证明,请读者完成该证明.

透过现象看本质.如果把频率视为一种现象,那么其本质就是概率.因此,频率所满足的这三条基本性质同时也必须是概率所具有的性质.由于理论上还要考虑到可列无穷多个事件的关系和运算,因此有必要对有限可加性做适当的推广.这样就有了下面的定义.

定义 1.2.2(概率的公理化定义) 设 E 为随机试验,S 相应的样本空间,$\mathscr{F}$ 为所有事件组成的集合,对于 $\mathscr{F}$ 中的每一个事件 A,分别赋予一个实数,记为 $P(A)$,如果集合函数 $P(\cdot)$ 满足下列条件:

(1)**非负性**:对于每一个事件 A,$P(A) \geqslant 0$

(2)**规范性**:$P(S) = 1$

(3)**可列可加性**:若 $A_1, A_2, \cdots, A_n \cdots$ 是一组两两不相容的事件,则有

$$P(\bigcup_{i=1}^{\infty} A_i) = \sum_{i=1}^{\infty} P(A_i)$$

则我们称 P 为定义在上的**概率**;对任意的 $A \in \mathscr{F}$,称 $P(A)$ 为事件 A 的概率.

由定义可知,概率 P 是一个非负的、规范的和可列可加的实值集函数.

在历史上,对概率的理解一直存在着各种不同看法,有从频率的角度来理解的(如我们这本书中所主要采用的观点),也有从主观信念的角度来理解的(如贝叶斯学派的主观概率),等等,但是不论从哪个角度来理解概率这个概念,大家都承认上面三条是概率最基本的性质.这三条性质就像公理一样已被数学家们所普遍接受.因此,上面的定义又被称为概率的公理化定义.

1.2.2 概率的性质

由定义 1.2.2,可推出概率的如下一些重要性质.

性质 1 不可能事件的概率为零,即 $P(\varnothing) = 0$.

证 令 $A_n = \varnothing (n = 1, 2, \cdots)$,则 $\bigcup_{i=1}^{\infty} A_i = \varnothing$,且当 $i \neq j$ 时,$A_i A_j = \varnothing$,故由概率的可列可加性,得

$$P(\varnothing) = P(\bigcup_{i=1}^{\infty} A_i) = \sum_{i=1}^{\infty} P(A_i) = \sum_{i=1}^{\infty} P(\varnothing) \qquad \diamondsuit$$

而 $P(\varnothing)$ 为一非负的实数,故只能有 $P(\varnothing) = 0$.

性质 2(有限可加性) 若 $A_1, A_2, \cdots, A_n (n \geqslant 2)$ 是一组两两不相容的事件,则有

$$P(\bigcup_{i=1}^{n} A_i) = \sum_{i=1}^{n} P(A_i)$$

证 利用可列可加性及性质 1,令 $A_i = \varnothing\ (i = n+1, n+2, \cdots)$,即可. ◇

性质 3 设 $A \subset B$，则有，

$$P(B-A)=P(B)-P(A)$$
$$P(B) \geqslant P(A)$$

证 因为 $B=A \cup (B-A)$ 且 $AB=A$，故由性质 2，有

$$P(B)=P(A)+P(B-A)$$

移项后，得

$$P(B-A)=P(B)-P(A)$$

又因为 $P(B-A) \geqslant 0$，故有 $P(B) \geqslant P(A)$. ◇

注意，一般情况下我们有

$$P(B-A)=P(B)-P(AB)$$

性质 4 $P(A) \leqslant 1$

证 由 $A \subset S$，再由性质 3 即得. ◇

性质 5 $P(\bar{A})=1-P(A)$

证 由于 $\bar{A} \cup A=S, A\bar{A}=\phi$，再由概率的规范性和有限可加性，得

$$1=P(S)=P(A \cup \bar{A})=P(A)+P(\bar{A})$$

移项后即证. ◇

性质 6(加法公式) 对于任意两个事件 A,B 有

$$P(A \cup B)=P(A)+P(B)-P(AB)$$

证 由于

$$A \cup B=A \cup (B-AB), \quad A(B-AB)=\phi$$

故由性质 2,3，得

$$P(A \cup B)=P(A)+P(B-AB)=P(A)+P(B)-P(AB)$$ ◇

性质 6 可推广到多个事件的和：

$$P(\bigcup_{i=1}^{n} A_i)=\sum_{i=1}^{n} P(A_i)-\sum_{1 \leqslant i<j \leqslant n} P(A_i A_j) + \sum_{1 \leqslant i<j<k \leqslant n} P(A_i A_j A_k)-\cdots+(-1)^{n-1} P(A_1 A_2 \cdots A_n)$$

上式可由归纳法证得.

性质 7 (概率的次可加性)对于任意的 n 个事件 $A_1, A_2, \cdots, A_n$，有

$$P(\bigcup_{i=1}^{n} A_i) \leqslant \sum_{i=1}^{n} P(A_i)$$

该性质可根据加法公式及数学归纳法证得.

例 1.2.1 设 $P(A)=\frac{1}{3}, P(B)=\frac{1}{2}$，(1) 若 $AB=\varnothing$，求 $P(B\bar{A})$；(2) 若 $A \subset B$，

求 $P(B\overline{A})$；(3) 若 $P(AB)=\frac{1}{8}$，求 $P(B\overline{A})$.

解　(1) 因为 $AB=\varnothing$，故

$$P(B\overline{A})=P(B-A)=P(B)-P(AB)=P(B)=\frac{1}{2}.$$

(2) 因为 $A\subset B$，故

$$P(B\overline{A})=P(B-A)=P(B)-P(A)=\frac{1}{2}-\frac{1}{3}=\frac{1}{6}.$$

(3) $P(B\overline{A})=P(B)-P(AB)=\frac{1}{2}-\frac{1}{8}=\frac{3}{8}.$　◇

下面我们给出事件序列极限的定义.

定义 1.2.3　(1) 对 $\mathscr{F}$ 中任一单调不减的事件序列 $A_1\subset A_2\subset\cdots\subset A_n\subset\cdots$，称可列并 $\bigcup_{n=1}^{\infty}A_n$ 为 $\{A_n\}$ 的极限事件，记为

$$\lim_{n\to\infty}A_n=\bigcup_{n=1}^{\infty}A_n$$

(2) 对 $\mathscr{F}$ 中任一单调不增的事件序列 $B_1\supset B_2\supset\cdots\supset B_n\supset\cdots$，称可列交 $\bigcap_{n=1}^{\infty}B_n$ 为 $\{B_n\}$ 的极限事件，记为

$$\lim_{n\to\infty}B_n=\bigcap_{n=1}^{\infty}B_n$$

下面我们可以给出概率函数上、下连续的定义.

定义 1.2.4　对 $\mathscr{F}$ 上的一个概率 P，

(1)若它对 $\mathscr{F}$ 中任一单调不减的事件序列 $\{A_n\}$ 均成立

$$\lim_{n\to\infty}P(A_n)=P(\lim_{n\to\infty}A_n)$$

则称概率 P 是下连续的.

(2)若它对 $\mathscr{F}$ 中任一单调不增的事件序列 $\{B_n\}$ 均成立

$$\lim_{n\to\infty}P(B_n)=P(\lim_{n\to\infty}B_n)$$

则称概率 P 是上连续的.

性质 8　(概率的连续性)若 P 为事件域 $\mathscr{F}$ 上的概率，则 P 既是下连续的，又是上连续.

证　先证 P 的下连续性. 设 $\{A_n\}$ 是 $\mathscr{F}$ 中的一个单调不减的事件序列，即

$$\bigcup_{i=1}^{\infty}A_i=\lim_{n\to\infty}A_n$$

若定义 $A_0=\varnothing$，则

$$\bigcup_{i=1}^{\infty}A_i=\bigcup_{i=1}^{\infty}(A_i-A_{i-1})$$

由于 $A_{i-1} \subset A_i$，显然各事件 $(A_i - A_{i-1})$ 两两互不相容,再由可列可加性得

$$P\left(\bigcup_{i=1}^{\infty} A_i\right) = \sum_{i=1}^{\infty} P(A_i - A_{i-1}) = \lim_{n\to\infty}\sum_{i=1}^{n} P(A_i - A_{i-1})$$

由有限可加性得

$$\sum_{i=1}^{n} P(A_i - A_{i-1}) = P\left(\bigcup_{i=1}^{n}(A_i - A_{i-1})\right) = P(A_n)$$

所以

$$P(\lim_{n\to\infty} A_n) = \lim_{n\to\infty} P(A_n)$$

这就证得了 P 的下连续性.

再证 P 的上连续性.设 $\{B_n\}$ 是单调不增的事件序列,则 $\{\bar{B}_n\}$ 为单调不减的事件序列,由概率的下连续性得

$$\begin{aligned}1 - \lim_{n\to\infty} P(B_n) &= \lim_{n\to\infty}[1 - P(B_n)] = \lim_{n\to\infty} P(\bar{B}_n)\\ &= P\left(\bigcup_{n=1}^{\infty}\bar{B}_n\right) = P\left(\overline{\bigcap_{n=1}^{\infty} B_n}\right)\\ &= 1 - P\left(\bigcap_{n=1}^{\infty} B_n\right)\end{aligned}$$

其中最后第二个等式用到了德摩根公式,由上式可得

$$\lim_{n\to\infty} P(B_n) = P\left(\bigcap_{n=1}^{\infty} B_n\right)$$

这就证得了 P 的上连续性. ◇

例 1.2.2 若 P 是 $\mathscr{F}$ 上满足 $P(S)=1$ 的非负集合函数,则它具有可列可加性的充要条件是:

(1) 它是有限可加的;(2) 它是下连续的.

证 必要性可由性质 2 和性质 8 得到. 下证充分性.

设 $A_i \in \mathscr{F}$, $\mathrm{i}=1,2,\cdots$ 是两两不相容的事件序列,由有限可加性可知:对任意有限的 n 都有

$$P\left(\bigcup_{i=1}^{n} A_i\right) = \sum_{i=1}^{n} P(A_i)$$

由于上式的左边不超过 1,则正项级数 $\sum\limits_{i=1}^{\infty} P(A_i)$ 收敛,即

$$\lim_{n\to\infty} P\left(\bigcup_{i=1}^{n} A_i\right) = \lim_{n\to\infty}\sum_{i=1}^{n} P(A_i) = \sum_{i=1}^{\infty} P(A_i) \tag{1.2.1}$$

记

$$B_n = \bigcup_{i=1}^{n} A_i$$

则 $\{B_n\}$ 为单调不减的事件序列，从而由下连续性可得

$$\lim_{n\to\infty}P\left(\bigcup_{i=1}^{n}A_i\right)=\lim_{n\to\infty}P(B_n)=P\left(\bigcup_{n=1}^{\infty}B_n\right)=P\left(\bigcup_{n=1}^{\infty}A_n\right) \tag{1.2.2}$$

由(1.2.1)和(1.2.2)，可得 P 具有列可加性. ◇

练习题

(1)填空题

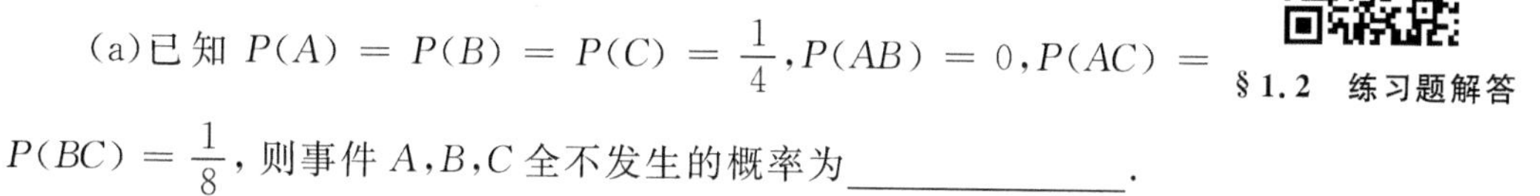

§1.2　练习题解答

(a)已知 $P(A)=P(B)=P(C)=\frac{1}{4}$，$P(AB)=0$，$P(AC)=P(BC)=\frac{1}{8}$，则事件 A,B,C 全不发生的概率为__________.

(b) 设事件 A 发生是事件 B 发生概率的 3 倍，A 与 B 都不发生的概率是 A 与 B 同时发生概率的 2 倍，若 $P(B)=\frac{2}{9}$，则 $P(A-B)=$__________.

(2)选择题

(a)设 A 和 B 是任意两个概率不为零的不相容事件，则下列结论肯定正确的是（　　）

(A) $\overline{A}$ 与 $\overline{B}$ 互不相容　　(B) $\overline{A}$ 与 $\overline{B}$ 相容

(C) $P(AB)=P(A)P(B)$　　(D) $P(A-B)=P(A)$

(b) 设随机事件 A 与 B 是对立事件，$0<P(A)<1$，则一定有（　　）

(A) $0<P(A\cup B)<1$　　(B) $0<P(B)<1$

(C) $0<P(AB)<1$　　(D) $0<P(\overline{A}\overline{B})<1$

§1.3　等可能概型

1.3.1　等可能概型

概率论所讨论的问题中，有一类问题最简单直观，这类问题所涉及的试验具有下面两个特征：

(1)试验的样本空间的元素只有有限个；

(2)试验中每个基本事件发生的可能性相同.

一般地，我们把具有上述两个特征的试验称为**等可能概型**或**古典概型**. 例如，抛一枚质地均匀的硬币，或者出现正面或者出现反面，只有两种结果，且每种结果出现的可能性相同. 又如抛一颗骰子，观察出现的点数，则共有 6 种结果，且每一种结果出现的可能性相同.

设试验的样本空间 $S=\{\omega_1,\omega_2,\cdots,\omega_n\}$，$A_i=\{w_i\}$ 则由假设，有

$$P(A_1)=P(A_2)=\cdots=P(A_n) \tag{1.3.1}$$

又基本事件是两两不相容的,于是

$$1 = P(S) = P\left(\bigcup_{i=1}^{n} A_i\right) = \sum_{i=1}^{n} P(A_i) \tag{1.3.2}$$

由(1.3.1),(1.3.2),立即可得

$$P(A_i) = \frac{1}{n},\ i = 1,2,\cdots,n$$

于是,若 $A = \{\omega_{i_1},\omega_{i_2},\cdots,\omega_{i_k}\}$,其中 $1 \leqslant i_1 < i_2 < \cdots < i_k \leqslant n$,则有

$$P(A) = \sum_{j=1}^{k} P(A_{i_j}) = \frac{k}{n} = \frac{A\text{ 所包含的基本事件数}}{S\text{ 中基本事件总数}} \tag{1.3.3}$$

因此,要计算任何一个事件的概率,关键是要计算:(1)样本空间所含的基本事件数 n;(2) 该事件所含的基本事件数 k.

例 1.3.1 将一枚硬币抛掷三次.(1)设事件 A_1 为"恰有一次出现正面",求 $P(A_1)$;(2)设事件 A_2 为"至少有一次出现正面",求 $P(A_2)$.

解 (1)样本空间为

$$S = \{HHH,HHT,HTH,THH,HTT,THT,TTH,TTT\}$$

而

$$A_1 = \{HTT,THT,TTH\}$$

排列组合知识介绍

故 $n = 8, k = 3$,所以

$$P(A_1) = \frac{3}{8}$$

(2)由于 $\overline{A}_2 = \{TTT\}$,于是由

$$P(A_2) = 1 - P(\overline{A}_2) = 1 - \frac{1}{8} = \frac{7}{8}$$ ◇

例 1.3.2 一口袋装有 6 只球,其中 4 只白球、2 只红球.从袋中取球两次,每次随机地取一只.考虑两种取球方式,(a)第一次取一只球,观察其颜色后放回袋中,搅匀后再取一球.这种取球方式叫**放回抽样**.(b)第一次取一球不放回袋中,第二次从剩余的球中再取一球,这种取球方式叫**不放回抽样**.试分别就上面两种情况求(1)取到的两只球都是白球的概率;(2)取到的两只球颜色相同的概率;(3)取到的两只球中至少有一只是白球的概率.

解 (a)放回抽样的情形

设 A ={取到的两只球都是白球},B ={取到的两只球都是红球},C={取到的两只球颜色相同},D={取到的两只球中至少有一只是白球},则有

$$C = A \cup B, D = \overline{B}$$

(1)所求的概率为

$$P(A) = \frac{4 \times 4}{6 \times 6} = \frac{4}{9}$$

(2)因为

$$P(B)=\frac{2\times 2}{6\times 6}=\frac{1}{9}$$

又由于 $AB=\varnothing$,故由概率的有限可加性,所求的概率为

$$P(C)=P(A\cup B)=P(A)+P(B)=\frac{5}{9}$$

(3)因为 $D=\bar{B}$,所以有

$$P(D)=P(\bar{B})=1-P(B)=\frac{8}{9}$$

(b)不放回抽样的情形

$$P(A)=\frac{4\times 3}{6\times 5}=\frac{2}{5},\quad P(B)=\frac{2\times 1}{6\times 5}=\frac{1}{15}$$

其余步骤与(1)同. ◇

例 1.3.3 将 n 只球随机地放入 $N(N\geqslant n)$ 个盒子中去,试求每个盒子至多有一只球的概率(设盒子的容量不限).

解 将 n 只球放入 N 个盒子中去,每一种放法是一基本事件.易知,这是古典概率问题,因每一只球都可以放入 N 个盒子中的任一个盒子,故共有 $N\times N\times\cdots\times N=N^n$ 种不同的放法,而每个盒子中至多放一只球共有 $N\times(N-1)\cdots(N-(n-1))$ 种不同的放法,因而所求的概率为

$$p=\frac{N(N-1)\cdots(N-n+1)}{N^n}=\frac{A_N^n}{N^n}$$ ◇

有许多问题都可归结为本例的数学模型,比如生日问题.假设每人的生日在一年 365 天中的任一天是等可能的,那么随机选取 $n(n\leqslant 365)$ 个人,他们的生日各不相同的概率为

$$\frac{365\times 364\times\cdots\times(365-n+1)}{365^n}$$

因而,n 个人中至少有两人生日相同的概率为

$$p=1-\frac{365\times 364\times\cdots\times(365-n+1)}{365^n}$$

经计算可得下述结果:

n	20	23	30	40	50	64	100
p	0.411	0.507	0.706	0.891	0.970	0.997	0.9999997

从以上的结果可知,如果一个班有 32 位同学,那么当两个班一起上课时,几乎可以肯定(以概率 99.7%)至少有两位同学的生日相同.是不是有点吃惊?不信可以现场

检验.

例 1.3.4 设有 $m+n$ 件产品,其中有 m 件次品,今从中任取 k 件,问其中恰有 $i(i \leqslant \min(m,n))$ 件次品的概率是多少?

解 $m+n$ 件产品中任取 k 件,所有可能的取法共有 $\binom{m+n}{k}$ 种,每一种取法为一基本事件. 由乘法原理知在 $m+n$ 件产品中取 k 件,其中恰有 i 件次品的取法共有 $\binom{m}{i}\binom{n}{k-i}$ 种,于是所求的概率为

$$p = \frac{\binom{m}{i}\binom{n}{k-i}}{\binom{m+n}{k}}$$

上式即所谓的**超几何分布**的概率公式 .

注:在本书中,记号 $\binom{n}{r}$ 与 C_n^r 表示同一个意思,都等于 $\frac{n!}{r!(n-r)!}$. 为了与国外教材以及科技文献的惯例接轨,本书将比较多地采用记号 $\binom{n}{r}$.

例 1.3.4 续 采用与上例相同的记号,令

$$A_i = \{\text{所取的 } k \text{ 件产品中恰有 } i \text{ 个次品}\},\ i = 1,2,\cdots,k,$$

则 $A_0 \cup A_1 \cup \cdots \cup A_k = S$, 且 $A_iA_j = \varnothing (i \neq j)$, 因此

$$1 = P(A_0 \cup A_1 \cup \cdots \cup A_k) = \sum_{i=0}^{k} P(A_i) = \sum_{i=0}^{k} \frac{\binom{n}{i}\binom{m}{k-i}}{\binom{m+n}{k}}$$

故有如下的公式

$$\sum_{i=0}^{k} \binom{n}{i}\binom{m}{k-i} = \binom{m+n}{k} \qquad \diamond$$

事实上,利用概率论的思想和方法有时候还可以证明其他方向的一些数学公式或不等式.

例 1.3.5(抽签问题) 箱中装有 a 个白球和 b 个黑球,现从中任意地取球,每次取一球,取后不放回,求第 $s(1 \leqslant s \leqslant a+b)$ 取出的球是白球的概率.

解 设想把取出的球依次放在排列成一直线的 $a+b$ 个位置上,于是第 s 次取出的球是白球等价于在第 s 个位置上放的是白球. 显然,箱中所有 $a+b$ 的球中的每一个球放在第 s 个位置上的可能性都是相同的,而白球共有 a 个,故所求的概率为

$$p = \frac{a}{a+b}$$ ◇

案例一 彩票问题

人们常常会问抽签结果是否与抽签顺序有关. 上例的结果表明，抽签结果是与抽签顺序无关的，所以以后在现实生活中需要抽签时，大家尽可以表现出君子风度，让人家先抽，这样做并不会失去任何机会，同时却又表现了礼让的美德.

下例表明，在某些场合利用概率的性质计算概率会有很大的方便.

例 1.3.6 口袋中有编号 $1,2,\cdots,n$ 的 n 个球，从中有放回地随机取球 m 次，求取出的 m 个球的最大号码为 k 的概率.

解 设 $A_k=\{$取出的 m 个球的最大号码为 $k\}$，$B_i=\{$取出的 m 个球的最大号码不大于 $i\}$，$i=1,2,\cdots,n$，则有

$$P(B_i) = \frac{i^m}{n^m}$$

由于 $A_k = B_k - B_{k-1}$，且 $B_{k-1} \subset B_k$，由概率的性质 4，得

$$P(A_k) = P(B_k - B_{k-1}) = P(B_k) - P(B_{k-1}) = \frac{k^m - (k-1)^m}{n^m}$$ ◇

练习题

§ 1.3 练习题解答

(1)填空题

(a)一批产品共有 10 个正品和 2 个次品，从中随机抽取 2 次，每次抽取 1 个，抽出后不再放回，则第二次抽取的是次品的概率为________.

(b)一条公交线路，中途设有 9 个车站，最后到达终点站. 已知在起点站上有 20 位乘客上车，则在第一站恰有 4 位乘客下车的概率 $\alpha =$ ________.

(2)选择题

同时抛掷三枚匀称的硬币，正面与反面都出现的概率为 ( )

(A)$\frac{1}{4}$ (B)$\frac{1}{3}$ (C)$\frac{2}{3}$ (D)$\frac{3}{4}$

§ 1.4 条件概率

1.4.1 条件概率的定义

在实际问题中，往往会遇到求在事件 A 已经出现的条件下，事件 B 的概率. 这时由于附加了条件，它与事件 B 的概率 $P(B)$ 的意义是不同的. 我们把这概率记为 $P(B|A)$. 先

看一个例子.

例 1.4.1 一个家庭中有两个小孩,假定生男生女是等可能的,考虑以下三个问题

(1) 两个孩子均为女孩的概率是多少?

(2) 若已知大的孩子是女孩,问小的孩子也是女孩的概率是多少?

(3) 已知其中有一个是女孩,问另一个也是女孩的概率是多少?

解 由题意,样本空间为

$$S=\{(男,男),(男,女),(女,男),(女,女)\}$$

设 A,B 分别表示事件"大的孩子是女孩"和"小的孩子是女孩",则有 $A=\{(女,男),(女,女)\}$,$B=\{(男,女),(女,女)\}$,$AB=\{(女,女)\}$.

(1)所求的概率为

$$P(AB)=\frac{1}{4}$$

(2)在 A 已经发生的条件下,样本空间缩减为 $S_1=A$,其所包含的元素有 2 个,此时小的孩子也是女孩即两个孩子都是女孩的概率为

$$P(B\mid A)=\frac{1}{2}$$

(3)此时,事件 $A\cup B$ 已经发生,因此样本空间缩减为 $S_2=A\cup B$,其所包含的元素有 3 个,此时另一个孩子也是女孩即两个孩子都是女孩的概率为

$$P(B\mid A\cup B)=\frac{1}{3}$$ ◇

例 1.4.1 表明,事件之间是存在着一定的相关性的. 同样是求两个孩子都是女孩的概率,由于所获得的信息不同,其概率也会不相同. 其原因就在于某些事件的发生改变了样本空间,如在本例中,由原来的 S 分别缩减为 $S_1=A$ 和 $S_2=A\cup B$.

为了能够比较直观地给出条件概率的定义,先看古典概型的情形.

设 n_A,n_B 与 n_{AB} 分别为事件 A,B 与 AB 包含的基本事件数,并设样本空间 S 所含的基本事件总数为 n,则在 A 发生的条件下,样本空间发生了缩减,即此时所有可能的结果缩减为 $S_A=A$. 因此,$P(B\mid A)$ 可用位于 A 中的属于 B 的元素即 AB 的元素在 A 中所占的相对比例来表达,即 $P(B\mid A)$ 应为 $\frac{n_{AB}}{n_A}$,而

$$\frac{n_{AB}}{n_A}=\frac{n_{AB}/n}{n_A/n}=\frac{P(AB)}{P(A)}$$

故有

$$P(B\mid A)=\frac{P(AB)}{P(A)}$$

从概率的直观含义出发,若事件 A 已经发生,则要使事件 B 发生当且仅当试验结果

出现的样本点既属于 B 又属于 A，即属于 AB，因此 $P(B \mid A)$ 应为 $P(AB)$ 在 $P(A)$ 中的"比重". 由此，我们给出条件概率 $P(B \mid A)$ 的定义.

定义 1.4.1 设 A,B 是两个事件，且 $P(A) > 0$，称

$$P(B \mid A) = \frac{P(AB)}{P(A)}$$

为事件 A 发生的条件下事件 B 发生的**条件概率**.

可以验证，条件概率仍然满足概率的三条公理，即若 $P(A) > 0$，则有

(1)**非负性**：对于每一个事件 B，有 $P(B \mid A) \geqslant 0$；

(2)**规范性**：$P(S \mid A) = 1$；

(3)**可列可加性**：设 $B_1, B_2, \cdots$，是两两不相容的事件，则有

$$P(\bigcup_{i=1}^{\infty} B_i \mid A) = \sum_{i=1}^{\infty} P(B_i \mid A)$$

从而概率所具有的性质和满足的关系式，条件概率仍然具有和满足. 例如，有

$$P(\varnothing \mid A) = 0$$

$$P(\bar{B} \mid A) = 1 - P(B \mid A)$$

$$P(B_1 \cup B_2 \mid A) = P(B_1 \mid A) + P(B_2 \mid A) - P(B_1 B_2 \mid A)$$

等等

条件概率 $P(B \mid A)$ 可视具体情况运用下列两种方法之一来计算：

(1)在缩减后的样本空间 S_A 中计算；

(2)在原来的样本空间 S 中，直接按定义计算.

例 1.4.2 一盒子装有 5 只产品，其中 3 只一等品，2 只二等品. 从中取产品两次，每次任取一只，做不放回抽样. 设事件 A 为"第一次取到的是一等品"，事件 B 为"第二次取到的是一等品"，试求条件概率 $P(B \mid A)$.

解法一 在缩减后的样本空间 S_A 上计算.

由于事件 A 已经发生，即第一次取到的是一等品，所以第二次取产品时，所有产品只有 4 只，即 S_A 所含的基本事件数为 4，而其中一等品只剩下 2 只，所以

$$P(B \mid A) = \frac{1}{2}$$

解法二 在原来的样本空间 S 中，直接按定义计算.

由于是不放回抽样，所以有

$$P(A) = \frac{4 \times 3}{5 \times 4} = \frac{3}{5}, \quad P(AB) = \frac{3 \times 2}{5 \times 4} = \frac{3}{10}$$

由定义

$$P(B \mid A) = \frac{P(AB)}{P(A)} = \frac{1}{2}$$ ◇

1.4.2 乘法公式

利用条件概率的定义,可直接得到下面的乘法定理.

定理 1.4.1(乘法公式) 设 A,B 是两个事件,并且 $P(A)>0$,则有

$$P(AB)=P(B\mid A)P(A)$$

一般地,用归纳法可证,若 $A_1,A_2,\cdots,A_n$ 是 n 个事件,并且 $P(A_1A_2\cdots A_{n-1})>0$,则有

$$P(A_1A_2\cdots A_n)=P(A_n\mid A_1A_2\cdots A_{n-1})P(A_{n-1}\mid A_1A_2\cdots A_{n-2})\cdots P(A_2\mid A_1)P(A_1)$$

关于乘法公式直观含义的说明:设 A 表示某人感染流感病毒,B 表示死亡,则 $P(B\mid A)$ 表示在感染病毒的条件下某人死亡的概率. 若该人身体好抵抗力强,则 $P(B\mid A)$ 就比较小,否则就比较大. $P(A)$ 表示流感病毒的感染率,如果卫生部门的预防工作做得好,则它就比较小. $P(AB)$ 表示感染流感病毒并导致死亡的概率. 由乘法公式 $P(AB)=P(B\mid A)P(A)$ 可知,只要加强锻炼(主观努力)并且卫生部门做好预防工作(客观条件良好),那么感染流感病毒并导致死亡的概率就会很小.

例 1.4.3 设袋中有 5 个红球,3 个黑球和 2 个白球,按不放回抽样的方式连续摸球 3 次,求第三次才摸到白球的概率.

解 设 $A_i=\{$第 i 次摸到白球$\}$, $i=1,2,3$,则所求的概率为

$$P(\overline{A}_1\overline{A}_2A_3)=P(A_3\mid \overline{A}_1\overline{A}_2)P(\overline{A}_2\mid \overline{A}_1)P(\overline{A}_1)$$

$$=\frac{2}{8}\cdot\frac{7}{9}\cdot\frac{8}{10}=\frac{7}{45}$$ ◇

例 1.4.4 已知某厂家的一批产品共 100 件,其中有 5 件废品,但是采购员并不知道有几个废品. 为慎重起见,他对产品进行不放回的抽样检查,如果在被他抽查的 5 件产品中至少有一件是废品,则他拒绝购买这一批产品. 假设厂方的这批产品的废品率为 5%. 求采购员拒绝购买这批产品的概率.

解 设 $A_i=\{$被抽查的第 i 件产品是废品$\}$, $i=1,2,3,4,5$, $A=\{$采购员拒绝购买$\}$,则有

$$A=\bigcup_{i=1}^{5}A_i$$

从而

$$\overline{A}=\overline{A}_1\overline{A}_2\overline{A}_3\overline{A}_4\overline{A}_5$$

又由题意,有

$$P(\overline{A}_1)=\frac{95}{100},\ P(\overline{A}_2\mid \overline{A}_1)=\frac{94}{99},\ P(\overline{A}_3\mid \overline{A}_1\overline{A}_2)=\frac{93}{98}$$

$$P(\overline{A}_4\mid \overline{A}_1\overline{A}_2\overline{A}_3)=\frac{92}{97},\ P(\overline{A}_5\mid \overline{A}_1\overline{A}_2\overline{A}_3\overline{A}_4)=\frac{91}{96}$$

故由概率的乘法定理,得

$$\begin{aligned}P(\overline{A}) &= P(\overline{A}_1\,\overline{A}_2\,\overline{A}_3\,\overline{A}_4\,\overline{A}_5)\\ &= P(\overline{A}_5 \mid \overline{A}_1\,\overline{A}_2\,\overline{A}_3\,\overline{A}_4)P(\overline{A}_4 \mid \overline{A}_1\,\overline{A}_2\,\overline{A}_3)P(\overline{A}_3 \mid \overline{A}_2\,\overline{A}_1)P(\overline{A}_2 \mid \overline{A}_1)P(\overline{A})\\ &= \frac{95\cdot 94\cdot 93\cdot 92\cdot 91}{100\cdot 99\cdot 98\cdot 97\cdot 96}\approx 0.7696\end{aligned}$$

于是

$$P(A) = 1 - P(\overline{A}) \approx 0.2304$$

◇

1.4.3　全概率公式和贝叶斯公式

下面将建立两个用来计算概率的重要公式,先介绍样本空间划分的概念.

在本节中我们用 I 表示有限集 $\{1,2,\cdots,n\}$ 或可列集 $\{1,2,\cdots,n,\cdots\}$.

定义 1.4.2　若事件组 $\{B_i:i\in I\}$ 满足

$$\bigcup_{i\in I}B_i = S, B_iB_j = \varnothing, (i\neq j)$$

则称事件组 $\{B_i:i\in I\}$ 为 S 的一个**划分**,或称事件组 $\{B_i:i\in I\}$ 是一个**完备事件组**.

由定义,如果事件组 $\{B_i:i\in I\}$ 是样本空间的一个划分,则在试验中这些事件有且仅有一个发生.一般地,划分可用来表示按某种信息分成的不同情况的总和,比如说导致一个系统(如飞机,供电系统等)发生故障的所有不同的原因(假设两两不相容)构成一个划分.

定理 1.4.2(全概率公式)　设事件组 $\{B_i:i\in I\}$ 为 S 的一个划分,且 $P(B_i)>0(i\in I)$,则有

$$P(A) = \sum_{i\in I}P(A\mid B_i)P(B_i)$$

证明　由于 $\{B_i:i\in I\}$ 为 S 的一个划分,所以 $AB_i(i\in I)$ 之间互不相容,由概率的可列可加性,得

$$\begin{aligned}P(A) = P(AS) &= P(A(\bigcup_{i\in I}B_i)) = P(\bigcup_{i\in I}AB_i)\\ &= \sum_{i\in I}P(AB_i) = \sum_{i\in I}P(A\mid B_i)P(B_i)\end{aligned}$$

证毕.

◇

全概率公式的一种理解方式:把 B_i 看作导致事件 A 发生的一种条件,对于不同的条件 B_i,A 发生的条件概率 $P(A\mid B_i)$ 各不相同,而条件 B_i 的产生是随机的,其概率为 $P(B_i)$.因此直观上我们会预期,“全”部概率 $P(A)$ 应该等于所有的条件概率 $P(A\mid B_i)$ 以 $P(B_i)(i\in I)$ 为权重的加权平均值.

例 1.4.5　玻璃杯成箱出售,每箱 20 只,假设各箱含 0,1,2 只残次品的概率相应为 0.8,0.1 和 0.1,一顾客欲买下一箱玻璃杯,在购买时,售货员随意取出一箱,而顾客开箱

随意查看其中的 4 只,若无残次品,则买下该箱玻璃杯,否则退回. 试求顾客买下该箱的概率.

解 设 $A_i=\{$箱中恰好有 i 只残次品$\}$, $i=0,1,2$, $B=\{$顾客买下该箱玻璃杯$\}$,则 A_0,A_1,A_2 构成样本空间的一个划分,由题意知,有

$$P(A_0)=0.8, P(A_1)=P(A_2)=0.1$$

并且

$$P(B\mid A_0)=1, P(B\mid A_1)=\frac{C_{19}^4}{C_{20}^4}=\frac{4}{5}, P(B\mid A_2)=\frac{C_{18}^4}{C_{20}^4}=\frac{12}{19}$$

由全概率公式,有

$$P(B)=\sum_{i=0}^{3}P(A_i)P(B\mid A_i)=0.8\times 1+0.1\times\frac{4}{5}+0.1\times\frac{12}{19}=0.943$$ ◇

例 1.4.6 设有来自三个地区的各 10 名、15 名和 25 名考生的报名表,其中女生的报名表分别为 3 份、7 份和 5 份. 随机地取一个地区的报名表,从中先后抽两份.

(1)求先抽出的一份是女生表的概率 p;

(2)已知后抽到的一份是男生表,求先抽到的一份是女生表的概率 q.

解 令 $H_i=\{$ 报名表是第 i 区考生的$\}$ $(i=1,2,3)$, $\{$第 j 次抽到的报名表是女生表$\}$ $(j=1,2)$,则

$$P(H_i)=\frac{1}{3}, \ (i=1,2,3)$$

因为抽签结果与顺序无关,故有

$$P(A_j\mid H_1)=\frac{3}{10}, P(A_j\mid H_2)=\frac{7}{15}, P(A_j\mid H_3)=\frac{1}{5}, j=1,2$$

(1)由全概率公式得

$$p=P(A_1)=\sum_{i=1}^{3}P(A_1\mid H_i)P(H_i)=\frac{1}{3}\left(\frac{3}{10}+\frac{7}{15}+\frac{1}{5}\right)=\frac{29}{90}$$

(2)后抽到的一份是男生表的概率为

$$P(\overline{A_2})=\sum_{i=1}^{3}P(\overline{A_2}\mid H_i)P(H_i)=\frac{1}{3}\left(\frac{7}{10}+\frac{8}{15}+\frac{4}{5}\right)=\frac{61}{90}$$

又

$$P(A_1\overline{A}_2\mid H_1)=\frac{3\times 7}{10\times 9}=\frac{7}{30}$$

$$P(A_1\overline{A_2}\mid H_2)=\frac{7\times 8}{15\times 14}=\frac{8}{30}$$

$$P(A_1\overline{A_2}\mid H_3)=\frac{5\times 20}{25\times 24}=\frac{5}{30}$$

由全概率公式

$$P(A_1\overline{A_2}) = \sum_{i=1}^{3} P(A_1\overline{A_2} \mid H_i)P(H_i) = \frac{1}{3}\left(\frac{7}{30}+\frac{8}{30}+\frac{5}{30}\right) = \frac{2}{9}.$$

因此

$$q = P(A_1 \mid \overline{A_2}) = \frac{P(A_1\overline{A_2})}{P(\overline{A_2})} = \frac{20}{61}$$

◇

全概率公式是概率论中最重要的公式之一.利用条件概率与全概率公式,我们可以建立另一个极为有用的公式,这就是下面定理所描述的贝叶斯公式.

定理 1.4.2(贝叶斯公式)　设 $\{B_i : i \in I\}$ 为 S 的一个划分,且 $P(A) > 0$, $P(B_i) > 0 (i \in I)$,则有

$$P(B_i \mid A) = \frac{P(A \mid B_i)P(B_i)}{\sum_{j \in I} P(A \mid B_j)P(B_j)}$$

贝叶斯人物介绍

证　由条件概率的定义和全概率公式得:

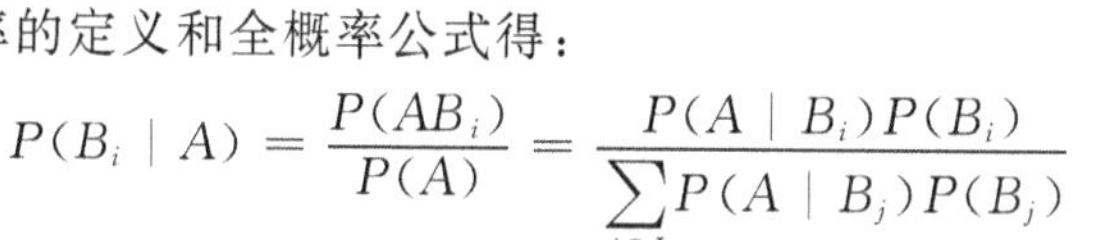

$$P(B_i \mid A) = \frac{P(AB_i)}{P(A)} = \frac{P(A \mid B_i)P(B_i)}{\sum_{j \in I} P(A \mid B_j)P(B_j)}$$

证毕.

◇

如果我们把事件 A 看作"结果",把诸事件 $B_1, B_2, \cdots$ 看作导致该结果的可能的"原因",则可以形象地把全概率公式视为"由原因推结果",而贝叶斯公式则恰好相反,其作用在于"由结果推原因":现在"结果"A 已经出现了,在众多可能的"原因"中,到底是哪一个导致了该结果?

例 1.4.7　某电子设备制造厂所用的晶体管是由三家元件制造厂提供的.根据以往的记录有以下的数据.

元件制造厂	次品率	提供晶体管的份额
1	0.02	0.15
2	0.01	0.80
3	0.03	0.05

设这三家工厂的产品在仓库中是均匀混合的,且无区别的标志.(1)在仓库中随机地取一只晶体管,求它是次品的概率.(2)在仓库中随机地取一只晶体管,若已知取到的是次品,为分析此次品出自何厂,需求出此次品是由第 1、2、3 家工厂生产的概率分别是多少.试求这些概率.

解　设 $A=\{$取到的是一只次品$\}$, $B_i=\{$所取的产品是由第 i 家工厂提供$\}$　$i=1,2,3$,易知, B_1, B_2, B_3 是样本空间的一个划分,由全概率公式

$$\begin{aligned} P(A) &= P(A \mid B_1)P(B_1) + P(A \mid B_2)P(B_2) + P(A \mid B_3)P(B_3) \\ &= 0.02 \times 0.15 + 0.01 \times 0.80 + 0.03 \times 0.05 = 0.0125 \end{aligned}$$

由贝叶斯公式

$$P(B_1 \mid A) = \frac{P(A \mid B_1)P(B_1)}{P(A)} = \frac{0.02 \times 0.15}{0.0125} = 0.24$$

同理可得，$P(B_2 \mid A) = 0.64, P(B_3 \mid A) = 0.12$. ◇

例 1.4.8 对以往数据分析的结果表明，当机器正常时，产品的合格率为 90%，而当机器发生某一故障时，其合格率为 30%. 每天早上机器开动时，机器正常的概率为 75%. 试求已知某日早上第一件产品是合格品时，机器正常的概率是多少？

解 设 $A = \{$第一件产品是合格品$\}$，$B = \{$机器正常$\}$，则由题意，有

$$P(A \mid B) = 0.9, P(A \mid \bar{B}) = 0.3, P(B) = 0.75, P(\bar{B}) = 0.25$$

案例二 三门问题

显然，$B, \bar{B}$ 构成了必然事件的一个划分，由贝叶斯公式，所求的概率为

$$P(B \mid A) = \frac{P(A \mid B)P(B)}{P(A \mid B)P(B) + P(A \mid \bar{B})P(\bar{B})}$$

$$= \frac{0.9 \times 0.75}{0.9 \times 0.75 + 0.3 \times 0.25} = 0.9$$ ◇

这样我们就有了两个概率，一个是 $P(B) = 0.75$，这是在试验前根据以往的数据分析得到的，称为**先验概率**；另一个是 $P(B \mid A) = 0.9$，这是在通过试验得到信息（即早上第一件产品是合格品）后重新加以修正的概率，称为**后验概率**.

关于本例中先验概率 $P(B) = 0.75$ 和后验概率 $P(B \mid A) = 0.9$ 有两种解释.

一种是客观频率派的解释. $P(B) = 0.75$ 可以理解为，在所有开动机器的日子里，100 天中平均有 75 天机器是正常的. 而 $P(B \mid A) = 0.9$ 则可以理解为，在所有第一件产品是合格品的日子里，100 天中平均有 90 天机器是正常的.

另一种则是主观派的解释. 根据这一派的观点，机器本身是否处于调整得良好的状态是一个客观给定的事实，它并不以我们的知识（如第一件产品是否为合格品）而改变. 因此，在算得后验概率后，机器的客观状态并没有改变. 于是，可以认为先验概率和后验概率的差异只是反映了试验前后人们主观上对机器状态的不同信念而已.

例 1.4.9 根据以往的临床记录，CAT（计算机辅助层次扫描）作为诊断精神分裂症的试验具有如下的效果：若以 A 表示事件“扫描显示被诊断者为脑萎缩”，以 C 表示事件“被诊断者患有精神分裂症”，则有 $P(A \mid C) = 0.30, P(\bar{A} \mid \bar{C}) = 0.98$. 现在已知在美国精神分裂症的发病率为 1.5%，即 $P(C) = 0.015$，试求在扫描显示被诊断者为脑萎缩的条件下，该诊断者患有精神分裂症的条件概率 $P(C \mid A)$.

解 由贝叶斯公式，有

$$P(C \mid A) = \frac{P(A \mid C)P(C)}{P(A \mid C)P(C) + P(A \mid \bar{C})P(\bar{C})}$$

$$= \frac{0.30 \times 0.015}{0.30 \times 0.015 + 0.02 \times 0.985} = 0.186$$ ◇

一个不懂概率的人可能会这样推理，由于没患精神分裂症的人被 CAT 扫描诊断为脑萎缩的机会才 2%，因此如果你已经被 CAT 扫描诊断为脑萎缩，那么你患有精神分裂症的概率应该很大. 因此，对于那些"思维定式"中没有概率成分的人来说，本例的结果难以置信. 事实上，由于在美国人口中患有精神分裂症的比例极小，再加上检验方法也不是很完善，因此很多人可能是因为别的原因或疾病而被诊断为脑萎缩. 但是如果在做 CAT 扫描之前，医生通过听其言观其行就已经有 50% 的把握将其诊断为精神分裂症患者(即先验概率为 0.5)，那么此时如果通过 CAT 扫描显示为脑萎缩，则由贝叶斯公式，其患有精神分裂症的后验概率就达到了 93.75%.

这个例子提醒我们：(1)医生要用几种不同的方法来进行检查以提高确诊率；(2)病人要找有经验的医生看病，因为在有经验的医生面前，你得病的先验概率比在一个庸医面前更接近于真实状态.

概率统计的思维方式应该是现代社会中人们必须具备的基本素养，它能帮助我们以更为合理的方式去观察、分析和判断事物.

例 1.4.10 伊索寓言"狼来了"的贝叶斯分析.

设 $A=\{$孩子说谎$\}$，$B=\{$孩子可信$\}$，不妨设村民过去对这个孩子的印象(先验概率)为 $P(B)=0.8$，即村民认为孩子的可信度为 80%. 假设被认为是可信的孩子说谎的概率只有 10%，而被认为不可信的孩子说谎的概率为 50%，即

$$P(A \mid B)=0.1, P(A \mid \bar{B})=0.5$$

"孩子可信 (B) "和"孩子不可信 $(\bar{B})$ "构成孩子的一个划分. 于是，村民在第一次被骗(A 发生)以后，根据贝叶斯公式，认为小孩可信程度(后验概率)调整为

$$\begin{aligned}P(B \mid A) &= \frac{P(A \mid B)P(B)}{P(A \mid B)P(B)+P(A \mid \bar{B})P(\bar{B})} \\ &= \frac{0.8 \times 0.1}{0.8 \times 0.1+0.2 \times 0.5}=0.444\end{aligned}$$

案例三 狼来了

从此以后，村民认为小孩的可信程度从原来的 0.8 调整为 0.444，即

$$P(B)=0.444,\ P(\bar{B})=0.556$$

在此基础上，如果孩子再一次撒谎，则村民对他的可信程度会进一步调整为

$$\begin{aligned}P(B \mid A) &= \frac{P(A \mid B)P(B)}{P(A \mid B)P(B)+P(A \mid \bar{B})P(\bar{B})} \\ &= \frac{0.444 \times 0.1}{0.444 \times 0.1+0.556 \times 0.5}=0.138\end{aligned}$$ ◇

问题：如果这个孩子再喊"狼来了"，村民们还会相信吗？

从以上几个例子及对先验概率与后验概率的说明可以得出这样的看法，即**概率也可以是衡量人们对客观事件的信念的一种度量.**

练习题

§1.4 练习题解答

(1)填空题

某种商品每周能销售10件的概率为0.8,能销售12件的概率为0.56,已知该商品已销售了10件,则能销售12件的概率是__________.

(2)选择题

设 A 和 B 为随机事件,$0 < P(A) < 1, P(B) > 0, P(B \mid A) + P(\bar{B} \mid \bar{A}) = 1$,则一定有 ( )

(A) $P(A \mid B) = P(\bar{A} \mid B)$ (B) $P(A \mid B) \neq P(\bar{A} \mid B)$

(C) $P(AB) = P(A)P(B)$ (D) $P(AB) \neq P(A)P(B)$

§1.5 独立性

1.5.1 事件的独立性

我们在现实生活中常常很自然地会产生一些貌似正确的错误想法.比如,重复抛掷硬币,假如已知前面三次都出现正面,大家往往想当然地认为第四次出现反面的可能性会更大一些;又比如买彩票时,有些人会认为以前出现过的号码下次再出现的概率会比其他号码更小一些;如果我把自己想象成劫机犯,那么我就不会再遇见试图劫机的恐怖分子了,因为从来没有关于两伙恐怖分子同时劫机的报道;等等.

然而,稍作分析我们就会发现,前面三次出现正面这个事实并不会影响第四次抛掷硬币的结果(其出现正面的概率仍为0.5);以前出现过的号码与你所选的任何号码具有相同的可能性(一般都非常小);你想劫机的想法并不能遏制恐怖分子想劫机的念头;等等.这是因为,这里所涉及的事件是相互独立的.

事件的独立性是概率论中最重要的概念之一.那么什么是事件的独立性呢?

所谓两个事件 A 与 B 相互独立,直观上说就是它们互不影响,即已知事件 A 发生不会影响事件 B 发生的可能性,同时已知事件 B 发生也不会影响事件 A 发生可能性,用数学式子来表示,就是

$$P(B \mid A) = P(B) \text{ 且 } P(A \mid B) = P(A)$$

但上面两个式子要求 $P(B) > 0$ 或 $P(A) > 0$,考虑到更一般的情形,给出如下定义.

定义1.5.1 设 A,B 是两事件,如果成立等式

$$P(AB) = P(A)P(B) \tag{1.5.1}$$

则称事件 A 与 B **相互独立**.

当 $P(A) > 0, P(B) > 0$ 时,由(1.5.1)可推出 $P(B \mid A) = P(B), P(A \mid B) = P(A)$,

但在该定义中对 $P(A)$ 和 $P(B)$ 并没有限制.

由定义可立即推知,概率为零的事件与任何事件相互独立.

需要强调的一点是,事件的独立性与事件的互不相容是两个完全不同的概念.事实上,由独立性的定义,如果两个具有正概率的事件是互不相容的,那么它们一定是不独立的,反之,如果两个具有正概率的事件是相互独立的,那么这两个事件不可能互不相容.

定理 1.5.1 若事件 A 与 B 相互独立,则 A 与 $\bar{B}$, $\bar{A}$ 与 B、$\bar{A}$ 与 $\bar{B}$ 也相互独立.

证 这里只证明 A 与 $\bar{B}$ 相互独立,其余的留给读者自己证明.

由 $P(AB)=P(A)P(B)$,得

$$\begin{aligned}P(A\bar{B}) &= P(A-B)=P(A-AB)\\ &= P(A)-P(AB)=P(A)-P(A)P(B)\\ &= P(A)[1-P(B)]=P(A)P(\bar{B})\end{aligned}$$

所以,A 与 $\bar{B}$ 相互独立.

由于概率为 0 的事件与任何事件是相互独立的,因此由定理 1.5.1,概率为 1 的事件与任何事件也是相互独立的.

下面给出三个事件相互独立的定义:

定义 1.5.2 对任意三个事件 A,B,C, 如果如下四个等式

$$\left.\begin{aligned}P(AB)&=P(A)P(B)\\ P(AC)&=P(A)P(C)\\ P(BC)&=P(B)P(C)\\ P(ABC)&=P(A)P(B)P(C)\end{aligned}\right\}\tag{1.5.2}$$

成立,则称事件 A,B,C **相互独立**.

(1.5.2)式中的前三个等式说明事件 A,B,C 是两两相互独立的.有同学可能会想,“A,B,C 中任意两个事件都是相互独立的”与“事件 A,B,C 是相互独立的”这两者之间难道有什么不同吗?为什么还要第四个等式呢?难道由前面三个等式推不出第四个等式吗?

下面我们通过一个例子来回答这些问题.

例 1.5.1 如果将一枚硬币抛掷两次,观察正面 H 和反面 T 的出现情况,则此时样本空间为 $S=\{HH,HT,TH,TT\}$,令

$$A=\{HH,HT\},B=\{HH,TH\},C=\{HH,TT\}$$

则

$$AB=AC=BC=ABC=\{HH\}$$

故有

$$P(A)=P(B)=P(C)=\frac{1}{2}$$

$$P(AB)=P(AC)=P(BC)=P(ABC)=\frac{1}{4}$$

直接利用定义 1.5.1 知，A,B,C 中任意两个事件都是相互独立的，但是

$$P(ABC)=\frac{1}{4}\neq\frac{1}{8}=P(A)P(B)P(C)$$

即，定义(1.5.2)中的最后一个等式并不成立，也就是说事件 A,B,C 并不相互独立.

在本例中，虽然单独一个事件 A 发生与否不会影响事件 C，同样单独一个事件 B 发生与否也不会影响事件 C，但是当 A,B 同时发生时却会影响 C. 事实上，由于 $AB=\{HH\}\subset C$，从而有

$$P(C\mid AB)=1\neq\frac{1}{2}=P(C).$$ ◇

因此，当我们考虑多个事件之间是否相互独立时，除了必须考虑任意两事件之间的相互关系外，还要考虑到多个事件的乘积对其他事件的影响. 基于如此的考虑，我们给出下面一般的定义.

定义 1.5.3 若 n 个事件 $A_1,A_2,\cdots,A_n$ 满足

$$P(A_{i_1}A_{i_2}\cdots A_{i_k})=P(A_{i_1})P(A_{i_2})\cdots P(A_{i_k}) \tag{1.5.3}$$
$$(1<k\leqslant n,1\leqslant i_1<i_2<\cdots<i_k\leqslant n)$$

则称 $A_1,A_2,\cdots,A_n$ **相互独立**.

注：(1.5.3)中含有 $\binom{n}{2}+\binom{n}{3}+\cdots+\binom{n}{n}=2^n-n-1$ 个等式.

在实际问题中，定义常常不是用来判断独立性的，而是利用独立性来计算事件乘积的概率的，独立性更多的是根据实际意义来判断.

例 1.5.2 设 A,B,C 三事件相互独立，试证 $A\cup B$ 与 C 相互独立.

证 因为

$$\begin{aligned}P((A\cup B)C)&=P(AC\cup BC)\\&=P(AC)+P(BC)-P(ABC)\\&=P(A)P(C)+P(B)P(C)-P(A)P(B)P(C)\\&=[P(A)+P(B)-P(A)P(B)]P(C)\\&=P(A\cup B)P(C)\end{aligned}$$

所以，$A\cup B$ 与 C 相互独立.

类似地还可推得，AB 与 C 独立，$A-B$ 与 C 独立. ◇

例 1.5.3 两射手彼此独立地向同一目标射击，甲击中目标的概率为 0.6，乙击中目标的概率为 0.5.

(1)求目标被击中的概率是多少；

(2)已知目标被击中,求甲击中目标的概率;

(3)已知目标恰好被击中一次,求甲击中目标的概率.

解　设A,B分别表示"甲击中目标"和"乙击中目标",则$A\cup B$表示"目标被击中".

(1) 由独立性和加法公式,所求的概率为

$$\begin{aligned}P(A\cup B)&=P(A)+P(B)-P(A)P(B)\\&=0.6+0.5-0.6\times 0.5=0.8\end{aligned}$$

(2) 所求的概率为

$$\begin{aligned}P(A\mid A\cup B)&=\frac{P(A(A\cup B))}{P(A\cup B)}=\frac{P(A)}{P(A\cup B)}\\&=\frac{0.6}{0.8}=0.75\end{aligned}$$

(3) 所求的概率为

$$\begin{aligned}P(A\mid A\bar{B}\cup\bar{A}B)&=\frac{P(A(A\bar{B}\cup\bar{A}B))}{P(A\bar{B}\cup\bar{A}B)}=\frac{P(A\bar{B})}{P(A\bar{B})+P(\bar{A}B)}\\&=\frac{P(A)P(\bar{B})}{P(A)P(\bar{B})+P(\bar{A})P(B)}\\&=\frac{0.6\times 0.5}{0.6\times 0.5+0.4\times 0.5}=0.6\end{aligned}$$

◇

例 1.5.4　设有电路如图所示,其中1,2,3,4为电子元件.设各电子元件的工作是相互独立的,且每一电子元件正常工作概率均为p.求L至R的系统正常工作的概率

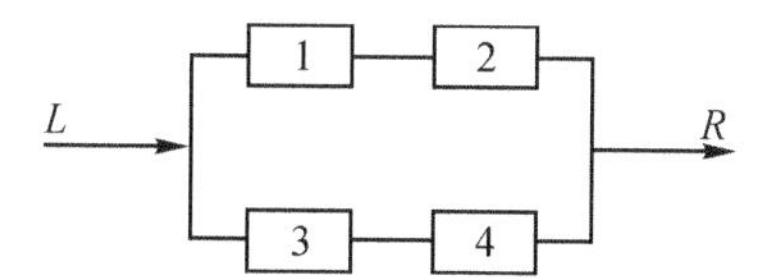

解　设$A_i=\{$第i个元件正常工作$\}$,$i=1,2,3,4$,$A=\{L$至R是通路$\}$,于是

$$A=A_1A_2\cup A_3A_4$$

利用A_1,A_2,A_3,A_4的独立性和概率的加法公式,有

$$\begin{aligned}P(A)&=P(A_1A_2)+P(A_3A_4)-P(A_1A_2A_3A_4)\\&=P(A_1)P(A_2)+P(A_3)P(A_4)-P(A_1A_2A_3A_4)\\&=p^2+p^2-p^4=2p^2-p^4\end{aligned}$$

◇

例 1.5.5　设试验成功的概率为$\varepsilon>0$,试证:不论ε如何小,当独立重复做该试验的次数$n\to\infty$时,A永远不出现的概率趋向于0.

证　记$A_k=\{A$于第k次试验中出现$\}$,则$P(A_k)=\varepsilon$,且在n次试验中A均不出现的概率为

$$P(\bar{A}_1\bar{A}_2\cdots\bar{A}_n)=P(\bar{A}_1)P(\bar{A}_2)\cdots P(\bar{A}_k)=(1-\varepsilon)^n\xrightarrow{n\to\infty}0$$

◇

该例的结果反过来也可以理解为,**小概率事件迟早会出现.**

此例说明,虽然小概率事件在一次试验中不太可能发生,但在不断重复该试验时,它却迟早会发生.人们常说的“智者千虑,必有一失”,“多行不义必自毙”等讲的就是这个道理.

1.5.2 伯努利概型

本节我们用事件的独立性来研究伯努利概型这一在古典概率论中占据重要地位的模型.

定义 1.5.4 如果试验 E 只有两个可能的结果:A 与 $\overline{A}$,并且 $P(A)=p,P(\overline{A})=1-p=q$,其中 $0<p<1$. 把 E 独立重复地做 n 次的试验构成了一个新试验,我们把这个新试验称作 n 重伯努利试验,有时简称为伯努利试验或伯努利概型,并记作 E^n.

伯努利人物介绍

伯努利试验是现实世界中大量随机现象中抽象出来的一种很基本的概率模型.例如,每个同学到图书馆去只有两种结果:借书或不借书.如果每个同学借书的概率为 p,并且每个同学是否借书是相互独立的,那么观察 n 个同学到图书馆的借书情况就构成一个伯努利试验.又如,人寿保险公司做人寿保险,一种最简单的情形是,只有受保人当年死亡,保险公司才付给受保家庭一定的赔偿金.这样,这个随机试验只有两种结果:“受保人死亡”和“受保人未死亡”.每个受保人是否死亡显然是相互独立的,于是 n 个人受保问题就是一个 n 重伯努利试验.这样的例子还有很多,在下一章的二项分布模型中还会有所涉及.

一个 n 重伯努利试验的结果或基本事件可以记作:

$$\omega=(\omega_1,\omega_2,\cdots,\omega_n)$$

其中的 $\omega_i(1\leqslant i\leqslant n)$ 表示第 i 次试验的结果,它或者为 A 或者为 $\overline{A}$.

如果 $\omega_i(1\leqslant i\leqslant n)$ 中恰好有 k 个为 A,则必有 $n-k$ 个为 $\overline{A}$,于是由独立性知

$$P(\omega)=p^kq^{n-k} \tag{1.5.4}$$

如果把事件 A 发生称作试验成功,那么事件

$$B_k=\{n\text{ 重伯努利试验中事件 }A\text{ 恰好出现 }k\text{ 次}\},0\leqslant k\leqslant n.$$

表示在 n 重伯努利试验恰好成功 k 次.

在伯努利概型中,人们很关心 B_k 发生的概率.例如,某天到图书馆借书的人数恰好是 k,某一年受保人群中死亡的人数恰好是 k,等等,都是重要的事件.弄清楚这些事件的概率,将有助于合理地安排图书馆的规模以及合理地确定保费,等等.

显然,如果 $\omega\in B_k$,则 $\omega_i(1\leqslant i\leqslant n)$ 中必恰好有 k 个为 A,$n-k$ 个为 $\overline{A}$,所以由(1.5.4),有 $P(\omega)=p^kq^{n-k}$,即所有属于 B_k 的基本事件的概率均相同.又因为 B_k 中这样的 ω 共有 $\binom{n}{k}$ 个,所以

$$P(B_k) = \binom{n}{k} p^k q^{n-k} \quad 0 \leqslant k \leqslant n \tag{1.5.5}$$

例 1.5.6　在四次独立试验中，事件 A 至少出现一次的概率为 0.5904，求在三次独立试验中，事件 A 出现一次的概率.

解　设 $P(A)=p$，$B_k=\{$在四次独立试验中事件 A 恰好出现 k 次$\}$，则由(1.5.4)，有

$$P(B_k) = \binom{4}{k} p^k (1-p)^{4-k}, 0 \leqslant k \leqslant 4$$

故由题意，至少出现一次的概率为

$$P(\bar{B}_0) = 1 - P(B_0) = 1 - (1-p)^4 = 0.5904$$

解得 $p=0.2$，从而在三次独立试验中事件 A 出现一次的概率为

$$P(B_1) = 3(0.2)(0.8)^2 = 0.384$$

◇

例 1.5.7　甲、乙两篮球运动员投篮命中率分别为 0.8 和 0.6，每人各投 3 次，求两人进球数相等的概率.

解　设 $A=\{$两人进球数相等$\}$，B_k，C_k 分别表示甲、乙恰好投中目标 k 次，$k=0,1,2,3$，则由题意知 B_k，C_k 相互独立，且有

$$A = \bigcup_{k=0}^{3} B_k C_k$$

故所求的概率为

$$P(A) = P\left(\bigcup_{k=0}^{3}(B_k C_k)\right) = \sum_{k=0}^{3} P(B_k C_k) = \sum_{k=0}^{3} P(B_k) P(C_k)$$

$$= \sum_{k=0}^{3} \binom{3}{k}(0.8)^k (0.2)^{3-k} \binom{3}{k} (0.6)^k (0.4)^{3-k} = 0.305$$

◇

例 1.5.8　有 2500 个同年龄段同一社会阶层的人参加某保险公司的人寿保险. 根据以前的统计资料，在一年里每个人死亡的概率为 0.0001. 每个参加保险的人 1 年付给保险公司 120 元保险费，而在死亡时其家属从保险公司领取 2 万元，求(不计利息)下列事件的概率：$A=\{$保险公司亏本$\}$；$B=\{$保险公司一年获利不少于 10 万元$\}$.

解　设 $A_k=\{$这 2500 个人中有 k 个人死亡$\}$，则由题意

$$P(A_k) = \binom{2500}{k} (0.0001)^k (0.9999)^{2500-k}, k = 0,1,2,\cdots,2500$$

欲使保险公司亏本，死亡人数 k 必须满足 $20000k > 2500 \times 120$，即 $k>15$，而欲使保险公司至少获利 10 万元，必须

$$2500 \times 120 - 20000k \geqslant 100000$$

即 $k \leqslant 10$，所以有

$$A = \bigcup_{k=16}^{2500} A_k, B = \bigcup_{k=0}^{10} A_k$$

保险公司亏本的概率为

$$P(A)=\sum_{k=16}^{2500}P(A_k)=\sum_{k=16}^{2500}\binom{2500}{k}(0.0001)^k(0.9999)^{2500-k}\approx 0.000001$$

1 年内至少获利 10 万元的概率为

$$P(B)=\sum_{k=0}^{10}P(A_k)=\sum_{k=0}^{10}\binom{2500}{k}(0.0001)^k(0.9999)^{2500-k}\approx 0.999993662 \qquad \diamond$$

由此可见,保险公司 1 年内获利 10 万元几乎是必然的.

对保险公司来说,保险费收太少了,获利将减少,保险费收太多了,参保人数将减少,获利也将减少.因此当死亡率不变与参保对象已知的情况下,为了保证公司的利益,收多少保险费就是很重要的问题.

注意,在本例中所涉及的计算量是相当大的,我们将在第二章和第五章给出一些近似方法以简化计算.

例 1.5.9 设某天到图书馆的人数恰好为 $k(k\geqslant 0)$ 的概率为 $\frac{\lambda^k}{k!}e^{-\lambda}(\lambda>0)$,每位到图书馆的人借书的概率为 $p(0<p<1)$,且借书与否相互独立,证明:借书的人数恰好为 r 的概率为 $\frac{(\lambda p)^r}{r!}e^{-\lambda p}$.

证 令 $A_k=\{$到图书馆的人数恰好为 $k\}$ $k=0,1,2,\cdots$,$B_r=\{$借书的人数恰好为 $r\}$,则在 A_k 已经发生的条件下,观察到图书馆的人是否借书相当于做了一个 k 重伯努利试验,所以有

$$P(B_r\mid A_k)=\begin{cases}\binom{k}{r}p^r(1-p)^{k-r}, & k\geqslant r\\ 0, & k<r\end{cases}$$

又因为 $A_0,A_1,A_2,\cdots$ 构成了样本空间的一个划分,所以由全概率公式,有

$$P(A)=\sum_{k=0}^{\infty}P(B_r\mid A_k)P(A_k)=\sum_{k=r}^{\infty}\binom{k}{r}p^r(1-p)^{k-r}\frac{\lambda^k}{k!}\mathrm{e}^{-\lambda}$$

$$=\frac{(\lambda p)^r\mathrm{e}^{-\lambda}}{r!}\sum_{k=r}^{\infty}\frac{[\lambda(1-p)]^{k-r}}{(k-r)!}=\frac{(\lambda p)^r\mathrm{e}^{-\lambda}}{r!}\mathrm{e}^{\lambda(1-p)}=\frac{(\lambda p)^r}{r!}\mathrm{e}^{-\lambda p} \qquad \diamond$$

最后,特别提出本章的基本解题步骤.

(1)用符号表达相关的事件;

(2)找出事件之间的相互关系,并用符号表示;

(3)利用概率的性质或公式计算所求的概率.

为了对以上的基本解题步骤有更深刻的印象,下面再举一个例子.

例 1.5.10 设试验 E 为"同时抛两枚骰子",事件 A 表示"出现的点数之和为 7",事

件 B 表示“出现的点数为 9”. 现独立重复做试验 E,问事件 A 在事件 B 之前出现的概率是多少?

解　设 C={事件 A 在事件 B 之前出现}, A_k = {在第 k 次试验中 A 出现}, B_k = {在第 k 次试验中 B 出现}, C_k = {在第 k 次试验中事件A 与事件B 均没有出现}, $k=1,2,\cdots$

则有

$$P(A_k)=\frac{1}{6},P(B_k)=\frac{1}{9}$$

$$P(C_k)=P(\overline{A_k\cup B_k})=1-P(A_k)-P(B_k)=\frac{13}{18},k=1,2,\cdots$$

且

$$C=\bigcup_{k=1}^{+\infty}C_1\cdots C_{k-1}A_k$$

于是由独立性,有

$$\begin{aligned}P(C)&=\sum_{k=1}^{\infty}P(C_1\cdots C_{k-1}A_k)=\sum_{k=1}^{\infty}P(C_1)\cdots P(C_{k-1})P(A_k)\\&=\sum_{k=1}^{\infty}\left(\frac{13}{18}\right)^{k-1}\frac{1}{6}=\frac{1}{6}\cdot\frac{1}{1-(13/18)}\\&=\frac{3}{5}\end{aligned}$$

◇

练习题

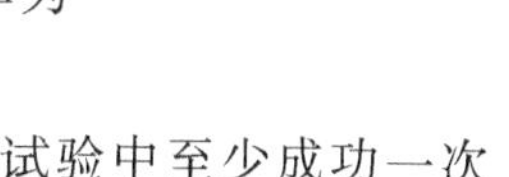

§1.5　练习题解答

(1)填空题

(a)已知随机事件相互独立, $P(A)=a,P(B)=b$, 如果事件 C 发生必然导致事件 A 和 B 同时发生,则事件 A,B,C 都不发生的概率为________.

(b) 如果每次试验的成功率都是 p,并且已知在三次独立重复试验中至少成功一次的概率为 19/27,则 $p=$ ________.

(2)选择题

某射手的命中率为 $p(0<p<1)$, 该射手第 k 次命中目标时恰好射击了 n 次的概率为　　(　　)

(A) $p^k(1-p)^{n-k}$　　(B) $\binom{n}{k}p^k(1-p)^{n-k}$

(C) $\binom{n-1}{k}p^k(1-p)^{n-k}$　　(D) $\binom{n-1}{k-1}p^k(1-p)^{n-k}$

习题一

1.写出下列试验的样本空间:

(1)将一枚硬币抛掷三次,观察正面出现的次数;

(2)一射手对某目标进行射击,直到击中目标为止,观察其射击次数;

(3)在单位圆内任取一点,记录它的坐标;

(4)在单位圆内任取两点,观察这两点的距离;

(5)掷一颗质地均匀的骰子两次,观察前后两次出现的点数之和;

(6)将一尺之棰折成三段,观察各段的长度;

(7)观察某医院一天内前来就诊的人数.

2.设 A,B,C 为三事件,用 A,B,C 的运算关系表示下列各事件:

(1) A 发生但 B 与 C 均不发生;

(2) A 发生,且 B 与 C 至少有一个发生;

(3) A,B,C 至少有一个发生;

(4) A,B,C 恰好有一个发生;

(5) A,B,C 至多有两个发生;

(6) A,B,C 不全发生.

3.设 $P(A)=x,P(B)=y$ 且 $P(AB)=z$,用 x,y,z 表示下列事件的概率:$P(\overline{A}\cup\overline{B})$;$P(\overline{A}B)$;$P(\overline{A}\cup B)$;$P(\overline{A}\,\overline{B})$.

4.设随机事件 A,B 及其和事件 $A\cup B$ 的概率分别为 0.4,0.3 和 0.6,求 $P(A\overline{B})$.

5.设 A,B 为随机事件,$P(A)=0.7,P(A-B)=0.3$,求 $P(\overline{AB})$.

6,已知 $P(A)=P(B)=P(C)=\frac{1}{4},P(AB)=0,P(AC)=P(BC)=\frac{1}{9}$,求事件 A、B、C 全不发生的概率.

7.设对于事件 A,B,C,有 $P(A)=P(B)=P(C)=\frac{1}{4},P(AB)=P(BC)=0$,$P(AC)=\frac{1}{8}$,试求 A,B,C 三个事件中至少出现一个的概率.

8.设 A,B 是两个事件.(1) 已知 $A\overline{B}=\overline{A}B$,验证 $A=B$;(2) 计算 A 与 B 恰好有一个发生的概率.

9.在标有 1 号到 10 号的 10 个纪念章中任选 3 个,(1)求最小号码为 5 的概率;(2)最大号码为 5 的概率.

10.某大学生演讲协会共有 12 名学生,其中有 5 名一年级的学生,2 名二年级的学生,3 名三年级的学生,2 名四年级的学生,现在要随机选取几名学生出去参加演讲比赛,(1)如果参加比赛的学生名额为 4 个,问每个年级的学生各有 1 名的概率;(2)如果参加比赛的学生名额为 5 个,问每个年级的学生均包含在内的概率.

11. 在 1500 个产品中有 400 个次品、1100 个正品. 任取 200 个. (1)求恰有 90 个次品的概率;(2)求至少有 2 个次品的概率.

12. 从 5 双鞋子中任取 4 只,问这 4 只鞋子至少有两只配成一双的概率是多少?

13. 设 10 件产品中有 4 件不合格品,从中任取两件,已知所取两件产品中有一件是不合格品,试求另一件也是不合格品的概率.

14. (1)已知 $P(\bar{A})=0.3, P(B)=0.4, P(A\bar{B})=0.5$, 求 $P(B \mid A\cup\bar{B})$;

(2) 已知 $P(A)=1/4, P(B\mid A)=1/3, P(A\mid B)=1/2$, 试求 $P(A\cup B)$.

15. 设 M 件产品中有 m 件是不合格品,从中任取两件. (1)在所取的产品中有一件是不合格品的条件下,求另一件也是不合格品的概率;(2)在所取的产品中有一件是合格品的条件下,求另一件是不合格品的概率.

16. 一批产品共 20 件,其中 5 件是次品,其余为正品. 现从这 20 件产品中不放回地任意抽取三次,每次只取一件,求下列事件的概率:

(1)在第一、第二次取到正品的条件下,第三次取到次品;

(2)第三次才取到次品;

(3)第三次取到次品.

17. 已知在 10 件产品中有 2 件次品,在其中取两次,每次任取一件,做不放回抽样,运用乘法公式计算下列事件的概率:(1)两件都是正品;(2)两件都是次品;(3)一件是次品,一件是正品;(4)第二次取出的是次品.

18. 设甲袋中装有 n 只白球和 m 只红球;乙袋中装有 N 只白球和 M 只红球. 今从甲袋中任意取一只球放入乙袋中,再从乙袋中任意取一只球,求取到白球的概率.

19. 两台车床加工同样的零件,第一台出现不合格品的概率是 0.03,第二台出现不合格品的概率是 0.06,加工出来的零件放在一起,并且已知第一台加工的零件数比第二台加工的零件数多一倍. (1)求任取一个零件是合格品的概率; (2) 如果取出的零件是不合格品,求它是由第二台车床加工的概率.

20. 有朋友自远方来,他乘火车、轮船、汽车、飞机来的概率分别为 0.3,0.2,0.1,0.4,如果他乘火车、轮船、汽车来的话,迟到的概率分别为 $\frac{1}{4}$, $\frac{1}{3}$, $\frac{1}{12}$,而乘飞机则不会迟到,求:

(1)他迟到的概率;

(2)他迟到了,他乘火车来的概率为多少?

21. 设工厂 A 和工厂 B 的产品的次品率分别为 1% 和 2%,现从由 A 和 B 的产品分别占 60% 和 40% 的一批产品中随机抽取一件，发现是次品，试求该次品属 A 生产的概率.

22. 有两箱同种类的零件，第一箱装有 50 只，其中 10 只一等品；第二箱装 30 只，其中 18 只一等品. 今从两箱中任挑出一箱，然后从该箱中取零件两次，每次任取一只，取后不放回，试求：

(1)第一次取到的零件是一等品的概率；

(2)第一次取到的零件是一等品的条件下，第二次取到的也是一等品的概率.

23. 袋中装有编号为 $1,2,\cdots,n$ 的 n 个球，先从袋中任取一球，如该球不是 1 号球就放回袋中，是 1 号球就不放回，然后再取一球，求取到 2 号球的概率.

24. 随机选择的一个家庭正好有 k 个孩子的概率为 p_k，$k=0,1,2,\cdots$，又假设各个孩子的性别独立，且生男生女的概率各为 0.5，试求一个家庭中所有孩子均为同一性别的概率(当孩子的个数为 0 时也认为所有孩子为同一性别).

25. 根据以往的临床记录，知道癌症患者对某种试验呈阳性反应的概率为 0.95，非癌症患者对这试验呈阳性反应的概率为 0.01. 已知被试验者患有癌症的概率为 0.005，若某人对试验呈阳性反应，求此人患有癌症的概率.

26. 美国总统常常从经济顾问委员会寻求各种建议. 假设有三个持有不同经济理论的顾问 A,B,C，总统正在考虑采取一项关于工资和价格控制的新政策，并关注这项政策对失业率的影响，每位顾问就这种影响给总统一个个人预测，他们所预测的失业率变化的概率由下表给出：

	下降(D)	维持原状(S)	上升(R)
顾问 A	0.1	0.1	0.8
顾问 B	0.6	0.2	0.2
顾问 C	0.2	0.6	0.2

用字母 A,B,C 分别表示顾问 A,B,C 正确的事件，根据以往与这些顾问一起工作的经验，总统已经形成了关于每位顾问有正确的经济理论的可能性的一个先验估计，分别为：

$$P(A)=\frac{1}{6}\qquad P(B)=\frac{1}{3}\qquad P(C)=\frac{1}{2}$$

假设总统采纳了所提出的新政策，一年后，失业率上升了，总统应如何调整它对其顾问的理论正确性的估计.

27. 设两两相互独立的三事件 A,B,C 满足条件：$ABC=\varnothing$，$P(A)=P(B)=P(C)<\frac{1}{2}$，且已知 $P(A\cup B\cup C)=\frac{9}{16}$，试求 $P(A)$.

28.设两个相互独立的随机事件 A 和 B 都不发生的概率为 $1/9$，A 发生 B 不发生的概率与 B 发生 A 不发生的概率相等，试求 $P(A)$.

29. 射手对同一目标独立地进行四次射击，若至少命中一次的概率为$\frac{80}{81}$，试求该射手的命中率.

30.甲、乙、丙三人独立地向同一飞机射击，设击中的概率分别为 0.4，0.5，0.7. 如果只有一人击中，则飞机被击落的概率为 0.2，如果有两人击中，则飞机被击落的概率为 0.6；如果三人都击中，则飞机一定被击落. 求飞机被击落的概率.

31.(1)做一系列独立的试验，每次试验中成功的概率为 p，求在成功 n 次之前已经失败了 $m+1$ 次的概率；

(2)构造适当的概率模型证明等式

$$\binom{m}{m}+\binom{m+1}{m}+\cdots+\binom{m+n-1}{m}=\binom{m+n}{m+1}$$

32.假设一厂家生产的每台仪器，以概率 0.70 可以直接出厂；以概率 0.30 需进一步调试，经调试后以概率 0.80 可以出厂，以概率 0.20 定为不合格不能出厂，现该厂新生产了 $n(n \geqslant 2)$ 台仪器(假设各台仪器的生产过程相互独立). 求：

(1) 全部能出厂的概率 α；

(2)其中恰好有两件不能出厂的概率 β；

(3)其中至少有两件不能出厂的概率 θ.

习题一解答

第二章　随机变量及其分布

第一章我们讨论了事件及其概率,并初步掌握了一些基本的概率计算方法. 本章我们将引入随机变量和分布函数这两个重要的概念,并介绍一些常见的重要分布.

§2.1　随机变量

概率论是从数量上来研究随机现象内在规律性的,为了更方便有效地研究随机现象,需要用数学分析的方法来研究. 因此为了便于数学上的推导和计算,就需将任意的随机事件数量化. 当把一些非数量表示的随机事件用数字来表示时,就建立起了随机变量的概念.

例 2.1.1　抛一枚硬币,观察正反面的出现情况.

显然,该试验有两个结果,即正面 H 和反面 T,如果我们引入记号

$$X = X(\omega) = \begin{cases} 1, & \omega = H \\ 0, & \omega = T \end{cases}$$

则我们就可以用 $\{X = 1\}$ 表示出现正面,$\{X = 0\}$ 表示出现反面.

由于 X 的可能取值不止一个,因此它是一个变量,又由于在试验前我们无法确定它会取哪一个具体的值,因此它与我们以前接触过的变量有所不同,我们将其称之为随机变量.

下面我们可以给出随机变量的一般定义.

定义 2.1.1　设随机试验的样本空间是 S, 如果 $X = X(\omega)$ 是定义在样本空间 S 上的实值函数,即对于每一个 $\omega \in S$, 总有一个确定的实数 $X(\omega)$ 与其对应,则称 $X = X(\omega)$ 为**随机变量**.

通常用英文字母后面的大写字母(可以带下标),如 U,V,X,Y,Z,X_1,Y_2 等,表示随机变量,而随机变量可能的取值则用相应的小写字母表示.

随机变量具有如下一些特点:

(1) 虽然随机变量是一个函数,但它与普通的函数有着本质的差别. 这是因为,普通函数是定义在实数轴上的,而随机变量是定义在样本空间上的 (样本空间的元素不一定是实数);

(2) 随机变量的取值随试验的结果而定，因此试验之前，我们只知道它可能取值的范围，而不能预知它取什么值；

(3)由于试验各个结果的出现有一定的概率，因此随机变量取各个值也有一定的概率.

随机变量按其取值可以分为两大类：离散型随机变量和非离散型随机变量. 如果随机变量的所有可能取值是有限的或者是可列无穷的(可以表示成一个数列)，则称它为离散型随机变量；非离散型随机变量可分为连续型随机变量和奇异型随机变量，其中连续型随机变量的可能取值可以充满整个区间. 在本书中我们重点讨论离散型随机变量和连续型随机变量.

例 2.1.2　从一批产品中随机抽取 10 个进行检验，其中含有的废品数 X 是一个随机变量，它的所有可能取值是 $0,1,\cdots,10$，因此它是一个离散型随机变量.

例 2.1.3　某商店在某天的顾客数 X 是一个随机变量，它的所有可能取值是 $0,1,\cdots$，因此它是一个离散型随机变量.

例 2.1.4　某品牌的电视机的寿命 X 是一个随机变量，它的所有可能取值是 $[0,+\infty)$，因此它是一个连续型随机变量.

引入随机变量以后，随机事件就可以用随机变量在某范围的取值来表示.

例如，若我们用 X 表示某台电视机的寿命，并且规定寿命超过 10000 个小时的电视机为合格品，则“该电视机为合格品”这一事件就可以表示为 $\{X>10000\}$；又如，由两个人负责维修 10 台机器，设 X 为同时出故障的机器数，则机器出故障而来不及维修这一事件可以表示为 $\{X>2\}$；再如，设 X,Y 分别表示甲乙两队在一场篮球对抗赛中各自的得分，则甲获胜这一事件可以表示为 $\{X>Y\}$；等等.

§ 2.2　离散型随机变量

2.2.1　分布律

定义 2.2.1　如果随机变量只取有限或可列无穷(可以表示成一个数列)个值，则称它为**离散型随机变量**.

对于离散型随机变量，关键是要确定以下两点：(1)所有可能的取值；(2)取每一个值的概率.

设离散型随机变量 X 的所有可能取值为 $x_1,x_2,\cdots,x_k$，且

$$P(X=x_k)=p_k,(k=1,2,\cdots) \tag{2.2.1}$$

则称(2.2.1)式是离散型随机变量 X 的**分布律**或**概率分布**.

分布律也表示成如下的表格形式：

X	x_1	x_2	$\cdots$	x_n	$\cdots$
P	p_1	p_2	$\cdots$	p_n	$\cdots$

或

$$X \sim \begin{pmatrix} x_1 & x_2 & \cdots & x_n \\ p_1 & p_2 & \cdots & p_n \end{pmatrix}$$

由概率的性质,离散型随机变量的分布律具有以下两个基本性质:

(1) 非负性:$0 \leqslant p_k \leqslant 1$;

(2) 规范性:$\sum\limits_{k=1}^{\infty} p_k = 1$.

这两个性质也是判断一个数列 $p_1, p_2, \cdots, p_k, \cdots$ 能否成为某个随机变量的分布律的充分必要条件.

例 2.2.1 已知随机变量 X 的分布律是

$$P(X = k) = c \cdot \left(\frac{2}{3}\right)^k, (k = 1,2,3,\cdots)$$

求 (1) 常数 c;(2) $P\left(\frac{1}{2} < X < \frac{5}{2}\right)$.

解 (1) 由分布律的性质,有

$$\sum_{k=1}^{+\infty} p_k = \sum_{k=1}^{+\infty} c \cdot \left(\frac{2}{3}\right)^k = c \cdot \frac{2/3}{1-2/3} = 2c = 1$$

解得,$c = \frac{1}{2}$

(2) $$P\left(\frac{1}{2} < X < \frac{5}{2}\right) = P(\{X = 1\} \cup \{X = 2\}) = P(X = 1) + P(X = 2) = \frac{5}{9}$$ ◇

2.2.2 常见离散型随机变量的分布律

1. 单点分布(退化分布)

若随机变量 X 的分布律为

$$P(X = c) = 1 \tag{2.2.2}$$

则称 X 服从**单点分布**或**退化分布**.

2. 两点分布(0—1 分布)

若随机变量 X 的分布律为

$$P(X = k) = p^k(1-p)^{1-k}, (k = 0,1) \tag{2.2.3}$$

或

X	0	1
P	$1-p$	p

则称 X 服从**参数为 p 的两点分布或 0—1 分布**.

背景:如果试验的结果只有两个:成功与失败,并且成功的概率为 p,则成功的次数 X 服从参数为 p 的 0—1 分布.

3. 二项分布

若随机变量 X 的分布律为

$$P(X=k)=\binom{n}{k}p^k(1-p)^{n-k}\ (k=0,1,2,\cdots,n) \tag{2.2.4}$$

则称 X 服从参数为 n,p 的二项分布,记作 $X\sim B(n,p)$ 或 $X\sim b(n,p)$.

背景:二项分布的背景是伯努利试验:如果每次试验中事件 A 发生的概率均为 p,则在 n 重伯努利试验中 A 发生的次数服从参数为 n,p 的二项分布.

例 2.2.2 投掷一颗均匀骰子 n 次,求 (1) 恰好得到一个 6 点的概率;(2) 至少得到一个 6 点的概率;(3) 为了以 0.5 的概率保证至少得到一个 6 点,则至少要投掷几次?

解 设 X 表示掷一个均匀骰子 n 次出现 6 点的次数,则由题意知 $X\sim B\left(n,\frac{1}{6}\right)$.

(1)所求的概率为

$$P(X=1)=\binom{n}{1}\frac{1}{6}\cdot\left(\frac{5}{6}\right)^{n-1}=\frac{n\cdot 5^{n-1}}{6^n}$$

二项分布模拟实验

(2) 所求的概率为

$$P(X\geqslant 1)=1-P(X=0)=1-\left(\frac{5}{6}\right)^n$$

(3) 由题意知需要求最小的正整数 n,使得

$$1-\left(\frac{5}{6}\right)^n\geqslant\frac{1}{2}$$

解得

$$n\geqslant\frac{\ln 2}{\ln 6-\ln 5}\approx 3.8$$

所以,至少要投掷 4 次才能保证以 0.5 的概率保证至少得到一个 6 点. ◇

例 2.2.3 某车间每天都要进行噪声水平检验,平均 10 天中有 2 天超标,今环保机构派人来车间检查 5 天,试求 (1) 在检查期间未发现噪声超标的概率;(2) 在检查期间有 2 天或 3 天发现噪声超标的概率.

解 设 X 表示检查 5 天噪声水平超标的天数,则 $X\sim B(5,0.2)$.

(1) 所求的概率为

$$P(X=0)=\binom{n}{0}\left(\frac{1}{5}\right)^0\cdot\left(\frac{4}{5}\right)^5=\left(\frac{4}{5}\right)^5=0.3277$$

(2)所求的概率为

$$P(2\leqslant X\leqslant 3)=P(X=2)+P(X=3)=0.2560$$ ◇

例 2.2.4 一本 500 页的书共有 1000 个错字，每个错字等可能出现在每一页上，试估计在给定的一页上至少有三个错字的概率.

解 设 X 为在给定的一页上出现的错字数，则 $X\sim B\left(1000,\frac{1}{500}\right)$. 从而

$$P(X\geqslant 3)=1-P(X\leqslant 2)=1-\sum_{k=0}^{2}\binom{1000}{k}(0.002)^k(0.998)^{1000-k}$$ ◇

由于 $n=1000$ 很大，这个概率的计算量是很大的，为此，我们引入计算二项分布的近似公式. 下面定理给出了近似计算公式的理论依据.

定理 2.2.1(泊松定理) 假设在 n 重伯努利试验中，随着试验次数 n 无限增大，而事件出现的概率 p_n 无限缩小，且当 $n\to+\infty$ 时有 $np_n\to\lambda$，则

$$\lim_{n\to\infty}\binom{n}{k}p_n^k(1-p_n)^{n-k}=\frac{\lambda^k}{k!}e^{-\lambda}\tag{2.2.5}$$

泊松定理模拟实验

由于 Poisson 定理是在 $np_n\to\lambda$ 条件下得到的，所以在计算二项分布有关概率时，当 n 很大，p 很小，而 $\lambda=np$ 大小适中时，可以用下列近似公式：

$$\binom{n}{k}p^k(1-p)^{n-k}\approx\frac{\lambda^k}{k!}e^{-\lambda}\tag{2.2.6}$$

例 2.2.4 续 由于 $\lambda=np=2$，所以

$$P(X\geqslant 3)\approx 1-\sum_{k=0}^{2}\frac{2^k}{k!}e^{-2}=0.323324$$ ◇

例 2.2.5 假设生三胞胎的概率为 10^{-4}，求在 10^5 次生育中有 0,1,2 次生三胞胎的概率.

解 设 X 为在 10^5 次生育中生三胞胎的次数，则 $X\sim B\left(100000,\frac{1}{10000}\right)$. 从而

$$P(X=0)=\binom{100000}{0}(0.0001)^0(0.9999)^{100000}=0.00004578$$

$$P(X=1)=\binom{100000}{1}(0.0001)^1(0.9999)^{100000-1}=0.00045382$$

$$P(X=2)=\binom{100000}{2}(0.0001)^2(0.9999)^{100000-2}=0.0022693$$

由于 $\lambda = np = 10$，所以用近似计算公式得：

$$P(X=0) \approx \frac{10^0}{0!}e^{-10} = 0.0000454$$

$$P(X=1) \approx \frac{10^1}{1!}e^{-10} = 0.000454$$

$$P(X=2) \approx \frac{10^2}{2!}e^{-10} = 0.002270$$

可见两者的结果是很接近的. ◇

4. 泊松(Poisson)分布

若离散型随机变量 X 的分布律为：

$$P(X=k) = \frac{\lambda^k}{k!}e^{-\lambda} (k=0,1,2,\cdots) \tag{2.2.7}$$

泊松人物介绍

则称随机变量 X 服从**参数为 λ 的泊松分布**，记作 $X \sim P(\lambda)$.

泊松分布是一个非常常用的分布律，根据泊松定理，在大量试验中稀有事件发生的次数可以近似地用泊松分布来描述. 该分布常与单位时间、单位面积等上的计数过程相联系. 例如一小时内来到某百货公司中顾客数、单位时间内某电话交换机接到的呼唤次数和布匹上单位面积的疵点数等随机现象都可以用泊松分布来描述. 附表 1 给出了不同 λ 值对应的泊松分布的值.

例 2.2.6　假设每年袭击某地的台风次数服从 $\lambda = 8$ 的泊松分布，求该地一年中受台风袭击次数 (1) 小于 6 次的概率；(2) 介于 7～9 次的概率.

解　设 X 是该地一年中受台风袭击次数，则 $X \sim P(8)$，从而

$$P(X \leqslant 5) = \sum_{k=0}^{5} \frac{8^k}{k!}e^{-8} = 0.191236$$

泊松分布模拟实验

$$P(7 \leqslant X \leqslant 9) = \sum_{k=7}^{9} \frac{8^k}{k!}e^{-8} = 0.403251$$ ◇

例 2.2.7　某商店出售某种商品，根据历史记录分析，每月的销售量服从参数为 4 的泊松分布. 问在月初至少要进这种商品多少件才能以 0.95 概率保证满足顾客对这种商品的需要?

解　设 X 是每月的销售量，则 $X \sim P(4)$. 由题意，需要确定一个最小的进货数 x 使得

$$P(X \leqslant x) = \sum_{k=0}^{x} \frac{4^k e^{-4}}{k!} \geqslant 0.95$$

或

$$P(X > x) = \sum_{k=x+1}^{+\infty} \frac{4^k e^{-4}}{k!} \leqslant 0.05$$

查泊松分布表得，$x = 8$. 因此，在月初至少进 8 件这种产品才能以 0.95 概率保证满

足顾客对这种商品的需要. ◇

例 2.2.8 设有 80 台同类型设备,各台工作是相互独立的,发生故障的概率都是 0.01,且一台机器的故障能由一个人处理.考虑两种配备维修工人的方法,其一是由 4 人维修,每人负责 20 台;其二是由 3 人共同维修 80 台.试比较这两种方法在设备发生故障时不能及时维修的概率的大小.

解 先考虑第一种方法

以 X 表示第一个人维护的 20 台机器中同一时刻发生故障的台数,则 $X \sim B(20, 0.01)$. 于是,第一个人来不及维修的概率为

$$P\{X \geqslant 2\} = 1 - P\{X = 0\} - P\{X = 1\}$$
$$= 1 - (0.99)^{20} - 20(0.01)(0.99)^{19} = 0.0169$$

设 A 为"四个人中至少有一个人来不及维修"这一事件,则有

$$P(A) \geqslant P\{X \geqslant 2\} = 0.0169$$

再考虑第二种方法

以 Y 表 3 个人共同维护的 80 台机器中同一时刻发生故障的台数,则 $Y \sim B(80, 0.01)$. 于是他们来不及维修的概率为 $(\lambda = np = 0.8)$

$$P\{Y \geqslant 4\} = \sum_{k=4}^{+\infty} \frac{(0.8)^k}{k!} e^{-0.8} = 0.00908 < P(A)$$

所以,按第一种方法在设备发生故障时来不及维修的概率比按第二种方法要大. ◇

5. 几何分布

若离散型随机变量 X 的分布律为:

$$P(X = k) = pq^{k-1}, (k = 1, 2, \cdots) \tag{2.2.8}$$

则称 X 服从**参数为 p 的几何分布**,记为 $X \sim g(p)$.

背景:假设每次试验的结果只有两个,即事件 A 发生或不发生,且 $P(A) = p$. 一次次重复做该试验,记 X 为事件 A 首次发生时所需的试验次数,则 $X \sim g(p)$.

例 2.2.9 从 0,1,2,3 四个数字中随机取一个,取后放回,再取,再放回,直到取到 0 时停止,求(1)所取次数 X 的分布律;(2)至少取 k 次的概率.

解 每次取数只有两个结果:取到数 0 和没有取到数 0,且取到数 0 的概率为 $p = 0.25$, 所以

$$P(X = i) = 0.25 \times 0.75^{i-1} \quad (i = 1, 2, \cdots)$$

$$P(X \geqslant k) = \sum_{i=k}^{+\infty} 0.25 \times 0.75^{i-1} = 0.25 \cdot \frac{0.75^{k-1}}{1 - 0.75} = 0.75^{k-1}$$ ◇

例 2.2.10 **(几何分布的无记忆性)**设每次试验的成功率为 p,现重复独立地做某一试验,已知试验做了 n 次都没有成功,求再做 m 次试验依然没有成功的概率.

解 设 X 为试验首次成功时所需的试验次数,则 $X \sim g(p)$. 试验做了 n 次都没有成

功的概率为

$$P\{X > n\} = \sum_{k=n+1}^{+\infty}(1-p)^{k-1}p = \frac{p(1-p)^n}{1-(1-p)} = (1-p)^n$$

类似地，试验做了 $n+m$ 次都没有成功的概率为

$$P\{X > n+m\} = (1-p)^{n+m}$$

由题意，所求的概率为

$$\begin{aligned} P(X > m+n \mid X > n) &= \frac{P(X > m+n, X > n)}{P(X > n)} \\ &= \frac{P(X > m+n)}{P(X > n)} = \frac{(1-p)^{m+n}}{(1-p)^n} \\ &= (1-p)^m \end{aligned}$$

◇

本例告诉我们，在试验做了 n 次都没有成功的条件下，再做 m 次试验依然没有成功的概率与之前所做的试验次数 n 无关. 这个性质常常被称为**几何分布的无记忆性**.

6. 超几何分布

若离散型随机变量 X 的分布律为：

$$P(X=m) = \frac{\binom{M}{m}\binom{N-M}{n-m}}{\binom{N}{n}} \quad (m=0,1,\cdots,n) \tag{2.2.9}$$

称 X 服从**超几何分布**.

背景：假设有 N 个产品，其中 M 个是正品，$N-M$ 个次品，从中一次性地取出 n 个产品，则其中含有的正品数 X 服从超几何分布.

注：超几何分布的取值范围应该为：$\max\{0, n-N+M\}, \cdots, \min\{n, M\}$. 但是，如果当 $k<0$ 或 $k>n$ 时我们规定 $\binom{n}{k}=0$，则(2.2.9)式对所有情况成立.

7. 幂律分布

若随机变量 X 的分布律为

$$P\{X=k\} = \frac{C}{k^{\gamma}}, (k=1,2,\cdots) \tag{2.2.10}$$

其中幂次 $\gamma > 1$，C 为归一化(满足规范性条件)常数，则称 X 服从参数为 γ 的**幂律分布**.

若 $\gamma = 2$，则由规范性条件，$\sum_{k=1}^{\infty}\frac{C}{k^2}=1$，可得 $C=\frac{6}{\pi^2}$.

背景：随着科学研究领域的深入，幂律分布的重要性也越来越多地被科学工作者所认识. 幂律分布具有与正态分布截然不同的性质，它是在科学家对大量复杂系统的研究过程中发现的又一个普适的分布，它常常又被称为复杂系统的“指纹”(fingerprint). 近期

的一些研究表明,单词使用的频数 ($\gamma = 2.20$)、科研论文被引用的次数 ($\gamma = 3.04$)、web 的点击数 ($\gamma = 2.40$)、畅销书的销售量 ($\gamma = 3.51$)、电话的呼叫次数 ($\gamma = 2.22$)、地震的震级 ($\gamma = 3.04$)、月球陨石坑的直径 ($\gamma = 3.14$)、太阳伽马射线的强度 ($\gamma = 1.83$)、战争的强度 ($\gamma = 1.80$)、富有人群的财富 ($\gamma = 2.09$)、姓氏的频率 ($\gamma = 1.94$)、城市的人口 ($\gamma = 2.30$),等等,均服从幂律分布.

练习题

§2.2 练习题解答

(1)填空题

(a) 已知某自动生产线加工出的产品次品率为 0.01,检验人员每天检验 8 次,每次从已生产出的产品中随意取 10 件进行检验,如果发现其中有次品就去调整设备,那么一天至少要调整设备一次的概率为__________.

(b) 袋中有 8 个球,其中 3 个白球,5 个黑球. 现从中随意取出 4 个球,如果 4 个球中有 2 个白球 2 个黑球,试验停止,否则将 4 个球放回袋中重新抽去 4 个球,直至取到 2 个白球 2 个黑球为止. 用 X 表示抽取次数,则 $P\{X = k\} =$ ______________.

(2)选择题

设随机变量 X 服从参数为 λ 的泊松分布,已知 $2P(X = 1) = P(X = 2)$,则参数 λ 等于 ( )

(A)1 (B)2 (C)3 (D)4

§2.3 随机变量的分布函数

由于某些随机变量的取值充满某个区间,因此分布律已不能用来描述这类随机变量取值的统计规律性. 为了统一研究各种类型的随机变量,引入一个新的概念——分布函数.

定义 2.3.1 设 X 是一个随机变量,x 是任意实数,称

$$F(x) = P(X \leqslant x) \tag{2.3.1}$$

为随机变量 X 的**分布函数**,称 X 服从 $F(x)$,记为 $X \sim F(x)$.

从分布函数的定义可知,任意随机变量 X(离散的或非离散的)都有一个分布函数. 有了分布函数,就可以据此计算与随机变量 X 有关事件的概率. 例如,设 $F(x)$ 是随机变量 X 的分布函数,则对于任意的 $a < b$,有

$$P(a < X \leqslant b) = P(X \leqslant b) - P(X \leqslant a) = F(b) - F(a) \tag{2.3.2}$$

$$P(X < b) = \lim_{\Delta x \to 0^+} P(X \leqslant b - \Delta x) = F(b - 0)$$

因此,由分布函数就可以确定随机变量在某一区间内取值的概率.

定理 2.3.1(分布函数的基本性质) 设随机变量 X 的分布函数为 $F(x)$,则有

(1) $F(x)$ 是 x 单调不减函数；

(2) $0 \leqslant F(x) \leqslant 1$，且

$$F(-\infty) \hat{=} \lim_{x \to -\infty} F(x) = 0, F(+\infty) \hat{=} \lim_{x \to +\infty} F(x) = 1 \tag{2.3.3}$$

(3) $F(x)$ 是 x 右连续函数.

证　(1)对任意 $x_1 < x_2$，由于 $\{X \leqslant x_1\} \subset \{X \leqslant x_2\}$，所以

$$F(x_1) = P(X \leqslant x_1) \leqslant P(X \leqslant x_2) = F(x_2)$$

即 $F(x)$ 是 x 单调不减函数.

其余的证明由于涉及有关概率连续性等高级知识,故从略.　◇

反过来可以证明,如果有一个函数 $F(x)$ 满足上述三个性质,则必存在一个随机变量 X,其分布函数为 $F(x)$.

例 2.3.1　设随机变量 X 的分布律是

离散型随机变量分布模拟实验

X	-1	2	3
P	0.4	0.3	0.3

求随机变量 X 的分布函数.

解　由分布函数的定义,有

$$F(x) = P(X \leqslant x) = \begin{cases} 0, & x < -1 \\ 0.4, & -1 \leqslant x < 2 \\ 0.4 + 0.3, & 2 \leqslant x < 3 \\ 0.4 + 0.3 + 0.3, & x \geqslant 3 \end{cases} = \begin{cases} 0, & x < -1 \\ 0.4, & -1 \leqslant x < 2 \\ 0.7, & 2 \leqslant x < 3 \\ 1, & x \geqslant 3 \end{cases}$$

◇

一般地,若随机变量 X 的分布律为

$$P(X = x_k) = p_k, k = 1, 2, \cdots$$

则由概率的可加性,可得分布函数为

$$F(x) = P(X \leqslant x) = \sum_{x_k \leqslant x} P(X = x_k) = \sum_{x_k \leqslant x} p_k \tag{2.3.4}$$

上式右端是对所有满足 $x_k \leqslant x$ 的 k 求和. 可以看出，$F(x)$ 在 X 可能的取值 x_k 处发生跳跃,其跳跃的高度为 X 取该值的概率.

因此,离散型随机变量的分布函数不是连续函数,并且常见的离散型分布的分布函数都是阶梯函数.

例 2.3.2　设随机变量的分布函数为

$$F(x) = \begin{cases} 0, & x \leqslant 0 \\ Ax^2 + B, & 0 < x \leqslant 1 \\ 1, & x > 1 \end{cases}$$

(1) 试确定常数 A, B；(2) 计算随机变量落入区间$(0.2, 0.8]$的概率.

解 (1) 因为随机变量的分布函数是右连续的,所以

$$\lim_{x\to 0+}F(x)=F(0),\lim_{x\to +1}F(x)=F(1)$$

由此,得

$$B=0,A+B=1$$

解得,$A=1$, $B=0$.

(2)所求的概率为

$$P(0.2<X\leqslant 0.8)=F(0.8)-F(0.2)=0.6$$ ◇

例 2.3.3 对半径为 R 的圆形靶射击,击中点落在以靶心 O 为中心,x 为半径的圆内的概率与该圆的面积成正比,并且不会发生脱靶的情况. 以 X 表示击中点与靶心之间的距离,求 X 的分布函数.

解 由题意可知 X 的可能取值范围为 $[0,R]$, 因此当 $x<0$ 时,有

$$F(x)=P(X\leqslant x)=0$$

当 $x>R$ 时,有

$$F(x)=P(X\leqslant x)=1$$

当 $0\leqslant x\leqslant R$ 时,事件 $\{X\leqslant x\}$ 表示击中点位于以靶心 O 为圆心半径为 x 的圆内,因此由题意,有

$$F(x)=kx^2$$

由于不会发生脱靶的情况,即 $F(R)=1$, 所以有 $k=1/R^2$. 从而

$$F(x)=\begin{cases}0, & x<0\\ \dfrac{x^2}{R^2}, & 0\leqslant x<R\\ 1, & x\geqslant R\end{cases}$$ ◇

注意,上例中的分布函数为一连续函数. 因此,由上面的讨论,存在着与离散型随机变量不同的另一类随机变量. 下面我们来分析一下本例中这一类随机变量的一些特征. 为此,令

$$f(t)=\begin{cases}\dfrac{2t}{R^2}, & 0\leqslant t<R\\ 0, & \text{其他}\end{cases}$$

则有

$$F(x)=\int_{-\infty}^{x}f(t)\mathrm{d}t$$

这就意味着,本例中的分布函数可以表示为某一非负函数在 $(-\infty,x]$ 上的积分. 这不是个别的偶然的现象,而是一大类随机变量的分布函数所具有的共同特征,这一类随机变量就是我们下面要讲的连续型随机变量.

练习题

(1)填空题

设随机变量 X 的分布函数为 $F(x)=A+B\arctan x$，则 $A=$__________，$B=$__________.

(2)选择题

设 X 与 Y 是任意两个随机变量，它们的分布函数分别为 $F_1(x)$ 和 $F_2(x)$，则(　　)

(A) $F_1(x)+F_2(x)$ 必为某一随机变量的分布函数

(B) $F_1(x)-F_2(x)$ 必为某一随机变量的分布函数

(C) $\frac{1}{2}(F_1(x)+2F_2(x))$ 必为某一随机变量的分布函数

§ 2.3 练习题解答

(D) $F_1(x)F_2(x)$ 必为某一随机变量的分布函数

§ 2.4 连续型随机变量及其密度函数

2.4.1 概率密度函数

定义 2.4.1 设随机变量 X 的分布函数是 $F(x)$，如果存在一个非负可积函数 $f(x)$，使得对任意 $x\in\mathbf{R}$，有

$$F(x)=\int_{-\infty}^{x}f(t)\,\mathrm{d}t \tag{2.4.1}$$

则称 X 是**连续型随机变量**，称 $f(x)$ 是随机变量 X 的**概率密度函数**，简称**概率密度**或**密度**.

由定义和分布函数的性质知密度函数有以下基本性质：

(1) 非负性： $f(x)\geqslant 0$；

(2) 规范性： $\int_{-\infty}^{+\infty}f(x)\,\mathrm{d}x=1$.

可以证明上述性质是一个函数成为某个随机变量的密度函数的充要条件.

定理 2.4.1 设 X 为连续型随机变量，$F(x)$ 和 $f(x)$ 分别为其分布函数和概率密度，则有

(1) 对任意实数 $a,b(a\leqslant b)$ 有

$$P(a<X\leqslant b)=\int_{a}^{b}f(x)\,\mathrm{d}x \tag{2.4.2}$$

(2) $F(x)$ 是连续函数，且当 $f(x)$ 在点 x_0 处连续时，有 $f(x_0)=F'(x_0)$；

(3) 对于任意常数 c，有 $P(X=c)=0$.

证 (1) 由概率密度的定义，有

$$P(a < X \leqslant b) = F(b) - F(a) = \int_{-\infty}^{b} f(x)\mathrm{d}x - \int_{-\infty}^{a} f(x)\mathrm{d}x = \int_{a}^{b} f(x)\mathrm{d}x$$

(2) 由于

$$F(x + \Delta x) - F(x) = \int_{x}^{x+\Delta x} f(t)\mathrm{d}t \xrightarrow{\Delta x \to 0} 0$$

故 $F(x)$ 是连续函数. 由于 $F(x)$ 是 $f(x)$ 的积分上限的函数,故由微积分的指示,当 $f(x)$ 在点 x_0 处连续时,$F'(x_0)$ 存在且有 $F'(x_0) = f(x_0)$.

(3) 设 $f(x)$ 是连续型随机变量 X 的密度函数,则由于分布函数是连续函数故有

$$0 \leqslant P(X = c) \leqslant P(c - \Delta x < X \leqslant c) = F(c) - F(c - \Delta x) \xrightarrow{\Delta x \to 0} 0$$

因此,$P(X = c) = 0$. ◇

由定理 2.4.1 的结论(3),有

$$P(a < X < b) = P(a < X \leqslant b) = P(a \leqslant X < b) = P(a \leqslant X \leqslant b)$$

由于连续型随机变量取一个具体值的概率是零,因此对连续型随机变量取值的每一次观察都将导致一个概率为零的事件发生. 这表明概率为 0 的事件不一定是不可能事件,同样概率为 1 的事件不一定是必然事件.

对该定理也可作适当的推广:设 I 为实轴上的一个集合,则有

$$P(X \in I) = \int_{I} f(x)\mathrm{d}x \tag{2.4.3}$$

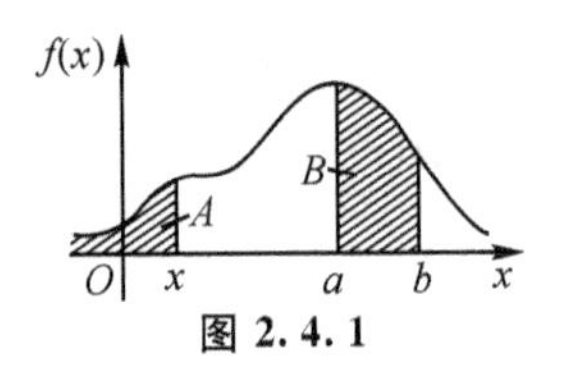

图 2.4.1

在图 2.4.1 中,曲线 $y = f(x)$ 表示概率密度曲线,它位于 x 轴的上方且与 x 轴所围夹的面积等于 1,这正是概率密度基本性质(2)的几何意义. 由定理 2.4.1 可知,以 $[a,b]$ 为底,以曲线 $y = f(x)$ 为顶的曲边梯形的面积 B 表示概率 $P(a < X \leqslant b)$.

若 $f(x)$ 在点 x 处连续,则近似地有

$$P\{x < X \leqslant x + \Delta x\} = \int_{x}^{x+\Delta x} f(x)\mathrm{d}x \approx f(x)\Delta x \tag{2.4.4}$$

因此,从直观上看,若 $f(x_2) > f(x_1)$,则随机变量 X 在 x_2 附近取值的可能性比在 x_1 附近取值的可能性要更大一些.

还有两点需要特别加以说明.

(1)如果改变随机变量 X 的概率密度函数 $f_1(x)$ 在有限个点处的函数值(当然要求函数值非负)后所得的新函数为 $f_2(x)$，则根据定义，由于它们所对应的分布函数是相等的，$f_2(x)$ 仍然是 X 的概率密度. 这就意味着，**改变有限个点处的密度函数值不会影响分布函数**.

因此，一个随机变量的分布函数是确定的，但是其概率密度却不是唯一的. 例如，以下两个概率密度函数

$$f_1(x)=\begin{cases}1, & 0<x<1\\ 0, & 其他\end{cases}$$

和

$$f_2(x)=\begin{cases}1, & 0\leqslant x\leqslant 1\\ 0, & 其他\end{cases}$$

虽然在 $x=0$ 和 $x=1$ 处的函数值不相等，但它们所对应的分布函数却是相同的，均为

$$F(x)=\begin{cases}0, & x<0\\ x, & 0\leqslant x\leqslant 1\\ 1, & x>0\end{cases}$$

(2)虽然对于任意一个实数 a，均有 $P\{X=a\}=0$，但是若 $a\in\{x:f(x)>0\}$，则事件 $\{X=a\}$ 是可能发生的事件，而若 $a\in\{x:f(x)=0\}$，事件 $\{X=a\}$ 是不可能事件. 换句话说，概率密度大于 0 的区间是随机变量可能的取值范围，而概率密度等于 0 的区间则是随机变量不可能取值的区域.

例 2.4.1 设随机变量 X 的密度函数为

$$f(x)=\begin{cases}ax+b, & 0<x<2\\ 0, & 其他\end{cases}$$

且 $P\{1<X<3\}=0.25$，(1)试确定常数 a,b；(2)分布函数 $F(x)$；(3)并求 $P\{X>1.5\}$.

解 (1) 由 $\int_{-\infty}^{+\infty}f(t)\mathrm{d}t=1$，得

$$\int_0^2(ax+b)\mathrm{d}x=2a+2b=1$$

又由题意，有

$$P\{1<X<3\}=\int_1^3 f(x)\mathrm{d}x=\int_1^2(ax+b)\mathrm{d}x=\frac{3}{2}a+b=0.25$$

解得 $a=-0.5,b=1$.

(2) X 的分布函数为

$$F(x)=\int_{-\infty}^{x}f(t)\mathrm{d}t=\begin{cases}0, & x\leqslant 0\\ \int_0^x(-0.5x+1)\mathrm{d}x, & 0<x<2\\ 1, & x\geqslant 2\end{cases}$$

$$=\begin{cases}0, & x\leqslant 0\\ -\frac{1}{4}x^2+x & 0<x<2\\ 1, & x\geqslant 2\end{cases}$$

(3)所求的概率为

$$P\{X>1.5\}=1-P\{X\leqslant 1.5\}=1-F(x)=0.0625$$ ◇

例 2.4.2 设连续型随机变量 X 的密度函数为

$$f(x)=\begin{cases}4x^3, & 0<x<1\\ 0, & \text{其他}\end{cases}$$

(1)已知 $P(X<a)=P(X>a)$，试求常数 a(此 a 称为该分布的中位数)；(2)已知 $P(X>b)=0.05$，试求常数 b.

解 (1)因为 X 为连续型随机变量，所以 $P(X=a)=0$，故

$$P(X<a)+P(X>a)=1$$

于是由题意可知，$P(X<a)=0.5$，故有

$$P(X<a)=\int_{-\infty}^{a}f(x)\mathrm{d}x=\int_{0}^{a}4x^3\,\mathrm{d}x=a^4=0.5$$

解得 $a=0.8409$.

(2)因为

$$P(X>b)=\int_{b}^{+\infty}f(x)\mathrm{d}x=\int_{b}^{1}4x^3\,\mathrm{d}x=1-b^4$$

因此由题意，有

$$1-b^4=0.05$$

解得，$b=0.9873$. ◇

2.4.2 几种常见的连续型分布

1. 均匀分布

定义 2.4.2 设 X 是一个连续型随机变量，如果其密度函数为

$$f(x)=\begin{cases}\frac{1}{b-a}, & a\leqslant x\leqslant b\\ 0, & \text{其他}\end{cases} \tag{2.4.5}$$

则称随机变量 X **服从区间上均匀分布**，记作 $X\sim U(a,b)$，其分布函数为

$$F(x)=\begin{cases}1, & x>b\\ \frac{x-a}{b-a}, & a\leqslant x\leqslant b\\ 0, & x<a\end{cases} \tag{2.4.6}$$

图 2.4.2 给出了均匀分布的密度函数 $f(x)$ 和分布函数 $F(x)$ 的图形.

对于任意一个子区间 $[c,c+l]\subset[a,b]$，有

$$P\{c\leqslant X\leqslant c+l\}=\int_c^{c+l}f(x)\mathrm{d}x=\int_c^{c+l}\frac{1}{b-a}\mathrm{d}x=\frac{l}{b-a}$$

上式表明，X 落在区间 $[a,b]$ 内任意等长度的子区间内的概率是相同的. 在这个意义上我们说，服从均匀分布的随机变量在其可能取值的区间内具有“等可能性”.

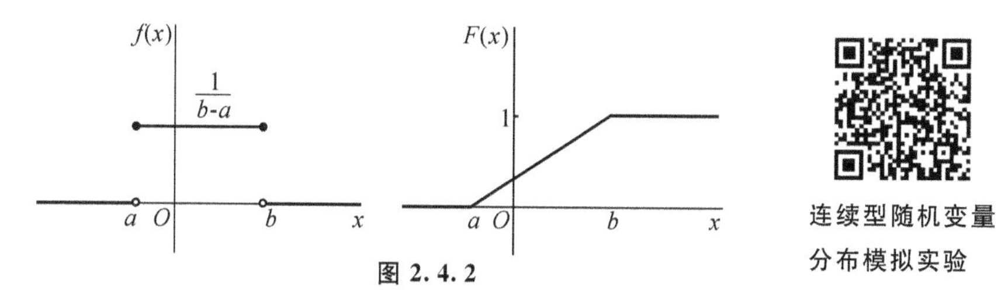

图 2.4.2

例 2.4.3 设随机变量 X 服从区间[0,5]上均匀分布，求方程 $4y^2+4Xy+X+2=0$ 有实根的概率.

解 因为当

$$\Delta=16X^2-16(X+2)\geqslant 0$$

时方程有实根，即 $X\leqslant -1$ 或 $X\geqslant 2$ 时方程有实根，所以方程有实根的概率为

$$\begin{aligned}P(X\leqslant -1\text{ 或 }X\geqslant 2)&=P(X\leqslant -1)+P(X\geqslant 2)\\&=0+\frac{5-2}{5}=\frac{3}{5}\end{aligned}$$

◇

2. 指数分布

定义 2.4.3 若连续型随机变量 X 的密度函数为

$$f(x)=\begin{cases}\lambda\mathrm{e}^{-\lambda x}, & x\geqslant 0\\0, & x<0\end{cases}\tag{2.4.7}$$

则称随机变量 X 服从参数为 λ 指数分布，记作 $X\sim \mathrm{E}(\lambda)$，其分布函数为

$$F(x)=\begin{cases}1-\mathrm{e}^{-\lambda x}, & x\geqslant 0\\0, & x<0\end{cases}\tag{2.4.8}$$

指数分布在可靠性和排队论中有广泛的应用.

例 2.4.4 随机变量 X 服从参数为 λ 指数分布，求 c 使 $P(X>c)=0.5$.

解 由题意可知，$c>0$，故有

$$P(X>c)=\int_c^{\infty}f(x)\mathrm{d}x=\int_c^{+\infty}\lambda\mathrm{e}^{-\lambda x}\mathrm{d}x=\mathrm{e}^{-\lambda c}=0.5$$

解得

$$c=\frac{\ln 2}{\lambda}$$

◇

定理 2.4.2(指数分布的无记忆性) 如果随机变量 X 参数为 λ 的指数分布,则对任意 $t>0,s>0$ 有

$$P(X>t+s \mid X>s)=P(X>t) \tag{2.4.9}$$

证明 因为 $\{X>t+s\}\subset\{X>s\}$,所以

$$\begin{aligned}P(X>t+s \mid X>s)&=\frac{P(X>t+s,X>s)}{P(X>s)}\\&=\frac{P(X>t+s)}{P(X>s)}=\frac{\mathrm{e}^{-\lambda(t+s)}}{\mathrm{e}^{-\lambda s}}\\&=\mathrm{e}^{-\lambda t}=P(X>t)\end{aligned}$$

◇

该定理的直观含义:假如把服从指数分布的随机变量解释为某元件工作的寿命,则该定理表明,在该元件已工作了 s 小时的条件下,它还能继续工作 t 小时的概率与已经工作过的时间无关.换句话说,如果元件在时刻 s 还"活着",则它的剩余寿命的分布还是原来寿命的分布,而与它已工作了多长的时间无关.所以有时又称指数分布是"永远年轻"的.值得指出的是,我们可以证明,指数分布是唯一具有无记忆性的连续型分布.

下面的例题说明了泊松分布和指数分布之间的关系.

例 2.4.5 假设一大型设备在任何长为 t 的时间内发生故障的次数 $N(t)$ 服从参数为 λt 的泊松分布,用 T 表示相继两次故障之间的间隔时间,求 T 的分布函数.

解 由题意知,当 $t<0$ 时,$\{T\leqslant t\}$ 为不可能事件,从而

$$F(t)=P(T\leqslant t)=0$$

当 $t\geqslant 0$ 时,

$$\begin{aligned}F(t)&=P\{T\leqslant t\}=1-P\{T>t\}\\&=1-P(N(t)=0)=1-\mathrm{e}^{-\lambda t}\end{aligned}$$

所以,有

$$F(t)=\begin{cases}1-\mathrm{e}^{-\lambda t}, & t\geqslant 0\\ 0, & t<0\end{cases}$$

即 X 服从参数为 λ 的指数分布. ◇

3. 柯西分布

定义 2.4.4 若连续型随机变量 X 的密度函数为

$$f(x)=\frac{1}{\pi(1+x^2)} \quad (-\infty<x<+\infty) \tag{2.4.10}$$

则称随机变量 X 服从柯西分布,其分布函数为

$$F(x)=\frac{1}{\pi}\arctan x+\frac{1}{2} \tag{2.4.11}$$

例 2.4.6 设随机变量 X 服从柯西分布,求 $P(-\sqrt{3}<X<1)$.

解 所求的概率为

$$P(-\sqrt{3}<X<1)=\int_{-\sqrt{3}}^{1}f(x)\mathrm{d}x=\int_{-\sqrt{3}}^{1}\frac{1}{\pi(1+x^2)}\mathrm{d}x$$
$$=\frac{1}{\pi}\arctan x\Big|_{-\sqrt{3}}^{1}=\frac{7}{12}$$ ◇

4. 伽马分布

为了给出伽马分布的定义,我们先介绍伽马函数. 称以下函数

$$\Gamma(\alpha)=\int_0^{\infty}x^{\alpha-1}e^{-x}\mathrm{d}x$$

为伽马函数,其中参数 $\alpha>0$.

定义 2.4.5 若随机变量 X 的密度函数为

$$f(x)=\begin{cases}\dfrac{\lambda^{\alpha}}{\Gamma(\alpha)}x^{\alpha-1}e^{-\lambda x}, & x\geqslant 0\\ 0, & x<0\end{cases}\tag{2.4.12}$$

则称 X 服从伽马分布,记为 $X\sim Ga(\alpha,\lambda)$,其中 $\alpha>0,\lambda>0$ 为参数.

例 2.4.7 设随机变量 X 服从 $Ga(2,0.5)$,试求 $P(X<4)$.

解 因 X 的密度函数为

$$f(x)=\begin{cases}0.5^2x\mathrm{e}^{-0.5x}, & x\geqslant 0\\ 0, & x<0\end{cases}=\begin{cases}0.25x\mathrm{e}^{-0.5x}, & x\geqslant 0\\ 0, & x<0\end{cases}$$

故有

$$\begin{aligned}P(X<4)&=\int_0^4 0.25x\mathrm{e}^{-0.5x}\mathrm{d}x=\int_0^4(-0.5x)\mathrm{d}(\mathrm{e}^{-0.5x})\\&=-0.5x\mathrm{e}^{-0.5x}\Big|_0^4+\int_0^4\mathrm{e}^{-0.5x}0.5\mathrm{d}x\\&=-2\mathrm{e}^{-2}-\mathrm{e}^{-0.5x}\Big|_0^4\\&=-2\mathrm{e}^{-2}-\mathrm{e}^{-2}+1\\&=1-3\mathrm{e}^{-2}\\&=0.5940\end{aligned}$$ ◇

5. 贝塔分布

定义 2.4.6 若随机变量 X 的密度函数为

$$f(x)=\begin{cases}\dfrac{\Gamma(a+b)}{\Gamma(a)\Gamma(b)}x^{a-1}(1-x)^{b-1}, & 0<x<1\\ 0, & 其他\end{cases}\tag{2.4.13}$$

则称 X 服从贝塔分布,记为 $X\sim Be(a,b)$,其中 $a>0,b>0$ 都为参数.

例 2.4.8 某地区漏缴税款的比例 X 服从参数 $a=2,b=9$ 的贝塔分布,试求此比例小于 10%的概率及平均漏缴税款的比例.

解 因 X 的密度函数为

$$f(x)=\begin{cases}\dfrac{\Gamma(11)}{\Gamma(2)\Gamma(9)}x(1-x)^8, & 0<x<1\\ 0, & \text{其他}\end{cases}=\begin{cases}90x(1-x)^8, & 0<x<1\\ 0 & \text{其他}\end{cases}$$

故有

$$\begin{aligned}P(X<0.1)&=\int_0^{0.1}90x(1-x)^8\mathrm{d}x=\int_0^{0.1}(-10x)\mathrm{d}[(1-x)^9]\\&=-10x(1-x)^9\Big|_0^{0.1}+\int_0^{0.1}(1-x)^9 10\mathrm{d}x\\&=-0.9^9-(1-x)^{10}\Big|_0^{0.1}\\&=-0.9^9-0.9^9+1\\&=0.2639\end{aligned}$$

且平均漏缴税款的比例为:

$$E(X)=\frac{2}{2+9}=\frac{2}{11}=0.1818$$ ◇

6. 正态分布

定义 2.4.7 若随机变量 X 的密度函数为

$$f(x)=\frac{1}{\sqrt{2\pi}\sigma}\mathrm{e}^{-\frac{(x-\mu)^2}{2\sigma^2}},\quad(-\infty<x<+\infty)\tag{2.4.14}$$

则称随机变量 X 服从参数为 μ,σ^2 的正态分布,记作 $X\sim N(\mu,\sigma^2)$,其分布函数为

$$F(x)=\frac{1}{\sqrt{2\pi}\sigma}\int_{-\infty}^{x}\mathrm{e}^{-\frac{(t-\mu)^2}{2\sigma^2}}\mathrm{d}t\tag{2.4.15}$$

正态分布是概率论与数理统计中最重要的一种分布. 很多随机现象可以用正态分布描述,例如人的身高、体重,测量误差,稳定生产条件下产品的质量指标等都可以用正态分布描述.

高斯人物介绍

正态分布的密度函数 $f(x)$ 的图形如图 2.4.3 所示,被称为钟形曲线. 容易看出:

(1) $f(x)$ 关于 $x=\mu$ 对称,且在 $x=\mu$ 处有最大值 $f(\mu)=(\sqrt{2\pi}\sigma)^{-1}$;

(2)曲线在 $x=\mu\pm\sigma$ 处有拐点;

(3)当 $x\to\infty$ 时,曲线以 x 轴为渐近线;

(4)如果固定 σ,改变 μ 的值,则图形沿 x 轴平行移动,而不改变形状,即正态分布密度函数的位置由参数 μ 确定,因此称 μ 为**位置参数**;

(5)如果固定 μ，改变 σ 的值，由于最大值为 $f(\mu)=(\sqrt{2\pi}\sigma)^{-1}$，所以当 σ 越小时图形越尖，当 σ 越大时图形越平，即正态分布密度函数的尺度由参数 σ 确定，因此称 σ 为**尺度参数**.

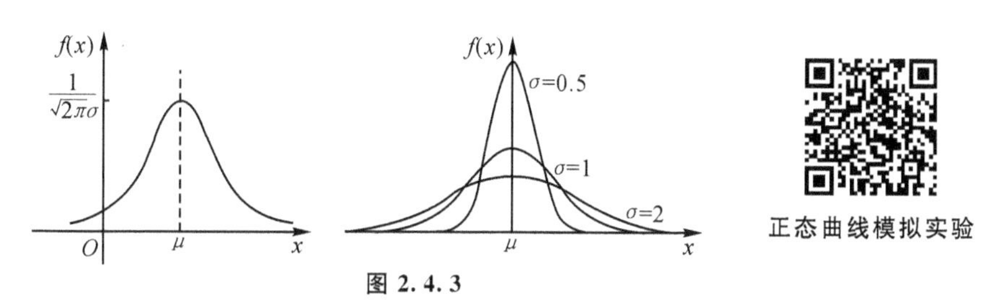

图 2.4.3

称 $\mu=0,\sigma=1$ 时的正态分布为标准正态分布，其密度函数、分布函数分别用 $\varphi(x)$ 和 $\Phi(x)$ 表示，即

$$\varphi(x)=\frac{1}{\sqrt{2\pi}}e^{-\frac{x^2}{2}} \tag{2.4.16}$$

$$\Phi(x)=\frac{1}{\sqrt{2\pi}}\int_{-\infty}^{x}e^{-\frac{t^2}{2}}dt \tag{2.4.17}$$

附表 2 对 $x\geqslant 0$ 给出了 $\Phi(x)$ 的值.

2.4.3 正态概率计算公式以及 3σ 原则

设随机变量 $U\sim N(0,1)$，则有如下关于标准正态分布函数的计算公式：

$$\Phi(-u)=1-\Phi(u) \tag{2.4.18}$$

$$P(U>u)=1-\Phi(u) \tag{2.4.19}$$

$$P(a<U\leqslant b)=\Phi(b)-\Phi(a) \tag{2.4.20}$$

$$P(|U|<c)=2\Phi(c)-1 \tag{2.4.21}$$

设 $X\sim N(\mu,\sigma^2)$，则其分布函数为

$$F(x)=\int_{-\infty}^{x}\frac{1}{\sqrt{2\pi}\sigma}e^{-\frac{(t-\mu)^2}{2\sigma^2}}dt \qquad 令\ u=\frac{t-\mu}{\sigma}$$

$$=\int_{-\infty}^{\frac{x-\mu}{\sigma}}\frac{1}{\sqrt{2\pi}}e^{-\frac{u^2}{2}}du=\Phi\left(\frac{x-\mu}{\sigma}\right)$$

因此有如下的正态概率计算公式

$$P(a<X\leqslant b)=\Phi\left(\frac{b-\mu}{\sigma}\right)-\Phi\left(\frac{a-\mu}{\sigma}\right) \tag{2.4.22}$$

该公式将任意正态分布的概率计算问题均转化为标准正态分布的概率计算，而这只需查附表 2 即可.

设 $X \sim N(\mu,\sigma^2)$，则有

$$P(|X-\mu|<\sigma)=\Phi(1)-\Phi(-1)\approx 0.6826 \tag{2.4.23}$$

$$P(|X-\mu|<2\sigma)=\Phi(2)-\Phi(-2)\approx 0.9544 \tag{2.4.24}$$

$$P(|X-\mu|<3\sigma)=\Phi(3)-\Phi(-3)\approx 0.9973 \tag{2.4.25}$$

这说明，$X-\mu$ 的绝对值超过 3σ 的概率还不到 0.003，因此事件 $(|X-\mu|>3\sigma)$ 的概率很小，根据小概率原理，在实际问题中常常认为它在一次观测中是不会发生的. 也就是说，对服从 $X\sim N(\mu,\sigma)$ 的随机变量 X 来说，基本上可以认为有 $|X-\mu|\leqslant 3\sigma$. 这种近似的说法被一些实际工作者称为正态分布的“3σ 原则”. 上面三式可用图 2.4.4 表示：

案例四　招聘问题

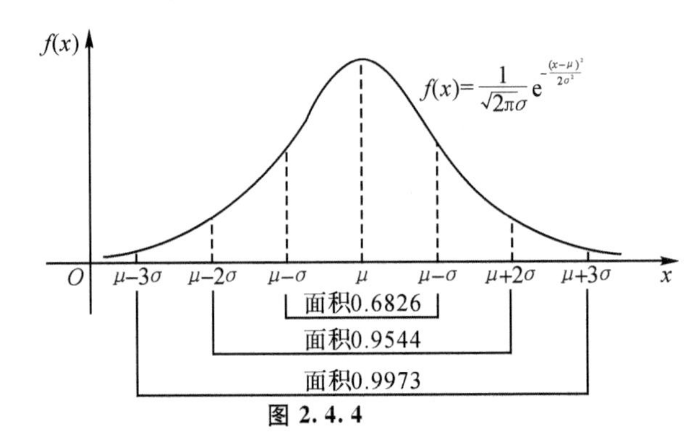

图 2.4.4

例 2.4.9　设 $X\sim N(0,1)$，求(1) $P(X\leqslant 2.5)$；(2) $P(X\leqslant -1.52)$；(3) $P(X>2.33)$；(4) $P(-1.85\leqslant X\leqslant 0.04)$.

解　(1) $P(X\leqslant 2.5)=\Phi(2.5)=0.99379$

(2) $P(X\leqslant -1.52)=\Phi(-1.52)=1-\Phi(1.52)=1-0.93574=0.06426$

(3) $P(X>2.33)=1-\Phi(2.33)=1-0.99097=0.00903$

(4) $P(-1.85\leqslant X\leqslant 0.04)=\Phi(0.04)-\Phi(-1.85)=\Phi(0.04)+\Phi(1.85)-1$
$=0.516+0.96784-1=0.58384$ ◇

例 2.4.10　设 $X\sim N(108,9)$，求(1) $P(X>111)$；(2) $P(101.1\leqslant X\leqslant 117.6)$.

解　(1) $P(X>111)=1-F(111)=1-\Phi\left(\dfrac{111-108}{3}\right)$
$=1-\Phi(1)=1-0.8413=0.1587$

(2) $P(101.1\leqslant X\leqslant 117.6)=F(117.6)-F(101.1)$
$=\Phi\left(\dfrac{117.6-108}{3}\right)-\Phi\left(\dfrac{101.1-108}{3}\right)$
$=\Phi(3.2)-\Phi(-2.3)=\Phi(3.2)+\Phi(2.3)-1$
$=0.9993129+0.96928-1=0.9685929$ ◇

例 2.4.11　设 $X\sim N(108,9)$，(1) 已知 $P(X\leqslant x)=0.95$，求 x；(2)已知 $P(X>$

$x) = 0.975$，求 x.

解 (1) 因为

$$0.95 = P(X \leqslant x) = \Phi\left(\frac{x-108}{3}\right)$$

且 $\Phi(1.645) = 0.95$，所以，有

$$\frac{x-108}{3} = 1.645$$

解得，$x = 112.935$.

(2) 因为

$$0.975 = P(X > x) = 1 - \Phi\left(\frac{x-108}{3}\right)$$

所以

$$\Phi\left(\frac{x-108}{3}\right) = 0.025,$$

即

$$\Phi\left(\frac{108-x}{3}\right) = 0.975$$

而 $\Phi(1.96) = 0.975$，所以有

$$\frac{108-x}{3} = 1.96$$

解得 $x = 102.12$. ◇

练习题

§2.4 练习题解答

(1)填空题

(a)设连续型随机变量 X 的概率密度为 $f(x)$，若 $\lim\limits_{x\to\infty} f(x)$ 存在，则 $\lim\limits_{x\to\infty} f(x) =$ ________.

(b)设随机变量 X 服从正态分布 $N(\mu,\sigma^2)(\sigma>0)$，且二次方程 $y^2+4y+4X=0$ 无实根的概率为 $\frac{1}{2}$，则 $\mu =$ ________.

(2)选择题

(a)设 X 与 Y 是任意两个连续型随机变量，它们的概率密度分别为 $f_1(x)$ 和 $f_2(x)$，则 ( )

(A) $f_1(x)+f_2(x)$ 必为某一随机变量的概率密度

(B) $\frac{1}{2}(f_1(x)+f_2(x))$ 必为某一随机变量的概率密度

(C) $f_1(x) - f_2(x)$ 必为某一随机变量的概率密度

(D) $f_1(x)f_2(x)$ 必为某一随机变量的概率密度

(b)假设随机变量 X 的概率密度 $f(x)$ 是偶函数,分布函数为 $F(x)$,则 ( )

(A) $F(x)$ 是偶函数 (B) $F(x)$ 是奇函数

(C) $F(x)+F(-x)=1$ (D) $2F(x)-F(-x)=1$

§2.5 随机变量函数的分布

假设 X 是一个随机变量,其分布律或密度函数已知,$h(x)$ 是一个已知函数,则随机变量 X 的函数 $Y=h(X)$ 也是一个随机变量.本节的基本任务是在已知 X 的分布(分布律或概率密度)的情况下,求 $Y=h(X)$ 的分布.

下面分别就离散型随机变量和连续型随机变量这两种情形加以讨论.

2.5.1 离散型随机变量情形

对于离散型随机变量而言,关键是要确定以下两点:

(1)确定 $Y=h(X)$ 所有可能的取值;

(2)确定 Y 取每一可能值的概率.

设 X 的分布律为

$$P\{X=x_i\}=p_i, i=1,2,\cdots \tag{2.5.1}$$

$Y=h(X)$ 的可能取值为 $y_1, y_2, \cdots, y_m, \cdots$,则

$$P(Y=y_j)=P\Big(\bigcup_{h(x_i)=y_j}\{X=x_i\}\Big)=\sum_{h(x_i)=y_j}P(X=x_i) \tag{2.5.2}$$

由此得到随机变量 Y 的分布律.

例 2.5.1 设随机变量 X 的分布律为

X	0	$\pi/2$	π
P	0.25	0.5	0.25

求 $Y=2X+2$ 和 $Z=\sin X$ 的分布律.

解 随机变量 Y 的可能取值为 $2, \pi+2, 2\pi+2$,且

$$P(Y=2)=P(X=0)=0.25$$

$$P(Y=\pi+2)=P\left(X=\frac{\pi}{2}\right)=0.5$$

$$P(Y=2\pi+2)=P(X=\pi)=0.25$$

所以随机变量 Y 的分布律为

Y	2	$\pi+2$	$2\pi+2$
P	0.25	0.5	0.25

随机变量 Z 的可能取值为 0,1，且

$$P(Z=0)=P\{(X=0)\cup(X=\pi)\}=0.25+0.25=0.5$$

$$P(Z=1)=P\left(X=\frac{\pi}{2}\right)=0.5$$

所以随机变量 Z 的分布律为

$$Z\sim\begin{pmatrix}0 & 1\\ 0.5 & 0.5\end{pmatrix}$$

◇

例 2.5.2 设随机变量 X 的分布律为

X	1	2	…	n	…
P	1/2	1/4	…	$1/2^n$	…

试求 $Y=\sin\frac{\pi}{2}X$ 的分布律.

解 Y 的可能取值为 $-1,0,1$,并且

$$P(Y=-1)=P\left\{\bigcup_{k=1}^{\infty}(X=4k-1)\right\}=\sum_{k=1}^{\infty}\frac{1}{2^{4k-1}}=\frac{1/8}{1-1/16}=\frac{2}{15}$$

$$P(Y=0)=P\left\{\bigcup_{k=1}^{\infty}(X=2k)\right\}=\sum_{k=1}^{\infty}\frac{1}{2^{2k}}=\frac{1/4}{1-1/4}=\frac{1}{3}$$

$$P(Y=1)=1-P(Y=-1)-P(Y=0)=\frac{8}{15}$$

所以,Y 的分布律为

Y	-1	0	1
P	2/15	1/3	8/15

◇

2.5.2 连续型随机变量的情形

设随机变量 X 的分布函数为 $F_X(x)$，概率密度为 $f_X(x)$，$y=h(x)$ 是连续函数，一般情况下求 $Y=h(X)$ 的分布函数 $F_Y(y)$ 或概率密度 $f_Y(y)$ 的具体步骤如下：

(1)确定 $Y=h(X)$ 的取值范围,若其取值范围为 (c,d)(c 可以为 $-\infty$，d 可以为 $+\infty$),则当 $y\notin(c,d)$ 时,Y 的概率密度 $f_Y(y)=0$；

(2)当 $y\in(c,d)$ 时,先求出随机变量 Y 的分布函数,关键是把事件 $\{Y\leqslant y\}$ 用随机变量 X 有关事件表示；

(3)对分布函数求导即得到 Y 的密度函数.

如果 $y=h(x)$ 是单调函数,则问题相对简单,比如 $y=h(x)$ 是递减函数,则

$$F_Y(y)=P(Y\leqslant y)=P(h(X)\leqslant y)$$
$$=P(X\geqslant h^{-1}(y))=1-F_X[h^{-1}(y)] \tag{2.5.3}$$

如果 $y=h(x)$ 是递增函数,则有

$$F_Y(y)=P(Y\leqslant y)=P(h(X)\leqslant y)$$
$$=P(X\leqslant h^{-1}(y))=F_X[h^{-1}(y)] \tag{2.5.4}$$

于是,如果 $y=h(x)$ 是递减函数,对(2.5.3)式两边求导,有

$$f_Y(y)=-\frac{dh^{-1}(y)}{dy}f_X[h^{-1}(y)] \tag{2.5.5}$$

如果 $y=h(x)$ 是递增函数,则对(2.5.4)式两边求导,有

$$f_Y(y)=\frac{dh^{-1}(y)}{dy}f_X[h^{-1}(y)] \tag{2.5.6}$$

于是,由(2.5.5)和(2.5.6),有如下的定理.

定理 2.5.1 设连续型随机变量 X 的概率密度为 $f_X(x)$,若 $y=h(x)$ 是单调函数,则 $Y=h(X)$ 的概率密度为

$$f_Y(y)=\left|\frac{dh^{-1}(y)}{dy}\right|f_X[h^{-1}(y)] \tag{2.5.7}$$

然而,在一般情况下,函数 $y=h(x)$ 并不一定是单调函数,此时公式(2.5.8)就不再适用了.这时依照上面所述的三个步骤来做就可以了.

例 2.5.3 设随机变量 X 的概率密度为 $f_X(x)$,$Y=aX+b$,求 Y 的概率密度.

解 先求分布函数

$$F_Y(y)=P(aX+b\leqslant y)$$
$$=\begin{cases}P\left(X\leqslant\dfrac{y-b}{a}\right)=F_X\left(\dfrac{y-b}{a}\right), & a>0\\ P\left(X\geqslant\dfrac{y-b}{a}\right)=1-F_X\left(\dfrac{y-b}{a}\right), & a<0\end{cases}$$

对上式两边求导,有

$$f_Y(y)=\begin{cases}\dfrac{1}{a}f_X\left(\dfrac{y-b}{a}\right), & a>0\\ -\dfrac{1}{a}f_X\left(\dfrac{y-b}{a}\right), & a<0\end{cases}=\frac{1}{|a|}f_X\left(\frac{y-b}{a}\right) \quad\diamond \tag{2.5.8}$$

由(2.5.8)式可以得到如下的定理.

定理 2.5.1 若 $X\sim N(\mu,\sigma^2)$,则

$$Y=aX+b\sim N(a\mu+b,a^2\sigma^2) \tag{2.5.9}$$

特别地，还有

$$\frac{X-\mu}{\sigma} \sim N(0,1) \tag{2.5.10}$$

例 2.5.4 已知随机变量 $X \sim N(0,1)$，求随机变量 $Y = X^2$ 的密度函数.

解 当 $y \leqslant 0$ 时，有

$$F_Y(y) = P(X^2 \leqslant y) = 0$$

当 $y > 0$ 时，有

$$\begin{aligned} F_Y(y) &= P(Y \leqslant y) = P(X^2 \leqslant y) \\ &= P(-\sqrt{y} \leqslant X \leqslant \sqrt{y}) \\ &= \Phi(\sqrt{y}) - \Phi(-\sqrt{y}) = 2\Phi(\sqrt{y}) - 1 \end{aligned}$$

对上式两边求导，得

$$f_Y(y) = F'_Y(y) = \frac{1}{\sqrt{y}}\varphi(\sqrt{y}) = \frac{1}{\sqrt{2\pi y}}e^{-\frac{y}{2}}$$

从而随机变量 Y 的密度函数为

$$f_Y(y) = \begin{cases} \dfrac{1}{\sqrt{2\pi y}}e^{-\frac{y}{2}}, & y > 0 \\ 0, & y \leqslant 0 \end{cases}$$

称具有上述形式概率密度的随机变量服从自由度为 1 的 χ^2 分布. ◇

例 2.5.5 已知随机变量 X 的密度函数为

$$f(x) = \begin{cases} 3x^2, & 0 < x < 1 \\ 0, & \text{其他} \end{cases}$$

求随机变量 $Y = 1 - X^2$ 的密度函数.

解 由题意，Y 的取值范围为[0,1]，所以当 $y \notin [0,1]$ 时，有 $f_Y(y) = 0$.

当 $0 < y < 1$ 时，有

$$\begin{aligned} F_Y(y) &= P(Y \leqslant y) \\ &= P(1 - X^2 \leqslant y) = P(X^2 \geqslant 1 - y) \\ &= P(\{X \geqslant \sqrt{1-y}\} \cup \{X \leqslant -\sqrt{1-y}\}) \\ &= P(X \geqslant \sqrt{1-y}) + P(X \leqslant -\sqrt{1-y}) \\ &= 1 - F_X(\sqrt{1-y}) \end{aligned}$$

两边求导，得

$$\begin{aligned} f_Y(y) = F'_Y(y) &= \frac{1}{2\sqrt{1-y}} f_X(\sqrt{1-y}) \\ &= \frac{3}{2}(1-y)^{\frac{1}{2}} \end{aligned}$$

从而随机变量 Y 的密度函数为

$$f_Y(y)=\begin{cases}\dfrac{3}{2}(1-y)^{\frac{1}{2}}, & 0<y<1\\ 0, & \text{其他}\end{cases}$$ ◇

例 2.5.6 设随机变量 X 服从区间$[-1,2]$上的均匀分布,求 $Y=|X|$ 的概率密度.

解 X 的概率密度为

$$f_X(x)=\begin{cases}1/3, & -1\leqslant x\leqslant 2\\ 0, & \text{其他}\end{cases}$$

由题意,$Y=|X|$的取值范围为$[0,2]$,所以当 $y\notin[0,2]$时,Y 的概率密度 $f_Y(y)=0$. 当 $0\leqslant y\leqslant 2$ 时,Y 的分布函数

$$F_Y(y)=P\{|X|\leqslant y\}=F_X(y)-F_X(-y)$$

对上式两边求导,得 Y 的概率密度为

$$f_Y(y)=f_X(y)+f_X(-y)$$

由于当 $0\leqslant y\leqslant 1$ 时,$f_X(-y)=f_X(y)=1/3$,而当 $1<y\leqslant 2$ 时,$f_X(y)=1/3$,所以 $Y=|X|$ 的概率密度为

$$f_Y(y)=\begin{cases}2/3, & 0\leqslant y\leqslant 1\\ 1/3, & 1<y\leqslant 2\\ 0, & \text{其他}\end{cases}$$ ◇

§ 2.5 练习题解答

(1)填空题

(a) 设随机变量 X 服从 $N(0,\sigma^2)$,则 $Y=-X$ 服从________.

(b) 设随机变量 X 的概率密度 $f_X(x)$ 是偶函数,则 $Y=|X|$ 的概率密度 $f_Y(y)=$ ________.

(2)选择题

设随机变量 X 的概率密度 $f(x)$ 是偶函数,则下列结论错误的是 ( )

(A) X 的分布函数 $F(x)$ 是偶函数　　(B) $-X$ 与 X 有相同的概率密度

(C) $-X$ 与 X 具有相同的分布函数　　(D) $F(-x)+F(x)=1$

拓展阅读

王梓坤,概率论专家,中国科学院院士,曾任北京师范大学校长。主要从事随机过程等领域相关工作,彻底解决了生灭过程的构造问题,创造了极限过渡的概率构造方法;在国际上最先研究多指标 OU 过程求出了布朗运动与对称稳定过程的若干分布,获得马尔科夫过程的常返性、零一律等成立的条件。

王梓坤人物介绍

习题二

1. 掷一颗均匀骰子两次，以 X 表示前后两次出现的点数之和，Y 表示两次中所得的最小点数，求(1) X 的分布律；(2) Y 的分布律.

2. 口袋中有 7 只白球、3 只黑球，每次从中任取一个，如果取出黑球则不放回，而另外放入一只白球，求首次取出白球时的取球次数 X 的分布律.

3. 一台设备由三个部件构成，在设备运转中各部件需要调整的概率相应为 0.10，0.20 和 0.30，假设各部件的状态相互独立，以 X 表示同时需要调整的部件数，试求 X 的分布律.

4. 一批产品共有 100 件，其中 10 件是次品，从中任取 5 件产品进行检验，如果 5 件都是正品，则这批产品被接收，否则不接收这批产品，求(1)5 件产品中次品数 X 的分布律；(2)不接收这批产品的概率.

5. 设离散型随机变量 X 的分布律为

$$P\{X=k\}=\frac{C}{15},\quad k=1,2,3,4,5$$

(1)试确定常数 C；(2)求 $P\{1\leqslant X\leqslant 3\}$；(3) $P\{0.5<X<2.5\}$.

6. 设一个试验只有两种结果：成功或失败，且每次试验成功的概率为 $p(0<p<1)$，现反复试验，直到获得 k 次成功为止. 以 X 表示试验停止时一共进行的试验次数，求 X 的分布律.

7. 设某射手每次射击命中目标的概率为 0.8，现射击了 20 次，求射中目标次数的分布律.

8. 一个工人同时看管 5 部机器，在一小时内每部机器需要照看的概率是 $\frac{1}{3}$，求(1)在一小时内没有 1 部机器需要照看的概率；(2)在一小时内至少有 4 部机器需要照看的概率.

9. 甲、乙二人投篮，投中的概率分布为 0.6、0.7. 二人各投 3 次，求(1)二人投中次数相等的概率；(2)甲比乙投中次数多的概率.

10. 某产品的不合格率为 0.1，每次随机抽取 10 件进行检验，若发现有不合格品，就去调整设备. 若检验员每天检验 4 次，试求每天调整次数的分布律.

11. 保险公司在一天内承保了 5000 份相同年龄为期一年的寿险保单，每人一份. 在合同的有效期内若投保人死亡，则公司需赔付 3 万元. 设在一年内，该年龄段的死亡率为

0.0015,且各投保人是否死亡相互独立.求该公司对于这批投保人的赔付总额不超过30万元的概率(利用泊松定理计算).

12.设随机变量 X 服从泊松分布,且已知 $P(X=1)=P(X=2)$,求 $P(X=4)$.

13.假设某电话总机每分钟接到的呼唤次数服从参数为5的泊松分布,求(1)某分钟内恰好接到6次呼唤的概率;(2)某分钟内接到的呼唤次数多于4次的概率.

14.某110接警台在长度为 t(单位:h)的时间间隔内收到的报警电话次数服从参数为 $2t$ 的泊松分布,而且与时间间隔的起点无关,求(1)某天8点到11点没有接到报警电话的概率;(2)某天8点到12点至少接到1个报警电话的概率.

15.设随机变量 X 的分布函数为

$$F(x)=\begin{cases}0, & x<-1\\ 0.4, & -1\leqslant x<1\\ 0.8, & 1\leqslant x<3\\ 1, & x\geqslant 3\end{cases}$$

试求 X 的分布律.

16.设随机变量 X 的分布函数为

$$F(x)=\begin{cases}0, & x<0\\ x^2, & 0\leqslant x<1\\ 1, & x\geqslant 1\end{cases}$$

试求 $P(X\leqslant 0.5)$,$P(-1<X\leqslant 0.25)$.

17.设连续型随机变量 X 的分布函数为

$$F(x)=\begin{cases}a+be^{-\frac{x^2}{2}}, & x\geqslant 0\\ 0, & x<0\end{cases}$$

求(1)常数 a 和 b;(2)随机变量 X 的密度函数.

18.设随机变量 X 的密度函数为

$$f(x)=\begin{cases}k-|x|, & -1<x<1\\ 0, & \text{其他}\end{cases}$$

求(1)常数 k;(2) $P(-0.5<X\leqslant 0.5)$;(3)分布函数 $F(x)$.

19.设随机变量 X 的密度函数为

$$f(x)=\begin{cases}A(9-x^2), & -3\leqslant x\leqslant 3\\ 0, & \text{其他}\end{cases}$$

求(1)常数 A;(2) $P(X<0)$,$P(X>2)$,$P(-1<X<1)$;(3)分布函数 $F(x)$.

20.已知随机变量 X 的密度函数为 $f(x)=Ae^{-|x|}$,试求(1)常数 A;(2) X 的分布

函数.

21.某城市每天用电量不超过一百万 kwh,以 X 表示每天的耗电率(即用电量除以百万 kwh),它具有密度函数:

$$f(x)=\begin{cases}12x(1-x)^2, & 0\leqslant x\leqslant 1\\ 0, & \text{其他}\end{cases}$$

若该城市每天供电量仅 80 万 kwh,求供电量不够需要的概率.若每天的供电量上升到 90 万 kwh,每天供电量不足的概率是多少?

22.假设某种设备的使用寿命 X(年)服从参数为 0.25 的指数分布.制造这种设备的厂家规定,若设备在一年内损坏,则可以调换.如果厂家每售出一台设备可获利 100 元,而调换一台设备厂家要花费 300 元,求每台设备所获利润的分布律.

23.设随机变量 X 的密度函数为

$$f(x)=\begin{cases}A\sin x, & 0\leqslant x\leqslant \pi\\ 0, & \text{其他}\end{cases}$$

对 X 独立观察 4 次,随机变量 Y 表示观察值大于$\dfrac{\pi}{3}$的次数,求:(1)常数 A;(2)Y 的分布律.

24.某仪器装有 3 个独立工作的同型号电子元件,其寿命 X(单位:h)的密度函数为

$$f(x)=\begin{cases}\dfrac{100}{x^2}, & x>100\\ 0, & x\leqslant 100\end{cases}$$

试求(1) X 的分布函数;(2)在最初的 150h 内没有一个电子元件损坏的概率.

25.公共汽车站每隔 10 分钟有一辆汽车通过,乘客到达汽车站的是等可能的,求乘客候车时间不超过 3 分钟的概率.

26.设 $X\sim N(1,4)$,(1)求 $P(0<X<5)$;(2)求 $P(|X|>2)$;(3)设 c 满足 $P(X>c)\geqslant 0.95$,问 c 至多为多少?

27.从南郊某地乘车前往北区火车站乘火车有两条线路可走,第一条路线穿过市区,路程较短,但交通拥挤,所需时间(单位:min)服从正态分布 $N(50,100)$,第二条路线沿环城公路走,路程较长,但意外阻塞少,所需时间服从正态分布 $N(60,16)$,(1)假如有 70min 可用,应走哪一条路线?(2)若只有 65min 可用,应走哪一条路线?

28.某地抽样调查结果表明,考生的外语成绩(百分制)服从正态分布 $N(72,\sigma^2)$,已知 96 分以上的占考生总数的 2.3%,试求考生的外语成绩在 60 分至 84 分之间的概率.

29.设某地区成人的身高(单位:cm)服从正态分布 $N(172,64)$,问公共汽车的车门的高度为多少时才能以 95%的概率保证该地区的成人在乘车时不会碰到车门?

30.在电源电压(单位:v)不超过 200、在 200—240 和超过 240 三种情形下,某种电子

元件损坏的概率分别为0.1、0.001和0.2.假设电源电压X服从正态分布$N(220,25^2)$，试求(1)该电子元件损坏的概率;(2)该电子元件损坏时,电源电压在200—240的概率.

31.设随机变量X的分布律为

X	-1	0	1	4
P	0.1	0.4	0.3	0.2

试求$Y=X^2$的分布律.

32.设随机变量X服从$U(-1,2)$，定义

$$Y=\begin{cases}1, & X\geqslant 0\\ -1, & X<0\end{cases}$$

试求随机变量Y的分布律.

33.设随机变量X服从$U(0,2)$，试求随机变量$Y=X^2$的密度函数.

34.设随机变量X的密度函数为

$$f(x)=\begin{cases}\mathrm{e}^{-x}, & x\geqslant 0\\ 0, & x<0\end{cases}$$

求随机变量$Y=e^X$的密度函数.

35.假设随机变量$X\sim N(0,1)$，求下列随机变量Y的密度函数.

(1)$Y=\mathrm{e}^X$;(2)$Y=2X^2+1$;(3)$Y=|X|$.

36.设随机变量X的密度函数为

$$f(x)=\begin{cases}2x, & 0<x<1\\ 0, & \text{其他}\end{cases}$$

求随机变量$Y=\ln X$的密度函数.

37.设随机变量X服从参数为2的指数分布,证明$Y=\mathrm{e}^{-2X}$服从$U(0,1)$.

习题二解答

第三章　多维随机变量及其分布

在前一章中,所讨论的随机现象只涉及一个随机变量,但是在很多随机现象中,每一次试验的结果仅用一个随机变量来描述是不够的,而是要用多个随机变量来描述.例如,射击的弹着点往往要用横坐标和纵坐标两个变量来描述;人的体形可以用身高与体重两个指标描述;对于企业的生产经营情况,需要同时研究它的销售量、利润率和原材料成本等等.这样,对应于样本空间的每一个元素(样本点),需要用 n 个随机变量 $X_1,X_2,\cdots,X_n$ 来表示.为了能够从总体上把握所考察对象的统计规律性,我们不但要知道每个随机变量 $X_i(i=1,2,\cdots,n)$ 的概率分布,而且更重要的是要掌握它们之间的相互关系,即要将随机向量 $(X_1,X_2,\cdots,X_n)$ 作为一个整体来研究.

本章将介绍多维随机变量的概念,重点放在二维随机变量.从二维到 n 维随机变量的推广是直接的、形式上的,并无本质的困难,我们将放在本章的最后一节做简单的介绍.

§3.1　二维随机变量及其分布函数

3.1.1　二维随机变量、联合分布和边缘分布

定义 3.1.1　设随机变量 $X_1,X_2,\cdots,X_n$ 定义在同一样本空间 S 上,称

$$X=(X_1,X_2,\cdots,X_n)$$

为 n 维随机向量,或称 X 是一个 n 维随机变量.

下面重点讨论二维随机变量,有关内容可以类推到多于二维情形.

二维随机变量 (X,Y) 的性质不仅与 X 和 Y 各自的性质有关,而且还依赖于它们之间的相互关系,因此必须把它们作为一个整体来研究.为了描述二维随机变量整体的统计规律性,我们引入联合分布函数的概念.

定义 3.1.2　设 (X,Y) 是二维随机变量,对任意实数 x,y,称二元函数

$$F(x,y)=P(\{X\leqslant x\}\cap\{Y\leqslant y\})\hat{=}P(X\leqslant x,Y\leqslant y)\tag{3.1.1}$$

为二维随机变量 (X,Y) 的**分布函数**或 X 与 Y 的**联合分布函数**.

分布函数的几何意义:如果将 (X,Y) 视为点的坐标,则 $F(x,y)$ 可以看作是随机点 (X,Y) 落在以 (x,y) 为顶点的左下方无穷矩形(图 3-1-1 中的阴影部分)的概率.

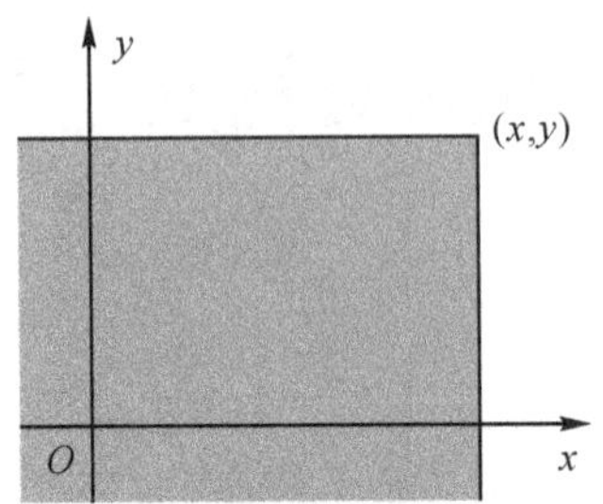

图 3-1-1 $F(x,y)$ 可以看作是随机点 (X,Y) 落在以 (x,y) 为顶点的左下方无穷矩形(阴影部分)的概率

与一维随机变量的分布函数相类似,对于二维随机变量 (X,Y) 的分布函数我们有以下的定理.

定理 3.1.1 设 $F(x,y)$ 是 (X,Y) 的分布函数,则

(1) $F(x,y)$ 关于变量 x 或 y 都是(一元)右连续的,即

$$F(x+0,y)=F(x,y),F(x,y+0)=F(x,y) \tag{3.1.2}$$

(2) $0\leqslant F(x,y)\leqslant 1$, 且对任意的 x,y, 有

$$\lim_{x\to-\infty}F(x,y)=0,\ \lim_{y\to-\infty}F(x,y)=0$$
$$\lim_{\substack{x\to-\infty\\y\to-\infty}}F(x,y)=0,\ \lim_{\substack{x\to+\infty\\y\to+\infty}}F(x,y)=1 \tag{3.1.3}$$

(3)对于任意 $x_1<x_2,y_1<y_2$, 有

$$F(x_2,y_2)-F(x_2,y_1)-F(x_1,y_2)+F(x_1,y_1)\geqslant 0$$

证 仅证明性质(3).

由概率的性质可得,随机点 (X,Y) 落在矩形 $\{(x,y):x_1<X\leqslant x_2,y_1<Y\leqslant y_2\}$(如图 3-1-2 所示)中的概率为

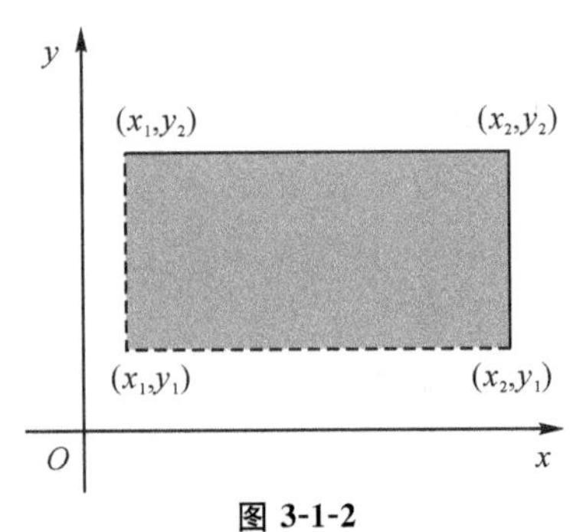

图 3-1-2

$$
\begin{aligned}
&P(x_1 < X \leqslant x_2, y_1 < Y \leqslant y_2) \\
&= P(X \leqslant x_2, Y \leqslant y_2) - P(X \leqslant x_2, Y \leqslant y_1) \\
&\quad - P(X \leqslant x_1, Y \leqslant y_2) + P(X \leqslant x_1, Y \leqslant y_1) \\
&= F(x_2, y_2) - F(x_2, y_1) - F(x_1, y_2) + F(x_1, y_1)
\end{aligned}
$$

根据概率的非负性,结论得证.

反过来也可以证明,对任何一个二元函数 $F(x,y)$,只要它满足定理中上述三条性质,则它必为某二维随机变量的分布函数.所以上述性质是二元函数 $F(x,y)$ 是否为某个二维随机变量的分布函数的充分必要条件.

由于二维随机变量的每一个分量都是一维随机变量,从而它们有各自的分布函数 $F_X(x)=P(X\leqslant x)$ 和 $F_Y(y)=P(Y\leqslant y)$,分别称这两个分布函数为 (X,Y) 关于 X 和 Y 的**边缘分布函数**,简称**边缘分布**.

注意到 $\{X\leqslant x\}=\{X\leqslant x\}\cap\{Y<+\infty\}=\{X\leqslant x,Y<+\infty\}$,可得

$$F_X(x)=P(X\leqslant x)=P(X\leqslant x,Y<+\infty)=\lim_{y\to+\infty}F(x,y) \tag{3.1.4}$$

一般用 $F(x,+\infty)$ 表示这个极限,即

$$F_X(x)=F(x,+\infty) \tag{3.1.5}$$

类似的,关于 Y 的边缘分布函数为

$$F_Y(y)=F(+\infty,y) \tag{3.1.6}$$

例 3.1.1　假设二维随机变量 (X,Y) 的联合分布函数为

$$F(x,y)=\begin{cases}1-\mathrm{e}^{-x}-\mathrm{e}^{-y}+\mathrm{e}^{-x-y-\lambda xy}, & x>0,y>0\\ 0, & \text{其他}\end{cases}$$

称这分布为**二维指数分布**,其中参数 $\lambda\geqslant 0$. 求 X 与 Y 的边缘分布函数.

解　由(3.1.5)式和(3.1.6)式,可以算得关于随机变量 X 和 Y 的边缘分布函数分别为

$$F_X(x)=F(x,+\infty)=\begin{cases}1-\mathrm{e}^{-x}, & x>0\\ 0, & x\leqslant 0\end{cases}$$

$$F_Y(y)=F(+\infty,y)=\begin{cases}1-\mathrm{e}^{-y}, & y>0\\ 0, & y\leqslant 0\end{cases}$$

即 X 和 Y 均服从参数为 $\lambda=1$ 的指数分布.　◇

关于例 3.1.1 的说明:它们都是一维指数分布函数,且与参数 λ 无关.不同的 λ 对应不同的二维指数分布,但是它们的两个边缘分布相同,这说明由联合分布函数可以唯一确定边缘分布函数,但是由边缘分布函数不能唯一确定联合分布函数.这就意味着,联合分布函数中不仅含有随机向量的每个分量的信息,而且还含有随机向量每个分量之间关系的信息,这正是人们要从整体上研究多维随机变量的原因.

练习题

§3.1 练习题解答

(1)填空题

(a)设 (X,Y) 的分布函数为

$$F(x,y)=A\left(B+\arctan\frac{x}{2}\right)\left(C+\arctan\frac{y}{3}\right)$$

则 $A=$ ________, $B=$ ________, $C=$ ________.

(b) 设二维随机变量 (X,Y) 的分布函数为

$$F(x,y)=\begin{cases}0, & \min(x,y)<0\\ \min(x,y), & 0\leqslant\min(x,y)<1\\ 1, & \min(x,y)\geqslant 1\end{cases}$$

则随机变量 X 的分布函数 $F_X(x)=$ ________.

(2)思考题

若二维随机变量 (X,Y) 的两个边缘分布函数 $F_X(x)$ 和 $F_Y(y)$ 均已知,问由此是否可以确定它们的联合分布函数?

§3.2 二维离散型随机变量及其分布律

类似于一维随机变量,常见的多维随机变量也有离散型和连续型两类. 如果随机变量 X 和 Y 都是离散型随机变量,则二维随机变量(X,Y)的所有可能取值只有有限或可列无穷多对,此时称(X,Y)为二维离散型随机变量. 统一为离散性随机变量情形一样,对二维离散型随机向量,我们主要关心的是它取每一对值的概率,即下面定义的联合分布律.

定义 3.2.1 设二维随机变量(X,Y)的所有可能取值为$\{(x_i,y_j),i,j=1,2,\cdots\}$,则称

$$P(X=x_i,Y=y_j)=p_{ij}\qquad i,j=1,2,\cdots \tag{3.2.1}$$

为二维随机变量 (X,Y) 的**分布律**或 X 与 Y 的**联合分布律**.

(X,Y) 的分布律常用列表的形式给出

X \ Y	y_1	y_2	$\cdots$	y_j	$\cdots$
x_1	p_{11}	p_{12}	$\cdots$	p_{1j}	$\cdots$
x_2	p_{21}	p_{22}	$\cdots$	p_{2j}	$\cdots$
$\vdots$	$\vdots$	$\vdots$	$\cdots$	$\vdots$	$\cdots$
x_i	p_{i1}	p_{i2}	$\cdots$	p_{ij}	$\cdots$
$\vdots$	$\vdots$	$\vdots$	$\cdots$	$\vdots$	$\cdots$

利用概率的非负性和规范性可得到二维离散型随机变量 (X,Y) 的分布律的以下两个基本性质：

(1)**非负性**：$p_{ij} \geqslant 0 \quad i,j=1,2,\cdots$；

(2)**规范性**：$\sum\limits_{i\geqslant 1}\sum\limits_{j\geqslant 1} p_{ij}=1$.

类似于边缘分布函数，可以定义边缘分布律. 称随机变量 X 的分布律

$$P(X=x_i)\hat{=}p_{i\cdot}(i=1,2,\cdots)$$

为 (X,Y) 关于随机变量 X 的**边缘分布律**；称随机变量 Y 的分布律

$$P(Y=y_j)\hat{=}p_{\cdot j}(j=1,2,\cdots)$$

为 (X,Y) 关于随机变量 Y 的**边缘分布律**.

由于

$$\{X=x_i\}=\{X=x_i,Y<+\infty\}=\bigcup_j\{X=x_i,Y=y_j\}$$

因此，(X,Y) 关于随机变量 X 的边缘分布律为

$$p_{i\cdot}=P(X=x_i)=\sum_{j=1}^{+\infty}P(X=x_i,Y=y_j)=\sum_{j=1}^{+\infty}p_{ij} \tag{3.2.2}$$

类似可得，(X,Y) 关于随机变量 Y 的边缘分布律为

$$p_{\cdot j}=P(Y=y_j)=\sum_{i=1}^{+\infty}P(X=x_i,Y=y_j)=\sum_{i=1}^{+\infty}p_{ij} \tag{3.2.3}$$

人们常常习惯于把二维离散型随机变量的联合分布和边缘分布用表格表示

$X \backslash Y$	y_1	$\cdots$	y_j	$\cdots$	$p_{i\cdot}$
x_1	p_{11}	$\cdots$	p_{1j}	$\cdots$	$p_{1\cdot}$
$\vdots$	$\cdots$	$\cdots$	$\cdots$	$\cdots$	$\vdots$
x_i	p_{i1}	$\cdots$	p_{ij}	$\cdots$	$p_{i\cdot}$
$\vdots$	$\cdots$	$\cdots$	$\cdots$	$\cdots$	$\vdots$
$p_{\cdot j}$	$p_{\cdot 1}$	$\cdots$	$p_{\cdot j}$	$\cdots$	

在上表中，中间部分是 X 与 Y 的联合分布律，而边缘部分则是关于 X 与 Y 的边缘分布律，它们由联合分布律经同一行或同一列相加而得. 上表的形式从直观上体现了边缘分布律中"边缘"二字的含义.

例 3.2.1　假设 5 件产品中有 3 件是正品，2 件是次品，从中取两次，每次取一件，记

$$X_i=\begin{cases}1, & \text{第 } i \text{ 次取到正品}\\ 0, & \text{第 } i \text{ 次取到次品}\end{cases} \quad i=1,2$$

分别对有放回抽取和无放回抽取两种情况，求 (X_1,X_2) 的联合分布律及其边缘分布律.

解 二维随机变量 (X_1,X_2) 的所有可能取值为(0,0),(0,1),(1,0),(1,1).

(1)有放回抽取的情况

$$P(X_1=0,X_2=0)=P(X_1=0)\cdot P(X_2=0|X_1=0)=\frac{2}{5}\cdot\frac{2}{5}=\frac{4}{25}$$

$$P(X_1=0,X_2=1)=P(X_1=0)\cdot P(X_2=1|X_1=0)=\frac{2}{5}\cdot\frac{3}{5}=\frac{6}{25}$$

$$P(X_1=1,X_2=0)=P(X_1=1)\cdot P(X_2=0|X_1=1)=\frac{3}{5}\cdot\frac{2}{5}=\frac{6}{25}$$

$$P(X_1=1,X_2=1)=P(X_1=1)\cdot P(X_2=1|X_1=1)=\frac{3}{5}\cdot\frac{3}{5}=\frac{9}{25}$$

关于 X_1 的边缘分布律为

$$P(X_1=0)=P(X_1=0,X_2=0)+P(X_1=0,X_2=1)=\frac{2}{5}$$

$$P(X_1=1)=P(X_1=1,X_2=0)+P(X_1=1,X_2=1)=\frac{3}{5}$$

同理可得关于 X_2 的边缘分布律,具体结果由下表所示

X_2 \ X_1	0	1	$p_{i\cdot}$
0	4/25	6/25	2/5
1	6/25	9/25	3/5
$p_{\cdot j}$	2/5	3/5	

(2)无放回抽取的情形

$$P(X_1=0,X_2=0)=P(X_1=0)\cdot P(X_2=0|X_1=0)=\frac{2}{5}\cdot\frac{1}{4}=\frac{1}{10}$$

其他结果可类似得到,具体结果见下表

X_2 \ X_1	0	1	$p_{i\cdot}$
0	1/10	3/10	2/5
1	3/10	3/10	3/5
$p_{\cdot j}$	2/5	3/5	

◇

从这个例子可知:在两种抽样情况下 (X_1,X_2) 的联合分布律不同,但是它们的边缘分布律相同.这说明由联合分布律可以唯一确定边缘分布律,但是由边缘分布律不能唯一确定联合分布律.

例 3.2.2 把三个相同的球等可能地放入编号为 1,2,3 的三个盒子中,记落入第一号盒子中球的个数为 X,落入第二号盒子中球的个数为 Y,求 (X,Y) 的联合分布律.

解 (X,Y) 的所有可能取值为 (i,j),其中 $0 \leqslant i+j \leqslant 3$,并且

$$
\begin{aligned}
p_{ij} &= P(X=i,Y=j)=P(X=i \mid Y=j)P(Y=j) \\
&= \binom{3-j}{i}\left(\frac{1}{2}\right)^{i}\left(\frac{1}{2}\right)^{3-j-i}\binom{3}{j}\left(\frac{1}{3}\right)^{j}\left(\frac{2}{3}\right)^{3-j} \\
&= \frac{1}{27}\cdot\frac{3!}{i!j!(3-i-j)!}, \quad (0 \leqslant i+j \leqslant 3)
\end{aligned}
$$

◇

注 上述分布的一般化即为一类重要的多元离散型分布——**多项分布**,它是二项分布的推广.具体模型表述如下.

假设进行 n 次独立重复试验,每次的试验有 r 个可能结果 $A_1,A_2,\cdots,A_r$,且每次试验中 A_i 发生的概率为 $p_i,(i=1,2,\cdots,r)$. 记 X_i 为 n 次独立重复试验中 A_i 发生的次数,则 $(X_1,\cdots,X_r)$ 的联合分布律为

$$
P(X_1=n_1,\cdots,X_r=n_r)=\frac{n!}{n_1!\cdots n_r!}p_1^{n_1}\cdots p_r^{n_r} \tag{3.2.4}
$$

其中 $n=n_1+\cdots+n_r$.

从上述几个例子可以看出,与一维离散型随机变量的情形一样,要求出二维离散型随机变量 (X,Y) 的分布律,就是要弄清以下两点

(1)二维离散型随机变量 (X,Y) 的所有可能的取值;

(2)二维离散型随机变量 (X,Y) 取这些值的概率.

例 3.2.3 设二维随机变量 (X,Y) 的联合分布律为

X \ Y	0	1	2
0	0.1	C	0.1
1	0.2	0.1	0.2

求(1) C;(2) $P(X+Y \leqslant 1)$;(3) $F(1,1)$.

解 (1) 由分布律性质得

$$0.1+C+0.1+0.2+0.1+0.2=1$$

故有,$C=0.3$.

(2) $P(X+Y \leqslant 1)=P(X=0,Y=0)+P(X=0,Y=1)+P(X=1,Y=0)=0.6$

(3) 由分布函数的定义,有

$$
\begin{aligned}
F(1,1) &= P(X \leqslant 1, Y \leqslant 1) \\
&= P(X=0,Y=0)+P(X=0,Y=1)+P(X=1,Y=0)
\end{aligned}
$$

$$+P(X=1,Y=1)$$
$$=0.7$$ ◇

例 3.2.4 设二维随机变量的分布律为

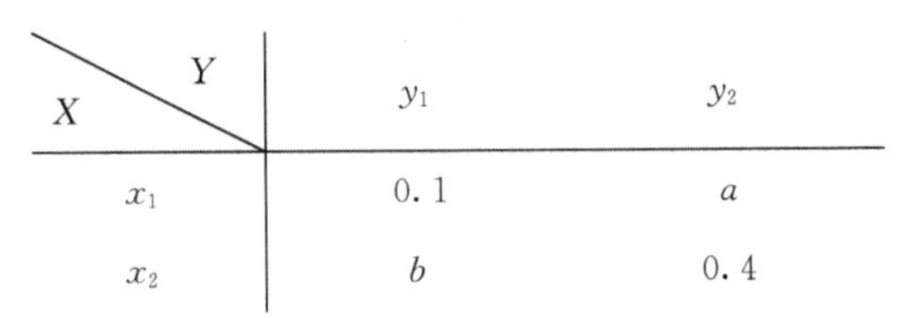

X \ Y	y_1	y_2
x_1	0.1	a
x_2	b	0.4

已知 $P(X=x_2 \mid Y=y_2)=\frac{2}{3}$. 试求常数的值.

解 由

$$0.1+a+b+0.4=1$$

以及

$$P\{X=x_2 \mid Y=y_2\}=\frac{P\{X=x_2,Y=y_2\}}{P\{Y=y_2\}}=\frac{0.4}{a+0.4}=\frac{2}{3}$$

可解得，$a=0.2, b=0.3$. ◇

练习题

§ 3.2 练习题解答

(1)填空题

设 X 和 Y 服从同一分布，且 X 的分布律为

X	0	1
P	$\frac{1}{2}$	$\frac{1}{2}$

若已知 $P\{XY=0\}=1$，则 $P\{X=Y\}=$ ________.

(2)选择题

设二维随机变量 (X,Y) 的联合分布函数为 $F(x,y)$，其联合分布律为

X \ Y	0	1	2
−1	0.2	0	0.1
0	0	0.4	0
1	0.1	0	0.2

则 $F(0,1)=$ ( )

(A)0.2 (B)0.4 (C)0.6 (D)0.8

§3.3 二维连续型随机变量及其密度函数

3.3.1 联合概率密度与边缘概率密度

同一维随机变量的情形类似,我们引入二维连续性随机变量的概念.

定义 3.3.1 设 $F(x,y)$ 是二维随机变量 (X,Y) 的联合分布函数,如果存在一个非负可积函数 $f(x,y)$,使得对任意的实数 x,y 有

$$F(x,y)=\int_{-\infty}^{x}\int_{-\infty}^{y}f(u,v)\mathrm{d}u\mathrm{d}v \tag{3.3.1}$$

则称 (X,Y) 是**二维连续型随机变量**,称 $f(x,y)$ 为二维连续型随机变量 (X,Y) 的**概率密度函数**或 X 与 Y **联合概率密度函数**(简称**联合概率密度**或**联合密度**).

联合密度函数 $f(x,y)$ 具有以下两条基本性质

(1)非负性:$f(x,y)\geqslant 0$;

(2)规范性:$\int_{-\infty}^{+\infty}\int_{-\infty}^{+\infty}f(x,y)\mathrm{d}x\mathrm{d}y=1$.

这两条性质刻画了联合概率密度的特征.也就是说,如果某个函数 $f(x,y)$ 满足上面两条性质,则它必为某个概率空间上的二维连续型随机向量的联合概率密度函数.

更进一步地,联合概率密度还有如下一些性质

(1)二维连续型随机变量 (X,Y) 落入平面区域 D 的概率等于它的密度函数 $f(x,y)$ 在区域 D 上的二重积分,即

$$P((X,Y)\in D)=\iint_{D}f(x,y)\mathrm{d}x\mathrm{d}y \tag{3.3.2}$$

(2)若 $f(x,y)$ 在 (x,y) 处连续,则

$$\frac{\partial^2 F(x,y)}{\partial x\partial y}=f(x,y) \tag{3.3.3}$$

(3)对于平面上任意面积为零的区域 D,有

$$P\{(X,Y)\in D\}=0$$

类似于离散型随机变量的边缘分布律,可以定义连续型随机变量的边缘密度函数.称随机变量 X,Y 的密度函数 $f_X(x)$ 和 $f_Y(y)$ 分别为 (X,Y) 关于随机变量 X 和 Y 的边缘密度函数.

由于随机变量 X 的边缘分布函数为

$$\begin{aligned}F_X(x)&=F(x,+\infty)\\&=\int_{-\infty}^{x}\left(\int_{-\infty}^{+\infty}f(u,v)\mathrm{d}v\right)\mathrm{d}u\end{aligned}$$

$$= \int_{-\infty}^{x} f_X(u)\mathrm{d}u$$

因此,关于随机变量 X 的边缘密度函数为

$$f_X(x) = \int_{-\infty}^{+\infty} f(x,y)\mathrm{d}y \tag{3.3.4}$$

类似可得,关于随机变量 Y 的边缘密度函数为

$$f_Y(y) = \int_{-\infty}^{+\infty} f(x,y)\mathrm{d}x \tag{3.3.5}$$

例 3.3.1 已知二维随机变量 (X,Y) 的联合密度函数为

$$f(x,y) = \frac{A}{(1+x^2)(1+y^2)}$$

求(1)常数 A;(2)联合分布函数 $F(x,y)$;(3)边缘密度函数 $f_X(x)$,$f_Y(y)$.

解 (1) 因为 $f(x,y)$ 是 (X,Y) 的联合密度函数,所以

$$\int_{-\infty}^{+\infty}\int_{-\infty}^{+\infty} f(x,y)\mathrm{d}x\mathrm{d}y = 1$$

即

$$\begin{aligned}
&\int_{-\infty}^{+\infty}\int_{-\infty}^{+\infty} \frac{A}{(1+x^2)(1+y^2)}\mathrm{d}x\mathrm{d}y = 1 \\
&= A\int_{-\infty}^{+\infty} \frac{1}{1+x^2}\left(\int_{-\infty}^{+\infty} \frac{1}{(1+y^2)}\mathrm{d}y\right)\mathrm{d}x \\
&= A\left[\arctan y\right]_{-\infty}^{+\infty}\left[\arctan x\right]_{-\infty}^{+\infty} \\
&= \pi^2 A = 1
\end{aligned}$$

从而 $A = \dfrac{1}{\pi^2}$

(2) (X,Y) 的分布函数为

$$\begin{aligned}
F(x,y) &= \int_{-\infty}^{x}\int_{-\infty}^{y} f(u,v)\mathrm{d}u\mathrm{d}v \\
&= \frac{1}{\pi^2}\int_{-\infty}^{x} \frac{1}{1+u^2}\left(\int_{-\infty}^{y} \frac{1}{(1+v^2)}\mathrm{d}v\right)\mathrm{d}u \\
&= \frac{1}{\pi^2}\left(\arctan x + \frac{\pi}{2}\right)\left(\arctan y + \frac{\pi}{2}\right)
\end{aligned}$$

(3)
$$\begin{aligned}
f_X(x) &= \int_{-\infty}^{+\infty} f(x,y)\mathrm{d}y = \frac{1}{\pi^2}\int_{-\infty}^{+\infty} \frac{1}{(1+x^2)(1+y^2)}\mathrm{d}y \\
&= \frac{1}{\pi^2(1+x^2)}\arctan y\Big|_{-\infty}^{+\infty} = \frac{1}{\pi(1+x^2)}
\end{aligned}$$

同理可得

$$f_Y(y)=\frac{1}{\pi(1+y^2)}$$ ◇

例 3.3.2 已知二维随机变量(X,Y)的联合密度函数为

$$f(x,y)=\begin{cases}Axe^{-y}, & 0<x<y<+\infty\\ 0, & \text{其他}\end{cases}$$

求(1)常数 A；(2) $P(X+Y<2)$；(3)边缘密度函数 $f_X(x)$，$f_Y(y)$.

解 (1) 因为

$$\int_{-\infty}^{+\infty}\int_{-\infty}^{+\infty}f(x,y)\,dx\,dy=1$$

即

$$\begin{aligned}&\int_0^{+\infty}\int_x^{+\infty}Axe^{-y}\,dx\,dy\\ &=A\int_0^{+\infty}x\left(\int_x^{+\infty}e^{-y}\,dy\right)dx\\ &=A\int_0^{\infty}xe^{-x}\,dx=A=1\end{aligned}$$

所以，$A=1$.

(2)所求的概率为

$$\begin{aligned}P(X+Y<2)&=\int_0^1x\left(\int_x^{2-x}e^{-y}\,dy\right)dx\\ &=\int_0^1(xe^{-x}-xe^{x-2})\,dx\\ &=1-2e^{-1}-e^{-2}\end{aligned}$$

(3) 关于 X 的边缘概率密度为

$$\begin{aligned}f_X(x)&=\int_{-\infty}^{+\infty}f(x,y)\,dy\\ &=\begin{cases}\int_x^{+\infty}xe^{-y}\,dy, & x>0\\ 0, & x\leqslant 0\end{cases}\\ &=\begin{cases}xe^{-x}, & x>0\\ 0, & x\leqslant 0\end{cases}\end{aligned}$$

关于 Y 的边缘概率密度为

$$\begin{aligned}f_Y(y)&=\int_{-\infty}^{+\infty}f(x,y)\,dx\\ &=\begin{cases}\int_0^{y}xe^{-y}\,dx, & y>0\\ 0, & y\leqslant 0\end{cases}\end{aligned}$$

$$=\begin{cases}\dfrac{1}{2}y^2\mathrm{e}^{-y}, & y>0\\ 0, & y\leqslant 0\end{cases}$$ ◇

3.3.2　二维均匀分布和二维正态分布

定义 3.3.2　设 D 为平面有界区域,其面积是 S_D,若二维随机变量 (X,Y) 的概率密度为

$$f(x,y)=\begin{cases}\dfrac{1}{S_D}, & (x,y)\in D\\ 0, & \text{其他}\end{cases}$$

则称 (X,Y) 服从区域 D 上的**均匀分布**.

若 (X,Y) 服从平面区域 D 上的均匀分布,则对于 D 中任一子区域 G,有

$$P\{(X,Y)\in G\}=\iint\limits_G f(x,y)\mathrm{d}x\mathrm{d}y=\iint\limits_G \frac{1}{S_D}\mathrm{d}x\mathrm{d}y=\frac{S_G}{S_D}$$

于是,(X,Y) 落在 D 中任一子区域 G 的概率与 G 的面积成正比,而与 G 的形状和位置无关.在这个意义上我们可以说,服从某平面区域上均匀分布的二维随机变量在该区域内是“等可能”的.

例 3.3.3　设二维随机变量 (X,Y) 服从区域 D 上的**均匀分布**,其中区域 D 由 x 轴、y 轴及直线 $2x+y=2$ 所围成的三角形区域(如图 3-3-1),求边缘密度函数 $f_X(x)$, $f_Y(y)$.

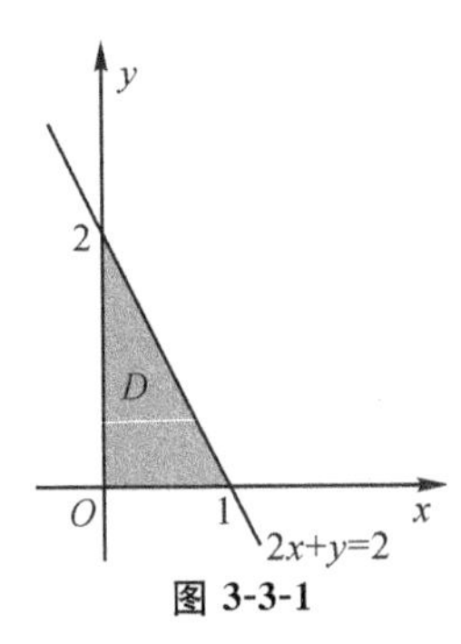

图 3-3-1

解　因为这个三角形区域 D 的面积 $S_D=1$,所以

$$f(x,y)=\begin{cases}1, & (x,y)\in D\\ 0, & \text{其他}\end{cases}$$

显然,当 $x<0$ 或 $x>1$ 时,$f_X(x)=0$ 而当 $0\leqslant x\leqslant 1$ 时,有

$$f_X(x)=\int_{-\infty}^{+\infty}f(x,y)\mathrm{d}y=\int_0^{2-2x}1\mathrm{d}y=2-2x$$

即

$$f_X(x)=\begin{cases}2-2x, & 0\leqslant x\leqslant 1\\ 0, & \text{其他}\end{cases}$$

显然，当 $y\notin[0,2]$ 时，$f_Y(y)=0$，而当 $0\leqslant y\leqslant 2$ 时，有

$$f_Y(y)=\int_{-\infty}^{+\infty}f(x,y)\mathrm{d}x=\int_0^{\frac{2-y}{2}}1\mathrm{d}x=\frac{2-y}{2}$$

即

$$f_Y(y)=\begin{cases}1-\dfrac{y}{2}, & 0\leqslant y\leqslant 2\\ 0, & \text{其他}\end{cases}$$

◇

定义 3.3.3 若二维随机变量 (X,Y) 的概率密度为

$$f(x,y)=\frac{1}{2\pi\sigma_1\sigma_2\sqrt{1-\rho^2}}\mathrm{e}^{-\frac{1}{2(1-\rho^2)}\left[\left(\frac{x-\mu_1}{\sigma_1}\right)^2-2\rho\frac{x-\mu_1}{\sigma_1}\frac{y-\mu_2}{\sigma_2}+\left(\frac{y-\mu_2}{\sigma_2}\right)^2\right]}\tag{3.3.6}$$

其中 $-\infty<\mu_1,\mu_2<+\infty,\sigma_1,\sigma_2>0,|\rho|<1$，则称 (X,Y) 服从参数为 $\mu_1,\mu_2,\sigma_1^2,\sigma_2^2,\rho$ 的二维正态分布，记作 $(X,Y)\sim N(\mu_1,\mu_2,\sigma_1^2,\sigma_2^2,\rho)$. 称 (X,Y) 二维正态随机向量，并称上述的 $f(x,y)$ 为**二维正态概率密度**.

下面求二维正态随机向量的边缘分布.

关于 X 的边缘概率密度为

$$\begin{aligned}f_X(x)&=\int_{-\infty}^{+\infty}f(x,y)\mathrm{d}y\\&=\frac{1}{2\pi\sigma_1\sigma_2\sqrt{1-\rho^2}}\int_{-\infty}^{+\infty}\mathrm{e}^{-\frac{1}{2(1-\rho^2)}\left[\left(\frac{x-\mu_1}{\sigma_1}\right)^2-2\rho\frac{x-\mu_1}{\sigma_1}\frac{y-\mu_2}{\sigma_2}+\left(\frac{y-\mu_2}{\sigma_2}\right)^2\right]}\mathrm{d}y\\&\qquad\left(\text{令 }\frac{x-\mu_1}{\sigma_1}=u,\frac{y-\mu_2}{\sigma_2}=v\right)\\&=\frac{1}{2\pi\sigma_1\sqrt{1-\rho^2}}\int_{-\infty}^{+\infty}\mathrm{e}^{-\frac{1}{2(1-\rho^2)}(u^2-2\rho uv+v^2)}\mathrm{d}v\\&=\frac{1}{\sqrt{2\pi}\sigma_1}\mathrm{e}^{-\frac{u^2}{2}}\cdot\frac{1}{\sqrt{2\pi(1-\rho^2)}}\int_{-\infty}^{+\infty}\mathrm{e}^{-\frac{(v-\rho u)^2}{2(1-\rho^2)}}\mathrm{d}v\\&=\frac{1}{\sqrt{2\pi}\sigma_1}\mathrm{e}^{-\frac{u^2}{2}}=\frac{1}{\sqrt{2\pi}\sigma_1}\mathrm{e}^{-\frac{(x-\mu_1)^2}{2\sigma_1^2}}\end{aligned}$$

二维正态曲面模拟实验

因此，$X\sim N(\mu_1,\sigma_1^2)$，由对称性可得，$Y\sim N(\mu_2,\sigma_2^2)$.

注 上述推导过程的倒数第二个等式利用了正态概率密度的规范性，即

$$\frac{1}{\sqrt{2\pi(1-\rho^2)}}\int_{-\infty}^{+\infty}\mathrm{e}^{-\frac{(v-\rho u)^2}{2(1-\rho^2)}}\mathrm{d}v=1\qquad\text{(为什么?)}$$

二维正态分布的两个边缘分布都是一维正态分布，而且这两个边缘分布都不依赖于

参数 ρ. 这就意味着,如果 $\rho_1 \neq \rho_2$,则两个不同的正态分布 $N(\mu_1,\mu_2,\sigma_1^2,\sigma_2^2,\rho_1)$ 和 $N(\mu_1,\mu_2,\sigma_1^2,\sigma_2^2,\rho_2)$ 有完全相同的边缘分布. 对这个现象的解释是:边缘分布只考虑了单个分量各自的情况,而未涉及 X,Y 之间的联系,而 X 与 Y 之间的联系这个信息是包含在 (X,Y) 的联合分布之内的. 在下一章我们将指出,参数 ρ 正好刻画了 X 与 Y 之间关系的密切程度. 这一事实再次说明边缘分布不能完全决定它们的联合分布.

特别需要指出的是,两个边缘分布都是一维正态分布的二维随机向量,它们的联合分布不仅是不唯一确定的,而且还可以不是一个二维正态分布. 下面就是一个这样的例子.

例 3.3.4 设二维随机变量 (X,Y) 的概率密度为

$$f(x,y)=\frac{1}{2\pi}\mathrm{e}^{-\frac{x^2+y^2}{2}}(1+\sin x\sin y)$$

则它的两个边缘分布均为标准正态分布 $N(0,1)$,但显然 $f(x,y)$ 不是二维正态概率密度. ◇

§3.3 练习题解答

练习题

(1)填空题

设二维随机变量 $(X,Y)\sim N(\mu_1,\mu_2,\sigma_1^2,\sigma_2^2,\rho)$,其联合概率密度

$$f(x,y)=\frac{1}{\sqrt{3}\,\pi}\mathrm{e}^{-\frac{2}{3}(x^2-xy+y^2)}$$

则 $\mu_1=$ ________, $\mu_2=$ ________, $\sigma_1^2=$ ________, $\sigma_2^2=$ ________, $\rho=$ ________.

(2)选择题

设 (X,Y) 为二维连续型随机变量,则关于未知数 t 的一元二次方程 $Xt^2+2Yt+5=0$ 有重根的概率为 ( )

(A)0 (B)0.25 (C)0.5 (D)1

§3.4 随机变量的独立性

随机变量的独立性不仅是概率论的基本概念之一,而且是许多概率模型的基本前提条件. 下面利用随机事件相互独立的概念,引进随机变量相互独立的概念.

定义 3.4.1 设 (X,Y) 是二维随机变量,如果对任意的实数 x 和 y,随机事件 $\{X\leqslant x\}$ 和 $\{Y\leqslant y\}$ 相互独立,即

$$F(x,y)=F_X(x)\cdot F_Y(y) \tag{3.4.1}$$

则称随机变量 X 和 Y **相互独立**.

对离散型和连续型随机变量,可以证明以下结果:

定理 3.4.1　(1)设二维离散型随机变量 (X,Y) 所有可能的取值为 (x_i, y_j), $i,j = 1,2,\cdots$, 则随机变量 X 和 Y 相互独立的充分必要条件是对任何的 $i,j=1,2,\cdots$, 均有

$$P(X = x_i, Y = y_j) = P(X = x_i)P(Y = y_j) \tag{3.4.2}$$

(2)设二维连续型随机变量 (X,Y) 的联合概率密度为 $f(x,y)$, 关于 X 和 Y 的边缘概率密度为 $f_X(x)$ 和 $f_Y(y)$, 则随机变量 X 和 Y 相互独立的充分必要条件是,对任意实数 x 和 y, 均有

$$f(x,y) = f_X(x) \cdot f_Y(y) \tag{3.4.3}$$

从这个定理可知,当随机变量相互独立时,联合分布律(密度函数)与边缘分布律(密度函数)可以相互唯一确定. 而从前面的讨论知道这一结论一般不成立.

注　常数与任何随机变量独立.

例 3.4.1　设二维随机变量 (X,Y) 的联合分布律为

X \ Y	1	2	3
1	α	1/9	1/18
2	1/3	β	1/9

且随机变量 X 和 Y 相互独立,求常数 α 和 β.

解　由联合分布律的性质可得

$$\alpha + \frac{1}{9} + \frac{1}{18} + \frac{1}{3} + \beta + \frac{1}{9} = 1$$

即

$$\alpha + \beta = \frac{7}{18} \tag{3.4.4}$$

由于 X 和 Y 相互独立,所以

$$P(X = 1, Y = 3) = P(X = 1)P(Y = 3)$$

即

$$\frac{1}{18} = \left(\alpha + \frac{1}{9} + \frac{1}{18}\right) \cdot \left(\frac{1}{18} + \frac{1}{9}\right) \tag{3.4.5}$$

由式(3.4.4)和(3.4.5)可解得, $\alpha = \dfrac{1}{6}, \beta = \dfrac{2}{9}$.　◇

定理 3.4.2　设二维随机变量 (X,Y) 服从二维正态分布 $N(\mu_1, \mu_2, \sigma_1^2, \sigma_2^2, \rho)$, 证明随机变量 X 和 Y 相互独立的充要条件是 $\rho = 0$.

证　由于 $X \sim N(\mu_1, \sigma_1^2)$, $Y \sim N(\mu_2, \sigma_2^2)$, 因此, X 和 Y 相互独立的充要条件

$$f(x,y) = f_X(x) \cdot f_Y(y)$$

等价于条件

$$\frac{1}{2\pi\sigma_1\sigma_2\sqrt{1-\rho^2}}e^{-\frac{1}{2(1-\rho^2)}\left[\left(\frac{x-\mu_1}{\sigma_1}\right)^2-2\rho\frac{x-\mu_1}{\sigma_1}\frac{y-\mu_2}{\sigma_2}+\left(\frac{y-\mu_2}{\sigma_2}\right)^2\right]}=\frac{1}{\sqrt{2\pi}\sigma_1}e^{-\frac{(x-\mu_1)^2}{2\sigma_1^2}}\frac{1}{\sqrt{2\pi}\sigma_2}e^{-\frac{(y-\mu_2)^2}{2\sigma_2^2}}$$

而上式成立的充分必要条件为 $\rho=0$.

例 3.4.2 设二维随机变量 (X,Y) 服从区域 $D=\{(x,y):x^2+y^2\leqslant 1\}$ 上的均匀分布,问 X 和 Y 是否相互独立?

解 由题意,X 和 Y 的联合概率密度为

$$f(x,y)=\begin{cases}\dfrac{1}{\pi}, & x^2+y^2\leqslant 1\\ 0, & \text{其他}\end{cases}$$

于是,有

$$f_X(x)=\int_{-\infty}^{+\infty}f(x,y)\mathrm{d}y=\begin{cases}\displaystyle\int_{-\sqrt{1-x^2}}^{\sqrt{1-x^2}}\frac{1}{\pi}dy, & |x|<1\\ 0, & \text{其他}\end{cases}$$
$$=\begin{cases}\dfrac{2}{\pi}\sqrt{1-x^2}, & |x|<1\\ 0, & \text{其他}\end{cases}$$

由对称性,有

$$f_Y(y)=\begin{cases}\dfrac{2}{\pi}\sqrt{1-y^2}, & |y|<1\\ 0, & \text{其他}\end{cases}$$

由于 $f(x,y)\neq f_X(x)f_Y(y)$,故 X 与 Y 不相互独立. ◇

例 3.4.3 设随机变量 X 和 Y 相互独立且服从相同分布,其密度函数为

$$f(x)=\begin{cases}2x, & 0\leqslant x\leqslant 1\\ 0, & \text{其他}\end{cases} \tag{3.4.6}$$

求 $P(X+Y\leqslant 1)$.

解 因为随机变量 X 和 Y 相互独立且服从相同的分布,其概率密度由(3.4.6)给出,所以 X 和 Y 的联合密度函数为

$$g(x,y)=f_X(x)f_Y(y)=f(x)f(y)$$
$$=\begin{cases}4xy, & 0\leqslant x\leqslant 1,0\leqslant y\leqslant 1\\ 0, & \text{其他}\end{cases}$$

从而有

$$P(X+Y\leqslant 1)=\iint\limits_{x+y\leqslant 1}g(x,y)\mathrm{d}x\mathrm{d}y$$
$$=\int_0^1\mathrm{d}x\int_0^{1-x}4xy\mathrm{d}y$$

$$= \int_0^1 2x(1-x)^2 \mathrm{d}x$$

$$= \frac{1}{6}$$ ◇

下面的定理说明独立随机变量的函数仍然是独立的，这是个很重要的结论.

定理 3.4.3　设 X 与 Y 是相互独立的随机变量，$h(x)$ 和 $g(y)$ 均为连续或单调函数，则随机变量 $h(X)$ 和 $g(Y)$ 也是相互独立的.

证　我们只对 $h(x)$ 和 $g(y)$ 均为严格单调增的情形证明此结论. 此时它们的反函数 $h^{-1}(x)$ 和 $g^{-1}(y)$ 存在且也为严格单调增的. 从而 $h(X)$ 和 $g(Y)$ 的联合分布函数为

$$\begin{aligned} P\{h(X) \leqslant x, g(Y) \leqslant y\} &= P\{X \leqslant h^{-1}(X), Y \leqslant g^{-1}(y)\} \\ &= P\{X \leqslant h^{-1}(x)\} P\{Y \leqslant g^{-1}(y)\} \\ &= P\{h(X) \leqslant x\} P\{g(Y) \leqslant y\} \end{aligned}$$

其中，第二个等式用到了 X 与 Y 之间的独立性，由定义，$h(X)$ 和 $g(Y)$ 相互独立. ◇

练习题

§3.4　练习题解答

(1)填空题

(a) 设相互独立的两个随机变量 X,Y 具有同一分布律，且 X 的分布律为

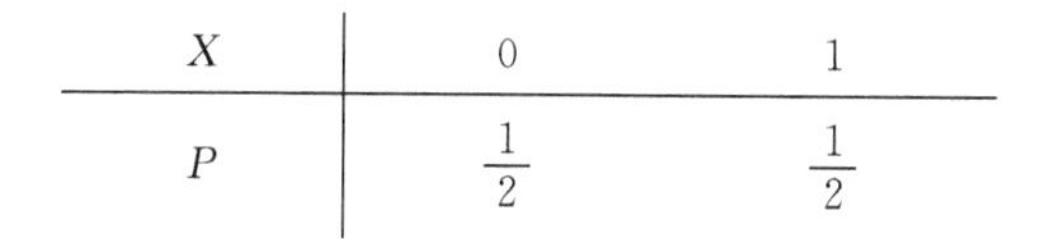

X	0	1
P	$\frac{1}{2}$	$\frac{1}{2}$

则随机变量 $Z = \max(X,Y)$ 的分布律为 ＿＿＿＿＿＿.

(b) 设甲、乙两个元件的寿命相互独立且均服从参数为 1 的指数分布，如果两个元件同时使用，求甲比乙先坏的概率＿＿＿＿＿.

(2)选择题

已知 (X,Y) 的联合概率密度 $f(x,y) = g(x)h(y)$，其中 $g(x) \geqslant 0, h(y) \geqslant 0$，并且 $\int_{-\infty}^{+\infty} g(x)\mathrm{d}x = a > 0, \int_{-\infty}^{+\infty} h(y)\mathrm{d}y = b > 0$，则 X 和 Y 相互独立，并且　(　　)

(A) $f_X(x) = g(x), f_y(y) = h(y)$

(B) $f_X(x) = ag(x), f_y(y) = bh(y)$

(C) $f_X(x) = bg(x), f_y(y) = ah(y)$

(D) $f_X(x) = g(x), f_y(y) = abh(y)$

§3.5 条件分布

从前面几节讨论可知,多维随机变量的性质不仅与每一个分量的性质有关,而且还与它们之间的相互关系有关.当两个随机变量相互独立时,某一个随机变量的取值不会影响另一个随机变量的概率分布;当两个随机变量不独立(这时也称随机变量为相依的)时,一个随机变量的取值则会影响另一个随机变量取值的概率分布.因此,对于二维随机变量(X,Y),可以考虑在其中一个随机变量取得某个固定值的条件下,另一个随机变量的概率分布,这样得到的概率分布称为条件分布,也就是说,我们可以用条件分布来考察这种影响.

3.5.1 离散型随机变量的条件分布

设$P(X=x_i,Y=y_j)=p_{ij}\ (i,j=1,2,\cdots)$为二维离散型随机变量$(X,Y)$的联合分布律,如果$P(Y=y_j)=p_{\cdot j}>0$,则在给定$Y=y_j$条件下随机变量$X$的分布律为

$$P(X=x_i\,|\,Y=y_j)=\frac{P(X=x_i,Y=y_j)}{P(Y=y_j)}=\frac{p_{ij}}{p_{\cdot j}}\quad(i=1,2,\cdots)\tag{3.5.1}$$

由此得到的分布律称为在给定$Y=y_j$下随机变量X的**条件分布律**.类似可得到在给定$X=x_i$下随机变量Y的条件分布律为

$$P(Y=y_j\,|\,X=x_i)=\frac{P(X=x_i,Y=y_j)}{P(X=x_i)}=\frac{p_{ij}}{p_{i\cdot}}\quad(j=1,2,\cdots)\tag{3.5.2}$$

例 3.5.1 设(X,Y)的联合分布律为

X \ Y	1	2	3
0	1/12	0	1/4
1	1/6	1/12	1/12
2	1/4	1/12	0

求在给定$Y=2$的条件下随机变量X的条件分布律和在给定$X=1$的条件下随机变量Y的条件分布律.

解 因为$P(Y=2)=\frac{1}{6}$,$P(X=1)=\frac{1}{3}$,所以在给定$Y=2$下随机变量X的条件分布律为

$$P(X=0\mid Y=2)=\frac{P(X=0,Y=2)}{P(Y=2)}=0$$

$$P(X=1\mid Y=2)=\frac{P(X=1,Y=2)}{P(Y=2)}=\frac{1}{2}$$

$$P(X=2\mid Y=2)=\frac{P(X=2,Y=2)}{P(Y=2)}=\frac{1}{2}$$

在给定 $X=1$ 下随机变量 Y 的条件分布律为

$$P(Y=1\mid X=1)=\frac{P(X=1,Y=1)}{P(X=1)}=\frac{1}{2}$$

$$P(Y=2\mid X=1)=\frac{P(X=1,Y=2)}{P(X=1)}=\frac{1}{4}$$

$$P(Y=3\mid X=1)=\frac{P(X=1,Y=3)}{P(X=1)}=\frac{1}{4}$$ ◇

例 3.5.2　一射手进行射击，单发击中目标的概率为 $p(0<p<1)$，射击进行到击中目标两次为止. 以 X 表示第一次击中目标所需射击的次数，以 Y 表示总共进行的射击次数. 试求(X,Y)的联合分布律及条件分布律.

解　由题意知，(X,Y)的可能取值为

$$(i,j),\ 其中\ i=1,2,\cdots,j-1;j=2,3,\cdots$$

并且其联合分布律为

$$P\{X=i,Y=j\}=p^2(1-p)^{j-2},i=1,2,\cdots,j-1;j=2,3,\cdots$$

于是，关于 X 的边缘分布律为

$$\begin{aligned}P(X=i)&=\sum_{j=i+1}^{\infty}P(X=i,Y=j)\\&=\sum_{j=i+1}^{\infty}p^2(1-p)^{j-2}\\&=p(1-p)^{i-1},\quad i=1,2,\cdots\end{aligned}$$

关于 Y 的边缘分布律为

$$\begin{aligned}P(Y=j)&=\sum_{i=1}^{j-1}P(X=i,Y=j)\\&=\sum_{i=1}^{j-1}p^2(1-p)^{j-2}\\&=(j-1)p^2(1-p)^{j-2},\quad j=2,3,\cdots\end{aligned}$$

所以，当 $j=2,3,\cdots$ 时，有

$$P(X=i\mid Y=j)=\frac{p^2(1-p)^{j-2}}{(j-1)p^2(1-p)^{j-2}}=\frac{1}{j-1},i=1,2,\cdots,j-1$$

当 $i=1,2,\cdots$ 时，有

$$P(Y=j\mid X=i)=\frac{p^2(1-p)^{j-2}}{p(1-p)^{i-1}}=p(1-p)^{j-i-1},j=i+1,i+2,\cdots$$ ◇

3.5.2 连续型随机变量的条件分布

设 $f(x,y)$ 为二维连续型随机变量 (X,Y) 的联合密度函数，$f_X(x)$ 和 $f_Y(y)$ 为边缘密度函数,由于在连续型场合 $P(X=x)$ 和 $P(Y=y)$ 均等于零,所以不能用条件概率公式直接求条件分布.

设 $f_Y(y)>0$,则在给定 $Y=y$ 下随机变量 X 的条件分布函数 $F_{X|Y}(x\mid y)$ 定义为

$$
\begin{aligned}
F_{X|Y}(x\mid y)&=P(X\leqslant x\mid Y=y)=\lim_{\Delta y\to 0}P(X\leqslant x\mid y\leqslant Y\leqslant y+\Delta y)\\
&=\lim_{\Delta y\to 0}\frac{P(X\leqslant x,y\leqslant Y\leqslant y+\Delta y)}{P(y\leqslant Y\leqslant y+\Delta y)}\\
&=\lim_{\Delta y\to 0}\frac{F(x,y+\Delta y)-F(x,y)}{F_Y(y+\Delta y)-F_Y(y)}\\
&=\lim_{\Delta y\to 0}\frac{\frac{1}{\Delta y}[F(x,y+\Delta y)-F(x,y)]}{\frac{1}{\Delta y}[F_Y(y+\Delta y)-F_Y(y)]}\\
&=\frac{\frac{\partial F(x,y)}{\partial y}}{\frac{\mathrm{d}F_Y(y)}{dy}}=\frac{1}{f_Y(y)}\cdot\frac{\partial}{\partial y}\left[\int_{-\infty}^{x}\left(\int_{-\infty}^{y}f(u,v)\mathrm{d}v\right)\mathrm{d}u\right]\\
&=\frac{1}{f_Y(y)}\cdot\int_{-\infty}^{x}f(u,y)\mathrm{d}u=\int_{-\infty}^{x}\frac{f(u,y)}{f_Y(y)}\mathrm{d}u
\end{aligned}
$$

于是,若记 $f_{X|Y}(x\mid y)$ 为在给定 $Y=y$ 下随机变量 X 的条件密度函数,则有

$$f_{X|Y}(x\mid y)=\frac{f(x,y)}{f_Y(y)} \tag{3.5.3}$$

类似地,当 $f_X(x)>0$ 时,在给定 $X=x$ 下随机变量 Y 的条件密度函数为

$$f_{Y|X}(y\mid x)=\frac{f(x,y)}{f_X(x)} \tag{3.5.4}$$

例 3.5.3 设二维随机变量 (X,Y) 服从区域 $D=\{(x,y):x^2+y^2\leqslant 1\}$ 上的均匀分布,求条件概率密度.

解 由例 3.4.2 的结果,有

$$f(x,y)=\begin{cases}\frac{1}{\pi}, & x^2+y^2\leqslant 1\\ 0, & 其他\end{cases}$$

$$f_X(x)=\begin{cases}\frac{2}{\pi}\sqrt{1-x^2}, & |x|<1\\ 0, & 其他\end{cases}$$

$$f_Y(y)=\begin{cases}\dfrac{2}{\pi}\sqrt{1-y^2}, & |y|<1\\ 0, & \text{其他}\end{cases}$$

所以,当 $|x|<1$ 时,有

$$f_{Y|X}(y\mid x)=\frac{f(x,y)}{f_X(x)}=\begin{cases}\dfrac{1/\pi}{\dfrac{2}{\pi}\sqrt{1-x^2}}, & |y|<\sqrt{1-x^2}\\ 0, & \text{其他}\end{cases}$$

$$=\begin{cases}\dfrac{1}{2\sqrt{1-x^2}}, & |y|<\sqrt{1-x^2}\\ 0, & \text{其他}\end{cases}$$

即在给定 $X=x$ 的条件下随机变量 Y 服从 $(-\sqrt{1-x^2},\sqrt{1-x^2})$ 上的均匀分布.

同理,当 $|y|<1$ 时,有

$$f_{X|Y}(x\mid y)=\begin{cases}\dfrac{1}{2\sqrt{1-y^2}}, & |x|<\sqrt{1-y^2}\\ 0, & \text{其他}\end{cases}$$

即在给定 $Y=y$ 的条件下随机变量 X 服从 $(-\sqrt{1-y^2},\sqrt{1-y^2})$ 上的均匀分布.　◇

例 3.5.4　设二维随机变量 (X,Y) 的联合密度函数如例 3.3.2 所示,求(1)条件密度函数 $f_{X|Y}(x\mid y)$ 和 $f_{Y|X}(y\mid x)$;(2) $P(X>1\mid Y=y)$.

解　(1) 因为

$$f_X(x)=\begin{cases}xe^{-x}, & x>0\\ 0, & x\leqslant 0\end{cases},\quad f_Y(y)=\begin{cases}\dfrac{1}{2}y^2e^{-y}, & y>0\\ 0, & y\leqslant 0\end{cases}$$

所以,在给定 $Y=y>0$ 下随机变量 X 的条件密度函数为:

$$f_{X|Y}(x\mid y)=\frac{f(x,y)}{f_Y(y)}=\begin{cases}2xy^{-2}, & 0<x<y\\ 0, & \text{其他}\end{cases}$$

在给定 $X=x>0$ 下随机变量 Y 的条件密度函数为

$$f_{Y|X}(y\mid x)=\frac{f(x,y)}{f_X(x)}=\begin{cases}e^{x-y}, & y>x\\ 0, & \text{其他}\end{cases}$$

(2) 当 $0<y\leqslant 1$ 时,

$$P(X>1\mid Y=y)=\int_1^{+\infty}f_{X|Y}(x\mid y)\mathrm{d}x=\int_1^{+\infty}0\mathrm{d}x=0$$

当 $y>1$ 时,

$$P(X>1\mid Y=y)=\int_1^{+\infty}f_{X|Y}(x\mid y)\mathrm{d}x=\int_1^{y}2xy^{-2}\mathrm{d}x=1-y^{-2}$$　◇

在例 3.5.4 中,条件概率 $P(X>1 \mid Y=y)$ 是 y 的一个函数,一旦给定了 y 的值,条件概率 $P(X>1|Y=y)$ 的值也唯一确定,例如 $y=5$ 时,$P(X>1|Y=5)=0.96$.

例 3.5.5 设随机变量 $X \sim U(0,1)$,在 $X=x\ (0<x<1)$ 的条件下,随机变量 $Y \sim U(0,x)$,求二维随机变量 (X,Y) 的联合密度函数.

解 由题意知,有

$$f_X(x)=\begin{cases}1, & 0<x<1\\0, & \text{其他}\end{cases},f_{Y|X}(y \mid x)=\begin{cases}\dfrac{1}{x}, & 0<y<x\\0, & \text{其他}\end{cases}$$

所以

$$f(x,y)=f_X(x)f_{Y|X}(y \mid x)=\begin{cases}\dfrac{1}{x}, & 0<x<1,0<y<x\\0, & \text{其他}\end{cases}$$ ◇

下面的定理说明二维正态分布的两个条件分布仍为正态分布.

定理 3.5.1 设$(X,Y) \sim N(\mu_1,\mu_2,\sigma_1^2,\sigma_2^2,\rho)$,则在 $Y=y$ 的条件下,X 的条件分布为正态分布 $N(\mu_3,\sigma_3^2)$,其中

$$\mu_3=\mu_1+\rho\frac{\sigma_1}{\sigma_2}(y-\mu_2),\sigma_3^2=\sigma_1^2(1-\rho^2)$$

而在 $X=x$ 的条件下,Y 的条件分布为 $N(\mu_4,\sigma_4^2)$,其中

$$\mu_4=\mu_2+\rho\frac{\sigma_2}{\sigma_1}(x-\mu_1),\sigma_4^2=\sigma_2^2(1-\rho^2)$$

定理的证明由读者自己给出.

练习题

§3.5 练习题解答

(1)填空题

(a) 设 X 和 Y 相互独立且均服从区间[0,1]上的均匀分布,则条件概率密度 $f_{X|Y}(x \mid y)=$ ________.

(b) 设某班车起点站上客人数 X 服从参数为 λ 的泊松分布,每位乘客在中途下车的概率为 $p(0<p<1)$,且中途下车与否相互独立,以 Y 表示在中途下车的人数,在 $Y=n$ 的条件下,X 的条件分布律 $P(Y=k \mid X=n)=$ ________.

§3.6 n 维随机变量

前面几节所述的二维随机变量的一些概念,容易推广到 n 维随机变量的情况.

定义 3.6.1 设 $(X_1,X_2,\cdots,X_n)$ 是 n 维随机变量,称函数

$$F(x_1,x_2,\cdots,x_n)=P\{X_1\leqslant x_1,X_2\leqslant x_2,\cdots,X_n\leqslant x_n\}$$

为 $(X_1,X_2,\cdots,X_n)$ 的联合分布函数.

若 $F(x_1,x_2,\cdots,x_n)$ 为 $(X_1,X_2,\cdots,X_n)$ 的联合分布函数,则关于各分量的边缘分布函数为

$$F_{X_1}(x_1)=F(x_1,\infty,\cdots,\infty)$$

$$F_{X_2}(x_2)=F(\infty,x_2,\infty,\cdots,\infty)$$

$$\cdots\cdots$$

$$F_{X_n}(x_n)=F(\infty,\cdots,\infty,x_n)$$

通过联合分布函数还可以求得任意关于两个随机变量的边缘分布函数,如关于 (X_1,X_2) 的边缘分布函数为

$$F_{X_1,X_2}(x_1,x_2)=F(x_1,x_2,\infty,\cdots,\infty)$$

类似的还可以给出相互独立的如下定义.

定义 3.6.2　若 $(X_1,X_2,\cdots,X_n)$ 的联合分布函数满足

$$F(x_1,x_2,\cdots,x_n)=F_{X_1}(x_1)F_{X_2}(x_2)\cdots F_{X_n}(x_n)$$

则称 $X_1,X_2,\cdots,X_n$ 相互独立.

关于 n 维离散型随机变量和 n 维连续型随机变量的结论可以依此类推.

下面的定理在非常有用,尤其是在数理统计中,$n=2$ 时的情形见定理 3.4.2.

定理 3.6.1　设 $X_1,X_2,\cdots,X_n$ 是相互独立的随机变量,则有以下两个结论成立:

(1)若 $g_1(x),g_2(x),\cdots,g_n(x)$ 是 n 个(分段)连续或者(分段)单调的一元函数,则随机变量 $g_1(X_1),g_2(X_2),\cdots,g_n(X_n)$ 也相互独立;

(2)若 $h(x_1,\cdots,x_k)$ 和 $g(x_1,\cdots,x_{n-k})$ 分别为 k 元和 $n-k$ 元分块连续函数,则随机变量 $h(X_1,\cdots,X_k)$ 和 $g(X_{k+1},\cdots,X_n)$ 相互独立.

§3.7　二维随机变量的函数的分布

本节重点讨论两个随机变量的函数 $Z=h(X,Y)$ 的分布的计算问题,并将一些重要结论推广到 n 个随机变量的情形. 还是分离散型和连续型两种情形来讨论.

3.7.1　二维离散型随机变量函数的分布律

设 $P(X=x_i,Y=y_j)=p_{ij}\ (i,j=1,2,\cdots)$ 为二维离散型随机变量 (X,Y) 的联合分布律,则可根据 (X,Y) 的所有可能的取值求出随机变量 $Z=h(X,Y)$ 所有可能的取值. 不妨设为 $z_1,z_2,\cdots,z_k,\cdots$, 然后求出事件 $\{Z=z_k\}$ 的概率

$$P(Z=z_k)=\sum_{h(x_i,y_j)=z_k}P(X=x_i,Y=y_j)\tag{3.7.1}$$

下面通过具体的例子来说明上述过程.

例 3.7.1 设 (X,Y) 的联合分布律为

$X \backslash Y$	1	2	3
0	$\frac{1}{4}$	$\frac{1}{10}$	$\frac{3}{10}$
1	$\frac{3}{20}$	$\frac{3}{20}$	$\frac{1}{20}$

分别求 $X-Y$ 和 XY 的分布律.

解 由 (X,Y) 的取值情况可知 $X-Y$ 的所有可能取值为 $-3,-2,-1,0$，XY 的所有可能取值为 $0,1,2,3$.

由于

$$\{X-Y=-2\}=\{X=1,Y=3\}\cup\{X=0,Y=2\}$$

所以

$$P(X-Y=-2)=P(X=1,Y=3)+P(X=0,Y=2)=\frac{3}{20}$$

通过类似讨论可得 $X-Y$ 和 XY 的分布律分别为

$$X-Y\sim\begin{pmatrix}-3 & -2 & -1 & 0\\ 0.3 & 0.15 & 0.4 & 0.15\end{pmatrix}$$

$$XY\sim\begin{pmatrix}0 & 1 & 2 & 3\\ 0.65 & 0.15 & 0.15 & 0.05\end{pmatrix}$$

◇

定理 3.7.1(二项分布和泊松分布的可加性)

(1)设随机变量 X,Y 相互独立，$X\sim b(n_1,p)$，$Y\sim b(n_2,p)$，则随机变量 $X+Y\sim b(n_1+n_2,p)$.

(2) 设随机变量 X,Y 相互独立，X 服从参数为 λ_1 的泊松分布 $P(\lambda_1)$，Y 服从参数为 λ_2 的泊松分布 $P(\lambda_2)$，则随机变量 $X+Y\sim P(\lambda_1+\lambda_2)$.

证 (1) $X+Y$ 的所有可能取值为 $0,1,2,\cdots,n_1+n_2$，并且

$$\begin{aligned}P(X+Y=k)&=\sum_{i=0}^{k}P(X=i,Y=k-i)=\sum_{i=0}^{k}P(X=i)P(Y=k-i)\\&=\sum_{i=0}^{k}\binom{n_1}{i}p^i(1-p)^{n_1-i}\cdot\binom{n_2}{k-i}p^{k-i}(1-p)^{n_2-(k-i)}\\&=\sum_{i=0}^{k}\binom{n_1}{i}\binom{n_2}{k-i}p^k(1-p)^{n_1+n_2-k}\end{aligned}$$

$$= \binom{n_1+n_2}{k} p^k (1-p)^{n_1+n_2-k}$$

即有 $X+Y \sim b(n_1+n_2, p)$。

上面证明过程的最后一个等式用到了第一章例 1.3.4 的结果,即

$$\sum_{i=0}^{k} \binom{n_1}{i}\binom{n_2}{k-i} = \binom{n_1+n_2}{k}$$

(2)显然,$X+Y$ 的所有可能取值为 0,1,2,…,且

$$P(X+Y=k) = \sum_{i=0}^{k} P(X=i, Y=k-i) = \sum_{i=0}^{k} P(X=i)P(Y=k-i)$$

$$= \sum_{i=0}^{k} \frac{\lambda_1^i}{i!} e^{-\lambda_1} \frac{\lambda_2^{k-i}}{(k-i)!} e^{-\lambda_2} = \frac{e^{-(\lambda_1+\lambda_2)}}{k!} \sum_{i=0}^{k} \binom{k}{i} \lambda_1^i \lambda_2^{k-i}$$

$$= \frac{(\lambda_1+\lambda_2)^k}{k!} e^{-(\lambda_1+\lambda_2)}, k=0,1,2,\cdots$$

即有 $X+Y \sim P(\lambda_1+\lambda_2)$. ◇

一般来讲,所谓某类分布具有可加性是指:(1)两个相互独立的服从该类分布的随机变量之和仍然服从该类分布;(2)和的分布中的某个参数是两个分量所服从的分布中相应参数的和.

可加性有时也称为**再生性**. 因此定理 3.7.1 的结论有时也说成二项分布和泊松分布具有再生性.

利用数学归纳法,可以将定理 3.7.1 的结论可推广到 n 个随机变量的情形.

定理 3.7.1 的推论 (1)设 $X_1, X_2, \cdots, X_n$ 相互独立,且 $X_i \sim b(n_i, p), i=1,2,\cdots,n$, 则

$$\sum_{i=1}^{n} X_i \sim b\left(\sum_{i=1}^{n} n_i, p\right)$$

特别地,如果 $X_1, X_2, \cdots, X_n$ 相互独立且均服从参数为 p 的 0—1 分布,即 $X_i \sim b(1, p), i=1,2,\cdots,n$, 则有

$$\sum_{i=1}^{n} X_i \sim b(n, p)$$

(2) 设 $X_1, X_2, \cdots, X_n$ 相互独立,且 $X_i \sim P(\lambda_i), i=1,2,\cdots,n$, 则

$$\sum_{i=1}^{n} X_i \sim P\left(\sum_{i=1}^{n} \lambda_i\right)$$

3.7.2 二维连续型随机变量函数的密度函数

设 $f(x,y)$ 为二维连续型随机变量 (X,Y) 的联合密度函数, $Z=h(X,Y)$ 是

(X,Y) 的连续函数.类似于一元的方法,可以先求出 Z 的分布函数,再利用分布函数与密度函数之间关系得到 Z 的密度函数,具体步骤如下.

(1)确定 $Z=h(X,Y)$ 的取值范围,若其取值为范围为区间 (c,d),则当 $z\notin(c,d)$ 时,其概率密度 $f_Z(z)=0$;

(2)当 $z\in(c,d)$ 时,先计算分布函数

$$
\begin{aligned}
F_Z(z)&=P(Z\leqslant z)=P(h(X,Y)\leqslant z)\\
&=\iint\limits_{h(x,y)\leqslant z}f(x,y)\mathrm{d}x\mathrm{d}y \qquad (3.7.2)
\end{aligned}
$$

然后两边求导,则 $f_Z(z)=F_Z'(z)$ 即为所求的概率密度.

下面的定理给出了独立随机变量之和的概率密度的计算公式.

定理 3.7.2(卷积公式) 设 X 与 Y 是两个相互独立的连续型随机变量,其密度函数分别为 $f_X(x),f_Y(y)$,则其和 $Z=X+Y$ 的密度函数为

$$
f_Z(z)=\int_{-\infty}^{+\infty}f_X(x)f_Y(z-x)\mathrm{d}x \qquad (3.7.3)
$$

证 $Z=X+Y$ 的分布函数为

$$
\begin{aligned}
F_Z(z)=P(X+Y\leqslant z)&=\iint\limits_{x+y\leqslant z}f(x,y)\mathrm{d}x\mathrm{d}y\\
&=\int_{-\infty}^{\infty}f_X(x)[\int_{-\infty}^{z-x}f_Y(y)\mathrm{d}y]\mathrm{d}x\\
&=\int_{-\infty}^{+\infty}f_X(x)F_Y(z-x)\mathrm{d}x
\end{aligned}
$$

在上式两边分别对 z 求导,得 $Z=X+Y$ 的概率密度为

$$
f_Z(z)=F_Z'(z)=\int_{-\infty}^{\infty}f_X(x)f_Y(z-x)\mathrm{d}x
$$
◇

根据对称性,卷积公式(3.7.3)也可以写成如下的形式:

$$
f_Z(z)=\int_{-\infty}^{+\infty}f_X(z-y)f_Y(y)\mathrm{d}y \qquad (3.7.4)
$$

定理 3.7.3(正态分布的可加性) 设随机变量 X,Y 相互独立,且 $X\sim N(\mu_1,\sigma_1^2),Y\sim N(\mu_2,\sigma_2^2)$,试证:$Z=X+Y\sim N(\mu_1+\mu_2,\sigma_1^2+\sigma_2^2)$.

证 由卷积公式,$Z=X+Y$ 的概率密度为

$$
\begin{aligned}
f_Z(z)&=\int_{-\infty}^{+\infty}f_X(x)f_Y(z-x)\mathrm{d}x\\
&=\int_{-\infty}^{+\infty}\frac{1}{2\pi\sigma_1\sigma_2}\mathrm{e}^{-\frac{(x-\mu_1)^2}{2\sigma_1^2}-\frac{(z-x-\mu_2)^2}{2\sigma_2^2}}\mathrm{d}x
\end{aligned}
$$

由于

$$\frac{(x-\mu_1)^2}{2\sigma_1^2}+\frac{(z-x-\mu_2)^2}{2\sigma_2^2}=\frac{1}{2}A\left(x-\frac{B}{A}\right)^2+\frac{AC-B^2}{2A}$$

其中

$$A=\frac{1}{\sigma_1^2}+\frac{1}{\sigma_2^2},B=\frac{\mu_1}{\sigma_1^2}+\frac{z-\mu_2}{\sigma_2^2},C=\frac{\mu_1^2}{\sigma_1^2}+\frac{(z-\mu_2)^2}{\sigma_2^2}$$

因此,有

$$\begin{aligned}f_Z(z)&=\frac{1}{\sqrt{2\pi A}\sigma_1\sigma_2}e^{-\frac{AC-B^2}{2A}}\int_{-\infty}^{+\infty}\frac{\sqrt{A}}{\sqrt{2\pi}}e^{-\frac{1}{2}A\left(x-\frac{B}{A}\right)^2}dx\\&=\frac{1}{\sqrt{2\pi A}\sigma_1\sigma_2}e^{-\frac{AC-B^2}{2A}}\\&=\frac{1}{\sqrt{2\pi}\sqrt{\sigma_1^2+\sigma_2^2}}e^{-\frac{(z-\mu_1-\mu_2)^2}{2(\sigma_1^2+\sigma_2^2)}}\end{aligned}$$

即 $X+Y\sim N(\mu_1+\mu_2,\sigma_1^2+\sigma_2^2)$. ◇

此例的结论很重要,它说明两个独立正态随机变量之和仍为正态随机变量.

将定理 3.7.3 的结论推广到更一般的情形,有如下的推论.

定理 3.7.3 的推论 设随机变量 $X_1,X_2,\cdots,X_n$ 相互独立,且 $X_i\sim N(\mu_i,\sigma_i^2)$ $(i=1,2,\cdots,n)$,则有

(1) $\sum\limits_{i=1}^{n}X_i\sim N\left(\sum\limits_{i=1}^{n}\mu_i,\sum\limits_{i=1}^{n}\sigma_i^2\right)$;

(2) $\sum\limits_{i=1}^{n}k_iX_i\sim N\left(\sum\limits_{i=1}^{n}k_i\mu_i,\sum\limits_{i=1}^{n}k_i^2\sigma_i^2\right)$.

其中 $k_i(i=1,2,\cdots,n)$ 为常数,即**有限个独立正态随机变量的线性组合仍为正态随机变量**.

定理 3.7.5(最大值和最小值的分布) 设随机变量 $X_1,X_2,\cdots,X_n$ 相互独立,X_i 的分布函数为 $F_{X_i}(x)$ $(i=1,2,\cdots,n)$,令 $M=\max\{X_1,\cdots,X_n\}$,$N=\min\{X_1,\cdots,X_n\}$,它们分别为 $X_1,X_2,\cdots,X_n$ 的最大值和最小值函数,则有

(1)M 的分布函数为

$$F_M(x)=F_{X_1}(x)F_{X_2}(x)\cdots F_{X_n}(x) \tag{3.7.5}$$

(2)N 的分布函数为

$$F_N(x)=1-[1-F_{X_1}(x)]\cdots[1-F_{X_n}(x)] \tag{3.7.6}$$

证 (1) 根据 $X_1,X_2,\cdots,X_n$ 的独立性,可得

$$\begin{aligned}F_M(x)&=P(M\leqslant x)=P\{\max(X_1,\cdots,X_n)\leqslant x\}\\&=P(X_1\leqslant x,\cdots,X_n\leqslant x)\\&=P(X_1\leqslant x)\cdots P(X_n\leqslant x)\end{aligned}$$

$$= F_{X_1}(x)F_{X_2}(x)\cdots F_{X_n}(x)$$

(2)先求事件 $\{N > x\}$ 的概率

$$\begin{aligned} P(N > x) &= P\{\min(X_1, \cdots, X_n) > x\} \\ &= P(X_1 > x, \cdots, X_n > x) \\ &= P(X_1 > x)\cdots P(X_n > x) \\ &= [1 - F_{X_1}(x)]\cdots[1 - F_{X_n}(x)] \end{aligned}$$

从而,有

$$\begin{aligned} F_N(x) &= P(N \leqslant x) = 1 - P(N > x) \\ &= 1 - [1 - F_{X_1}(x)]\cdots[1 - F_{X_n}(x)] \end{aligned}$$ ◇

在定理 3.7.5 的条件下,如果再设 $X_1, X_2, \cdots, X_n$ 具有相同的分布函数为 $F(x)$,则有

$$F_M(x) = [F(x)]^n \tag{3.7.7}$$

$$F_N(x) = 1 - [1 - F(x)]^n \tag{3.7.8}$$

更进一步地,若 $X_1, X_2, \cdots, X_n$ 独立同分布且均为连续型的,概率密度为 $f(x)$,则 M 和 N 的概率密度为

$$f_M(x) = n[F(x)]^{n-1} f(x) \tag{3.7.9}$$

$$f_N(x) = n[1 - F(x)]^{n-1} f(x) \tag{3.7.10}$$

定理 3.7.5 的结论应用到指数分布的情形 设 $X_1, X_2, \cdots, X_n$ 相互独立且均服从指数分布 $E(\lambda)$,则根据(3.7.5)和(3.7.7)可得 $M = \max\{X_1, \cdots, X_n\}$ 的分布函数与概率密度分别为

$$F_M(x) = \begin{cases} (1 - e^{-\lambda x})^n, & x \geqslant 0 \\ 0, & x < 0 \end{cases}$$

$$f_M(x) = \begin{cases} n\lambda e^{-\lambda x}(1 - e^{-\lambda y})^{n-1}, & x \geqslant 0 \\ 0, & x < 0 \end{cases}$$

根据(3.7.6)和(3.7.8)可得 $N = \min\{X_1, \cdots, X_n\}$ 的分布函数与概率密度分别为

$$F_N(x) = \begin{cases} 1 - e^{-\lambda n x}, & x \geqslant 0 \\ 0, & x < 0 \end{cases}$$

$$f_N(x) = \begin{cases} n\lambda e^{-\lambda n x}, & x \geqslant 0 \\ 0, & x < 0 \end{cases}$$

即 $N = \min\{X_1, \cdots, X_n\}$ 服从参数为 $n\lambda$ 的指数分布.

例 3.7.2 设二维随机变量 (X,Y) 的联合密度函数为

$$f(x,y) = \begin{cases} 1, & 0 < x < 1, 0 < y < 2x \\ 0, & \text{其他} \end{cases}$$

求 $Z=2X-Y$ 的密度函数.

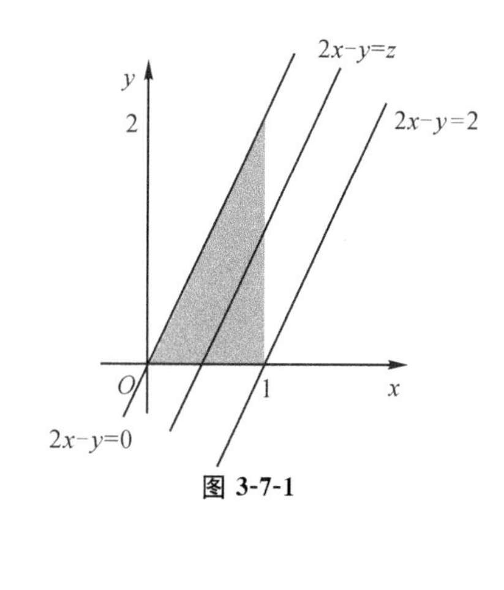

图 3-7-1

解 $Z=2X-Y$ 的分布函数为

$$
\begin{aligned}
F_Z(z) &= P(Z\leqslant z)=P(2X-Y\leqslant z)\\
&=\iint\limits_{2x-y\leqslant z} f(x,y)\mathrm{d}x\mathrm{d}y\\
&=\begin{cases}1, & z\geqslant 2\\ 1-\int_{\frac{z}{2}}^{1}\mathrm{d}x\int_{0}^{2x-z}\mathrm{d}y, & 0<z<2\\ 0, & z\leqslant 0\end{cases}\\
&=\begin{cases}1, & z\geqslant 2\\ z-\dfrac{z^2}{4}, & 0<z<2\\ 0, & z\leqslant 0\end{cases}
\end{aligned}
$$

对上式两边求导,得 $Z=2X-Y$ 的概率密度为

$$
f_Z(z)=\frac{\mathrm{d}F_Z(z)}{\mathrm{d}z}=\begin{cases}1-\dfrac{z}{2}, & 0<z<2\\ 0, & \text{其他}\end{cases}
$$

◇

例 3.7.3 设系统 L 由两个相互独立的子系统 L_1,L_2 连接而成,连接的方式分别为(1)串联;(2)并联;(3)备用(当系统 L_1 损坏时,系统 L_2 开始工作),如图 3.7.2 所示,设 L_1 和 L_2 的寿命分别为 X 和 Y,已知它们的概率密度分别为

$$
f_X(x)=\begin{cases}\alpha\mathrm{e}^{-\alpha x}, & x>0\\ 0, & x\leqslant 0\end{cases}
$$

$$
f_Y(y)=\begin{cases}\beta\mathrm{e}^{-\beta y}, & y>0\\ 0, & y\leqslant 0\end{cases}
$$

其中 $\alpha>0,\beta>0$ 且 $\alpha\neq\beta$. 试分别就以上三种连接方式写出 L 的寿命 Z 的概率密度.

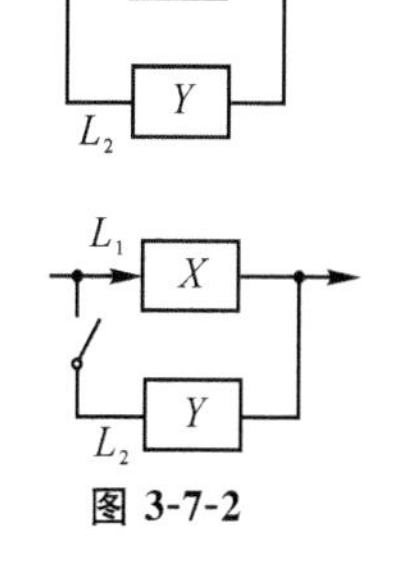

图 3-7-2

解 (1)串联的情况

由于只要子系统 L_1 和 L_2 中有一个损坏时,系统 L 就停止工作,所以这时系统 L 的寿命为

$$
N=\min(X,Y)
$$

由题意,X,Y 分别服从参数为 α,β 的指数分布,因此它们的分布函数分别为

$$
F_X(x)=\begin{cases}1-\mathrm{e}^{-\alpha x}, & x>0\\ 0, & x\leqslant 0\end{cases},F_Y(x)=\begin{cases}1-\mathrm{e}^{-\beta y}, & y>0\\ 0, & y\leqslant 0\end{cases}
$$

由(3.7.6)式得 $N=\min(X,Y)$ 的分布函数为

$$F_{\min}(z)=1-[1-F_X(z)][1-F_Y(z)]=\begin{cases}1-\mathrm{e}^{-(\alpha+\beta)z}, & z>0\\ 0, & z\leqslant 0\end{cases}$$

于是 $N=\min(X,Y)$ 的概率密度为

$$f_{\min}(z)=\begin{cases}(\alpha+\beta)\mathrm{e}^{-(\alpha+\beta)z}, & z>0\\ 0, & z\leqslant 0\end{cases}$$

(2)并联的情况

由于当且仅当子系统 L_1 和 L_2 都损坏时,系统 L 才停止工作,所以这时系统 L 的寿命为

$$M=\max(X,Y)$$

由(3.7.5)式可得 $M=\max(X,Y)$ 的分布函数为

$$F_{\max}(z)=F_X(z)F_Y(z)=\begin{cases}(1-\mathrm{e}^{-\alpha z})(1-\mathrm{e}^{-\beta z}), & z>0\\ 0, & z\leqslant 0\end{cases}$$

于是,$M=\max(X,Y)$ 的概率密度为

$$f_{\max}(z)=\begin{cases}\alpha\mathrm{e}^{-\alpha z}+\beta\mathrm{e}^{-\beta z}-(\alpha+\beta)\mathrm{e}^{-(\alpha+\beta)z}, & z>0\\ 0, & z\leqslant 0\end{cases}$$

(3)备用的情况

由于此时当系统 L_1 损坏时系统 L_2 才开始工作,因此整个系统 L 的寿命为

$$Z=X+Y$$

显然当 $z\leqslant 0$ 时,$Z=X+Y$ 的概率密度 $f_Z(z)=0$,而当 $z>0$ 时,由卷积公式(3.7.4),有

$$\begin{aligned}f_Z(z)&=\int_{-\infty}^{+\infty}f_X(z-y)f_Y(y)\mathrm{d}y=\int_0^z\alpha\mathrm{e}^{-\alpha(z-y)}\cdot\beta\mathrm{e}^{-\beta y}\mathrm{d}y\\&=\alpha\beta\mathrm{e}^{-\alpha z}\int_0^z\mathrm{e}^{-(\beta-\alpha)y}\mathrm{d}y\\&=\frac{\alpha\beta}{\beta-\alpha}(\mathrm{e}^{-\alpha z}-\mathrm{e}^{-\beta z})\end{aligned}$$

于是,$Z=X+Y$ 的概率密度为

$$f_Z(z)=\begin{cases}\dfrac{\alpha\beta}{\beta-\alpha}(\mathrm{e}^{-\alpha z}-\mathrm{e}^{-\beta z}), & z>0\\ 0, & z\leqslant 0\end{cases}$$ ◇

下面给出一个计算离散型随机变量和连续型随机变量的函数的分布的例子.

例 3.7.4 设随机变量 X 的分布律为 $P(X=1)=0.3$,$P(X=2)=0.7$,随机变量 Y 的密度函数为 $f(y)=\dfrac{1}{\pi(1+y^2)}$,求 $Z=X+Y$ 的密度函数.

解 由全概率公式，Z 的分布函数为

$$\begin{aligned}F_Z(z) &= P(Z \leqslant z) = P(X+Y \leqslant z) \\ &= P(X+Y \leqslant z \mid X=1) \cdot P(X=1) \\ &\quad + P(X+Y \leqslant z \mid X=2) \cdot P(X=2) \\ &= P(Y \leqslant z-1) \cdot P(X=1) + P(Y \leqslant z-2) \cdot P(X=2) \\ &= 0.3 \times F(z-1) + 0.7 \times F(z-2)\end{aligned}$$

所以 Z 的密度函数为

$$f_Z(z) = \frac{\mathrm{d}F_Z(z)}{\mathrm{d}z} = \frac{0.3}{\pi(1+(z-1)^2)} + \frac{0.7}{\pi(1+(z-2)^2)}$$

◇

3.7.3 两个连续型随机变量函数的变量变换法

下面仅介绍求二维连续随机变量函数分布的方法，而求 n 维连续随机变量函数的分布的方法是类似的.

1. 变量变换法

设二维随机变量 (X,Y) 的联合密度函数为 $f_{XY}(x,y)$，如果函数

$$\begin{cases}u = g_1(x,y) \\ v = g_2(x,y)\end{cases}$$

有连续偏导数，且存在唯一的反函数

$$\begin{cases}x = x(u,v) \\ y = y(u,v)\end{cases}$$

其变换的雅可比行列式

$$J = \frac{\partial(x,y)}{\partial(u,v)} = \begin{vmatrix}\dfrac{\partial x}{\partial u} & \dfrac{\partial y}{\partial u} \\ \dfrac{\partial x}{\partial v} & \dfrac{\partial y}{\partial v}\end{vmatrix} = \left(\frac{\partial(u,v)}{\partial(x,y)}\right)^{-1} = \left(\begin{vmatrix}\dfrac{\partial u}{\partial x} & \dfrac{\partial u}{\partial y} \\ \dfrac{\partial v}{\partial x} & \dfrac{\partial v}{\partial y}\end{vmatrix}\right)^{-1} \neq 0 \tag{3.7.11}$$

若

$$\begin{cases}U = g_1(X,Y) \\ V = g_2(X,Y)\end{cases}$$

则 (U,V) 的联合密度函数为

$$f_{UV}(u,v) = f_{XY}(x(u,v),y(u,v)) \mid J \mid \tag{3.7.12}$$

这个方法实际上就是二重积分的变量变换方法，其详细的证明过程可以参阅数学分析教科书.

例 3.7.5 设随机变量 X 与 Y 相互独立，且均服从正态分布 $N(\mu,\sigma^2)$. 记

$$\begin{cases}U = X+Y \\ V = X-Y\end{cases}$$

求 (U,V) 的联合密度函数,且问 U 与 V 是否独立?

解 由

$$\begin{cases} u = x + y \\ v = x - y \end{cases}$$

可得其反函数为

$$\begin{cases} x = \dfrac{u+v}{2} \\ y = \dfrac{u-v}{2} \end{cases}$$

则

$$J = \begin{vmatrix} \dfrac{\partial x}{\partial u} & \dfrac{\partial y}{\partial u} \\ \dfrac{\partial x}{\partial v} & \dfrac{\partial y}{\partial v} \end{vmatrix} = \begin{vmatrix} \dfrac{1}{2} & \dfrac{1}{2} \\ \dfrac{1}{2} & -\dfrac{1}{2} \end{vmatrix} = -\frac{1}{2}$$

于是 (U,V) 的联合密度函数为

$$\begin{aligned} f_{UV}(u,v) &= f_{XY}(x(u,v),y(u,v))\,|J| = f_X\left(\frac{u+v}{2}\right)f_Y\left(\frac{u-v}{2}\right)\left|-\frac{1}{2}\right| \\ &= \frac{1}{2\sqrt{2\pi}\sigma}\exp\left\{-\frac{[(u+v)/2-\mu]^2}{2\sigma^2}\right\}\frac{1}{\sqrt{2\pi}\sigma}\exp\left\{-\frac{[(u-v)/2-\mu]^2}{2\sigma^2}\right\} \\ &= \frac{1}{4\pi\sigma^2}\exp\left\{-\frac{(u-2\mu)^2+v^2}{4\sigma^2}\right\} \end{aligned}$$

上式正是二元正态分布 $N(2\mu,0,2\sigma^2,2\sigma^2,0)$ 的密度函数,其边际分布为 $U \sim N(2\mu, 2\sigma^2)$,$V \sim N(0,2\sigma^2)$,由 $f_{UV}(u,v) = f_U(u)f_V(v)$ 可知 U 和 V 相互独立. ◇

2. 增补变量法

为了求出二维连续随机变量 (X,Y) 的函数 $U = g(X,Y)$ 的密度函数,增补一个新的随机变量 $V = h(X,Y)$,一般令 $V = X$ 或 $V = Y$. 先用变量变换法求出 (U,V) 的联合密度函数 $f_{UV}(u,v)$,再对 $f_{UV}(u,v)$ 关于 v 积分,从而得出关于 U 的边际密度函数 $f_U(u)$,称之为增补变量法.

下面我们以例子形式,给出两个连续型随机变量的积与商的公式.

例 3.7.6(积的公式) 设随机变量 X 与 Y 相互独立,其密度函数分别为 $f_X(x)$ 和 $f_Y(y)$,则 $U = XY$ 的密度函数为

$$f_U(u) = \int_{-\infty}^{\infty} f_X\left(\frac{u}{v}\right)f_Y(v)\frac{1}{|v|}\mathrm{d}v \tag{3.7.13}$$

解 记 $V = Y$,则 $\begin{cases} u = xy \\ v = y \end{cases}$ 的反函数为 $\begin{cases} x = \dfrac{u}{v} \\ y = v \end{cases}$,雅可比行列式为

$$J=\begin{vmatrix}\frac{1}{v} & -\frac{u}{v^2}\\ 0 & 1\end{vmatrix}=\frac{1}{v}$$

由变量变换法,则 (U,V) 的联合密度函数为

$$f_{UV}(u,v)=f_X\left(\frac{u}{v}\right)\cdot f_Y(v)\,|J|=f_X\left(\frac{u}{v}\right)f_Y(v)\frac{1}{|v|}$$

再对上式 $f_{UV}(u,v)$ 关于 v 积分,就可得 $U=XY$ 的密度函数为(3.7.13)式. ◇

例 3.7.7(商的公式) 设 X 与 Y 为两个相互独立的随机变量,其密度函数分别为 $f_X(x)$ 和 $f_Y(y)$,则 $U=X/Y$ 的密度函数为

$$f_U(u)=\int_{-\infty}^{\infty}f_X(uv)f_Y(v)\mid v\mid \mathrm{d}v \tag{3.7.14}$$

解 记 $V=Y$,则 $\begin{cases}u=\dfrac{x}{y}\\ v=y\end{cases}$ 的反函数为 $\begin{cases}x=uv\\ y=v\end{cases}$,雅可比行列式为

$$J=\begin{vmatrix}v & 0\\ u & 1\end{vmatrix}=v$$

由变量变换法,则 (U,V) 的联合密度函数为

$$f_{UV}(u,v)=f_X(uv)\cdot f_Y(v)\,|J|=f_{XY}(uv,v)\,|v|$$

再对上式 $f_{UV}(u,v)$ 关于 v 的积分,就可得 $U=X/Y$ 的密度函数为(3.7.14)式. ◇

练习题

§ 3.7　练习题解答

(1)填空题

(a) 设 X 和 Y 相互独立且均服从标准正态分布,则 $2X-3Y\sim$ ________.

(b) 设二维随机变量 (X,Y) 的分布函数为 $F(x,y)$,则 $Z=\max(X,Y)$ 的分布函数 $F_Z(z)=$ ________.

(c) 设随机变量 X 与 Y 相互独立,且 $X\sim U(0,1)$,$Y\sim U(0,1)$,则 $Z=X+Y$ 的密度函数 $f_Z(z)=$ ________.

(2)选择题

(a) 设随机变量 X 服从指数分布,则随机变量 $Y=\min\{X,2\}$ 的分布函数 (　　)

(A)是连续函数　　(B)至少有两个间断点

(C)是阶梯函数　　(D)恰好有一个间断点

(b) 设 X 和 Y 相互独立且均服从区间$[0,1]$上的均匀分布,则下列服从相应区间或区域上均匀分布的是 (　　)

(A) X^2　　(B) $X-Y$　　(C) $X+Y$　　(D) (X,Y)

拓展阅读

陈木法人物介绍

陈木法,概率论专家,中国科学院院士,发展中国家科学院院士,北京师范大学教授。主要从事概率论及其相关领域的研究,将概率方法引入第一特征值估计研究并找到下界估计的统一的变分公式,使得三个方面的主特征值估计得到全面改观;完成了一般或可逆跳过程的唯一性准则并找到唯一性的强有力的充分条件,使之得到非常广泛的应用;彻底解决了“转移概率函数的可微性”等难题,建立了跳过程的系统理论。

习题三

第三章　内容提要

1. 10 件产品中有 7 件是一等品，3 件是二等品. 从中抽取 4 件，用 X 表示取到的一等品的件数，用 Y 表示取到二等品的件数，分别对有放回和无放回抽取二种情况下求 X 和 Y 的联合分布律和边缘分布律.

2. 盒子中装有 3 只黑球、2 只白球和 2 只红球，从中无放回抽取 4 只，以 X 表示取到的黑球的只数，用 Y 表示取到的白球的只数，求 (1) X 和 Y 的联合分布律和边缘分布律；(2) $P(X=Y)$.

3. 甲乙两人独立地各进行二次射击，假设甲的命中率为 0.2，乙的命中率为 0.4，X，Y 分别表示甲乙的命中次数，求(1) X 和 Y 的联合分布律和边缘分布律；(2) $P(X \leqslant Y)$.

4. 两封信随机投入编号为 1，2 的两个信箱中，用 X 表示第一封信投入信箱的号码，用 Y 表示第二封信投入信箱的号码，求 X 和 Y 的联合分布律和边缘分布律.

5. 假设随机变量 $Y \sim U(-2,2)$，随机变量

$$X_1=\begin{cases}-1, & Y \leqslant -1 \\ 1, & Y > -1\end{cases}, \quad X_2=\begin{cases}-1, & Y \leqslant 1 \\ 1, & Y > 1\end{cases}$$

求 X_1 和 X_2 的联合分布律和边缘分布律.

6. 掷骰子二次，X 表示得偶数点的次数，Y 表示得 3 或 6 点的次数，X 和 Y 的联合分布律和边缘分布律.

7. 假设某地区 15%的家庭没有儿童，20%的家庭有一个儿童，35%的家庭有两个儿童，30%的家庭有三个儿童. 现从这地区随机抽取一户家庭，随机变量 X 表示这户的男孩数，Y 表示这户的女孩数，求 X 和 Y 的联合分布律和边缘分布律.

8. 已知随机变量 (X,Y) 的联合密度函数为

$$f(x,y)=\begin{cases}k\mathrm{e}^{-x-2y}, & x>0, y>0 \\ 0, & \text{其他}\end{cases}$$

求(1)常数 k；(2) X 和 Y 的边缘密度函数；(3) $P(X+Y<1)$；(4) $P(X>1, Y<1)$；(5) X 和 Y 的联合分布函数 $F(x,y)$.

9. 设随机变量 (X,Y) 的联合密度函数为

$$f(x,y)=\begin{cases}k, & x^2<y<x \\ 0, & \text{其他}\end{cases}$$

求(1)常数 k；(2) X 和 Y 的边缘密度函数；(3) $P(X>0.5)$；(4) $P(X>0.5 \mid Y<0.5)$.

10. 设随机变量 (X,Y) 的联合密度函数为

$$f(x,y)=\begin{cases}k\mathrm{e}^{-y}, & 0<x<y \\ 0, & \text{其他}\end{cases}$$

求(1)常数 k;(2) X 和 Y 的边缘密度函数;(3) $P(X+Y\leqslant 1)$.

11. 设随机变量 (X,Y) 的联合密度函数为

$$f(x,y)=\begin{cases}4.8y(2-x), & 0<y<x<1\\ 0, & \text{其他}\end{cases}$$

求(1) X 和 Y 的边缘概率密度;(2) X 和 Y 至少有一个小于 $\frac{1}{2}$ 的概率.

12. 设随机变量 (X,Y) 服从区域 $D=\{(x,y)\mid 0\leqslant x\leqslant 2,0\leqslant y\leqslant 1\}$ 上均匀分布.令

$$U=\begin{cases}0, & X\leqslant Y\\ 1, & X>Y\end{cases},V=\begin{cases}0, & X\leqslant 2Y\\ 1, & X>2Y\end{cases}$$

(1)求 (U,V) 的联合分布律;(2) U 和 V 是否独立?

13. 试判断题 1 中 X,Y 是否相互独立.

14. 设随机变量 X 与 Y 相互独立,下表给出了随机变量 (X,Y) 联合分布律和边缘分布律中的部分数值,试将其余数值填入表中的空白处.

X \ Y	y_1	y_2	y_3	$P\{X=x_i\}=p_{i\cdot}$
x_1		$\frac{1}{8}$		
x_2	$\frac{1}{8}$			
$P\{Y=y_j\}=p_{\cdot j}$	$\frac{1}{6}$			1

15. 设随机变量 X,Y 独立同分布,且 X 的分布律为 $P\{X=i\}=\frac{1}{3},i=1,2,3$. 令 $U=\max(X,Y),V=\min(X,Y)$. 求随机变量 (U,V) 的分布律.

16. 设 A,B 是两个随机事件,定义

$$X=\begin{cases}1, & A\text{ 发生}\\ 0, & \overline{A}\text{ 发生}\end{cases},Y=\begin{cases}1, & B\text{ 发生}\\ 0, & \overline{B}\text{ 发生}\end{cases}$$

证明随机变量 X,Y 相互独立的充要条件是事件 A,B 相互独立.

17. 设随机变量 X 与 Y 相互独立且均服从参数为 $p(0<p<1)$ 的 0—1 分布,定义

$$Z=\begin{cases}1, & X+Y\text{ 为偶数}\\ 0, & X+Y\text{ 为奇数}\end{cases}$$

问 p 取什么值时,X 与 Z 独立?

18. 设随机变量 (X,Y) 的联合密度函数为

$$f(x,y)=\begin{cases}3x, & 0<y<x<1\\ 0, & \text{其他}\end{cases}$$

问 X 和 Y 是否独立？

19. 设随机变量 (X,Y) 的联合密度函数为

$$f(x,y)=\begin{cases}6x^2y, & 0\leqslant x\leqslant 1,0\leqslant y\leqslant 1\\ 0, & \text{其他}\end{cases}$$

问 X 和 Y 是否独立？

20. 设随机变量 X 与 Y 相互独立，且 $X\sim U(0,1)$，$Y\sim N(0,1)$，求(1) X 和 Y 的联合密度函数；(2) $P(X+Y\leqslant 1)$.

21. 题 2 中 $Y=1$ 下 X 的条件分布律.

22. 题 7 中 $X=1$ 下 Y 的条件分布律.

23. 设 (X,Y) 是二维随机变量，已知 $X\sim b(1,0.3)$，在 $X=0$ 下 Y 的条件分布律为

Y	0	1	2
$P(Y\mid X=0)$	$\frac{1}{2}$	$\frac{1}{4}$	$\frac{1}{4}$

在 $X=1$ 下 Y 的条件分布律为

Y	0	1	2
$P(Y\mid X=1)$	$\frac{1}{2}$	$\frac{1}{3}$	$\frac{1}{6}$

求(1) (X,Y) 的联合分布律；(2) $Y=1$ 下 X 的条件分布律.

24. 设 X 为某商店一年内出售的电视机的数量，Y 为电视机在保修期内出故障的数量，设 X 和 Y 的联合分布律为

$$P\{X=n,Y=m\}=\frac{\lambda_1^m\lambda_2^{n-m}}{m!(n-m)!}e^{-(\lambda_1+\lambda_2)},$$

$$m=0,1,\cdots,n;\quad n=0,1,2,\cdots$$

求(1)边缘分布律；(2)条件分布律.

25. 设随机变量 (X,Y) 的联合密度函数为

$$f(x,y)=\begin{cases}\dfrac{1}{2x^2y}, & 1<x<\infty,\dfrac{1}{x}<y<x\\ 0, & \text{其他}\end{cases}$$

求 $f_{X|Y}(x\mid y)$ 和 $f_{Y|X}(y\mid x)$.

26.设随机变量 (X,Y) 的联合密度函数为

$$f(x,y)=\begin{cases}\frac{21}{4}x^2y, & x^2<y<1\\ 0, & \text{其他}\end{cases}$$

求 $f_{X|Y}(x\mid y)$ 和 $f_{Y|X}(y\mid x)$.

27.设随机变量 (X,Y) 的联合密度函数为

$$f(x,y)=\begin{cases}\frac{1}{y}e^{-\frac{x}{y}-y}, & x>0,y>0\\ 0, & \text{其他}\end{cases}$$

求 $P(X>1\mid Y=y)$,其中 $y>0$.

28.设随机变量 X 与 Y 相互独立,均服从 $U(0,1)$. 令

$$Z=\begin{cases}1, & X\leqslant Y\\ 0, & X>Y\end{cases}$$

求(1)条件概率密度 $f_{X|Y}(x\mid y)$;(2) Z 的分布律和分布函数.

29.设随机变量 X 与 Y 相互独立且均服从参数为 0.5 的 0—1 分布,即 $b(1,0.5)$,试求

(1)随机变量 $Z_1=\max\{X,Y\}$ 的分布律;(2) $Z_2=X-Y$ 的分布律.

30.设随机变量 (X,Y) 的联合密度函数为

$$f(x,y)=\begin{cases}\frac{1}{\pi}, & x^2+y^2\leqslant 1\\ 0, & \text{其他}\end{cases}$$

求 $Z=\sqrt{X^2+Y^2}$ 的密度函数.

31.设随机变量 (X,Y) 的联合密度函数为

$$f(x,y)=\begin{cases}e^{-x-y}, & x>0,y>0\\ 0, & \text{其他}\end{cases}$$

求(1) $Z=X+Y$ 的密度函数;(2) $U=X/Y$ 的密度函数.

32.设随机变量 (X,Y) 的联合密度函数为

$$f(x,y)=\begin{cases}x+y, & 0\leqslant x\leqslant 1,0\leqslant y\leqslant 1\\ 0, & \text{其他}\end{cases}$$

求 $Z=X+Y$ 的密度函数.

33.设随机变量 X,Y 相互独立,X 服从参数为 1 的指数分布,$Y\sim U(0,1)$,求随机变量 $Z=X+2Y$ 的密度函数.

34.设随机变量 (X,Y) 服从区域 $G=\{(x,y)\mid 1\leqslant x\leqslant 3,1\leqslant y\leqslant 3\}$ 上的均匀分布,试求随机变量 $U=|X-Y|$ 的密度函数.

35. 设 n 个随机变量 $X_1, X_2, \cdots, X_n$ 相互独立且均服从区间 $[0, \theta]$ 上的均匀分布，试求 $M = \max\{X_1, \cdots, X_n\}$ 和 $N = \min\{X_1, \cdots, X_n\}$ 的密度函数.

36. 设随机变量 (X, Y) 的联合密度函数为

$$f(x, y) = \begin{cases} 1, & 0 \leqslant x \leqslant 1, 0 \leqslant y \leqslant 2x \\ 0, & \text{其他} \end{cases}$$

求：(1)边缘密度函数；(2) $Z = X + Y$ 的密度函数；(3) $P\left(Y \leqslant \frac{1}{2} \middle| X \leqslant \frac{1}{2}\right)$.

37. 设随机变量 X, Y 相互独立，$X \sim b(1, p)$，$Y \sim U(0, 1)$，求随机变量 $Z = X + Y$ 的密度函数.

38. 设随机变量 (X, Y) 的联合密度函数为

$$f(x, y) = \begin{cases} e^{-(x+y)}, & x > 0, y > 0 \\ 0, & \text{其他} \end{cases}$$

求(1) $Z = (X + Y)/2$ 的密度函数；(2) $Z = X - Y$ 的密度函数.

39. 设随机变量 X 与 Y 相互独立，试在以下情况下求 $Z = X/Y$ 的密度函数

(1) $X \sim U(0, 1)$，$Y \sim E(1)$；　　(2) $X \sim E(\lambda_1)$，$Y \sim E(\lambda_2)$.

40. 电子产品的失效常常是由于外界的“冲击引起”. 若在 $(0, t)$ 内发生冲击的次数 $N(t)$ 服从参数为 λt 的泊松分布，证明第 n 次冲击来到的时间 S_n 服从伽马分布 $Ga(n, \lambda)$.

习题三解答

第四章　随机变量的数字特征

通过前面两章的学习,我们知道随机变量的分布函数是对随机变量概率性质的完整描述,反映了随机变量的统计规律性.但是在很多实际问题中,确定一个随机变量的分布函数并不是很容易;另一方面,在某些场合并不需要知道随机变量的分布函数,而只需知道它的某些特征就足够了.例如,当我们到商店里购买某品牌的电视机时,虽然寿命的分布函数全面刻画了该品牌电视机寿命的统计规律性,但是它往往并不能够给大多数顾客关于该电视机质量一个直观的印象,反而平均寿命这个具体指标对顾客的购买行为却具有更大的参考价值.

诸如平均寿命此类的指标称之为随机变量的数字特征,它们是由随机变量的分布所决定的一些常数.数字特征虽然不像分布函数那样完整地描述了随机变量的统计规律,但它能集中地反映随机变量的某些统计特性,且在直观上容易理解和把握.随机变量的数学特征主要包括:位置特征、尺度特征、形态特征和随机变量之间关系特征,它们以不同的方式"浓缩"了随机变量分布函数所包含的信息并从不同的角度刻画了随机变量的性质和特点.

本章主要介绍的数字特征有:数学期望、方差、协方差、相关系数、矩和条件期望.

§4.1　随机变量的数学期望

4.1.1　离散型随机变量的数学期望

我们已经知道离散型随机变量的分布律全面描述了这个随机变量的统计规律,但在许多实际问题中,这样的"全面描述"有时并不使人感到方便.例如,有甲、乙两个射击运动员,根据以往的数据,他们射击命中环数的分布律分别由表 4-1-1 和表 4-1-2 给出.此时仅仅根据分布律不容易判断他们水平的高低.射手甲可能会因为射手乙得低分(击中 5 环)的概率高而说自己的水平要高一些,而射手乙则可能会强调自己得高分(击中 10 环)的概率大而说自己的水平要更高一些.其实,要判断他们水平的高低,只需比较他们射击的平均环数就可以了.平均值在很多的时候都是一个直观的评判指标.例如要比较不同班级的学习成绩,通常就是比较每个班的平均成绩;要比较不同股票的价格波动情况,只需比较平均波动就可以了.

表 4-1-1 射手甲命中环数 X 的分布律

X	5	6	7	8	9	10
P	0.1	0.1	0.1	0.3	0.2	0.2

表 4-1-2 射手乙命中环数 Y 的分布律

Y	5	6	7	8	9	10
P	0.2	0.1	0.1	0.1	0.2	0.3

为了确定一个随机变量的平均值并给出一般的定义，先看一个例子.

例 4.1.1 为评价某射手的射击水平，让该射手射击 n 次，其命中环数和次数列表如下：

命中环数	0	1	…	9	10
命中次数	n_0	n_1	…	n_9	n_{10}

这时，该射手在这 n 次射击中平均每次射击命中的环数为

$$\sum_{k=0}^{10} k \cdot n_k / n = \sum_{k=0}^{10} k \cdot \frac{n_k}{n}$$

这个平均值在不同的 n 次射击中一般不相同，但是，由于随着射击次数 n 的增加，射手命中 k 环的频率 $f_k = n_k/n$ 将稳定于射手命中 k 环的概率 p_k，因此随着射击次数 n 增加，上式右端的值将稳定于数 $\sum\limits_{k=0}^{10} k \cdot p_k$，这个数是该射手命中环数的概率加权平均，它在理论上反映了该射手在每次射击中命中环数的平均值. 这个平均值，称为数学期望或均值，其严格的数学定义如下.

定义 4.1.1 设离散型随机变量 X 的分布律为

X	x_1	x_2	……	x_k	……
P	p_1	p_2	……	p_k	……

则当

$$\sum_{k=1}^{+\infty} |x_k| p_k < \infty \tag{4.1.1}$$

时，称随机变量 X 的数学期望存在，并称 $\sum\limits_{k=1}^{+\infty} x_k p_k$ 为随机变量 X 的数学期望或期望，记作 $E(X)$，即

$$E(X) = \sum_{k=1}^{+\infty} x_k p_k \tag{4.1.2}$$

如果 $\sum_{k=1}^{+\infty}|x_k|p_k$ 发散,则称随机变量 X 的数学期望不存在.

当 X 只取有限个值时,其数学期望恒存在;但当 X 取可列无穷个值时,它的期望就不一定存在,此时级数 $\sum_{k=1}^{+\infty}x_kp_k$ 的绝对收敛性(4.1.1)保证了该级数之值不会因为级数各项次序的改变而变化.这显然是合理的,因为诸 x_k 的排列顺序对随机变量并不是本质的,因而数学期望的定义中就应该允许任意改变 x_k 的次序而不影响其收敛性及其和值,这在数学上就相当于要求级数绝对收敛.

由定义知,数学期望就是随机变量的取值以它们的概率为权的加权平均,因此有时也称 $E(X)$ 为 X 的均值.

例 4.1.2 比较由表 4.1.1 和表 4.1.2 描述的射手甲和射手乙的射击水平.

解 射手甲命中环数的数学期望为

$$E(X)=5\times0.1+6\times0.1+7\times0.1+8\times0.3+9\times0.2+10\times0.2=8$$

射手乙命中环数的数学期望为

$$E(Y)=5\times0.2+6\times0.1+7\times0.1+8\times0.1+9\times0.2+10\times0.3=7.9$$

因为 $E(X)>E(Y)$,故认为射手甲的水平要比射手乙高. ◇

例 4.1.3 工厂生产的某种设备的寿命 X(以年计)服从指数分布,其密度函数是

$$f(x)=\begin{cases}0.25e^{-0.25x}, & x\geqslant0\\ 0, & x<0\end{cases}$$

工厂规定,出售的设备若在一年内损坏可予调换,若工厂出售一台设备获利 100 元,调换一台设备厂方需花费 300 元,求厂方出售一台设备所获利润的数学期望.

解 设 Y 表示厂方出售一台设备所获利润,则 Y 的可能取值为 $100,-200$,且

$$P(Y=100)=P(X>1)=\int_1^{+\infty}f(x)\mathrm{d}x=e^{-0.25}$$

$$P(Y=-200)=P(X\leqslant1)=1-e^{-0.25}$$

从而出售一台设备所获利润的数学期望

$$EY=100\times e^{-0.25}+(-200)\times(1-e^{-0.25})=300e^{-0.25}-200$$ ◇

例 4.1.4 设随机变量 X 取 $x_k=(-1)^k\dfrac{2^k}{k}$ 的概率为 $\dfrac{1}{2^k}$,即其分布律为

$$P\left(X=(-1)^k\frac{2^k}{k}\right)=\frac{1}{2^k},k=1,2,\cdots$$

则有

$$\sum_{k=1}^{\infty}x_kp_k=\sum_{k=1}^{\infty}(-1)^k\frac{1}{k}=-\ln2$$

但由于

$$\sum_{k=1}^{\infty}|x_k|p_k=\sum_{k=1}^{\infty}\frac{1}{k}=\infty$$

因此 X 的数学期望不存在. ◇

4.1.2　连续型随机变量的数学期望

连续型随机变量数学期望的定义类似于离散型随机变量场合,只需以积分号代替求和号,密度函数代替分布律即可.

定义 4.1.2　设随机变量 X 的密度函数是 $f(x)$, 如果

$$\int_{-\infty}^{+\infty}|x|f(x)\mathrm{d}x<+\infty$$

则称 X 的数学期望存在,并称 $\int_{-\infty}^{+\infty}xf(x)\mathrm{d}x$ 为随机变量 X 的数学期望或期望、均值,记作 $E(X)$, 即

$$E(X)=\int_{-\infty}^{+\infty}xf(x)\mathrm{d}x \tag{4.1.3}$$

如果 $\int_{-\infty}^{+\infty}|x|f(x)\mathrm{d}x$ 发散,则称随机变量 X 的数学期望不存在.

例 4.1.5　设随机变量 X 的密度函数为

$$f(x)=\begin{cases}2x, & 0<x<1\\ 0, & 其他\end{cases}$$

求 $E(X)$.

解　由定义,有

$$E(X)=\int_{-\infty}^{+\infty}xf(x)\mathrm{d}x=\int_{0}^{1}x\cdot 2x\mathrm{d}x=\frac{2}{3}$$ ◇

例 4.1.6　设随机变量 X 服从柯西分布,即其概率密度为

$$f(x)=\frac{1}{\pi(1+x^2)}\quad(-\infty<x<+\infty)$$

则由于

$$\int_{-\infty}^{+\infty}|x|f(x)\mathrm{d}x=\int_{-\infty}^{+\infty}\frac{|x|}{\pi(1+x^2)}\mathrm{d}x=+\infty$$ ◇

因此 X 的数学期望不存在.

下面给出几个重要离散型分布的数学期望.

4.1.3　随机变量函数的数学期望

在很多实际问题中,经常遇到求随机变量函数的数学期望问题. 设 X 为随机变量,$h(x)$ 为(分段)连续函数,为了求新的随机变量 $Y=h(X)$ 的数学期望,一个很自然的想

法就是先求出 $Y=h(X)$ 的分布(分布律或概率密度),然后再根据定义计算 Y 的期望.但这种途径有时过于烦琐,并且求随机变量的函数的分布也并非易事.下面的两个定理给出了求随机变量函数的数学期望的简便方法,其简便之处在于省略了求随机变量函数的分布这一过程.

定理 4.1.1 设 X 为随机变量,$h(x)$ 为(分段)连续函数,令 $Y=h(X)$.

(1)如果 X 是离散型随机变量,且其分布律是 $P(X=x_k)=p_k, k=1,2,\cdots$,则当 $\sum_{k=1}^{+\infty}|h(x_k)|p_k<+\infty$ 时,$Y=h(X)$ 的数学期望存在,且

$$E(Y)=\sum_{i=1}^{+\infty}h(x_i)p_i \tag{4.1.4}$$

(2)如果 X 是连续型随机变量,且其密度函数是 $f(x)$,则当 $\int_{-\infty}^{+\infty}|h(x)|f(x)\mathrm{d}x<+\infty$ 时,$Y=h(X)$ 的数学期望存在,且

$$E(Y)=\int_{-\infty}^{+\infty}h(x)f(x)\mathrm{d}x \tag{4.1.5}$$

定理 4.1.2 设 (X,Y) 是二维随机变量,$h(x,y)$ 是(分片)连续函数,令 $Z=h(X,Y)$.

(1)如果 (X,Y) 是二维离散型随机变量,且其联合分布律是

$$P(X=x_i,Y=y_j)=p_{ij} \quad (i,j=1,2,\cdots)$$

则当 $\sum_{i=1}^{+\infty}\sum_{j=1}^{+\infty}|h(x_i,y_j)|p_{ij}<+\infty$ 时,$Z=h(X,Y)$ 的数学期望存在,且

$$E(Z)=\sum_{i=1}^{+\infty}\sum_{j=1}^{+\infty}h(x_i,y_j)p_{ij} \tag{4.1.6}$$

(2)如果 (X,Y) 是二维连续型随机变量,且其联合密度函数是 $f(x,y)$,则当 $\int_{-\infty}^{+\infty}\int_{-\infty}^{+\infty}|h(x,y)|f(x,y)\mathrm{d}x\mathrm{d}y<+\infty$ 时,$Z=h(X,Y)$ 的数学期望存在,且

$$E(Z)=\int_{-\infty}^{+\infty}\int_{-\infty}^{+\infty}h(x,y)f(x,y)\mathrm{d}x\mathrm{d}y \tag{4.1.7}$$

以上两个定理的证明超出了本书的范围,从略.

例 4.1.7 设随机变量 X 的分布律是

X	-2	0	1	4
P	0.1	0.4	0.3	0.2

求 $E(X^2)$.

解 由(4.1.4)式得

$$E(X^2)=(-2)^2\times 0.1+0^2\times 0.4+1^2\times 0.3+4^2\times 0.2=3.9$$ ◇

例 4.1.8 设随机变量 $X\sim U(0,1)$，求 $E(e^X)$.

解 由(4.1.5)式得

$$E(e^X)=\int_{-\infty}^{+\infty}e^x f(x)dx=\int_0^1 e^x\cdot 1dx=e-1$$ ◇

例 4.1.9 设随机变量 $U\sim U(-2,2)$，令

$$X=\begin{cases}-1, & U\leqslant -1\\ 1, & U>-1\end{cases},Y=\begin{cases}-1, & U\leqslant 1\\ 1, & U>1\end{cases}$$

求 $E(XY)$.

解 随机变量 (X,Y) 的联合分布律为

$$P(X=-1,Y=-1)=P(U\leqslant -1,U\leqslant 1)=P(U\leqslant -1)=\frac{1}{4}$$

$$P(X=-1,Y=1)=P(U\leqslant -1,U>1)=0$$

$$P(X=1,Y=-1)=P(U>-1,U\leqslant 1)=P(-1<U\leqslant 1)=\frac{1}{2}$$

$$P(X=1,Y=1)=P(U>-1,U>1)=P(U>1)=\frac{1}{4}$$

由(4.1.6)式得

$$E(XY)=(-1)(-1)\cdot\frac{1}{4}+(-1)\cdot 1\cdot 0+1\cdot(-1)\cdot\frac{1}{2}+1\cdot 1\cdot\frac{1}{4}=0$$ ◇

例 4.1.10 设随机变量 (X,Y) 的联合密度函数为

$$f(x,y)=\begin{cases}12y^2, & 0\leqslant y\leqslant x\leqslant 1\\ 0, & \text{其他}\end{cases}$$

求 $E(XY)$.

解 由(4.1.7)式得

$$\begin{aligned}E(XY)&=\int_{-\infty}^{+\infty}\int_{-\infty}^{+\infty}xyf(x,y)dxdy\\&=\int_0^1 dx\int_0^x xy\cdot 12y^2dy\\&=\int_0^1 3x^5dx=\frac{1}{2}\end{aligned}$$ ◇

例 4.1.11 设某种商品每周的需求量 X 服从区间[10,30]上的均匀分布，而经销商进货数为区间[10,30]中的某一整数，商店每销售一单位商品可获利 500 元；若供大于求则削价处理，每处理一单位商品亏损 100 元；若供不应求，则可从外部调剂供应，此时每单位仅获利 300 元. 为使商店所获利润期望值不少于 9280，试确定最小的进货量.

解 设进货数为 a,利润 Z_a,则

$$Z_a = g(X) = \begin{cases} 500a + (X-a)300, & a < X \leqslant 30 \\ 500X - (a-X)100, & 10 < X \leqslant a \end{cases}$$
$$= \begin{cases} 300X + 200a, & a < X \leqslant 30 \\ 600X - 100a, & 10 < X \leqslant a \end{cases}$$

由题意知,X 的概率密度为

$$f(x) = \begin{cases} \dfrac{1}{20}, & 10 \leqslant x \leqslant 30 \\ 0, & \text{其他} \end{cases}$$

故利润的期望为

$$E(Z_a) = E(g(X)) = \int_{-\infty}^{\infty} g(x)f(x)\mathrm{d}x = \frac{1}{20}\int_{10}^{30} g(x)\mathrm{d}x$$
$$= \frac{1}{20}\int_{10}^{a}(600x - 100a)\mathrm{d}x + \frac{1}{20}\int_{a}^{30}(300x + 200a)\mathrm{d}x$$
$$= -7.5a^2 + 350a + 5250$$

依题意,a 必须满足

$$-7.5a^2 + 350a + 5250 \geqslant 9280$$

即

$$7.5a^2 - 350a + 4030 \leqslant 0$$

解得

$$20\frac{2}{3} \leqslant a \leqslant 26$$

故利润期望值不少于 9280 元的最少进货量为 21 单位. ◇

4.1.4 数学期望的性质

(1)若 C 是常数,则 $E(C) = C$.

证 设随机变量 $X = C$,即 X 是一个只取一个值的随机变量,所以

$$P(X = C) = 1$$

由此得

$$E(C) = E(X) = C \times 1 = C$$

以下性质仅对连续型随机变量给出证明,类似可以证明离散型情形.

(2)设 X 是一个随机变量,$Y = aX + b$,则 $E(Y) = aE(X) + b$.

证 设 X 的密度函数为 $f(x)$,则

$$E(Y) = E(aX + b) = \int_{-\infty}^{+\infty}(ax + b)f(x)\mathrm{d}x$$

$$= a\int_{-\infty}^{+\infty} xf(x)\mathrm{d}x + b\int_{-\infty}^{+\infty} f(x)\mathrm{d}x = aEX + b$$

(3)设 X,Y 是两个随机变量,则

$$E(X+Y) = E(X) + E(Y).$$

证 设 X,Y 的联合密度函数为 $f(x,y)$, 则

$$\begin{aligned}
E(X+Y) &= \iint_{R^2} (x+y)f(x,y)\mathrm{d}x\mathrm{d}y \\
&= \iint_{R^2} xf(x,y)\mathrm{d}x\mathrm{d}y + \iint_{R^2} yf(x,y)\mathrm{d}x\mathrm{d}y \\
&= \int_{-\infty}^{+\infty} x\left(\int_{-\infty}^{+\infty} f(x,y)\mathrm{d}y\right)\mathrm{d}x + \int_{-\infty}^{+\infty} y\left(\int_{-\infty}^{+\infty} f(x,y)\mathrm{d}x\right)\mathrm{d}y \\
&= \int_{-\infty}^{+\infty} xf_X(x)\mathrm{d}x + \int_{-\infty}^{+\infty} yf_Y(y)\mathrm{d}y \\
&= EX + EY
\end{aligned}$$

(4)设 X,Y 是两个相互独立的随机变量,则

$$E(XY) = E(X)E(Y).$$

证 设 X,Y 的密度函数分别为 $f_X(x)$ 和 $f_Y(y)$, 因为 X,Y 相互独立,所以 X,Y 的联合密度函数为 $f(x,y) = f_X(x)f_Y(y)$ 从而

$$\begin{aligned}
E(XY) &= \iint_{R^2} xyf(x,y)\mathrm{d}x\mathrm{d}y = \iint_{R^2} xyf_X(x)f_Y(y)\mathrm{d}x\mathrm{d}y \\
&= \int_{-\infty}^{+\infty} xf_X(x)\mathrm{d}x \int_{-\infty}^{+\infty} yf_Y(y)\mathrm{d}y = E(X)\cdot E(Y)
\end{aligned}$$

性质(3)和(4)可推广到 n 维随机变量的情形.

(5)设 $X_1,X_2,\cdots,X_n$ 是 n 个随机变量,则

$$E(C_1X_1 + \cdots + C_nX_n) = C_1E(X_1) + \cdots + C_nE(X_n)$$

(6)若 $X_1,X_2,\cdots,X_n$ 相互独立,则

$$E(X_1X_2\cdots X_n) = E(X_1)E(X_2)\cdots E(X_n)$$

例 4.1.12 求掷 n 个骰子出现点数之和 X 的数学期望.

解 设 X_i 表示第 i 个骰子出现点数,则 $X = X_1 + X_2 + \cdots + X_n$, 且 X_i 的分布律是

$$P(X_i = k) = \frac{1}{6} \quad (k = 1,2,\cdots,6)$$

从而

$$E(X_i) = 1\times\frac{1}{6} + 2\times\frac{1}{6} + \cdots + 6\times\frac{1}{6} = \frac{7}{2}$$

故由数学期望的性质,有

$$E(X)=E(X_1)+E(X_2)+\cdots+E(X_n)$$
$$=n\left(1\times\frac{1}{6}+2\times\frac{1}{6}+\cdots+6\times\frac{1}{6}\right)=\frac{7n}{2}$$ ◇

例 4.1.13 一辆飞机场的交通车送 25 个乘客到 9 个站,假设每位乘客等可能在每一站下车,并且他们下车与否是相互独立的,又交通车只有在有人下车时才停车,求这辆交通车停车总次数 X 的数学期望.

解 设

$$X_i=\begin{cases}1, & \text{在第 } i \text{ 个站停车}\\ 0, & \text{第 } i \text{ 个站不停车}\end{cases},\quad i=1,2,\cdots,9$$

则 $X=X_1+X_2+\cdots+X_9$,且 X_i 的分布律是

$$P(X_i=0)=\left(\frac{8}{9}\right)^{25},P(X_i=1)=1-\left(\frac{8}{9}\right)^{25}$$

从而有

$$E(X)=E(X_1)+E(X_2)+\cdots+E(X_9)=9E(X_1)$$
$$=9\left[0\times\left(\frac{8}{9}\right)^{25}+1\times\left(1-\left(\frac{8}{9}\right)^{25}\right)\right]$$
$$=9\left[1-\left(\frac{8}{9}\right)^{25}\right]\approx 8.526$$ ◇

注:例 4.1.13 中 $X_1,X_2,\cdots,X_n$ 是不独立的.

4.1.5 条件数学期望

条件分布描写了随机变量在已知条件下的统计规律,同样可求已知条件下的数学期望,也就是条件数学期望,它的定义如下.

定义 4.1.3 若条件分布的数学期望存在,则称此期望为条件期望,其定义如下:

$$E(X\mid Y=y)=\begin{cases}\sum_i x_iP(X=x_i\mid Y=y), & (X,Y)\text{ 为二维离散型随机变量}\\ \int_{-\infty}^{\infty}xf_{X|Y}(x\mid y)\mathrm{d}x, & (X,Y)\text{ 为二维连续型随机变量}\end{cases}$$

$$E(Y\mid X=x)=\begin{cases}\sum_j y_jP(Y=y_j\mid X=x), & (X,Y)\text{ 为二维离散随机变量}\\ \int_{-\infty}^{\infty}yf_{Y|X}(y\mid x)\mathrm{d}y, & (X,Y)\text{ 为二维连续随机变量}\end{cases}$$

由以上定义可知,条件期望 $E(X\mid Y=y)$ 是 y 的函数,它与无条件期望 $E(X)$ 的区别,不仅在于计算公式上,而且在于其含义上. 比如,若 X 表示中国成年人的身高,则 $E(X)$ 表示中国成年人的平均身高. 若用 Y 表示中国成年人的足长,则 $E(X\mid Y=y)$ 表示足长为 y 的中国成年人的平均身高,公安部门研究获得

$$E(X \mid Y = y) = 6.876y.$$

这个公式对公安部门破案起着重要作用. 例如,测得案犯留下的足印长为 25.3cm,则由此公式可推算出此案犯身高约 174cm.

例 4.1.14 设 (X,Y) 服从二维正态分布 $N(\mu_1,\mu_2,\sigma_1^2,\sigma_2^2,\rho)$,求在给定 $Y = y$ 的条件下,X 的条件期望.

解 由定理 3.5.1 知,在 $Y = y$ 条件下,X 的条件分布服从一维正态分布

$$N(\mu_1 + \rho\frac{\sigma_1}{\sigma_2}(y - \mu_2),\sigma_1^2(1 - \rho^2))$$

由此可得

$$E(X \mid Y = y) = \mu_1 + \rho\frac{\sigma_1}{\sigma_2}(y - \mu_2) \tag{4.1.8}$$ ◇

注意,以上条件期望是 y 的线性函数,再用统计的方法,从大量实际数据中得出 μ_1,μ_2,σ_1,σ_2,ρ 的估计值后,就可得到公安部门通过脚长计算身高的公式.

因为条件期望是条件分布的数学期望,所以条件期望有下述性质:

$$E(a_1X_1 + a_2X_2 \mid Y = y) = a_1E(X_1 \mid Y = y) + a_2E(X_2 \mid Y = y) \tag{4.1.9}$$

其他性质在此不一一列举,读者可自行写出.

由于 $E(X \mid Y = y)$ 是 y 的函数,即对 y 的不同取值,条件期望 $E(X \mid Y = y)$ 的取值也不同,因此我们可以记

$$g(y) = E(X \mid Y = y)$$

可以将条件期望看成是随机变量 Y 的函数,记为 $E(X \mid Y) = g(Y)$,而将 $E(X \mid Y = y)$ 看成是 $Y = y$ 时 $E(X \mid Y)$ 的一个取值,由此可知:$E(X \mid Y)$ 本身就是一个随机变量.

定理 4.1.3(全数学期望公式) 设 (X,Y) 是二维随机变量,且 $E(X)$ 存在,则

$$E(X) = E(E(X \mid Y)) \tag{4.1.10}$$

证 设二维连续型随机变量 (X,Y) 的联合密度函数为 $f(x,y)$. 记 $g(y) = E(X \mid Y = y)$,则 $g(Y) = E(X \mid Y)$. 由 $f(x,y) = f_{X|Y}(x \mid y)f_Y(y)$,可得

$$\begin{aligned}
E(X) &= \int_{-\infty}^{\infty}\int_{-\infty}^{\infty} xf(x,y)dxdy \\
&= \int_{-\infty}^{\infty}\int_{-\infty}^{\infty} xf_{X|Y}(x \mid y)f_Y(y)\mathrm{d}x\mathrm{d}y \\
&= \int_{-\infty}^{\infty}\left(\int_{-\infty}^{\infty} xf_{X|Y}(x \mid y)dx\right)f_Y(y)dy
\end{aligned}$$

上式括号内的积分正是条件期望 $E(X \mid Y = y)$,所以

$$E(X) = \int_{-\infty}^{\infty} E(X \mid Y = y)f_Y(y)\mathrm{d}y = \int_{-\infty}^{\infty} g(y)f_Y(y)\mathrm{d}y$$

$$= E(g(Y))$$
$$= E(E(X \mid Y))$$ ◇

全数学期望公式的具体使用如下：

(1)若 Y 是一个离散随机变量,则(4.1.10)式可以写成如下形式

$$E(X) = \sum_j E(X \mid Y = y_j) P(Y = y_j) \tag{4.1.11}$$

(2)若 Y 是一个连续随机变量,则(4.1.10)式可以写成如下形式

$$E(X) = \int_{-\infty}^{\infty} E(X \mid Y = y) f_Y(y) \mathrm{d}y \tag{4.1.12}$$

例 4.1.15 一矿工被困在有三个门的矿井里.第一个门通一坑道,沿此坑道走 3 个小时可到达安全区;第二个门通一坑道,沿此坑道走 5 小时又回到原处;第三个门通一坑道,沿此坑道 7 小时也回到原处.假设此矿工总是等可能地在三个门中选择一个,求他平均要用多少时间才能到达安全区.

解 设该矿工需要 X 小时到达安全区,则 X 的可能取值为

$$3, 5+3, 7+3, 5+5+3, 5+7+3, 7+7+3, \cdots$$

案例五
钱能使人快乐吗

记 Y 表示第一次所选的门, $\{Y = i\}$ 表示选择第 i 个门. 由题设可知

$$P(Y = 1) = P(Y = 2) = P(Y = 3) = \frac{1}{3}$$

又因为 $E(X|Y=1)=3, E(X|Y=2)=5+E(X), E(X|Y=3)=7+E(X)$.

于是,由(4.1.11)式得

$$E(X) = \frac{1}{3}[3 + 5 + E(X) + 7 + E(X)] = 5 + \frac{2}{3}E(X)$$

解得 $E(X) = 15$, 即该矿工平均 15 小时才能到达安全区. ◇

例 4.1.16 箱子中有编号为 $1, 2, \cdots, n$ 的 n 个球,从中任取 1 球. 若取到 1 号,则得 1 分,且停止摸球;若取到 i 号球 $(i \geqslant 2)$, 则得 i 分,且将此球放回,重新摸球. 如此下去,求得到的平均总分数.

解 设 X 为得到的总分数, Y 为第一次取到的球的号码,则由题设可得

$$P(Y = 1) = P(Y = 2) = \cdots = P(Y = n) = \frac{1}{n}$$

又因为 $E(X \mid Y = 1) = 1$, 而当 $(i \geqslant 2)$ 时, $E(X \mid Y = i) = i + E(X)$, 所以

$$E(X) = \sum_{i=1}^{n} E(X \mid Y = i) P(Y = i) = \frac{1}{n}[1 + 2 + \cdots + n + (n-1)E(X)]$$

由此解得

$$E(X) = \frac{n(n+1)}{2}.$$

例 4.1.17　设电力公司每月可以供应某工厂的电力 X 服从(10,30)(单位:10^4kW)上的均匀分布,而该工厂每月实际需要的电力 Y 服从(10,20)(单位:10^4kW)上均匀分布. 如果工厂能从电力公司得到足够的电力,则每单位电可以创造 30 万元的利润,若工厂从电力公司得不到足够的电力,则不足部分由工厂通过其他途径解决,由其他途径得到的电力每单位电只有 10 万元的利润. 试求该厂每个月的平均利润.

解　从题意知,$X \sim U(10,30)$,$Y \sim U(10,20)$. 设工厂每个月的利润为 Z 万元,则由题意可得

$$Z = \begin{cases} 30Y, & Y \leqslant X \\ 30X + 10(Y - X), & Y > X \end{cases}$$

当 $10 \leqslant x < 20$ 时,Z 的条件期望为

$$\begin{aligned} E(Z \mid X = x) &= \int_{10}^{x} 30y f_Y(y)\mathrm{d}y + \int_{x}^{20} (10y + 20x) f_Y(y)\mathrm{d}y \\ &= \int_{10}^{x} 30y \frac{1}{10}\mathrm{d}y + \int_{x}^{20} (10y + 20x) \frac{1}{10}\mathrm{d}y \\ &= -x^2 + 40x + 50 \end{aligned}$$

当 $20 \leqslant x \leqslant 30$ 时,Z 的条件期望为

$$E(Z \mid X = x) = \int_{10}^{20} 30y f_Y(y)\mathrm{d}y = \int_{10}^{20} 30y \frac{1}{10}\mathrm{d}y = 450.$$

由(4.1.12)式,可得

$$\begin{aligned} E(Z) &= E(E(Z \mid X)) \\ &= \int_{10}^{20} E(Z \mid X = x) f_X(x)\mathrm{d}x + \int_{20}^{30} E(Z \mid X = x) f_X(x)\mathrm{d}x \\ &= \frac{1}{20}\int_{10}^{20} (50 + 40x - x^2)\mathrm{d}x + \frac{1}{20}\int_{20}^{30} 450\mathrm{d}x \\ &= 25 + 300 - \frac{700}{6} + 225 \approx 433 \end{aligned}$$

故该厂每月的平均利润为 433 万元. ◇

定理 4.1.4(随机个随机变量和的数学期望)　设 $X_1, X_2, \cdots$ 为一列独立同分布的随机变量,随机变量 N 只取正整数值,且 N 与 $\{X_n\}$ 独立,证明

$$E(\sum_{i=1}^{N} X_i) = E(X_1)E(N).$$

证　由定理 4.1.3 可得

$$\begin{aligned} E(\sum_{i=1}^{N} X_i) &= E\left[E(\sum_{i=1}^{N} X_i \mid N)\right] \\ &= \sum_{n=1}^{\infty} E(\sum_{i=1}^{N} X_i \mid N = n)P(N = n) = \sum_{n=1}^{\infty} E(\sum_{i=1}^{n} X_i)P(N = \end{aligned}$$

$$n)$$

$$= \sum_{n=1}^{\infty} nE(X_1)P(N=n)$$

$$= E(X_1)\sum_{n=1}^{\infty} nP(N=n) = E(X_1)E(N).$$ ◇

利用此题的结论,我们可以解决很多实际问题,下面列举几个:

(1)设一天内到达某商场的顾客数 N 是仅取非负整数值的随机变量,且 $E(N)=20000$. 又设进入此商场的第 i 个顾客的购物金额为 X_i,可以认为诸 X_i 是独立同分布的随机变量,且 $E(X_i)=100$(元). 假设 N 与 X_i 相互独立,则此商场一天的平均营业额为

$$E\left(\sum_{i=0}^{N} X_i\right) = E(X_i)E(N) = 100 \times 20000 = 200(\text{万元})$$

其中 $X_0=0$.

(2)一只昆虫一次产卵数 N 服从参数为 λ 的泊松分布,每个卵能成活的概率是 p,设 X_i 服从 $0-1$ 分布,而 $\{X_i=1\}$ 表示第 i 个卵成活,则一只昆虫一次产卵后的平均成活卵数为

$$E\left(\sum_{i=1}^{N} X_i\right) = E(X_1)E(N) = \lambda p.$$

§4.1 练习题解答

练习题

(1)填空题

(a)将 3 只球放入 3 只盒子中去,设每只球落入各个盒子是等可能的,则有球的盒子数 X 的数学期望 $E(X)=$ ________.

(b)已知随机变量 X 在区间$[-1,2]$上服从均匀分布;随机变量

$$Y=\begin{cases}1, & X>0\\ 0, & X=0\\ -1, & X<0\end{cases}$$

则 $E(Y)=$ ________.

(c)设随机变量 X 与 Y 相互独立,分别服从参数为 λ_1 和 λ_2 的泊松分布,则 $E(X \mid X+Y=n)=$ ________.

(d)设二维连续随机变量 (X,Y) 的联合密度函数为

$$f(x,y)=\begin{cases}x+y, & 0<x<1, 0<y<1\\ 0, & \text{其他}\end{cases}$$

则 $E(X \mid Y=0.5)=$ ________.

(2)选择题

(a)已知随机变量 X 与 Y 均服从 $0-1$ 分布 $B(1,3/4)$,如果 $E(XY)=5/8$,则 $P\{X$

$+Y \leqslant 1\} =$ （ ）

(A)$\frac{1}{8}$ (B)$\frac{2}{8}$ (C)$\frac{3}{8}$ (D)$\frac{4}{8}$

(b)设随机变量 X 的概率密度为

$$f(x)=\begin{cases} x\mathrm{e}^{-\frac{x^2}{2}}, & x>0 \\ 0, & x\leqslant 0 \end{cases}$$

则 $Y=1/X$ 的数学期望 $E(Y)=$ （ ）

(A)$\sqrt{\frac{\pi}{2}}$ (B)$\frac{\sqrt{\pi}}{2}$ (C)$\sqrt{\pi}$ (D)$\sqrt{2\pi}$

§4.2 随机变量的方差

4.2.1 方差的定义

我们已经知道数学期望是随机变量取值的平均值，反映了其分布的中心位置，因此它是一种位置特征数.在许多实际问题中只要知道这个平均值就可以了，但数学期望毕竟只反映了中心位置，有很大的局限性.在某些场合，仅仅知道平均值是不够的.例如，假设有两个随机变量 X，Y，它们的分布律分别是

X	-1	0	1
P	0.1	0.8	0.1

和

Y	-2	-1	0	1	2
P	0.1	0.2	0.4	0.2	0.1

则 $E(X)=0$，$E(Y)=0$.从数学期望角度看两者没有差别，但如果仔细观察可以发现 X 的取值相对比较集中，而 Y 的取值则相对比较分散.现在的一个问题是，如何用一个量来表示随机变量取值的分散程度？

设随机变量 X 有均值 $E(X)=a$.试验中，X 的取值当然不一定是 a，而会有所偏离.偏离的量 $X-a$ 本身也是随机的.从直观上看，偏离量的平均值似乎是衡量 X 取值分散程度的一个可行指标，但是由于正负抵消，最后导致 $E(X-a)=0$.因此，自然地会想到用偏离量的绝对值 $|X-a|$ 来消除符号，并用 $E(|X-a|)$ 来作为 X 取值分散程度的数字特征.但是由于绝对值在数学上处理不太方便，于是便有了下面

的方差的定义.

定义 4.2.1 设 X 是一个随机变量,其数学期望存在.如果 $E(X-EX)^2$ 存在,称 $E(X-EX)^2$ 为随机变量 X 的方差,记作 $D(X)$ 或 $\mathrm{Var}(X)$,称 $\sqrt{D(X)}$ 为随机变量 X 的标准差,记作 $\sigma(X)$ 或 σ_X.

从定义知随机变量的方差的大小反映了随机变量的取值围绕数学期望波动的大小,因此它是一种标度或尺度(scale)特征数.

关于方差的计算,常利用下面的公式

$$D(X)=E(X^2)-[E(X)]^2 \tag{4.2.1}$$

事实上,由数学期望的性质可得

$$\begin{aligned}D(X)&=E(X-EX)^2=E[X^2-2X\cdot E(X)+[E(X)]^2]\\&=E(X^2)-2E(X)\cdot E(X)+[E(X)]^2\\&=E(X^2)-[E(X)]^2\end{aligned}$$

例 4.2.1 设随机变量 X 的分布律是

X	-1	0	$\frac{1}{2}$	1	2
P	$\frac{1}{3}$	$\frac{1}{6}$	$\frac{1}{6}$	$\frac{1}{12}$	$\frac{1}{4}$

求随机变量 X 的方差.

解 因为

$$E(X)=-1\times\frac{1}{3}+0\times\frac{1}{6}+\frac{1}{2}\times\frac{1}{6}+1\times\frac{1}{12}+2\times\frac{1}{4}=\frac{1}{3}$$

$$E(X^2)=(-1)^2\times\frac{1}{3}+0^2\times\frac{1}{6}+\left(\frac{1}{2}\right)^2\times\frac{1}{6}+1^2\times\frac{1}{12}+2^2\times\frac{1}{4}=\frac{35}{24}$$

所以

$$D(X)=E(X^2)-(E(X))^2=\frac{35}{24}-\frac{1}{9}=\frac{97}{72}$$ ◇

例 4.2.2 设随机变量 X 的密度函数是

$$f(x)=\begin{cases}6x(1-x), & 0\leqslant x\leqslant 1\\ 0, & \text{其他}\end{cases}$$

求随机变量 X 的方差.

解 因为

$$E(X)=\int_{-\infty}^{+\infty}xf(x)dx=\int_0^1 x\cdot 6x(1-x)dx=\frac{1}{2}$$

$$E(X^2)=\int_{-\infty}^{+\infty}x^2f(x)\mathrm{d}x=\int_0^1 x^2\cdot 6x(1-x)dx=\frac{3}{10}$$

所以

$$D(X)=E(X^2)-(E(X))^2=\frac{3}{10}-\frac{1}{4}=\frac{1}{20}$$ ◇

4.2.2 方差的性质

(1)设 C 是常数,则 $D(C)=0$.

证 因为 $E(C)=C,E(C^2)=C^2$,所以

$$D(C)=E(C^2)-(E(C))^2=0$$

(2)设 a,b 是常数,X 是一个随机变量,则 $D(aX+b)=a^2D(X)$.

证 因为 $E(aX+b)=aE(X)+b$,所以

$$\begin{aligned}D(aX+b)&=E\left[aX+b-E(aX+b)\right]^2\\&=E\left[a(X-EX)\right]^2\\&=a^2E(X-EX)^2=a^2DX\end{aligned}$$

(3)若随机变量 X,Y 相互独立,则 $D(X+Y)=D(X)+D(Y)$.

证 由于 X,Y 相互独立,故有 $E(XY)=E(X)E(Y)$,因此

$$\begin{aligned}D(X+Y)&=E\left[X+Y-E(X+Y)\right]^2\\&=E\left[(X-E(X))+(Y-E(Y))\right]^2\\&=E\left[X-E(X)\right]^2+E\left[Y-E(Y)\right]^2+2E[X-E(X)][Y-E(Y)]\end{aligned}$$

而

$$\begin{aligned}&E[X-E(X)][Y-E(Y)]\\=&E[XY-X\cdot E(Y)-Y\cdot E(X)+E(X)\cdot E(Y)]\\=&E(XY)-E(X)\cdot E(Y)=0\end{aligned}$$

从而

$$D(X+Y)=E\left[X-E(X)\right]^2+E\left[Y-E(Y)\right]^2=D(X)+D(Y)$$

性质(3)可以推广到更一般的情形:若 $X_1,X_2,\cdots,X_n$ 相互独立,则有

$$D\left(\sum_{k=1}^{n}X_k\right)=\sum_{k=1}^{n}D(X_k) \tag{4.2.2}$$

并且还有

$$D\left(\sum_{k=1}^{n}a_kX_k\right)=\sum_{k=1}^{n}a_k^2D(X_k) \tag{4.2.3}$$

其中 $a_k(k=1,\cdots,n)$ 是常数.

例 4.2.3 若随机变量 X,Y 独立同分布,且随机变量 X 的分布律是:

X	-2	0	1	3	4
P	0.2	0.2	0.2	0.2	0.2

求 $D(2X-3Y+1)$.

解 因为 $E(X)=1.2, E(X^2)=6$，所以

$$D(X)=E(X^2)-[E(X)]^2=4.56$$

又因为 X,Y 独立同分布，所以，$DY=DX=4.56$，注意到常数的方差等于零，有

$$D(2X-3Y+1)=4D(X)+9D(Y)=59.28$$ ◇

4.2.3 常见分布的数学期望和方差

1. 0—1 分布

设随机变量 X 服从参数为 p 的 0—1 分布，则

$$E(X)=p, D(X)=p(1-p) \tag{4.2.4}$$

事实上，由于 X 的分布律为

X	1	0
P	p	$1-p$

因此数学期望为

$$E(X)=1\times p+0\times(1-p)=p$$

又

$$E(X^2)=1^2\times p+0^2\times(1-p)=p$$

故方差为

$$D(X)=E(X^2)-(E(X))^2=p-p^2=p(1-p)$$

2. 二项分布

设随机变量服从参数为 n,p 的二项分布，即 $X\sim b(n,p)$，则

$$E(X)=np,\ D(X)=np(1-p) \tag{4.2.5}$$

事实上，根据定理 3.7.1 的推论，如果 $X_1,X_2,\cdots,X_n$ 相互独立且均服从参数为 p 的 0—1 分布，即 $X_i\sim b(1,p), i=1,2,\cdots,n$，则有

$$\sum_{i=1}^{n}X_i\sim b(n,p)$$

于是，根据(4.2.4)和数学期望和方差的性质，有(4.2.5)成立.

3. 泊松分布

设随机变量服从参数为 λ 的泊松分布，即 $X\sim P(\lambda)$，则

$$E(X)=\lambda,\ D(X)=\lambda \tag{4.2.6}$$

事实上,由于 X 的分布律为

$$P(X=k)=\frac{\lambda^k}{k!}e^{-\lambda},k=0,1,2,\cdots,$$

因此数学期望为

$$\begin{aligned}E(X)&=\sum_{k=0}^{+\infty}k\cdot\frac{\lambda^k}{k!}e^{-\lambda}=\sum_{k=1}^{+\infty}\frac{\lambda^k}{(k-1)!}e^{-\lambda}\\&=\lambda e^{-\lambda}\cdot\sum_{k=0}^{+\infty}\frac{\lambda^k}{k!}\\&=\lambda e^{-\lambda}\cdot e^{\lambda}=\lambda\end{aligned}$$

又因为

$$\begin{aligned}E(X^2)&=\sum_{k=0}^{+\infty}k^2\cdot\frac{\lambda^k}{k!}e^{-\lambda}=\sum_{k=1}^{+\infty}k\cdot\frac{\lambda^k}{(k-1)!}e^{-\lambda}\\&=\sum_{k=1}^{+\infty}(k-1+1)\cdot\frac{\lambda^k}{(k-1)!}e^{-\lambda}\\&=\lambda^2e^{-\lambda}\cdot\sum_{k=2}^{+\infty}\frac{\lambda^{k-2}}{(k-2)!}+\lambda e^{-\lambda}\cdot\sum_{k=1}^{+\infty}\frac{\lambda^{k-1}}{(k-1)!}\\&=\lambda^2+\lambda\end{aligned}$$

故方差为

$$D(X)=E(X^2)-(E(X))^2=\lambda^2+\lambda-\lambda^2=\lambda$$

4. 几何分布

设随机变量 X 服从参数为 p 的几何分布,则

$$E(X)=\frac{1}{p},D(X)=\frac{1-p}{p^2}\tag{4.2.7}$$

事实上,由于 X 的分布律是

$$P(X=k)=pq^{k-1},\text{ 其中 }k=1,2,\cdots,\ q=1-p$$

因此数学期望为

$$\begin{aligned}E(X)&=\sum_{k=1}^{+\infty}k\cdot pq^{k-1}=p\cdot\sum_{k=0}^{+\infty}k\cdot q^{k-1}\\&=p\cdot\frac{d}{dq}\left(\sum_{k=0}^{+\infty}q^k\right)=p\cdot\frac{d}{dq}\left(\frac{1}{1-q}\right)\\&=p\cdot\frac{1}{(1-q)^2}=p\cdot\frac{1}{p^2}=\frac{1}{p}\end{aligned}$$

又因为

$$E(X^2)=\sum_{k=1}^{+\infty}k^2\cdot pq^{k-1}=p\cdot\sum_{k=1}^{+\infty}k^2\cdot q^{k-1}$$

$$= p \cdot \frac{d}{dq}\left(\sum_{k=1}^{+\infty} kq^k\right)$$

$$= p \cdot \frac{d}{dq}\left(\sum_{k=1}^{+\infty}(k+1)q^k - \sum_{k=0}^{+\infty} q^k\right)$$

$$= p \cdot \frac{d}{dq}\left(\frac{d}{dq}\left(\sum_{k=1}^{+\infty} q^{k+1}\right) - \frac{1}{1-q}\right)$$

$$= p \cdot \frac{d}{dq}\left(\frac{d}{dq}\left(\frac{q}{1-q}\right) - \frac{1}{1-q}\right)$$

$$= p \cdot \frac{d}{dq}\left(\frac{1}{(1-q)^2} - \frac{1}{1-q}\right) = \frac{q+1}{p^2}$$

故方差为

$$D(X) = E(X^2) - (E(X))^2$$

$$= \frac{q+1}{p^2} - \frac{1}{p^2} = \frac{q}{p^2}$$

5. 均匀分布

设随机变量 X 服从区间 $[a,b]$ 上的均匀分布 $U(a,b)$，则有

$$E(X) = \frac{a+b}{2},\ D(X) = \frac{(b-a)^2}{12} \tag{4.2.8}$$

事实上，由于 X 的概率密度为

$$f(x) = \begin{cases} \dfrac{1}{b-a}, & a < x < b \\ 0, & 其他 \end{cases}$$

因此数学期望为

$$E(X) = \int_{-\infty}^{+\infty} xf(x)dx = \int_a^b x \cdot \frac{1}{b-a}dx = \frac{a+b}{2}$$

又因为

$$E(X^2) = \int_{-\infty}^{+\infty} x^2 f(x)\mathrm{d}x$$

$$= \int_a^b x^2 \cdot \frac{1}{b-a}\mathrm{d}x$$

$$= \frac{a^2+ab+b^2}{3}$$

故方差为

$$DX = E(X^2) - (E(X))^2$$

$$= \frac{a^2+ab+b^2}{3} - \frac{(a+b)^2}{4}$$

$$= \frac{(b-a)^2}{12}$$

6. 指数分布

若随机变量 X 服从参数为λ 的指数分布 $E(\lambda)$，则有

$$E(X) = \frac{1}{\lambda}, D(X) = \frac{1}{\lambda^2} \tag{4.2.9}$$

事实上，由于随机变量 X 的密度函数为

$$f(x) = \begin{cases} \lambda e^{-\lambda x}, & x \geqslant 0 \\ 0, & x < 0 \end{cases}$$

因此数学期望为

$$E(X) = \int_{-\infty}^{+\infty} x f(x) dx = \int_{0}^{+\infty} x \cdot \lambda e^{-\lambda x} dx = \frac{1}{\lambda}$$

又由于

$$E(X^2) = \int_{-\infty}^{+\infty} x^2 f(x) dx = \int_{0}^{+\infty} x^2 \cdot \lambda e^{-\lambda x} dx = \frac{2}{\lambda^2}$$

故方差为

$$\begin{aligned} D(X) &= E(X^2) - (E(X))^2 \\ &= \frac{2}{\lambda^2} - \left(\frac{1}{\lambda}\right)^2 = \frac{1}{\lambda^2} \end{aligned}$$

因此，指数分布由其期望或方差所唯一确定.

7. 伽马分布

若随机变量 X 服从参数为α,λ 的伽马分布 $Ga(\alpha,\lambda)$，则有

$$E(X) = \frac{\alpha}{\lambda},\ D(X) = \frac{\alpha}{\lambda^2} \tag{4.2.10}$$

事实上，由于 X 的密度函数为

$$f(x) = \begin{cases} \frac{\lambda^{\alpha}}{\Gamma(\alpha)} x^{\alpha-1} e^{-\lambda x}, & x \geqslant 0 \\ 0, & x < 0 \end{cases}$$

因此数学期望为

$$E(X) = \int_{-\infty}^{+\infty} x f(x) dx = \frac{\lambda^{\alpha}}{\Gamma(\alpha)} \int_{0}^{\infty} x^{\alpha} e^{-\lambda x} dx = \frac{\Gamma(\alpha+1)}{\Gamma(\alpha)} \frac{1}{\lambda} = \frac{\alpha}{\lambda}$$

又由于

$$E(X^2) = \int_{-\infty}^{+\infty} x^2 f(x) dx = \frac{\lambda^{\alpha}}{\Gamma(\alpha)} \int_{0}^{\infty} x^{\alpha+1} e^{-\lambda x} dx = \frac{\Gamma(\alpha+2)}{\lambda^2 \Gamma(\alpha)} = \frac{\alpha(\alpha+1)}{\lambda^2}$$

故方差为

$$D(X) = E(X^2) - (E(X))^2$$

$$= \frac{\alpha(\alpha+1)}{\lambda^2} - \left(\frac{\alpha}{\lambda}\right)^2 = \frac{\alpha}{\lambda^2}$$

8. 贝塔分布

若随机变量 X 服从参数为 a,b 的贝塔分布 $Be(a,b)$，则有

$$E(X) = \frac{a}{a+b}, D(X) = \frac{ab}{(a+b)^2(a+b+1)} \tag{4.2.11}$$

事实上，由于随机变量 X 的密度函数为

$$f(x) = \begin{cases} \frac{\Gamma(a+b)}{\Gamma(a)\Gamma(b)} x^{a-1}(1-x)^{b-1}, & 0 < x < 1 \\ 0, & \text{其他} \end{cases}$$

因此数学期望为

$$E(X) = \int_{-\infty}^{+\infty} xf(x)\mathrm{d}x = \frac{\Gamma(a+b)}{\Gamma(a)\Gamma(b)} \int_0^1 x^a(1-x)^{b-1}\mathrm{d}x$$
$$= \frac{\Gamma(a+b)}{\Gamma(a)\Gamma(b)} \cdot \frac{\Gamma(a+1)\Gamma(b)}{\Gamma(a+b+1)} = \frac{a}{a+b}$$

又由于

$$E(X^2) = \int_{-\infty}^{+\infty} x^2 d(x)\mathrm{d}x = \frac{\Gamma(a+b)}{\Gamma(a)\Gamma(b)} \int_0^1 x^{a+1}(1-x)^{b-1}\mathrm{d}x$$
$$= \frac{\Gamma(a+b)}{\Gamma(a)\Gamma(b)} \cdot \frac{\Gamma(a+2)\Gamma(b)}{\Gamma(a+b+2)} = \frac{a(a+1)}{(a+b)(a+b+1)}$$

故方差为

$$D(X) = E(X)^2 - (E(X))^2$$
$$= \frac{a(a+1)}{(a+b)(a+b+1)} - \left(\frac{a}{a+b}\right)^2$$
$$= \frac{ab}{(a+b)^2(a+b+1)}$$

9. 正态分布

设随机变量 X 服从正态分布 $N(\mu,\sigma^2)$，则

$$E(X) = \mu,\ D(X) = \sigma^2 \tag{4.2.12}$$

设 $Y \sim N(0,1)$，则 $X = \sigma Y + \mu \sim N(\mu,\sigma^2)$，而 Y 的数学期望为

$$E(Y) = \int_{-\infty}^{+\infty} y\varphi(y)\mathrm{d}y$$
$$= \int_{-\infty}^{+\infty} \frac{y}{\sqrt{2\pi}} \mathrm{e}^{-\frac{y^2}{2}} \mathrm{d}y = 0$$

方差为

$$D(Y) = E(Y^2) = \int_{-\infty}^{+\infty} y^2\varphi(y)\mathrm{d}y$$

$$=\int_{-\infty}^{+\infty}\frac{y^2}{\sqrt{2\pi}}e^{-\frac{y^2}{2}}dy$$

$$=-\int_{-\infty}^{+\infty}\frac{y}{\sqrt{2\pi}}d(e^{-\frac{y^2}{2}})$$

$$=-\frac{1}{\sqrt{2\pi}}ye^{-\frac{y^2}{2}}\Big|_{-\infty}^{+\infty}+\frac{1}{\sqrt{2\pi}}\int_{-\infty}^{+\infty}e^{-\frac{y^2}{2}}dy=1$$

于是,由方差的性质,有

$$E(X)=E(\sigma Y+\mu)=\sigma E(Y)+\mu=\mu$$
$$D(X)=D(\sigma Y+\mu)=\sigma^2 D(Y)$$

因此,正态分布的两个参数恰好就是相应随机变量的数学期望和方差.于是正态分布的参数由其数学期望和方差所唯一确定.

例 4.2.4　设随机变量 X 与 Y 相互独立且均服从正态分布 $N(0,1/2)$,求 $D(|X-Y|)$.

解　令 $Z=X-Y$,则由正态分布的性质可知 Z 服从正态分布,又由于

$$E(Z)=E(X)-E(Y)=0, D(Z)=D(X)+D(Y)=1$$

故 $Z\sim N(0,1)$,因此

$$E(|X-Y|)=E(|Z|)=\frac{1}{\sqrt{2\pi}}\int_{-\infty}^{\infty}|z|e^{-\frac{z^2}{2}}dz$$

$$=\frac{2}{\sqrt{2\pi}}\int_0^{\infty}ze^{-\frac{z^2}{2}}dz=\sqrt{\frac{2}{\pi}}\left[-e^{-\frac{z^2}{2}}\right]_0^{\infty}=\sqrt{\frac{2}{\pi}}$$

由于

$$E(|Z|^2)=E(Z^2)=D(Z)=1$$

因此,有

$$D(|X-Y|)=D(|Z|)=E(Z^2)-(E|Z|)^2=1-\frac{2}{\pi}$$ ◇

4.2.3　切比雪夫(Chebyshev)不等式

由于方差的大小反映了随机变量的取值围绕其数学期望的离散程度,因此我们希望通过方差来估计随机变量的取值与其数学期望之间的偏差大于某一正数的概率.切比雪夫不等式给出了这概率的一个上界.

切比雪夫人物介绍

定理 4.2.1　设随机变量 X 的方差存在,则对任意常数 $\varepsilon>0$,有

$$P(|X-E(X)|\geqslant\varepsilon)\leqslant\frac{D(X)}{\varepsilon^2}\tag{4.2.13}$$

或等价地,有

$$P(|X-E(X)|<\varepsilon)\geqslant 1-\frac{D(X)}{\varepsilon^2}\tag{4.2.14}$$

证 仅对连续型随机变量给出证明.

设 X 的密度函数为 $f(x)$，则

$$
\begin{aligned}
P(|X-E(X)|>\varepsilon) &= \int_{|x-E(X)|>\varepsilon} f(x)\,\mathrm{d}x \\
&\leqslant \int_{|x-E(X)|>\varepsilon} \frac{(X-E(X))^2}{\varepsilon^2} f(x)\,\mathrm{d}x \\
&\leqslant \int_R \frac{(x-E(X))^2}{\varepsilon^2} f(x)\,\mathrm{d}x = \frac{D(X)}{\varepsilon^2}
\end{aligned}
$$

◇

例 4.2.5 试用切比雪夫不等式证明，能以大于 0.97 的概率保证：掷 1000 次均匀硬币，正面出现次数在 400 到 600 次之间.

解 设随机变量 X 表示掷 1000 次均匀硬币中正面出现次数，则 $X \sim B(1000, 0.5)$. 所以 $E(X)=500, D(X)=250$，由此得

$$
\begin{aligned}
P(400 \leqslant X \leqslant 600) &= P(|X-E(X)| \leqslant 100) \\
&\geqslant 1-\frac{D(X)}{100^2} = 0.975
\end{aligned}
$$

◇

由于切比雪夫不等式对任何分布都成立，因此在很多情况下我们就不能指望得到的概率上界能够非常接近于真正概率. 例如，由切比雪夫不等式可得

$$
P(|X-E(X)|>\sqrt{D(X)}) \leqslant \frac{D(X)}{D(X)} = 1
$$

而这是显然的. 又例如，设 $X \sim N(0,1)$，则 $E(X)=0, D(X)=1$. 由切比雪夫不等式得

$$
P(|X-E(X)|>2) \leqslant \frac{D(X)}{2^2} = 0.25
$$

而这概率的精确值为

$$
P(|X-E(X)|>2) = 1-[\Phi(2)-\Phi(-2)] \approx 0.0456
$$

◇

不过，虽然在实际问题中切比雪夫不等式给出估计精度不是很高，但是在理论上却很重要，例如第五章中一些重要定理的证明都需要这个不等式.

定理 4.2.2 若随机变量 X 的方差存在，则 $D(X)=0$ 的充要条件是存在一个数 a，使得 $P(X=a)=1$，并且 $a=E(X)$.

证 充分性显然，下证必要性. 设 $D(X)=0$，则 $E(X)$ 存在，且

$$
\{|X-E(X)|>0\} = \bigcup_{n=1}^{+\infty} \left\{|X-E(X)| \geqslant \frac{1}{n}\right\}
$$

所以

$$
\begin{aligned}
P(|X-E(X)|>0) &= P\left[\bigcup_{n=1}^{+\infty} \left\{|X-E(X)| \geqslant \frac{1}{n}\right\}\right] \\
&\leqslant \sum_{n=1}^{+\infty} P\left(|X-E(X)| \geqslant \frac{1}{n}\right)
\end{aligned}
$$

$$\leqslant \sum_{n=1}^{+\infty} \frac{D(X)}{\left(\frac{1}{n}\right)^2} = 0$$

即

$$P(|X - E(X)| > 0) = 0$$

故有

$P(X = E(X)) = 1$ ◇

练习题

§4.2　练习题解答

(1)填空题

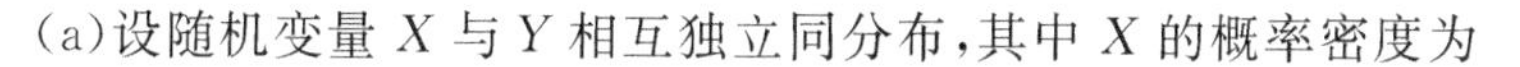

(a)设随机变量 X 与 Y 相互独立同分布，其中 X 的概率密度为

$$f(x) = \begin{cases} 2x, & 0 < x < 1 \\ 0, & \text{其他} \end{cases}$$

则 $D(X - Y) =$ ________.

(b)设随机变量 X 服从参数为 1 泊松分布，则 $P\{X = E(X^2)\} =$ ________.

(c)设某班级学生中数学成绩不及格的比率 X 服从参数 $a = 1, b = 4$ 的贝塔分布，则 $P(X > E(X)) =$ ________.

(2)选择题

(a)设相互独立的随机变量 X 和 Y 的方差分别为 4 和 2，则随机变量 $3X - 2Y$ 的方差是　(　　)

(A)8　　(B)16　　(C)28　　(D)44

§4.3　协方差和相关系数

4.3.1　协方差和相关系数的定义

对二维随机变量来讲，随机变量的均值、方差提供了边缘分布的有用信息，但这些值并没有提供这两个随机变量之间关系的信息. 从数学期望的性质可知，如果随机变量 X，Y 相互独立，则

$$E[(X - E(X))(Y - E(Y))] = E(XY) - E(X)E(Y) = 0$$

因此，如果 $E(X - E(X))(Y - E(Y)) \neq 0$，则随机变量 X 和 Y 不独立，即这两个随机变量之间存在某种相依关系. 由此引入下述定义.

定义 4.3.1　设 (X,Y) 是二维随机变量，如果 $(X - E(X))(Y - E(Y))$ 的数学期望存在，则称 $E[(X - E(X))(Y - E(Y))]$ 为随机变量 X 与 Y 的协方差，记作

Cov(X,Y)，即

$$\mathrm{Cov}(X,Y)=E[(X-E(X))(Y-E(Y))] \tag{4.3.1}$$

称

$$\rho=\rho_{XY}=\frac{\mathrm{Cov}(X,Y)}{\sqrt{D(X)}\ \sqrt{D(Y)}} \tag{4.3.2}$$

为随机变量 X 与 Y 的**相关系数**.

可以证明，如果随机变量 X,Y 的方差都存在，则 X 与 Y 的协方差一定存在. 为简便起见，可用下面的公式计算协方差：

$$\mathrm{Cov}(X,Y)=E(XY)-E(X)E(Y) \tag{4.3.3}$$

特别地，有

$$D(X)=\mathrm{Cov}(X,X) \tag{4.3.4}$$

例 4.3.1 设 (X,Y) 的联合密度函数为

$$f(x,y)=\begin{cases}2-x-y, & 0\leqslant x\leqslant 1,0\leqslant y\leqslant 1\\ 0, & \text{其他}\end{cases}$$

求随机变量 (X,Y) 的协方差 Cov(X,Y) 和相关系数 ρ_{XY}.

解

$$E(X)=\int_{-\infty}^{+\infty}\int_{-\infty}^{+\infty}xf(x,y)\mathrm{d}x\mathrm{d}y$$

$$=\int_0^1\mathrm{d}x\int_0^1 x(2-x-y)\mathrm{d}y=\int_0^1 x\left(\frac{3}{2}-x\right)\mathrm{d}x=\frac{5}{12}$$

$$E(X^2)=\int_{-\infty}^{+\infty}\int_{-\infty}^{+\infty}x^2 f(x,y)\mathrm{d}x\mathrm{d}y$$

$$=\int_0^1\mathrm{d}x\int_0^1 x^2(2-x-y)\mathrm{d}y=\int_0^1 x^2\left(\frac{3}{2}-x\right)\mathrm{d}x=\frac{1}{4}$$

$$E(Y)=\int_{-\infty}^{+\infty}\int_{-\infty}^{+\infty}yf(x,y)\mathrm{d}x\mathrm{d}y$$

$$=\int_0^1\mathrm{d}y\int_0^1 y(2-x-y)\mathrm{d}x=\int_0^1 y\left(\frac{3}{2}-y\right)\mathrm{d}y=\frac{5}{12}$$

$$E(Y^2)=\int_{-\infty}^{+\infty}\int_{-\infty}^{+\infty}y^2 f(x,y)\mathrm{d}x\mathrm{d}y$$

$$=\int_0^1\mathrm{d}y\int_0^1 y^2(2-x-y)\mathrm{d}x=\int_0^1 y^2\left(\frac{3}{2}-y\right)\mathrm{d}x=\frac{1}{4}$$

$$E(XY)=\int_{-\infty}^{+\infty}\int_{-\infty}^{+\infty}xyf(x,y)\mathrm{d}x\mathrm{d}y$$

$$=\int_0^1\mathrm{d}x\int_0^1 xy(2-x-y)\mathrm{d}y=\int_0^1 x\left(\frac{2}{3}-\frac{x}{2}\right)\mathrm{d}x=\frac{1}{6}$$

从而

$$D(X)=\frac{1}{4}-\left(\frac{5}{12}\right)^2=\frac{11}{144},D(Y)=\frac{1}{4}-\left(\frac{5}{12}\right)^2=\frac{11}{144}$$

由定义(4.4.1)式可得 X 与 Y 的协方差为

$$\begin{aligned}\mathrm{Cov}(X,Y)&=E(XY)-E(X)\cdot E(Y)\\&=\frac{1}{6}-\frac{5}{12}\cdot\frac{5}{12}=-\frac{1}{144}\end{aligned}$$

X 与 Y 的相关系数为

$$\rho_{XY}=\frac{\mathrm{Cov}(X,Y)}{\sqrt{DX}\ \sqrt{DY}}=\frac{-\frac{1}{144}}{\sqrt{\frac{11}{144}\cdot\frac{11}{144}}}=-\frac{1}{11}$$ ◇

4.3.2 协方差和相关系数的性质

定理 4.3.1(协方差的基本性质) 若随机变量 X 与 Y 的协方差存在,则 $\mathrm{Cov}(X,Y)$ 满足下述基本性质:

(1)对称性

$$\mathrm{Cov}(X,Y)=\mathrm{Cov}(Y,X) \tag{4.3.5}$$

(2)对任意实数 a,b,有

$$\mathrm{Cov}(aX,bY)=ab\mathrm{Cov}(X,Y) \tag{4.3.6}$$

(3)结合律

$$\mathrm{Cov}(X_1+X_2,Y)=\mathrm{Cov}(X_1,Y)+\mathrm{Cov}(X_2,Y) \tag{4.3.7}$$

由定义容易验证上述性质,证明留给读者作为练习.

利用下面的公式可以计算多个随机变量线性组合的方差:

$$D(aX+bY+c)=a^2D(X)+b^2D(Y)+2ab\mathrm{Cov}(X,Y) \tag{4.3.8}$$

以及

$$D\left(\sum_{i=1}^{n}X_i\right)=\sum_{i=1}^{n}D(X_i)+2\sum_{1\leqslant i<j\leqslant n}\mathrm{Cov}(X_i,X_j) \tag{4.3.9}$$

例 4.3.2 设 (X,Y) 为二维随机变量,已知 $D(X)=9,D(Y)=4,\rho_{XY}=-\frac{1}{6}$,求 $D(X-3Y+4)$.

解 由(4.3.8),有

$$\begin{aligned}D(X-3Y+4)&=D(X)+9D(Y)-6\mathrm{Cov}(X,Y)\\&=D(X)+9D(Y)-6\rho_{XY}\sqrt{D(X)D(Y)}\\&=9+36+6=51\end{aligned}$$ ◇

协方差 $\mathrm{Cov}(X,Y)$ 的数值虽然在一定程度上反映了 X 与 Y 相互间的关系,但它还受

X 与 Y 本身数值大小以及度量单位的影响.

事实上，根据协方差的基本性质(2)，有下式成立

$$\mathrm{Cov}(kX, kY) = k^2 \mathrm{Cov}(X, Y) \tag{4.3.10}$$

因此，若设 X，Y 分别表示某商店的营业额和利润，且当度量单位为万元时，$\mathrm{Cov}(X,Y)$ 的数值为 1，则由上式知，当度量单位为元时，其数值变为 10^8. 虽然都是表示营业额与利润之间的关系，但是仅仅由于度量单位的不同而导致协方差在数值上的巨大差异，这是协方差这一概念的一个明显的缺陷，而无量纲的相关系数则克服了这一缺点。下面的关于相关系数的性质更深刻地揭示了这一点。

4.3.3 相关系数的性质

相关系数与协方差在数值上只相差一个倍数，但关键的一点在于，相关系数是无量纲的绝对量，不受所用度量单位的影响，这样它就能更好地反映 X 与 Y 的关系.

称变换 $X^* = \dfrac{X - EX}{\sqrt{DX}}$ 为**随机变量的标准化**. 显然有 $E(X^*) = 0$，$D(X^*) = 1$. 如果 Y^* 是随机变量 Y 的标准化，则有

$$\rho_{XY} = \rho_{X^*Y^*} = \mathrm{Cov}(X^*, Y^*) = E(X^*Y^*) \tag{4.3.11}$$

即将两个随机变量标准化后不改变他们的相关系数值，并且随机变量的相关系数就是随机变量“标准化”后的协方差.

下面的定理给出了相关系数最基本的两条性质.

定理 4.3.2(相关系数的基本性质) 设随机变量 X 与 Y 的相关系数为 ρ_{XY}，则有

(1) $|\rho_{XY}| \leqslant 1$；

(2) $|\rho_{XY}| = 1$ 的充要条件是存在常数 a，b，使得 $P(Y = aX + b) = 1$，且 $\rho_{XY} = 1$ 时 $a > 0$，$\rho_{XY} = -1$ 时 $a < 0$.

证 (1)将随机变量 X 和 Y 标准化，即

$$X^* = \frac{X - E(X)}{\sqrt{D(X)}}, Y^* = \frac{Y - E(Y)}{\sqrt{D(Y)}}$$

则有

$$E(X^*) = E(Y^*) = 0, D(X^*) = D(Y^*) = 1, \rho_{XY} = \rho_{X^*Y^*}$$

因此，有

$$\begin{aligned} D(X^* \pm Y^*) &= D(X^*) + D(Y^*) \pm 2\rho_{X^*Y^*} \sqrt{D(X^*)}\sqrt{D(Y^*)} \\ &= 2(1 \pm \rho_{XY}) \geqslant 0 \end{aligned} \tag{4.3.12}$$

由此可推出 $|\rho_{XY}| \leqslant 1$.

(2)不妨设 $\rho_{XY} = 1$，则由(4.3.12)，有

$$D(X^* - Y^*) = 2(1 - \rho_{XY}) = 0$$

因此，根据方差的性质，有

$$P\{X^* - Y^* = E(X^* - Y^*)\} = P\{X^* - Y^* = 0\} = 1$$

即

$$P\left\{Y = \frac{\sqrt{D(Y)}}{\sqrt{D(X)}}(X - EX) + EY\right\} = 1$$

于是，取

$$a = \frac{\sqrt{D(Y)}}{\sqrt{D(X)}}, b = E(Y) - \frac{\sqrt{D(Y)}}{\sqrt{D(X)}}E(X)$$

就有定理的结论成立. 对于 $\rho_{XY} = -1$ 的情形可类似地证明，此时只需取

$$a = -\frac{\sqrt{D(Y)}}{\sqrt{D(X)}}, b = E(Y) + \frac{\sqrt{D(Y)}}{\sqrt{D(X)}}E(X)$$

即可.

由于随机变量 X,Y 的相关系数 ρ_{XY} 的绝对值的最大值在这两个随机变量互为线性函数时取到，因此相关系数 ρ_{XY} 的大小只是反映了随机变量线性关系强弱的一个度量，因而说得更确切一些，应该把它称为线性相关系数，但习惯上我们还是将其称之为相关系数. 当 $|\rho| = 1$ 时，性质(3)表明 X 与 Y 之间以概率为 1 存在着线性关系，并且 $\rho = 1$ 时是正线性相关，当 $\rho = -1$ 是负线性相关. 当 $|\rho| < 1$ 时，这种线性相关程度就随着 $|\rho|$ 的减小而减弱. 当 $|\rho|$ 小到极端即 $\rho = 0$ 时，X 与 Y 之间就不存在线性关系(如图 4-1 所示).

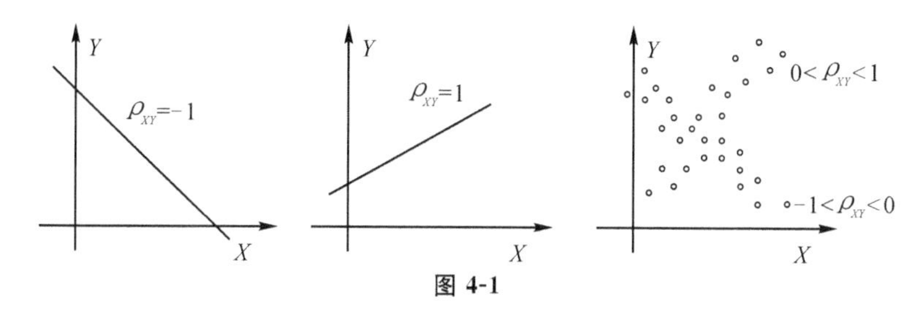

图 4-1

定义 4.3.2　若随机变量 X 与 Y 的相关系数等于 0，则称 X 与 Y 不相关.

根据定义(4.1.1)可知，若随机变量 X,Y 相互独立，则必有 $\mathrm{Cov}(X,Y) = 0$，即由两个随机变量相互独立必能推出这两个随机变量不相关. 但是这个结论反过来却不一定成立. 下面是一个反例.

例 4.3.3　设二维随机变量 (X,Y) 服从区域 $D = \{(x,y): x^2 + y^2 \leqslant 1\}$ 上的均匀分布，则根据第三章例 3.4.2 的结论知，X,Y 不是相互独立的. 下面计算 $\mathrm{Cov}(X,Y)$.

由于 (X,Y) 的概率密度为

$$f(x,y)=\begin{cases}\dfrac{1}{\pi}, & x^2+y^2\leqslant 1\\ 0, & \text{其他}\end{cases}$$

故有

$$E(X)=\int_{-\infty}^{\infty}\int_{-\infty}^{\infty}xf(x,y)\mathrm{d}x\mathrm{d}y=\iint\limits_{x^2+y^2\leqslant 1}\frac{x}{\pi}\mathrm{d}x\mathrm{d}y$$

$$=\frac{1}{\pi}\int_{-1}^{1}\mathrm{d}y\int_{-\sqrt{1-y^2}}^{\sqrt{1-y^2}}x\mathrm{d}x=0$$

由对称性可知,有 $E(Y)=0$. 又

$$E(XY)=\int_{-\infty}^{\infty}\int_{-\infty}^{\infty}xyf(x,y)\mathrm{d}x\mathrm{d}y=\frac{1}{\pi}\iint\limits_{x^2+y^2\leqslant 1}xy\mathrm{d}x\mathrm{d}y$$

$$=\frac{1}{\pi}\int_{-1}^{1}\mathrm{d}y\int_{-\sqrt{1-y^2}}^{\sqrt{1-y^2}}xy\mathrm{d}x=0$$

故有

$$\mathrm{Cov}(X,Y)=E(XY)-E(X)E(Y)=0$$

因此,X 与 Y 不相关,但它们并不一定独立. ◇

例 4.3.4 设随机变量 (X,Y) 服从二维正态分布 $N(\mu_1,\mu_2,\sigma_1^2,\sigma_2^2,\rho)$,求 X 与 Y 的相关系数.

解 由题意知,$X\sim N(\mu_1,\sigma_1^2)$,$Y\sim N(\mu_2,\sigma_2^2)$,所以有

$$E(X)=\mu_1,D(X)=\sigma_1^2,E(Y)=\mu_2,D(Y)=\sigma_2^2$$

又

$$\mathrm{Cov}(X,Y)=\iint\limits_{R^2}(x-\mu_1)(y-\mu_2)f(x,y)\mathrm{d}x\mathrm{d}y$$

$$(\text{令 } u=(x-\mu_1)/\sigma_1,v=(y-\mu_2)/\sigma_2)$$

$$=\sigma_1\sigma_2\iint\limits_{R^2}uvf(\sigma_1u+\mu_1,\sigma_2v+\mu_2)\mathrm{d}x\mathrm{d}y$$

$$=\frac{\sigma_1\sigma_2}{2\pi\sqrt{1-\rho^2}}\int_{-\infty}^{+\infty}\mathrm{d}v\int_{-\infty}^{+\infty}uve^{-\frac{1}{2(1-\rho^2)}(u^2-2\rho uv+v^2)}\mathrm{d}u$$

$$=\frac{\sigma_1\sigma_2}{2\pi\sqrt{1-\rho^2}}\int_{-\infty}^{+\infty}\left\{v\mathrm{e}^{-\frac{v^2}{2}}\int_{-\infty}^{+\infty}u\mathrm{e}^{-\frac{1}{2(1-\rho^2)}(u-\rho v)^2}\mathrm{d}u\right\}\mathrm{d}v$$

$$=\frac{\sigma_1\sigma_2}{\sqrt{2\pi}}\int_{-\infty}^{+\infty}\rho v^2\mathrm{e}^{-\frac{v^2}{2}}\mathrm{d}v=\rho\sigma_1\sigma_2$$

从而 X 与 Y 的相关系数为

$$\rho_{XY}=\frac{\mathrm{Cov}(X,Y)}{\sqrt{DX}\ \sqrt{DY}}=\rho \tag{4.3.13}$$

这样我们就知道了二维正态分布的五个参数的含义. ◇

在第三章已经讲过,若 $(X,Y)\sim N(\mu_1,\mu_2,\sigma_1^2,\sigma_2^2,\rho)$,则 X 与 Y 独立的充分必要条件为 $\rho=0$,故有如下的结论.

定理 4.3.3 若 (X,Y) 服从二维正态分布,则 X 与 Y 独立的充分必要条件为 X 与 Y 不相关.

由协方差和相关系数的定义以及数学期望和方差的性质可得下面的结论.

定理 4.3.4 对于随机变量 X 与 Y,下列命题是等价的:

(1) $\mathrm{Cov}(X,Y)=0$;

(2) X 与 Y 不相关;

(3) $E(XY)=E(X)E(Y)$;

(4) $D(X+Y)=D(X)+D(Y)$.

例 4.3.5 设 X 服从$[-\pi,\pi]$上的均匀分布,$Y=\cos X,Z=\sin X$,求 $\mathrm{Cov}(Y,Z)$.

解 X 的概率密度为

$$f(x)=\begin{cases}\dfrac{1}{2\pi}, & -\pi\leqslant x\leqslant\pi\\ 0, & \text{其他}\end{cases}$$

因此,由随机变量函数的数学期望公式,有

$$E(Y)=E(\cos X)=\int_{-\infty}^{+\infty}\cos x f(x)\mathrm{d}x=\frac{1}{2\pi}\int_{-\pi}^{\pi}\cos x\mathrm{d}x=0$$

$$E(Z)=E(\sin X)=\int_{-\infty}^{+\infty}\sin x f(x)\mathrm{d}x=\frac{1}{2\pi}\int_{-\pi}^{\pi}\sin x\mathrm{d}x=0$$

$$E(YZ)=E(\cos X\sin X)=\int_{-\infty}^{+\infty}\sin x\cos x f(x)\mathrm{d}x=\frac{1}{2\pi}\int_{-\pi}^{\pi}\sin x\cos x\mathrm{d}x=0$$

故有

$$\mathrm{cov}(Y,Z)=E(YZ)-E(Y)E(Z)=0$$ ◇

关于例 4.3.5 的注:正如上面提到的,相关系数为零只是说明了 X 与 Y 不存在线性关系,但这并不意味着就不存在其他的非线性关系,在本例中显然有 $Y^2+Z^2=1$.

4.3.4 协方差矩阵与 n 维正态分布

定义 4.3.3 设 $(X_1,\cdots,X_n)$ 为 n 维随机变量,且 $b_{ij}=\mathrm{cov}(X_i,X_j)(i,j=1,2,\cdots,n)$ 存在,则称矩阵

$$B=\begin{pmatrix} b_{11} & b_{12} & \cdots & b_{1n} \\ b_{21} & b_{22} & \cdots & b_{2n} \\ \cdots & \cdots & \cdots & \cdots \\ b_{n1} & b_{n2} & \cdots & b_{nn} \end{pmatrix}$$

为**协方差矩阵**.

显然,协方差矩阵 B 为对称矩阵.进一步可以证明,B 是一个非负定矩阵,所以若以 $|B|$ 表示 B 的行列式,则有

$$|B| \geqslant 0 \tag{4.3.14}$$

由于 n 维随机向量的分布在很多情形下是不知道的,或是过于复杂而不便使用,这时可使用其协方差矩阵,能在一定程度上解决问题.特别地,协方差矩阵在多维正态分布中起着相当重要的作用.

定义 4.3.4 若 n 维随机变量 $(X_1,\cdots,X_n)$ 的概率密度为

$$f(x_1,x_2,\cdots,x_n)=\frac{1}{(2\pi)^{\frac{n}{2}}|B|^{\frac{1}{2}}}e^{-\frac{1}{2}(X-\mu)^TB^{-1}(X-\mu)} \tag{4.3.15}$$

其中 $X=(x_1,x_2,\cdots,x_n)^T$,$\mu=(\mu_1,\mu_2,\cdots,\mu_n)^T$,$B=(b_{ij})_{n\times n}$ 是对称正定矩阵,则称 $(X_1,\cdots,X_n)$ 服从 n **维正态分布**.记作 $(X_1,\cdots,X_n)\sim N(\mu,B)$.

对于二维正态分布 $(X_1,X_2)\sim N(\mu_1,\mu_2,\sigma_1^2,\sigma_2^2,\rho)$ 的情形,与(4.3.15)相应的各个向量或矩阵为

$$X=\begin{pmatrix} x_1 \\ x_2 \end{pmatrix},\mu=\begin{pmatrix} \mu_1 \\ \mu_2 \end{pmatrix}=\begin{pmatrix} E(X_1) \\ E(X_2) \end{pmatrix}$$

$$B=\begin{pmatrix} \sigma_1^2 & \sigma_1\sigma_2\rho \\ \sigma_1\sigma_2\rho & \sigma_2^2 \end{pmatrix}$$

$$B^{-1}=\frac{1}{|B|}=\begin{pmatrix} \sigma_2^2 & -\sigma_1\sigma_2\rho \\ -\sigma_1\sigma_2\rho & \sigma_1^2 \end{pmatrix}$$

定理 4.3.5 n 维正态随机向量具有下列重要性质:

(1) $\mu_k=EX_k,k=1,2,\cdots,n$;

(2) $B=(b_{ij})_{n\times n}$ 是 $(X_1,\cdots,X_n)$ 的协方差矩阵;

(3) $(X_1,\cdots,X_n)$ 相互独立的充分必要条件是它们两两不相关;

(4) $(X_1,\cdots,X_n)$ 的任意 $k(1\leqslant k\leqslant n)$ 维子向量服从 k 维正态分布;

(5)若 $(X_1,\cdots,X_n)$ 服从 n 维正态分布,$C=(c_{ij})_{m\times n}$ 是一个秩为 m 的 m 行 n 列的矩阵,作如下线性变换

$$(Y_1,\cdots,Y_m)=(X_1,\cdots,X_n)C^T$$

则 $Y=(Y_1,\cdots,Y_m)$ 服从 m 维正态分布.这一性质称为**正态变量的线性变换不变性**.

(6)设 $(X_1,\cdots,X_n)$ 是任意 n 维随机变量,则它服从 n 维正态分布 $N(\mu,B)$ 的充分必要条件是它的任意一个线性组合都服从一维正态分布,即对任意一组实数 $k_1,\cdots,k_n$,有

$$Y=\sum\nolimits_{i=1}^{n}k_iX_i\sim N\Big(\sum_{i=1}^{n}k_i\mu_i,\sum_{i,j=1}^{n}k_ik_jb_{ij}\Big)$$

以上性质的证明从略.作为性质(5)在二维正态分布场合的应用,特别给出以下的定理.

定理 4.3.6 设 $(X,Y)\sim N(\mu_1,\mu_2,\sigma_1^2,\sigma_2^2,\rho)$,$U=aX+bY,V=cX+dY$,则当 $ad-cb\neq 0$ 时,(U,V) 服从二维正态分布.

根据定理 4.3.6,如果 (X,Y) 服从二维正态分布且 X 与 Y 具有相同的边缘分布,$U=X+Y,V=X-Y$,则 (U,V) 服从二维正态分布,并且由

$$E(V)=E(X)-E(Y)=0,E(UV)=E(X^2)-E(Y^2)=0$$

得

$$\mathrm{Cov}(U,V)=E(UV)-E(U)E(V)=0$$

即 U 与 V 不相关,于是,由定理 3.4.2 知,U 与 V 相互独立。

练习题

§4.3 练习题解答

(1)填空题

(a)设随机变量 X 与 Y 的相关系数为 0.9,若 $Z=X-0.4$,则 Y 与 Z 的相关系数为________

(b)设 X 与 Y 分别为在 n 重伯努利试验中失败和成功的次数,则它们的相关系数 $\rho_{XY}=$________.

(2)选择题

(a)设随机变量 $X\sim N(0,1),Y\sim N(1,4)$,且相关系数 $\rho_{XY}=1$,则 ( )

(A) $P\{Y=-2X-1\}=1$　　(B) $P\{Y=2X-1\}=1$

(C) $P\{Y=-2X+1\}=1$　　(D) $P\{Y=2X+1\}=1$

(b)已知随机变量 X 与 Y 有相同的不为零的方差,则 X 与 Y 相关系数 $\rho=1$ 的充分必要条件是 ( )

(A) $\mathrm{Cov}(X+Y,X)=0$

(B) $\mathrm{Cov}(X+Y,Y)=0$

(C) $\mathrm{Cov}(X+Y,X-Y)=0$

(D) $\mathrm{Cov}(X-Y,X)=0$

(c) 已知随机变量 X_1,X_2,X_3 的方差存在且不为零,则下列命题不正确的是 ( )

(A)若 X_1 与 X_2 不相关,则 $D(X_1+X_2)=D(X_1)+D(X_2)$;

(B)若 $D(X_1+X_2)=D(X_1)+D(X_2)$,则 X_1 与 X_2 不相关;

(C)若 X_1,X_2,X_3 两两不相关,则 $D(X_1+X_2+X_3)=D(X_1)+D(X_2)+D(X_3)$;
(D)若 $D(X_1+X_2+X_3)=D(X_1)+D(X_2)+D(X_3)$,则 X_1,X_2,X_3 两两不相关.

§4.4 其他数字特征

数学期望、方差和协方差是随机变量最常用的几个数学特征.下面简单介绍随机变量的其他数学特征.

4.4.1 矩

定义 4.4.1 设 X 为随机变量,k 是正整数.如果 X^k 的数学期望存在,则称 $E(X^k)$ 为随机变量 X 的 k 阶**原点矩**,记作 μ_k.如果 $[X-E(X)]^k$ 的数学期望存在,则称 $E(X-EX)^k$ 为随机变量 X 的 k 阶**中心矩**,记作 v_k,即

$$\nu_k=E[X-E(X)]^k \tag{4.4.1}$$

显然,一阶原点矩是随机变量的数学期望,二阶中心矩是随机变量的方差.由于 $|X|^{k-1}\leqslant 1+|X|^k$,所以 k 阶矩存在时,$k-1$ 阶矩也存在,从而低于 k 的各阶矩都存在.

例 4.4.1 设 $X\sim N(\mu,\sigma^2)$,试求其 k 阶中心矩 c_k.

解 由定义,有

$$\begin{aligned}c_k&=E[(X-E(X))^k]\\&=\frac{1}{\sqrt{2\pi}\sigma}\int_{-\infty}^{+\infty}(x-\mu)^k\mathrm{e}^{-\frac{(x-\mu)^2}{2\sigma^2}}\mathrm{d}x\qquad 令\ u=\frac{x-\mu}{\sigma}\\&=\frac{\sigma^k}{\sqrt{2\pi}}\int_{-\infty}^{+\infty}u^k\mathrm{e}^{-\frac{u^2}{2}}\mathrm{d}u\end{aligned}$$

当 k 为奇数时,上述被积函数为奇函数,故 $c_k=0,k=1,3,5,\cdots$.当 k 为偶数时,上述被积函数时偶函数,再利用变换 $z=u^2/2$,可得当 $k=2,4,6,\cdots$ 时,有

$$\begin{aligned}c_k&=\frac{\sigma^k}{\sqrt{2\pi}}\int_{-\infty}^{+\infty}u^k\mathrm{e}^{-\frac{u^2}{2}}\mathrm{d}u\\&=\sqrt{\frac{2}{\pi}}\sigma^k2^{\frac{k-1}{2}}\Gamma\left(\frac{k+1}{2}\right)\\&=\sigma^k(k-1)(k-3)\cdots1\end{aligned}$$

◇

4.4.2 分位数和中位数

定义 4.4.2 设随机变量 X 的分布函数为 $F(x)$,对给定实数 $\alpha\in(0,1)$,若存在数 x_α,使得

$$P\{X\leqslant x_\alpha\}=F(x_\alpha)=\alpha \tag{4.4.2}$$

则称 x_α 为随机变量 X 的**下侧 α 分位数**或**下 α 分位数**. 若存在数 y_α，使得

$$P\{X \geqslant y_\alpha\} = \alpha \tag{4.4.3}$$

则称 y_α 为随机变量 X 的**上侧 α 分位数**或**上 α 分位数**. 在本教材的数理统计部分将采用上侧分位数. $\alpha = 0.5$ 时分位数称作**中位数**.

从定义易知，下分位数和上分位数之间的关系是

$$x_p = y_{1-p}, y_p = x_{1-p}$$

中位数和数学期望一样也是随机变量位置的特征数，但在某些场合使用中位数可能比使用数学期望更合理，例如在一个贫富差距很大的国家，平均收入可能掩盖贫富差距很大现实，而中位数一般不会发生这种情况.

4.4.3 变异系数

方差反映了随机变量取值的波动程度，但是方差的大小依赖于随机变量取值的量纲. 为消除量纲的影响，引入变异系数的概念，其具体定义为：

定义 4.4.3 随机变量 X 的方差存在，则称 $\sqrt{D(X)}/E(X)$ 为随机变量 X 的**变异系数**，记作 $\mathrm{Cv}(X)$，即

$$\mathrm{Cv}(X) = \frac{\sqrt{D(X)}}{E(X)} \tag{4.4.4}$$

4.4.4 偏度系数和峰度系数

定义 4.4.4 若随机变量 X 的三阶矩存在，则称

$$\beta_1 = \frac{E[X - E(X)]^3}{(D(X))^{3/2}} \tag{4.4.5}$$

为随机变量 X 的**偏度系数**. 若随机变量 X 的四阶矩存在，则称

$$\beta_2 = \frac{E[X - E(X)]^4}{(D(X))^2} - 3 \tag{4.4.6}$$

为随机变量 X 的**峰度系数**.

由定义，偏度系数 β_1 和峰度系数 β_2 都是无量纲的. 对于正态分布而言，由例 4.4.1 的结果可知，有 $\beta_1 = \beta_2 = 0$. 对于一般的分布，可以通过与正态分布的比较来理解这两个概念的直观含义.

若 $\beta_1 = 0$，即偏度系数等于零，则分布是对称的；若 $\beta_1 \neq 0$，即偏度系数不为零，则分布是不对称的；当 $\beta_1 > 0$ 时，分布是右偏的，即随机变量 X 落在其均值 $E(X)$ 右边的可能性要更大一些；当 $\beta_1 < 0$ 时，分布是左偏的.

若 $\beta_2 > 0$，即峰度系数大于零，则概率密度趋向于 0 的速度要比正态分布的密度要慢，即从直观上看，它的尾部要比正态分布的尾部粗；若 $\beta_2 < 0$，即峰度系数小于零，则概

率密度的尾部要比正态分布的尾部细;若峰度系数等于零,则概率密度的尾部和正态分布的尾部相当.

偏度系数和峰度系数都是随机变量分布的形状特征数,偏度系数刻画的是分布的对称性,而峰度系数刻画的是分布的陡峭性.

§4.5 母函数

4.5.1 母函数的定义

在随机变量的研究中,那些只取非负整数值 1,2,…的离散型随机变量占有重要的地位. 事实上,前面所提到的离散型分布如二项分布、几何分布、超几何分布、泊松分布等都是取非负整数值的.

称取非负整数值的随机变量为**整值随机变量**. 对于整值随机变量,有一种处理方法很便于应用,这就是母函数法.

定义 4.5.1 若随机变量 X 取非负整数值,且相应的分布律为

$$\begin{pmatrix} 0, & 1, & 2, & \cdots \\ p_0, & p_1, & p_2, & \cdots \end{pmatrix}$$

则

$$P(s)=\sum_{k=0}^{\infty} p_k s^k$$

称为 X 的**母函数**,即

$$P(s)=E(s^X)$$

因为母函数由概率分布完全决定,因此亦称它为该概率分布的母函数. 由于

$$\sum_{k=0}^{\infty} p_k=1$$

由幂级数的收敛性可知 $P(s)$ 至少在$[-1,1]$上一致收敛且绝对收敛. 因此母函数对任何整值随机变量都存在. 对于任一数列 $\{a_n\}$, 也可定义 $\sum_{n=0}^{\infty} a_n s^n$ 为其母函数,这里我们只讨论概率分布对应的母函数.

下面给出常见分布的母函数.

例 4.5.1 求二项分布的母函数

解
$$P(s)=\sum_{k=1}^{n}\binom{n}{k} p^k q^{n-k} s^k=(q+ps)^n$$
◇

例 4.5.2 求超几何分布的母函数

解 $$P(s)=\sum_{k=1}^{n}\frac{\binom{N}{k}\binom{N-M}{n-k}}{\binom{N}{n}}s^{k}$$ ◇

这是**超几何级数**,它是一种特殊函数,处理起来不大方便,在概率论中也很少用,由于超几何分布的名称来自于它,因此我们顺便提及.

例 4.5.3 求泊松分布的母函数

解 $$P(s)=\sum_{k=1}^{\infty}\frac{\lambda^{k}}{k!}e^{-\lambda}s^{k}=e^{-\lambda}\cdot e^{\lambda s}=e^{\lambda(s-1)}$$ ◇

例 4.5.4 求几何分布的母函数

解 $$P(s)=\sum_{k=1}^{\infty}q^{k-1}ps^{k}=ps\sum_{k=1}^{\infty}(qs)^{k-1}=\frac{ps}{1-qs}$$ ◇

4.5.2 母函数的性质与数字特征

定理 4.5.1(唯一性) 整值随机变量的概率分布与母函数一一对应.

证 由母函数的定义 4.5.1,显然随机变量的分布律唯一确定母函数;下面证明,由母函数也能唯一确定随机变量的分布律.

设整值随机变量的分布律 $\{p_k\}$ 及 $\{q_k\}$ 分别具有母函数 $P(s)$ 及 $Q(s)$,且 $P(s)=Q(s)$,因为 $P(s)$ 及 $Q(s)$ 都是幂级数,且当 $|s|\leqslant 1$ 时收敛,对 $P(s)$ 及 $Q(s)$ 求导 k 次,并令 $s=0$,则得

$$k!p_k=P^{(k)}(0)=Q^{(k)}(0)=k!q_k$$

因此 $p_k=q_k,k=0,1,2,\cdots$,即两个分布律一样. ◇

由于唯一性,可以将概率分布的许多研究化为对应的母函数的研究,因为母函数是幂级数,具有许多良好的性质,便于处理,所以母函数是研究整值随机变量的有效工具。

定理 4.5.2 若整值随机变量 X 的数学期望和方差存在,则其数字特征用母函数表示如下:

$$E(X)=P'(1),D(X)=P''(1)+p'(1)-[P'(1)]^{2}$$

证 由

$$P(s)=\sum_{k=0}^{\infty}p_k s^{k}$$

对上式两边分别求一阶、二阶导,可得

$$P'(s)=\sum_{k=1}^{\infty}kp_k s^{k-1},P''(s)=\sum_{k=1}^{\infty}k(k-1)p_k s^{k-2}$$

显然,以上两个级数至少在 $|s|<1$ 是收敛的.

当数学期望 $\sum\limits_{k=1}^{\infty}kp_k$ 存在时,

$$P'(1)=\sum_{k=1}^{\infty}kp_k=E(X)$$

当数学期望 $\sum\limits_{k=1}^{\infty}kp_k=\infty$ 时,则 $\lim\limits_{s\to1}P'(s)=\infty$.

同样,当方差 $D(X)$ 存在时,

$$E[X(X-1)]=\sum_{k=2}^{\infty}k(k-1)p_k=P''(1)$$

故

$$D(X)=E(X^2)-(E(X))^2=P''(1)+P'(1)-[P'(1)]^2$$ ◇

例 4.5.5 二项分布的母函数为 $P(s)=(q+ps)^n$,求数学期望和方差.

解 由定理 4.5.1 可得

$$E(X)=P'(1)=n(q+ps)^{n-1}p\,|_{s=1}=np$$

$$P''(1)=n(n-1)(q+ps)^{n-2}p^2\,|_{s=1}=n(n-1)p^2$$

$$D(X)=n^2p^2-np^2+np-n^2p^2=npq$$ ◇

例 4.5.6 泊松分布的母函数为 $P(s)=e^{\lambda(s-1)}$,求数学期望和方差.

解

$$E(X)=P'(1)=e^{\lambda(s-1)}\cdot\lambda\Big|_{s=1}=\lambda$$

$$P''(1)=e^{\lambda(s-1)}\cdot\lambda^2\Big|_{s=1}=\lambda^2$$

$$D(X)=\lambda^2+\lambda-\lambda^2=\lambda$$ ◇

4.5.3 独立随机变量和的母函数

定理 4.5.3 两个独立随机变量之和的母函数是这两个随机变量的母函数的乘积.

证 设整值随机变量 X 与 Y 相互独立,概率分布律分别为 $\{a_k\}$ 及 $\{b_k\}$,而相应的母函数为 $A(s)$ 及 $B(s)$,下面先求随机变量 $Z=X+Y$ 的概率分布律.显然 Z 也是整值随机变量,若记 $c_r=P\{Z=r\}$,则由离散卷积公式,有

$$c_r=a_0b_r+a_1b_{r-1}+\cdots+a_rb_0$$

记

$$C(s)=\sum_{r=0}^{\infty}c_rs^r$$

再由母函数在 $|s|\leqslant1$ 上的一致收敛性及绝对收敛性,有

$$A(s)B(s)=\sum_{k=o}^{\infty}a_k s^k\sum_{l=o}^{\infty}b_l s^l=\sum_{k,l}a_k b_l s^{k+l}$$
$$=\sum_{r=o}^{\infty}\left(\sum_{k=0}^{r}a_k b_{r-k}\right)s^r=\sum_{r=0}^{\infty}c_r s^r$$

因此

$$C(s)=A(s)B(s)$$ ◇

注:将上面结果推广到 n 个独立随机变量之和的场合,若随机变量 $X_1,X_2,\cdots,X_n$ 相互独立,它们的母函数分别为 $P_1(s),P_2(s),\cdots,P_n(s)$,则 $Y=X_1+X_2+\cdots+X_n$ 的母函数为

$$P(s)=P_1(s)P_2(s)\cdots P_n(s)$$

特别当 X_i 有相同概率分布律时,则 $P_i(s)=P_1(s)$,这时

$$P(s)=[P_1(s)]^n \tag{4.5.1}$$

例 4.5.7 求二项分布的母函数.

解 在成功概率为 p 的 n 次伯努利试验中,若令

$$X_i=\begin{cases}1, & \text{在第 } i \text{ 次试验中 } A \text{ 出现}\\0, & \text{在第 } i \text{ 次试验中 } A \text{ 不出现}\end{cases}$$

则 $X_1,X_2,\cdots,X_n$ 相互独立,而且 $Y=X_1+X_2+\cdots+X_n$ 服从二项分布,X_i 的母函数为 $(q+ps)$,有(4.5.1),Y 的母函数为

$$P(s)=(q+ps)^n$$ ◇

这与例 4.5.1 的计算结果相同.

例 4.5.8 从装有号码 1,2,3,4,5,6 的小球的袋中有放回地取 5 个小球,求所得号码数和为 15 的概率.

解 若以 X_i 记第 i 次摸得的数字,则总和 $Y=X_1+X_2+\cdots+X_n$,X_i 的母函数为

$$P_i(s)=\frac{1}{6}(s+s^2+s^3+s^4+s^5+s^6)$$

显然 $X_1,X_2,\cdots,X_n$ 是相互独立的,因此 Y 的母函数为

$$P(s)=\frac{1}{6^5}(s+s^2+s^3+s^4+s^5+s^6)^5$$

所求的概率 $P\{Y=15\}$ 是 $P(s)$ 展开式中 s^{15} 项的系数. 由于

$$P(s)=\frac{s^5}{6^5}(1+s+\cdots+s^5)^5=\frac{s^5}{6^5}\left(\frac{1-s^6}{1-s}\right)^5$$
$$=\frac{s^5}{6^5}(1-s^6)^5(1-s)^{-5}$$
$$=\frac{s^5}{6^5}(1-5s^6+10s^{12}+\cdots-s^{30})\left[\sum_{k=0}^{\infty}\binom{-5}{k}(-s)^k\right]$$

$$= \frac{s^5}{6^5}(1 - 5s^6 + 10s^{12} + \cdots - s^{30})\left[\sum_{k=0}^{\infty}(-1)^k\binom{5+k-1}{k}(-1)^k s^k\right]$$

$$= \frac{s^5}{6^5}(1 - 5s^6 + 10s^{12} + \cdots - s^{30})\left[\sum_{k=0}^{\infty}\binom{k+4}{k}s^k\right]$$

故

$$P\{Y = 15\} = \frac{1}{6^5}\left[1 \times \binom{14}{10} - 5 \times \binom{8}{4}\right] = \frac{651}{6^5}$$ ◇

4.5.4 随机个随机变量之和的母函数

定理 4.5.4 随机个相互独立相同分布的随机变量之和的母函数是原来两个母函数的复合.

证 若 $X_1, X_2, \cdots, X_n, \cdots$ 是一串相互独立具有相同概率分布的整值随机变量，$P\{X_i = j\} = f_j$，其母函数为

$$F(s) = \sum_{j=0}^{\infty} f_j s^j$$

随机变量 v 是取正整数值的，且 $P\{v = n\} = g_n$，其母函数为

$$G(s) = \sum_{n=1}^{\infty} g_n s^n$$

若 $\{X_n\}$ 与 v 独立，考虑和 $Y = X_1 + X_2 + \cdots + X_v$，记

$$P\{Y = i\} = h_i$$

则 Y 的母函数为

$$H(s) = \sum_{i=0}^{\infty} h_i s^i$$

利用全概率公式及 $\{X_n\}$ 与 v 的独立性

$$h_i = P\{Y = i\} = \sum_{n=1}^{\infty} P\{v = n\} P\{Y = i \mid v = n\}$$

$$= \sum_{n=1}^{\infty} P\{v = n\} P\{X_1 + X_2 + \cdots + X_n = i \mid v = n\}$$

$$= \sum_{n=1}^{\infty} P\{v = n\} P\{X_1 + X_2 + \cdots + X_n = i\}$$

由于 $X_1 + X_2 + \cdots + X_n$ 为 n 个相互独立相同分布的随机变量之和，故其母函数

$$\sum_{i=0}^{\infty} P\{X_1 + X_2 + \cdots + X_n = i\} s^i = [F(s)]^n$$

因此

$$H(s)=\sum_{i=o}^{\infty}h_i s^i=\sum_{n=1}^{\infty}P\{v=n\}\sum_{i=o}^{\infty}P\{X_1+X_2+\cdots+X_n=i\}s^i$$
$$=\sum_{n=1}^{\infty}g_n[F(s)]^n=G[F(s)]$$
◇

由定理 4.5.4 可得下面结论,这个结论在以后的学习中应用非常广泛.

定理 4.5.5　在定理 4.5.4 的假设下,有

$$E(Y)=E(v)\cdot E(X_i)$$

证　由定理 4.5.4 可得

$$H(s)=G[F(s)]$$

则

$$H'(s)=G'[F(s)]\cdot F'(s)$$

当 $E(X_i)$ 及 $E(v)$ 存在时,在上式中令 $s=1$,可得

$$E(Y)=E(v)\cdot E(X_i)$$

从而定理 4.5.5 得证. ◇

在上述讨论中,若 v 服从参数为 λ 的泊松分布,则

$$G(s)=\mathrm{e}^{\lambda(s-1)}$$

因此 $Y=X_1+X_2+\cdots+X_v$ 的母函数为

$$H(s)=\mathrm{e}^{\lambda[F(s)-1]} \tag{4.5.2}$$

以(4.5.2)为母函数的概率分布称为**复合泊松分布**.
特别当 $F(s)=q+ps$ 时,

$$H(s)=\mathrm{e}^{\lambda p(s-1)}$$

由定理 4.5.5 可得

$$E(Y)=E(v)\cdot E(X_i)=\lambda p$$

例 4.5.9　观察资料表明,天空中星体服从泊松分布,其参数为 λV,这里 V 是被观察区域的体积.若每个星球上有生命存在的概率为 p,则在体积为 V 的宇宙空间中有生命存在的星球服从参数为 λpV 的泊松分布.

练习题

§4.5　练习题解答

(1)填空题

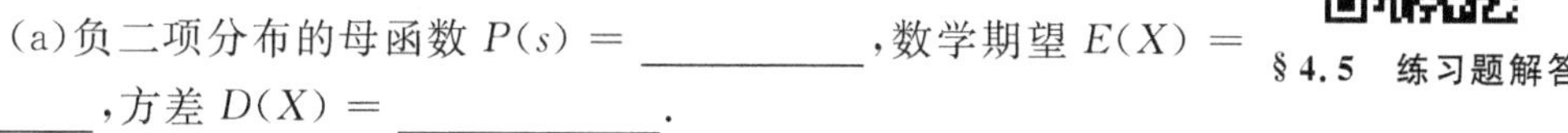

(a)负二项分布的母函数 $P(s)=$ ________,数学期望 $E(X)=$ ________,方差 $D(X)=$ ________.

(b)设 X 是一个母函数为 $P(s)$ 的随机变量,$P\{X>n\}$ 的母函数为________,$P\{X=2n\}$ 的母函数为________.

拓展阅读

严加安,概率论与随机分析专家,中国科学院院士,中国科学院应用数学研究所研究员。主要从事随机分析和金融数学研究,建立了局部鞅分解引理,为研究随机积分提供了简单途径给出了一类可积随机变量凸集的刻画,该结果在金融数学中有重要应用;用统一简单方法,获得了指数鞅一致可积性准则,提出了白噪声分析中的新框架。

严加安人物介绍

习题四

1.设随机变量 X 的分布律为

X	-1	0	2
P	0.3	0.5	0.2

试求 $E(X)$ 和 $E(2X^2+1)$.

2.掷一颗均匀骰子两次，X 为出现的最小点数，求 $E(Y)$.

3.一批产品共 10 件，其中 7 件正品，3 件次品.每次从这批产品中任意取一件，取后不放回，用随机变量 X 表示首次取得正品时抽取的次数，求 X 的数学期望.

4.某产品的次品率为 0.1，每次随机抽取 10 件产品进行检验，如发现其中的次品数大于 1，就去调整设备.若检验员每天检验 4 次，以 X 表示一天中调整设备的次数，试求 $E(X)$.

5.设随机变量 X 的密度函数为

$$f(x)=\begin{cases}2x, & 0<x<1\\ 0, & \text{其他}\end{cases}$$

以 Y 表示对 X 的三次独立重复观察中事件 $\{X\leqslant 0.5\}$ 出现的次数，试求 $E(Y)$.

6.假设一部机器在一天内发生故障的概率为 0.2，机器发生故障时全天停止工作.若一周 5 个工作日里无故障，可获利润 10 万元；发生一次故障仍可获利润 5 万元；发生二次故障所获利润 0 元；发生三次或三次以上故障就要亏损 2 万元.求一周内的平均利润是多少？

7.已知随机变量 X 的分布函数 $F(x)$ 在 $x=1$ 处连续且 $F(1)=1/4$，若

$$Y=\begin{cases}1, & X>1\\ 2, & X=1\\ 3, & X<1\end{cases}$$

求 $E(Y)$.

8.设随机变量 X 的密度函数为

$$f(x)=\begin{cases}x\mathrm{e}^{-x}, & x>0\\ 0, & x\leqslant 0\end{cases}$$

试求 $E(X)$ 和 $E(\mathrm{e}^{-X})$.

9.设随机变量 X 的概率密度为

$$f(x)=\begin{cases}\dfrac{1}{2}\cos x, & |x|<\dfrac{\pi}{2}\\ 0, & \text{其他}\end{cases}$$

试求 $E(X)$ 和 $E(X^2)$.

10. 设随机变量 $X \sim U(0,1)$，试求 $E(-2\ln X)$.

11. 游客乘电梯从底层到电视塔顶层观光，电梯于每个整点的第 5 分钟、25 分钟和 55 分钟从底层起行. 假设有一游客在早上八点的第 X 分钟到达底层等候电梯，且 $X \sim U(0,60)$，求该游客等候时间的数学期望.

12. 从数字 $0,1,\cdots,n$ 中无放回取出两个数，求这两个数差的绝对值的数学期望.

13. 已知二维随机变量 (X,Y) 的联合分布律为

Y \ X	-1	0	1
0	$\frac{3}{8}$	$\frac{1}{8}$	$\frac{3}{16}$
1	$\frac{1}{8}$	$\frac{1}{16}$	$\frac{1}{8}$

试求 $E(X)$ 和 $E(XY)$.

14. 假设二维随机变量 (X,Y) 的概率密度为

$$f(x,y)=\begin{cases}15xy^2, & 0 \leqslant y \leqslant x \leqslant 1\\ 0, & \text{其他}\end{cases}$$

求 $E(XY)$, $E(X^2+Y^2)$.

15. 假设二维随机变量 (X,Y) 的概率密度为

$$f(x,y)=\begin{cases}1, & |y|<x,0<x<1\\ 0, & \text{其他}\end{cases}$$

求 $E(X+Y)$, $E(XY^2)$.

16. 在区间[0,1]上随机取二点，分别记为 X,Y，试求 $E(X^2/\sqrt{Y})$.

17. 设随机变量 X,Y 独立同分布，均服从 $U(0,1)$，求 $Z=\max\{X,Y\}$ 的数学期望.

18. 设电力公司每月可以供应某工厂的电力 $X \sim U(10,30)$（单位：10^4 KW），而该厂每月实际需要的电力 $Y \sim U(10,20)$（单位：10^4 KW）. 如果该厂能从电力公司得到足够电力，则每 10^4 KW 电可以产生 30 万元的利润；若该厂不能从电力公司得到足够电力，则不足部分由工厂通过其他途经解决，由其他途经得到的电力每 10^4 KW 电只能产生 10 万元的利润. 求该厂每个月的平均利润.

19. 设在 N 个产品，有 M 个正品，$N-M$ 个次品. 从中无放回取出 n 个产品，记其中含有的正品数为 X，求 X 的数学期望.

20. 设随机变量 X 所有可能的取值为非负的整数，试证 $E(X)=\sum\limits_{k=1}^{\infty}P\{X \geqslant k\}$.

21. 一台设备由三大部件构成，在设备运转中各部件需要调整的概率相应为 0.10, 0.20 和 0.30. 假设各部件的状态相互独立，以 X 表示同时需要调整的部件数，试求 X 的数学期望 $E(X)$ 和方差 $D(X)$.

22. 一辆汽车沿一街道行驶，需要通过三个均设有红绿信号灯的路口. 假设每个信号灯为红或绿与其他信号灯为红或绿相互独立，且红绿两种信号显示的时间相等，以 X 表示该汽车首次遇到红灯前已通过的路口的个数，求 $D(X)$.

23. 流水生产线上每个产品不合格的概率为 $p(0 < p < 1)$，各产品合格与否相互独立，当出现 k 个不合格产品时即停机检修. 设开机后第一次停机时已生产了的产品个数为 X，求 X 的数学期望 $E(X)$ 和方差 $D(X)$.

24. 设随机变量 X 满足 $E(X) = D(X) = a$，已知 $E(X-1)(X-2) = 1$，求 a.

25. 设随机变量 X 的概率密度为

$$f(x) = \begin{cases} \frac{3}{8}x^2, & 0 < x < 2 \\ 0, & \text{其他} \end{cases}$$

试求 $D(X)$.

26. 设随机变量 X 的密度函数为

$$f(x) = \begin{cases} a + bx^2, & 0 < x < 1 \\ 0, & \text{其他} \end{cases}$$

且 $E(X) = \frac{3}{5}$. 试求(1)常数 a, b; (2) $D(X)$.

27. 设随机变量 $X \sim U(-1,1)$，试求随机变量 $Y = \sin X$ 和 $Z = |X|$ 的方差.

28. 设随机变量 X, Y 独立同分布，其共同的密度函数为

$$f(x) = \begin{cases} 2x, & 0 < x < 1 \\ 0, & \text{其他} \end{cases}$$

试求 $Z = \max\{X, Y\}$ 的密度函数、数学期望和方差.

29. 已知随机变量 $X \sim N(-3,1)$，$Y \sim N(2,1)$，且 X, Y 相互独立. 设随机变量 $Z = X - 2Y + 7$，求 $D(Z)$.

30. 设两个随机变量 X, Y 相互独立，且都服从均值为 0、方差为 0.5 的正态分布，求随机变量 $|X - Y|$ 的方差.

31. 设随机变量 X 的方差为 1，试根据切比雪夫不等式估计概率 $P\{|X - E(X)| \geqslant 2\}$.

32. 设随机变量 X 和 Y 的数学期望分别为 -1 和 1，方差分别为 1 和 4，而相关系数为 -0.5，试根据切比雪夫不等式估计概率 $P\{|X + Y| \geqslant 5\}$.

33. 二维随机变量 (X, Y) 的分布律见第 14 题，求 X 和 Y 的协方差 $\mathrm{Cov}(X, Y)$ 与相

关系数 ρ_{XY}.

34.设随机变量 (X,Y) 的密度函数为

$$f(x,y)=\begin{cases}8xy, & 0\leqslant x\leqslant y\leqslant 1\\ 0, & \text{其他}\end{cases}$$

试求 X 和 Y 的协方差 $\mathrm{Cov}(X,Y)$ 与相关系数 ρ_{XY}.

35.设随机变量 (X,Y) 的密度函数为

$$f(x,y)=\begin{cases}x\mathrm{e}^{-x-y}, & x>0,y>0\\ 0, & \text{其他}\end{cases}$$

试求 X 和 Y 的协方 $\mathrm{Cov}(X,Y)$ 与相关系数 ρ_{XY}.

36.设随机变量 X,Y 独立同服从 $U(0,1)$,求随机变量 $U=X+2Y$ 和 $V=2X-Y$ 的相关系数.

37.设随机变量 X,Y 的方差都是 2,相关系数为 0.25,求随机变量 $U=2X+Y$ 和 $V=2X-Y$ 的相关系数.

38.设 X,Y 是两个随机变量,已知 $D(X)=4,D(Y)=9,\rho_{XY}=0.2$,试求 $D(2X+Y)$ 和 $D(2X-Y)$.

39.设随机变量 X 的概率密度为

$$f(x)=\frac{1}{2}\mathrm{e}^{-|x|},-\infty<x<+\infty$$

(1)求 X 的数学期望 $E(X)$ 和方差 $D(X)$;

(2)求 X 与 $|X|$ 的协方差,并问 X 与 $|X|$ 是否不相关?

(3)问 X 与 $|X|$ 是否相互独立?为什么?

40.设随机变量 (X,Y) 服从区域 $D=\{0<x<1,|y|<x\}$ 上均匀分布,求随机变量 $Z=2X+Y$ 的方差 $D(Z)$.

41.设 (X,Y) 的联合密度函数为:

$$f(x,y)=\begin{cases}\frac{1}{3}(x+y), & 0\leqslant x\leqslant 1,0\leqslant y\leqslant 2\\ 0, & \text{其他}\end{cases}$$

求 $D(2X-3Y+8)$.

42.设 A,B 是二随机事件;随机变量

$$X=\begin{cases}1, & \text{若}A\text{出现}\\ -1, & \text{若}A\text{不出现}\end{cases},\ Y=\begin{cases}1, & \text{若}B\text{出现}\\ -1, & \text{若}B\text{不出现}\end{cases}$$

试证明随机变量 X 和 Y 不相关的充分必要条件是 A 与 B 相互独立.

43.设二维连续随机变量 (X,Y) 的联合密度函数为

$$f(x,y)=\begin{cases}24(1-x)y, & 0<y<x<1\\ 0, & \text{其他}\end{cases}$$

试在 $0 < y < 1$ 时,求 $E(X \mid Y = y)$.

44. 设 $X_1, X_2, \cdots$ 为独立同分布的随机变量序列,且方差存在. 随机变量 N 只取正整数值,$D(N)$ 存在,且 N 与 $\{X_n\}$ 独立. 试证明

$$D(\sum_{i=1}^{N} X_i) = D(N)[E(X_1)]^2 + E(N)D(X_1).$$

45. 在伯努利试验中,若实验次数 X 是随机变量,试证成功的次数与失败的次数这两个随机变量独立的充要条件是 X 服从泊松分布.

46. 设 $\{X_i\}$ 是一串独立同分布的整值随机变量序列,v 是取正整数值的随机变量,且与 $\{X_i\}$ 相互独立,记 $Y = X_1 + X_2 + \cdots + X_v$,试用(1)母函数法;(2)直接计算证明

$$E(Y) = E(v) \cdot E(X_1), D(Y) = Ev \cdot D(X_1) + D(v) \cdot (EX_1)^2$$

47. 某公交汽车站在 $[0,t]$ 中来到的乘客批数 v 服从参数 λt 的泊松分布,而每批来到的乘客数 X_i 是随机变量,来 n 个乘客的概率为 $p_n, n = 0,1,2,\cdots$,试求 $[0,t]$ 中来到乘客数 Y 的母函数及数学期望.

习题四解答

第五章 大数定律与中心极限定理

§5.1 大数定律

在第一章我们曾指出,一个事件 A 发生的频率具有稳定性,即当试验的次数 n 增大时,频率将稳定于某一个常数(即 A 的概率 $P(A)$).例如,掷一枚均匀硬币,随着投掷次数的增加,我们发现出现正面的频率会稳定于 1/2.又如,在进行精密测量时,设被测物长度的真值为 μ,现对其进行了 n 次重复测量,测得的数值分别为 $X_1,X_2,\cdots,X_n$.由于随机因素的干扰,$X_1,X_2,\cdots,X_n$ 可视为 n 个独立同分布的随机变量(设 $E(X_k)=\mu,D(X_k)=\sigma^2,k=1,2,\cdots,n$).虽然算术平均值 $\overline{X}=\dfrac{1}{n}\sum\limits_{i=1}^{n}X_i$ 与每一次的测量值 X_k 均为随机变量,数学期望均为 μ,但是算术平均值的方差 $D(\overline{X})=\sigma^2/n$ 却只有原来方差 σ^2 的 $1/n$,因此当 n 充分大时,$\overline{X}$ 的方差会很接近于 0,因而根据方差的性质,$\overline{X}$ 的数值会稳定于它的数学期望 μ.这就是所谓的大量试验中平均结果的稳定性.

这里所谓的"稳定性",只是一种直观的描述而已,与微积分中的极限并不是同一个概念.例如,当我们说事件 A 的频率 $f_n(A)$ 稳定于概率 $P(A)$ 时,并不意味着就有

$$\lim_{n\to\infty}f_n(A)=P(A)$$

成立.这是因为 $f_n(A)$ 是一个随机变量,当 $0<P(A)<1$ 时,不管 n 有多大,它取 1(每次都出现 A)或者 0(每次都出现 $\overline{A}$)的概率都大于 0,因此不能保证只要 n 足够大,$f_n(A)$ 与 $P(A)$ 就可以任意接近.

于是,一个很自然的问题便是,所谓"稳定性"的含义究竟是什么?

大数定律以严格的数学语言表达了随机现象在大量试验中所呈现的统计规律性,即频率的稳定性和平均结果的稳定性,并讨论了它成立的条件.本节的任务就是介绍若干大数定律的基本结果,以加深读者对统计规律性的认识.首先给出依概率收敛的定义.

定义 5.1.1 设 $\{X_n:n=1,2,\cdots\}$ 是一随机变量序列,X 是一随机变量,如果对任意 $\varepsilon>0$,有

$$\lim_{n\to+\infty}P(|X_n-X|\geqslant\varepsilon)=0 \tag{5.1.1}$$

成立,则称 X_n **依概率收敛**于 X ,记作 $X_n \xrightarrow{P} X$. 若 $X_n - X \xrightarrow{P} 0$, 则称 X_n **依概率收敛**于 X.

依概率收敛的直观解释是:对于任意的 $\varepsilon > 0$, 当 n 充分大时,“X_n 与 X 的偏差不小于 ε”这一事件 $\{|X_n - X| \geqslant \varepsilon\}$ 发生的概率就可以任意地小. 这是在概率意义下的收敛性. 也就是说,不论给定怎样小的 $\varepsilon > 0$, X_n 与 X 的偏差不小于 ε 的可能性是存在的,但是当 n 很大时,出现这种偏差的可能性很小. 因此,当 n 很大时,我们有很大的把握保证 X_n 与 X 很接近.

定义 5.1.2 设 $\{X_n : n = 1, 2, \cdots\}$ 是一列随机变量序列,如果存在一列实数 $\{a_n\}$ 使得

$$\frac{1}{n}\sum_{i=1}^{n} X_i - a_n \xrightarrow{P} 0 \tag{5.1.2}$$

成立,则称随机变量序列 $\{X_n\}$ 服从大数定律.

如果定义 5.1.2 中的 a_n 取 $\frac{1}{n}\sum\limits_{i=1}^{n} E(X_i)$, 则有下面的切比雪夫大数定律.

定理 5.1.1(切比雪夫大数定律) 设 $\{X_n : n = 1, 2, \cdots\}$ 是一列相互独立的随机变量序列,若存在常数 $C > 0$, 使得对所有 $i = 1, 2, \cdots$, 均有 $D(X_i) \leqslant C$ 成立,则对于任意给定 $\varepsilon > 0$, 有

$$\lim_{n\to\infty} P\left(\left|\frac{1}{n}\sum_{i=1}^{n} X_i - \frac{1}{n}\sum_{i=1}^{n} E(X_i)\right| \geqslant \varepsilon\right) = 0 \tag{5.1.3}$$

即

$$\frac{1}{n}\sum_{i=1}^{n} X_i - \frac{1}{n}\sum_{i=1}^{n} E(X_i) \xrightarrow{P} 0 \tag{5.1.4}$$

证 由于 $X_1, X_2, \cdots, X_n, \cdots$ 相互独立,故有

$$D\left(\frac{1}{n}\sum_{i=1}^{n} X_i\right) = \frac{1}{n^2}\sum_{i=1}^{n} D(X_i) \leqslant \frac{C}{n}$$

又由于 $E\left(\frac{1}{n}\sum\limits_{i=1}^{n} X_i\right) = \frac{1}{n}\sum\limits_{i=1}^{n} E(X_i)$, 故由切比雪夫不等式,有

$$P\left(\left|\frac{1}{n}\sum_{i=1}^{n} X_i - \frac{1}{n}\sum_{i=1}^{n} E(X_i)\right| \geqslant \varepsilon\right) \leqslant \frac{D\left(\frac{1}{n}\sum\limits_{i=1}^{n} X_i\right)}{\varepsilon^2} \leqslant \frac{C}{n\varepsilon^2} \xrightarrow{n\to\infty} 0$$

定理得证. ◇

回到本节一开始所讲的测量问题.

由于 n 次测量的结果 $X_1, X_2, \cdots, X_n$ 是独立同分布的随机变量,且 $E(X_k) = \mu$, $D(X_k) = \sigma^2$, 则由切比雪夫大数定律知,有

$$\lim_{n\to\infty}P\left(\left|\frac{1}{n}\sum_{i=1}^{n}X_i-\mu\right|\geqslant\varepsilon\right)=0$$

即

$$\frac{1}{n}\sum_{i=1}^{n}X_i\xrightarrow{P}\mu$$

由于 $\frac{1}{n}\sum_{i=1}^{n}X_i$ 为 n 个观察值的算术平均值，而 μ 为被测物的真值，因此，切比雪夫大数定律告诉我们：当试验次数 n 趋于无穷时，实际测量值的算术平均值依概率收敛于 μ. 这就是"平均结果稳定性"的一个较确切的解释. 所以，在测量中常用多次重复测量所得观察值的算术平均值来作为被测量值的近似值.

下面的定理告诉我们什么是"频率稳定性"的实质含义.

定理 5.1.2(伯努利大数定律) 设 X_n 是 n 次独立试验中事件 A 发生的次数，又在每次试验中事件 A 发生的概率是 p，$0<p<1$，则对于任意给定的 $\varepsilon>0$，有

$$\lim_{n\to\infty}P\left(\left|\frac{X_n}{n}-p\right|\geqslant\varepsilon\right)=0 \tag{5.1.5}$$

即

$$\frac{X_n}{n}\xrightarrow{P}p \tag{5.1.6}$$

证 根据定理的条件知，$X_n\sim b(n,p)$，故

$$E(X_n)=np,\ D(X_n)=npq$$

所以由切比雪夫不等式，得

$$P\left(\left|\frac{1}{n}X_n-p\right|\geqslant\varepsilon\right)=P(|X_n-np|\geqslant n\varepsilon)\leqslant\frac{D(X_n)}{(n\varepsilon)^2}=\frac{pq}{n\varepsilon^2}\xrightarrow{n\to\infty}0$$

定理得证. ◇

伯努利大数定律揭示了频率与概率之间关系，它告诉我们当试验条件不变时，在多次重复试验中随机事件出现的频率依概率收敛于随机事件的概率. 这样，频率接近于概率这一直观经验就有了严格的数学意义. 这就是我们在经验上所熟知的"频率的稳定性"在理论上的证明，也是实践中用频率估计概率的依据.

下面的定理告诉我们，切比雪夫大数定律中随机变量序列的每一个随机变量方差存在且有界这个条件在某些场合是多余的.

辛钦人物介绍

定理 5.1.3(辛钦大数定律) 设 $\{X_n:n=1,2,\cdots\}$ 是一列独立同分布的随机变量序列，$E(X_n)=\mu$ 存在，则对于任意给定 $\varepsilon>0$ 有：

$$\lim_{n\to\infty}P\left(\left|\frac{1}{n}\sum_{i=1}^{n}X_i-\mu\right|\geqslant\varepsilon\right)=0 \tag{5.1.7}$$

即

$$\frac{1}{n}\sum_{i=1}^{n}X_i \xrightarrow{P} \mu \tag{5.1.9}$$

定理的证明要用到的知识已超出本书的范围,从略.

案例六
随机模拟方法

例 5.1.1 设 $\{X_n:n=1,2,\cdots\}$ 是独立同分布的随机变量序列,每个随机变量的期望为 0,方差为 σ^2,证明 $\{X_n^2:n=1,2,\cdots\}$ 服从大数定律.

证 因为 $\{X_n:n=1,2,\cdots\}$ 独立同分布,所以 $\{X_n^2:n=1,2,\cdots\}$ 也是独立同分布的. 又

$$E(X_n^2)=D(X_n)+(E(X_n))^2=\sigma^2$$

存在,故由辛钦大数定律知:$\{X_n^2\}$ 服从大数定律. ◇

练习题

§5.1 练习题解答

(1)填空题

如果设 $\{X_n^k:n=1,2,\cdots\}$ 是一列独立同分布的随机变量序列,且 $E(X_n^k)=\mu_k$ 存在,则 $\frac{1}{n}\sum_{i=1}^{n}X_i^k \xrightarrow{P}$ ________.

(2)选择题

(a) 假设随机变量 $\{X_n:n=1,2,\cdots\}$ 相互独立且服从参数为 λ 的泊松分布,则下面随机变量序列中不满足切比雪夫大数定律条件的是 ( )

(A) $\{X_n:n=1,2,\cdots\}$ (B) $\{X_n+n:n=1,2,\cdots\}$

(C) $\{nX_n:n=1,2,\cdots\}$ (D) $\left\{\frac{X_n}{n}:n=1,2,\cdots\right\}$

(b) 设 $\{X_n:n=1,2,\cdots\}$ 是一列独立同分布的随机变量序列,根据辛钦大数定律,当 $n\to\infty$ 时,$\frac{1}{n}\sum_{i=1}^{n}X_i$ 依概率收敛于 $E(X_1)$,即对任何 $\varepsilon>0$,$\lim_{n\to\infty}P\left(\left|\frac{1}{n}\sum_{i=1}^{n}X_i-E(X_1)\right|\geqslant\varepsilon\right)=0$,只要 $\{X_n:n=1,2,\cdots\}$ ( )

(A)有相同的数学期望 (B)服从同一离散型分布

(C)服从同一泊松分布 (D)服从同一连续型分布

§5.2 中心极限定理

中心极限定理是确定在什么条件下大量的随机变量之和的分布可以用正态分布近似,它不仅提供了计算独立随机变量之和的近似概率而且有助于解释为什么很多随机现

象可以用正态分布描述这一事实.

5.2.1 独立同分布下的中心极限定理

定理 5.2.1(林德伯格—列维中心极限定理) 设 $\{X_n\}$ 是一列独立同分布的随机变量序列,且 $E(X_n)=\mu,D(X_n)=\sigma^2<+\infty$,则对于任意给定 x,有

$$\lim_{n\to\infty}P\left(\frac{\sum_{i=1}^{n}X_i-n\mu}{\sqrt{n}\sigma}\leqslant x\right)=\Phi(x) \tag{5.2.1}$$

其中 $\Phi(x)$ 标准正态分布的分布函数.

这个定理的证明已经超出本书的范围,从略.

中心极限定理模拟实验

这定理说明当 n 很大时,$\frac{\sum_{i=1}^{n}X_i-n\mu}{\sqrt{n}\sigma}$ 近似服从标准正态分布,或 $\sum_{i=1}^{n}X_i$ 近似服从正态分布 $N(n\mu,n\sigma^2)$. 由于 X_n 的分布在一定程度上可以说是任意的,一般说来的分布不易求得,这时只要 n 足够大,就能通过标准正态分布的分布函数 $\Phi(x)$ 求得与 $\sum_{i=1}^{n}X_i$ 相关的一些事件的概率.

作为林德伯格—列维中心极限定理的推论,我们有如下的定理.

定理 5.2.2(棣莫弗—拉普拉斯中心极限定理) 设 Y_n 是 n 次独立试验中事件 A 发生的次数,又在每次试验中事件 A 发生的概率是 p,$0<p<1$,则对于任意给定 x 有

$$\lim_{n\to\infty}P\left(\frac{Y_n-np}{\sqrt{npq}}\leqslant x\right)=\Phi(x) \tag{5.2.2}$$

证 令

$$X_i=\begin{cases}1, & 第\ i\ 次试验中\ A\ 出现\\ 0, & 第\ i\ 次试验中\ A\ 没出现\end{cases},i=1,2,\cdots$$

则 $\{X_n\}$ 是一列独立同分布的随机变量序列,又

$$E(X_i)=p,D(X_i)=p(1-p),i=1,2,\cdots$$

并且

$$Y_n=\sum_{i=1}^{n}X_i$$

故由定理 5.2.1 即证得有(5.2.2)式成立. ◇

由于 $Y_n=\sum_{i=1}^{n}X_i\sim B(n,p)$,故定理 5.2.2 表明,当试验次数 n 很大时,将 Y_n 标准化

后所得的随机变量 $\frac{Y_n - np}{\sqrt{npq}}$ 近似服从 $N(0,1)$，或者 Y_n 近似服从正态分布 $N(np,npq)$. 因此，有关二项分布的概率计算问题可以转化为正态分布的计算问题.

例 5.2.1　假设某产品的废品率是 0.005，任取 10000 件这种产品，求废品数不多于 70 件的概率.

解　设 X 是 10000 件这种产品中包含的废品数，则 $X \sim B(10000, 0.005)$，且 $np = 50, np(1-p) = 49.75$. 由于试验次数很大，所以 X 近似服从正态分布 $N(50, 49.75)$. 因此

$$P(X \leqslant 70) \approx \Phi\left(\frac{70-50}{\sqrt{49.75}}\right) = \Phi(2.86)$$

◇

例 5.2.2　在一家保险公司中有一万人参加保险，每人每年付 12 元保险费，在一年内一个人死亡的概率是 0.006，死亡时其家属可向保险公司领取 1000 元，问：(1) 保险公司亏损的概率有多大？(2) 保险公司一年的利润不少于 40000 元和 80000 元的概率各为多少？

解　设 X 是一万个参加保险人员中在一年内死亡的人数，则 $X \sim B(10000, 0.006)$，且 $np = 60, np(1-p) = 59.64$. 由于试验次数很大，所以 X 近似服从正态分布 $N(60, 59.64)$.

(1) 当理赔额超过保险费时，保险公司就亏损了，因此所求的概率为

$$\begin{aligned} P(1000X > 12 \times 10000) &= P(X > 120) \\ &\approx 1 - \Phi\left(\frac{120-60}{\sqrt{59.64}}\right) \\ &= 1 - \Phi(7.746) \approx 0 \end{aligned}$$

(2) 保险公司一年的利润不少于 40000 元的概率为

$$\begin{aligned} P(12 \times 10000 - 1000X \geqslant 40000) &= P(X \leqslant 80) \\ &\approx \Phi\left(\frac{80-60}{\sqrt{59.64}}\right) \\ &= \Phi(2.58) = 0.995 \end{aligned}$$

保险公司一年的利润不少于 80000 元的概率为

$$\begin{aligned} P(12 \times 10000 - 1000X \geqslant 80000) &= P(X \leqslant 40) \\ &\approx \Phi\left(\frac{40-60}{\sqrt{59.64}}\right) \\ &= \Phi(-2.58) = 0.005 \end{aligned}$$

上述计算结果的说明保险的利润在正常情况下至少 4 万元，但也不会超过 8 万元.

例 5.2.3　一本书总共有一百万个印刷符号，在排版时每个符号被排错的概率是

0.0001,校对时每个排版错误被改正的概率是0.9,求要校对后错误数不多于15个的概率.

解 设X是一百万个印刷符号中最终被排错数,则$X\sim B(10^6,p)$,其中

$$p=10^{-4}\times0.1=10^{-5}$$

由于试验次数很大,所以X近似服从正态分布$N(10,\ 9.9999)$. 由此得

$$P(X\leqslant15)\approx\Phi\left(\frac{15-10}{\sqrt{9.9999}}\right)=\Phi(1.58)=0.943$$ ◇

例 5.2.4 某单位有260架电话分机,每架分机有4%的时间需要用外线通话,假定每架分机是否用外线是相互独立的,问总机要备多少条外线才能以95%的概率保证每只分机用外线时不必等候?

解 设X是260架电话分机同时需用的外线数,则$X\sim B(260,0.04)$. 由于试验次数很大,所以X近似服从正态分布$N(10.4,\ 9.984)$.

设应该备x条外线才能以95%的概率保证每只分机用外线时不必等候,则由题意,应该有下式成立

$$P(X\leqslant x)\approx\Phi\left(\frac{x-10.4}{\sqrt{9.984}}\right)\geqslant0.95$$

所以

$$\frac{x-10.4}{\sqrt{9.984}}\geqslant1.645,\ 即\ x\geqslant15.6$$

因此应该备16条外线. ◇

5.2.2 独立不同分布下的中心极限定理

前面我们已经在独立同分布的条件下,解决了随机变量和的极限分布问题. 在实际问题中,随机变量序列$\{X_i\}$的各项之间具有独立性是常见的,但是很难说各项是“同分布”的随机变量. 下面研究独立不同分布随机变量和的极限分布问题,目的是给出极限分布为正态分布的条件.

设$\{X_n\}$是一个相互独立的随机变量序列,它们具有有限的数学期望和方差:

$$E(X_i)=\mu_i,D(X_i)=\sigma_i^2,i=1,2,\cdots$$

令$B_n=\sqrt{\sigma_1^2+\sigma_2^2+\cdots+\sigma_n^2}$,现在讨论随机变量的和$Y_n=\sum\limits_{i=1}^{n}X_i$的分布,我们先研究标准化了的随机变量和

$$S_n=\frac{Y_n-(\mu_1+\mu_2+\cdots+\mu_n)}{B_n}=\sum_{i=1}^{n}\frac{X_i-\mu_i}{B_n}$$

的分布,即当$n\to\infty$时,

$$P\left(\sum_{i=1}^{n}\frac{X_i-\mu_i}{B_n}\leqslant x\right)$$

是否也会收敛于标准正态分布?

例 5.2.5 在随机变量序列 $\{X_i\}$ 中除 X_1 以外,其余 X_i 均恒为 0,讨论随机变量和

$$S_n=\frac{X_1-\mu_1}{\sigma_1}$$

的分布.

解 显然, $P(S_n\leqslant x)$ 就是 $\dfrac{X_1-\mu_1}{\sigma_1}$ 的分布函数,若 X_1 不是正态分布,则 $P(S_n\leqslant x)$ 的极限也不服从正态分布. 为使极限分布是正态分布,必须对 $Y_n=\sum\limits_{i=1}^{n}X_i$ 的各项有一定的要求. 上例告诉我们,要使中心极限定理成立,在和的各项中不应有起突出作用的项,或者说,要求各项在概率意义下"均匀地小".

下面我们来分析如何用数学式子来明确表达这个要求. 如果要求 S_n 中各项 $\dfrac{X_i-\mu_i}{B_n}$ "均匀地小",即对任意的 $\varepsilon>0$, 要求事件

$$A_{ni}=\left\{\frac{|X_i-\mu_i|}{B_n}>\varepsilon\right\}=\{|X_i-\mu_i|>\varepsilon B_n\}$$

发生的可能性小或直接要求其概率趋于 0. 为达到这个目的,我们要求

$$\lim_{n\to\infty}P(\max_{1\leqslant i\leqslant n}|X_i-\mu_i|>\varepsilon B_n)=0$$

若设 X_i 为连续随机变量,其密度函数为 $f_i(x)$, 则

$$\begin{aligned}P(\max_{1\leqslant i\leqslant n}|X_i-\mu_i|>\varepsilon B_n)&=P(\bigcup_{i=1}^{n}(|X_i-\mu_i|>\varepsilon B_n))\\&\leqslant\sum_{i=1}^{n}P(|X_i-\mu_i|>\varepsilon B_n)\\&=\sum_{i=1}^{n}\int_{|x-\mu_i|>\varepsilon B_n}f_i(x)\mathrm{d}x\\&\leqslant\frac{1}{\varepsilon^2B_n^2}\sum_{i=1}^{n}\int_{|x-\mu_i|>\varepsilon B_n}(x-\mu_i)^2f_i(x)\mathrm{d}x\end{aligned}$$

因此,只要对任意的 $\varepsilon>0$, 有

$$\lim_{n\to\infty}\frac{1}{\varepsilon^2B_n^2}\sum_{i=1}^{n}\int_{|x-\mu_i|>\varepsilon B_n}(x-\mu_i)^2f_i(x)\mathrm{d}x=0\tag{5.2.3}$$

就可保证 S_n 中各加项"均匀地小".

上述条件(5.2.3)称为**林德伯格**条件. 林德伯格证明了满足(5.2.3)条件的和 S_n 的极限分布是正态分布,这就是下面给出的**林德伯格中心极限定理**,由于定理的证明较长,我们在此不加叙述.

定理 5.2.3(林德伯格中心极限定理) 设独立随机变量序列$\{X_n\}$满足林德伯格条件,则对任意的x,有

$$\lim_{n\to\infty}P\left(\frac{1}{B_n}\sum_{i=1}^{n}(X_i-\mu_i)\leqslant x\right)=\frac{1}{\sqrt{2\pi}}\int_{-\infty}^{x}e^{-\frac{t^2}{2}}dt$$

假如独立随机变量序列$\{X_n\}$同分布和方差有限,则必定满足以上(5.2.3)林德伯格条件,也就是说定理 5.2.1 是定理 5.2.3 的特例.

设$\varepsilon>0$,$\{X_n\}$是独立同分布的随机变量序列,不妨设X_n是连续随机变量,其共同的密度函数为$f(x)$,$\mu_i=\mu$,$\sigma_i=\sigma$. 这时$B_n=\sigma\sqrt{n}$,由此可得

$$\frac{1}{B_n^{\ 2}}\sum_{i=1}^{n}\int_{|x-\mu_i|>\varepsilon B_n}(x-\mu_i)^2f(x)dx=\frac{n}{n\sigma^2}\int_{|x-\mu|>\varepsilon\sigma\sqrt{n}}(x-\mu)^2f(x)dx$$

由方差存在,即

$$D(X_i)=\int_{-\infty}^{\infty}(x-\mu)^2f(x)dx<\infty$$

则其尾部积分一定有

$$\lim_{n\to\infty}\int_{|x-\mu|>\varepsilon\sigma\sqrt{n}}(x-\mu)^2f(x)dx=0$$

即林德伯格了解满足.

林德伯格条件虽然比较一般,但该条件较难验证. 下面的李雅普诺夫(Lya-punov)条件则比较容易验证,因为它只对矩提出要求,因而便于验证. 下面我们也仅叙述其结论,证明从略.

定理 5.2.4(李雅普诺夫中心极限定理) 设n为独立随机变量,若存在$\delta>0$,满足

$$\lim_{n\to\infty}\frac{1}{B_n^{2+\delta}}\sum_{i=1}^{n}E(|X_i-\mu_i|^{2+\delta})=0 \tag{5.2.4}$$

则对任意的x,有

$$\lim_{n\to\infty}P\left(\frac{1}{B_n}\sum_{i=1}^{n}(X_i-\mu_i)\leqslant x\right)=\frac{1}{\sqrt{2\pi}}\int_{-\infty}^{x}e^{-t^2/2}dt$$

其中μ_i与B_n如前所述.

例 5.2.6 一份考卷由 99 个题目组成,并按由易到难顺序排列. 某学生答对第一题的概率为 0.99,答对第二题的概率为 0.98. 一般地,他答对第i题的概率为$1-i/100$,$i=1,2,\cdots$. 假如该学生回答各题目是相互独立的,并且要正确回答其中 60 个以上(包括 60 个)题目才能算通过考试. 试构造适当的随机变量序列,验证它满足李雅普诺夫中心极限定理的条件,并计算该学生通过考试的可能性多大?

解 (1)先构造适当的随机变量序列,验证它满足李雅普诺夫中心极限定理的条件. 设

$$X_i = \begin{cases} 1, & \text{若学生答对第 } i \text{ 题} \\ 0, & \text{若学生答错第 } i \text{ 题} \end{cases}$$

于是 X_i 相互独立,且服从不同的两点分布:

$$P(X_i = 1) = p_i = 1 - \frac{i}{100}, \quad P(X_i = 0) = 1 - p_i = \frac{i}{100}$$

$$i = 1, 2, \cdots, 99$$

为使用中心极限定理,可以假设从 X_{100} 开始的随机变量都与 X_{99} 同分布,且相互独立.下面用 $\delta = 1$ 来验证随机变量序列 $\{X_n\}$ 满足定理 5.2.4,因为

$$B_n = \sqrt{\sum_{i=1}^{n} D(X_i)} = \sqrt{\sum_{i=1}^{n} p_i(1-p_i)} \xrightarrow{n \to \infty} \infty$$

$$E(|X_i - p_i|^3) = (1-p_i)^3 p_i + p_i^3(1-p_i) \leqslant p_i(1-p_i)$$

于是

$$\frac{1}{B_n^3} \sum_{i=1}^{n} E(|X_i - p_i|^3) \leqslant \frac{1}{\left[\sum_{i=1}^{n} p_i(1-p_i)\right]^{1/2}} \xrightarrow{n \to \infty} 0$$

即 $\{X_n\}$ 满足李雅普诺夫条件(5.2.4),所以可以使用中心极限定理.

(2)下面计算该学生通过考试的概率,即求以下概率

$$P\left(\sum_{i=1}^{n} X_i \geqslant 60\right)$$

因为当 $n = 99$ 时,

$$E\left(\sum_{i=1}^{99} X_i\right) = \sum_{i=1}^{99} p_i = \sum_{i=1}^{99} \left(1 - \frac{i}{100}\right) = 49.5$$

$$B_{99}^2 = \sum_{i=1}^{99} D(X_i) = \sum_{i=1}^{99} \left(1 - \frac{i}{100}\right)\left(\frac{i}{100}\right) = 16.665$$

所以该学生通过考试的可能性为

$$P\left(\sum_{i=1}^{99} X_i \geqslant 60\right) = P\left(\frac{\sum_{i=1}^{99} X_i - 49.5}{\sqrt{16.665}} \geqslant \frac{60 - 49.5}{\sqrt{16.665}}\right)$$

$$\approx 1 - \Phi(2.57) = 0.005$$

故该学生通过考试的可能性大约为千分之五. ◇

练习题

§5.2 练习题解答

(1)填空题

设 $X_1, X_2, \cdots, X_{100}$ 相互独立且均服从参数为 4 的泊松分布,$\overline{X}$ 是

其算术平均值,则 $P\{\overline{X} \leqslant 4.392\} \approx$ ______.

(2)选择题

用 X_n 表示将一枚硬币随意投掷 n 次"正面"出现的次数,则 ( )

(A) $\lim\limits_{n\to\infty} P\left\{\dfrac{X_n - n}{\sqrt{n}} \leqslant x\right\} = \Phi(x)$ (B) $\lim\limits_{n\to\infty} P\left\{\dfrac{X_n - 2n}{\sqrt{n}} \leqslant x\right\} = \Phi(x)$

(C) $\lim\limits_{n\to\infty} P\left\{\dfrac{2X_n - n}{\sqrt{n}} \leqslant x\right\} = \Phi(x)$ (D) $\lim\limits_{n\to\infty} P\left\{\dfrac{2X_n - 2n}{\sqrt{n}} \leqslant x\right\} = \Phi(x)$

§5.3 随机变量序列的两种收敛性

随机变量序列的收敛性有多种,依概率收敛和按分布收敛是其中常用的两种.本章第一节叙述的大数定律涉及的是一种依概率收敛,第二节叙述的中心极限定理涉及按分布收敛.这些极限定理不仅是概率论研究的主要内容,而且在数理统计的研究中起十分重要的作用.本节简单介绍这两种收敛性的定义及其有关性质.

5.3.1 依概率收敛

首先由本章第一节随机变量序列 $\{X_n\}$ 服从大数定律的讨论,启发我们引入更一般的如下依概率收敛的定义.

定义 5.3.1 设 $\{Y_n\}$ 是一列随机变量序列,Y 是一个随机变量,如果对任意的 $\varepsilon > 0$,有

$$P(|Y_n - Y| \geqslant \varepsilon) \xrightarrow{n\to\infty} 0 \tag{5.3.1}$$

则称序列 Y_n **依概率收敛于** Y,记作 $Y_n \xrightarrow{P} Y$.

依概率收敛的直观意义是:Y_n 对 Y 的绝对偏差不小于任一充分小的给定量的概率将随着 n 增大而愈来愈小.或者说,绝对偏差 $|Y_n - Y|$ 小于任一充分小的给定量的概率将随着 n 增大而愈来愈接近于 1,即(5.3.1)式等价于

$$P(|Y_n - Y| < \varepsilon) \xrightarrow{n\to\infty} 1$$

特别当 Y 为退化分布时,即 $P(Y=c)=1$,则称序列$\{Y_n\}$依概率收敛于 c,即 $Y_n \xrightarrow{P} c$.

例 5.3.1 设 $\{X_n\}$ 是独立同分布随机变量序列,记

$$Y_n = \frac{1}{n}\sum_{i=1}^{n} X_i,\ Y = \frac{1}{n}\sum_{i=1}^{n} E(X_i) = \mu$$

则 $\{X_n\}$ 服从大数定律等价于 $Y_n \xrightarrow{P} \mu$.

证 由本章第一节随机变量序列 $\{X_n\}$ 服从大数定律的结论不难推出例 5.3.1 的结

论成立. ◇

由此可知,依概率收敛是把随机变量序列收敛到一个常数推广到收敛到一个随机变量情形. 下面先给出依概率收敛于常数的四则运算.

定理 5.3.1 设 $\{X_n\}$,$\{Y_n\}$ 是两个随机变量序列,a,b 是两个常数. 若

$$X_n \xrightarrow{P} a, \qquad Y_n \xrightarrow{P} b,$$

则 (1) $X_n \pm Y_n \xrightarrow{P} a \pm b$;

(2) $X_n \times Y_n \xrightarrow{P} a \times b$;

(3) $X_n \div Y_n \xrightarrow{P} a \div b (b \neq 0)$.

证 (1) 由

$$\{|(X_n+Y_n)-(a+b)| \geqslant \varepsilon\} \subset \left\{\left(|X_n-a| \geqslant \frac{\varepsilon}{2}\right) \cup \left(|Y_n-b| \geqslant \frac{\varepsilon}{2}\right)\right\}$$

可得

$$\begin{aligned} 0 &\leqslant P(|(X_n+Y_n)-(a+b)| \geqslant \varepsilon) \\ &\leqslant P\left(|X_n-a| \geqslant \frac{\varepsilon}{2}\right)+P\left(|X_n-b| \geqslant \frac{\varepsilon}{2}\right) \xrightarrow{n \to \infty} 0 \end{aligned}$$

从而

$$P(|(X_n+Y_n)-(a+b)| \geqslant \varepsilon) \xrightarrow{n \to \infty} 0$$

即 $X_n+Y_n \xrightarrow{P} a+b$. 类似可证 $X_n-Y_n \xrightarrow{P} a-b$.

(2) 为证 $X_n \times Y_n \xrightarrow{P} a \times b$, 我们可以分如下几步进行:

i)若 $X_n \xrightarrow{P} 0$, 则有 $X_n^2 \xrightarrow{P} 0$. 因为对任意 $\varepsilon>0$, 有

$$P(|X_n^2| \geqslant \varepsilon)=P(|X_n| \geqslant \sqrt{\varepsilon}) \xrightarrow{n \to \infty} 0$$

ii)若 $X_n \xrightarrow{P} a$, 则有 $cX_n \xrightarrow{P} ca$. 当 $c \neq 0$ 时,有

$$P(|cX_n-ca| \geqslant \varepsilon)=P(|X_n-a| \geqslant \varepsilon/|c|) \xrightarrow{n \to \infty} 0$$

而当 $c=0$ 时, 显然有

$$cX_n \xrightarrow{P} ca$$

iii)若 $X_n \xrightarrow{P} a$, 则有 $X_n^2 \xrightarrow{P} a^2$. 因为由 i), ii)及(1), 有

$$X_n-a \xrightarrow{P} 0, \qquad (X_n-a)^2 \xrightarrow{P} 0, \qquad 2a(X_n-a) \xrightarrow{P} 0,$$

$$(X_n-a)^2+2a(X_n-a)=X_n^2-a^2 \xrightarrow{P} 0$$

即

$$X_n^2 \xrightarrow{P} a^2$$

iv)由 iii)及(1)，有

$$X_n^2 \xrightarrow{P} a^2, \qquad Y_n^2 \xrightarrow{P} b^2, \qquad (X_n + Y_n)^2 \xrightarrow{P} (a+b)^2$$

有

$$X_n \times Y_n = \frac{1}{2}[(X_n + Y_n)^2 - X_n^2 - Y_n^2]$$

$$\xrightarrow{P} \frac{1}{2}[(a+b)^2 - a^2 - b^2] = ab$$

(3) 为证 $X_n/Y_n \xrightarrow{P} a/b$，先证：$1/Y_n \xrightarrow{P} 1/b$. 因为对任意 $\varepsilon > 0$，有

$$\begin{aligned}
P\left(\left|\frac{1}{Y_n} - \frac{1}{b}\right| \geqslant \varepsilon\right) &= P\left(\left|\frac{Y_n - b}{Y_n b}\right| \geqslant \varepsilon\right) \\
&= P\left(\left|\frac{Y_n - b}{b^2 + b(Y_n - b)}\right| \geqslant \varepsilon, |Y_n - b| < \varepsilon\right) \\
&\quad + P\left(\left|\frac{Y_n - b}{b^2 + b(Y_n - b)}\right| \geqslant \varepsilon, |Y_n - b| \geqslant \varepsilon\right) \\
&\leqslant P\left(\frac{|Y_n - b|}{b^2 - \varepsilon|b|} \geqslant \varepsilon\right) + P(|Y_n - b| \geqslant \varepsilon) \\
&= P(|Y_n - b| \geqslant (b^2 - \varepsilon|b|)\varepsilon) + P(|Y_n - b| \geqslant \varepsilon) \xrightarrow{n \to \infty} 0
\end{aligned}$$

即 $1/Y_n \xrightarrow{P} 1/b$，又 $X_n \xrightarrow{P} a$，由(2)即得 $X_n/Y_n \xrightarrow{P} a/b$. ◇

由此定理可知，随机变量序列在概率意义上的极限(即依概率收敛于常数)在四则运算下仍然成立，这与普通意义下的数列极限十分类似，从而由归纳法可证结论在有限次的四则运算也成立. 类似的结论对依概率收敛于随机变量也成立.

5.3.2 按分布收敛、弱收敛

我们知道分布函数全面描述了随机变量的统计规律，由本章第二节随机变量序列 $\{X_n\}$ 服从中心极限定理的讨论，启发我们讨论一般的随机变量序列所对应的分布函数序列 $\{F_n(x)\}$ 收敛到一个极限分布函数 $F(x)$ 的情形. 现在的问题是：若 $X_n \xrightarrow{P} X$，它们所对应的分布函数 $\{F_n(x)\}$ 与 $F(x)$ 收之间有什么关系呢？很自然地一个猜想是：对任意的 x，都有 $F_n(x) \xrightarrow{n \to \infty} F(x)$ 成立，这个猜想是否正确呢？以下例子告诉我们这个结论并非对所有的 x 成立.

例 5.3.2 设 X，$\{X_n\}$ 都是服从退化分布的随机变量，且

$$P(X = 0) = 1, \qquad P\left(X_n = \frac{1}{n}\right) = 1, n = 1, 2, \cdots.$$

试证 $X_n \xrightarrow{P} X$，并讨论它们对应的分布函数的收敛性.

证 对任意的 $\varepsilon > 0$，当 $n > \dfrac{1}{\varepsilon}$ 时，有

$$P(|X_n - X| \geqslant \varepsilon) = P(|X_n| \geqslant \varepsilon) = 0$$

从而

$$X_n \xrightarrow{P} X$$

成立. 又设 X，$\{X_n\}$ 所对应的分布函数分别为 $F(x)$ 与 $\{F_n(x)\}$，则

$$F_n(x) = \begin{cases} 0, & x < \dfrac{1}{n} \\ 1, & x \geqslant \dfrac{1}{n} \end{cases}$$

$$F(x) = \begin{cases} 0, & x < 0 \\ 1, & x \geqslant 0 \end{cases}$$

显然，当 $x \neq 0$ 时，有

$$\lim_{n\to\infty} F_n(x) = F(x)$$

而当 $x = 0$ 时，有

$$\lim_{n\to\infty} F_n(0) = 0 \neq 1 = F(0)$$ ◇

以上例子说明，一列随机变量序列 $\{X_n\}$ 依概率收敛到某一随机变量 X，但对应的分布函数序列 $\{F_n(x)\}$ 不一定在每一点都收敛到随机变量的分布函数 $F(x)$.

仔细观察这个例子可以发现：收敛关系不成立的点 $x = 0$ 恰好是 $F(x)$ 的间断点. 由此启发我们撇开这些间断点而只考虑 $F(x)$ 的连续点，则随机变量序列 $\{X_n\}$ 依概率收敛到某一随机变量 X，其对应的分布函数序列 $\{F_n(x)\}$ 一定在连续点都收敛到分布函数 $F(x)$. 下面我们引入更一般的关于分布函数列的弱收敛定义.

定义 5.3.2 设随机变量 $X, X_1, X_2, \cdots$ 的分布函数分别 $F(x), F_1(x), F_2(x), \cdots$. 若对 $F(x)$ 的任一连续点 x，都有

$$\lim_{n\to\infty} F_n(x) = F(x) \tag{5.3.2}$$

则称 $\{F_n(x)\}$ **弱收敛于** $F(x)$，记作

$$F_n(x) \xrightarrow{W} F(x) \tag{5.3.3}$$

也称 $\{X_n\}$ **按分布收敛于** X，记作

$$X_n \xrightarrow{L} X \tag{5.3.4}$$

这里称以上定义"弱收敛"是自然的，因为它比每一点上都收敛的要求的确"弱"了一些. 若 $F(x)$ 是连续函数，则弱收敛就是点点收敛.

注意例 5.3.2，从 $X_n \xrightarrow{P} X$ 并不能推出对应的分布函数序列 $\{F_n(x)\}$ 在每一点上都收敛于 $F(x)$，而只是在 $F(x)$ 的连续点上有(5.3.2)式成立. 这个结论在一般条件下是否成立？回答是肯定的,下面的定理说明在一般情况下依概率收敛都能推出弱收敛.

定理 5.3.2 若随机变量序列 $\{X_n\}$ 依概率收敛于随机变量 X，即 $X_n \xrightarrow{P} X$，则相应的分布函数列 $\{F_n(x)\}$ 弱收敛于分布函数 $F(x)$，即 $F_n(x) \xrightarrow{W} F(x)$.

证 为证 $F_n(x) \xrightarrow{W} F(x)$，只需证：对所有的 x，有

$$F(x-0) \leqslant \varliminf_{n\to\infty} F_n(x) \leqslant \varlimsup_{n\to\infty} F_n(x) \leqslant F(x+0) \tag{5.3.5}$$

因为若上式成立,则当 x 是 $F(x)$ 的连续点时,有 $F(x-0)=F(x+0)$，由此可得 $F_n(x) \xrightarrow{W} F(x)$.

下证(5.3.5)式，对任意 $x'<x$,有

$$\begin{aligned}\{X \leqslant x'\} &= \{X_n \leqslant x, X \leqslant x'\} \cup \{X_n > x, X \leqslant x'\} \\ &\subset \{X_n \leqslant x\} \cup \{|X_n - X| \geqslant x - x'\}\end{aligned}$$

从而

$$F(x') \leqslant F_n(x) + P(|X_n - X| \geqslant x - x')$$

由 $X_n \xrightarrow{P} X$,可得 $P(|X_n - X| \geqslant x - x') \xrightarrow{n\to\infty} 0$. 从而

$$F(x') \leqslant \varliminf_{n\to\infty} F_n(x)$$

再令 $x' \to x$，可得

$$F(x-0) \leqslant \varliminf_{n\to\infty} F_n(x)$$

同理再证,当 $x'' > x$ 时,有

$$\varlimsup_{n\to\infty} F_n(x) \leqslant F(x'')$$

令 $x'' \to x$，可得

$$\varlimsup_{n\to\infty} F_n(x) \leqslant F(x+0)$$

故(5.3.5)得证. ◇

注意,以上定理的逆命题不成立,即由按分布收敛无法推出依概率收敛,见下例.

例 5.3.3 设随机变量 X 的分布列为

$$P(X=-2)=\frac{1}{2},\ P(X=2)=\frac{1}{2}$$

则 X 的分布函数为

$$F(x)=\begin{cases}0, & x<-2 \\ \frac{1}{2}, & -2 \leqslant x < 2 \\ 1, & x \geqslant 2\end{cases}$$

令 $X_n=-X$，则 X_n 与 X 有相同的分布，且 X_n 的分布函数 $F_n(x)=F(x)$，故

$$F_n(x)\xrightarrow{W}F(x)$$

而对任意的 $0<\varepsilon<4$，有

$$P(|X_n-X|\geqslant\varepsilon)=P(2|X|\geqslant\varepsilon)=1\neq 0$$

即 X_n 不是依概率收敛于 X. ◇

以上述例子可知：一般来说分布函数列的弱收敛并不能确定随机变量序列的依概率收敛. 而下面的定理说明：在特殊情况下，当分布函数列的极限为退化分布时，弱收敛也能确定依概率收敛，即下面定理成立.

定理 5.3.3 若 c 为常数，则随机变量序列 $X_n\xrightarrow{P}X\equiv c$ 的充要条件是 $F_n(x)\xrightarrow{W}F(x)$，其中 $F(x)$ 是 $X\equiv c$ 的分布函数，即

$$F(x)=\begin{cases}0, & x<c\\ 1, & x\geqslant c\end{cases}$$

证 必要性可由定理 5.3.2 得证，下证充分性. 对任意的 $\varepsilon>0$，有

$$\begin{aligned}P(|X_n-c|\geqslant\varepsilon)&=P(X_n\geqslant c+\varepsilon)+P(X_n\leqslant c-\varepsilon)\\&\leqslant P(X_n>c+\varepsilon/2)+P(X_n\leqslant c-\varepsilon)\\&=1-F_n(c+\varepsilon/2)+F_n(c-\varepsilon)\end{aligned}$$

由于 $x=c+\varepsilon/2$ 和 $x=c-\varepsilon$ 均为 $F(x)$ 的连续点，且 $F_n(x)\xrightarrow{W}F(x)$，所以当 $n\to\infty$ 时，有

$$F_n(c+\varepsilon/2)\to F(c+\varepsilon/2)=1,\quad F_n(c-\varepsilon)\to F(c-\varepsilon)=0$$

由此得

$$P(|X_n-c|\geqslant\varepsilon)=0$$

即 $X_n\xrightarrow{P}c$. ◇

练习题

§5.3 练习题解答

(1)填空题

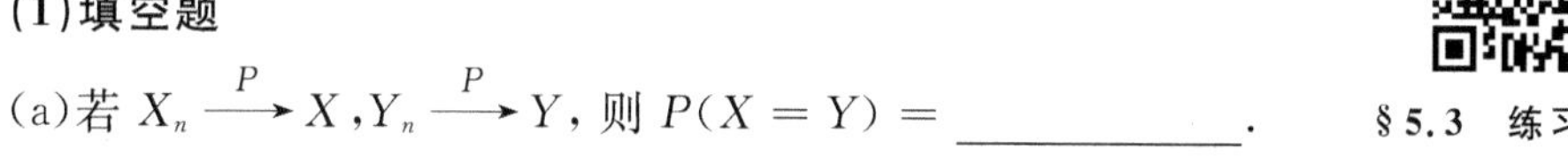

(a)若 $X_n\xrightarrow{P}X, Y_n\xrightarrow{P}Y$，则 $P(X=Y)=$ __________.

(b)若 $X_n\xrightarrow{P}X, Y_n\xrightarrow{P}Y$，则 $X_n\pm Y_n\xrightarrow{P}$ ________，$X_n\times Y_n\xrightarrow{P}$ __________.

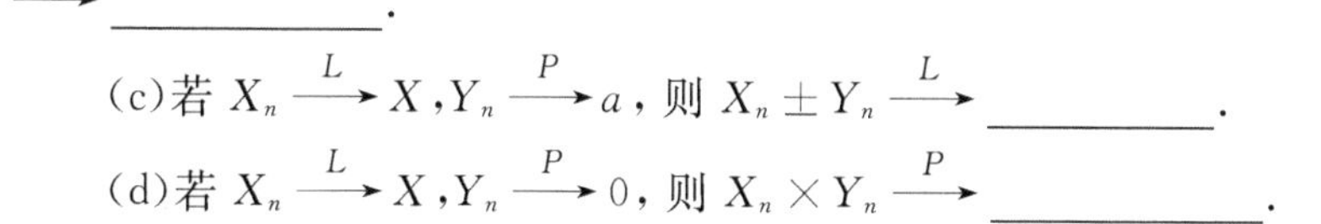

(c)若 $X_n\xrightarrow{L}X, Y_n\xrightarrow{P}a$，则 $X_n\pm Y_n\xrightarrow{L}$ __________.

(d)若 $X_n\xrightarrow{L}X, Y_n\xrightarrow{P}0$，则 $X_n\times Y_n\xrightarrow{P}$ __________.

(2)选择题

设

$$F(x)=\begin{cases}0, & x<0\\ 1, & x\geqslant 0\end{cases}$$

试问下列分布函数列的极限函数任是分布函数的是 （　　）

(A) $F(x+n)$　　(B) $F(x+1/n)$

(C) $F(x-1/n)$　　(D) $F(x-n)$

拓展阅读

马志明,概率论与随机分析专家,中国科学院院士,中国科学院应用数学研究所研究员。主要从事概率论与随机分析领域相关工作,建立了拟正则狄氏型与右连续马氏过程一一对应的新框架,证明了 Wiener 空间的容度与所选取的可测范数无关;还研究了奇异位势理论、费曼积分、薛定锷方程的概率解、随机线性泛函的积分表现等方面。

马志明人物介绍

习题五

1. 某保险公司多年的统计资料表明，在索赔户中被盗户占 20%，设 X 表示在随机抽查的 100 个索赔户中因被盗向保险公司索赔的户数，求被盗索赔户不少于 14 户且不多于 30 户的概率.

第五章　内容提要

2. 某微机系统有 120 个终端，每个终端有 5%时间在使用. 若各终端使用与否是相互独立的，试求有不少于 10 个终端在使用的概率.

3. 某药厂生产的某种药品，据说对某疾病的治愈率为 80%. 现为了检验其治愈率，任意抽取 100 个此种病患者进行临床试验，如果有多于 75 人治愈，则此药通过检验. 试在以下两种情况下，分别计算此药通过检验的可能性. (1)此药的实际治愈率为 80%；(2)此药的实际治愈率为 70%.

4. 设某厂有 100 台车床，它们的工作是相互独立的，假设每台车床的电动机都是 2 千瓦，由于检修等原因，每台车床平均只有 70%的时间在工作，(1)求任一时刻有 70 台至 80 台车床在工作的概率；(2)要供应该厂多少千瓦电才能以 99%概率保证该厂生产用电？

5. 一食品店有三种蛋糕出售，由于售出哪一种蛋糕是随机的，因而售出一只蛋糕的价格是一个随机变量，它取 1 元，1.2 元，1.5 元各个值的概率分别为 0.3，0.2，0.5. 若售出 300 只蛋糕. 求(1)收入至少 400 元的概率；(2)售出价格为 1.2 元的蛋糕多于 60 只的概率.

6. 计算机在进行加法时，将每个加数舍入最靠近它的整数. 设所有舍入误差是独立的，且都服从(−0.5，0.5)上均匀分布. (1)若将 1500 个数相加，问误差总和的绝对值超过 15 的概率是多少？(2)最多可有几个数相加使得误差总和的绝对值小于 10 的概率不小于 0.9？

7. 用自动包装机包装的食品，每袋净重是一随机变量. 假定要求每袋的平均重量为 100 克，标准差为 2 克. 如果每箱装 100 袋，试求随机抽查的一箱净重超过 10050 克的概率.

8. 设某产品由 100 个部件组成，每个部件的长度是一随机变量，它们相互独立，且服从同一分布，其数学期望为 2 毫米，标准差 0.05 毫米. 规定总长度为 200±1 毫米时产品为合格，试求该产品的合格率.

9. 某大城市一天内，由于交通事故而伤亡的人数平均有 120 人，标准差为 32 人，今随机抽查 64 天的伤亡人数的记录，求这 64 天的交通伤亡人数的平均数不超过 111 人的概率.

10. 某生产线生产的产品成箱包装，每箱的重量是随机的，假设每箱的平均重 50 千克,标准差 5 千克.若用最大载重量为 5 吨的汽车承运,试用中心极限定理说明每辆车最多可以装多少箱,才能保障不超载的概率大于 0.997.

11.抽样检查时,如果发现次品数多于 10 个,则认为这批产品不能接受.应检查多少个产品,才能使次品率为 10%的一批产品不被接受的概率达到 0.9?

12.火炮向一目标不断独立射击,若每次击中目标的概率是 0.1.(1)求在 400 次射击中,击中目标的次数介于 30 次与 50 次的概率;(2)最少射击多少次才能使得击中目标的次数超过 10 次的概率不小于 0.9?

13.某汽车制造厂每月生产 10000 辆汽车,该厂的汽车发动机气缸车间的正品率是 80%.为了能以 0.997 概率保证有正品气缸装配自产的 10000 辆汽车,问气缸车间每月至少要生产多少个气缸?

14.设分布函数列 $\{F_n(x)\}$ 弱收敛于连续的分布函数 $F(x)$,试证:$\{F_n(x)\}$ 在 $(-\infty,\infty)$ 上一致收敛于分布函数 $F(x)$.

15.设分布函数列 $\{F_n(x)\}$ 弱收敛于分布函数 $F(x)$,且 $F_n(x)$ 和 $F(x)$ 都是连续、严格单调函数,又设 ξ 服从(0,1)上的均匀分布,试证:$F_n^{-1}(\xi)\xrightarrow{P}F^{-1}(\xi)$.

16.设随机变量序列 $\{X_n\}$ 独立同分布,数学期望、方差均存在,且 $E(X_n)=0$,$D(X_n)=\sigma^2$. 试证

$$\frac{1}{n}\sum_{i=1}^{n}X_i^2\xrightarrow{P}\sigma^2.$$

17.设随机变量序列 $\{X_n\}$ 独立同分布,且 $D(X_n)=\sigma^2$ 存在,令

$$\overline{X}=\frac{1}{n}\sum_{i=1}^{n}X_i,\qquad S_n^2=\frac{1}{n}\sum_{i=1}^{n}(X_i-\overline{X})^2$$

试证 $S_n^2\xrightarrow{P}\sigma^2$.

习题五解答

第六章　抽样分布

在前面五章里我们学习了概率论的基本概念、基本思想和基本方法. 在概率论中,我们看到,随机现象的统计规律性是通过随机变量的概率分布来全面描述的. 在概率论的许多问题中,概率分布通常是已知的或者是假设为已知的,而我们所关心的某些概率、数字特征等的计算以及对某些问题的判断、推理就是在此基础上得出的. 但是情况往往并不总是如此. 在很多实际问题中,所涉及的某个随机变量服从什么样的分布我们可能完全不知道,即使有时能够根据某些事实推断出分布的类型,但是却可能并不知道其分布函数中的某些参数. 例如,某种电子元件的寿命服从什么分布是完全不知道的,或者知道它服从指数分布但是具体的参数值却是不知道的. 又例如,某工厂生产了一批灯泡,每个灯泡有可能是合格品(记为 $X=0$) 也有可能是不合格品(记为 $X=1$), 则我们知道此时表示一个灯泡是合格品还是不合格品的随机变量 X 是服从 0－1 分布的,但是分布中的参数 p (不合格品率)却是不知道的. 如果我们要对这一类问题进行行之有效的研究,就必须确定与之相应的分布或者分布中所含的参数.

那么怎样才能确定一个随机变量的分布或其参数呢? 这是数理统计所要解决的首要问题. 在数理统计中,我们总是从所要研究的对象全体中抽取一部分进行观测或试验以取得信息,然后再对这些信息做适当的加工后对总体做出推断. 由于所抽取的部分具有一定的随机性,因此据此得出的推论多多少少地总含有一定程度的不确定性. 因此,我们必须对试验所提供的信息进行“合理”地加工和处理,以使做出错误推断的概率尽可能的小. 一般地,在数理统计中所做出的许多推断我们都用一定的概率来表明推断的可靠或可信程度. 这种伴随着一定概率的推断就称为**统计推断**.

数理统计学是这样一门学科,它使用概率论与数学的方法,研究怎样收集(通过试验或观察)带有随机误差的数据,并在设定的模型(称为统计模型)之下,对这种数据进行分析(称为统计分析),以对所研究的问题做出推断(称为统计推断).

例如,为了要确定上面提到的灯泡的不合格品率 p, 我们必须抽取其中的一部分进行试验. 在获得样本数据的基础上,我们可以提出一些感兴趣的问题,然后再根据样本数据提供的信息,回答这些问题. 常见的问题有以下两类:

(1)不合格品率 p 等于多少?

(2) 如果你是购买单位,要求不合格品率低于某个指定的数,例如 1%,问这批灯泡能否接受?

前者称为**参数估计**问题,而后者称为**假设检验**问题.本教材将重点介绍这两类基本的统计推断方法.

§6.1 总体与样本

通常我们把所研究对象的全体称为**总体**,而把组成总体的元素叫作**个体**.对每个个体来说,它有许多方面的特性.在实际问题中,人们关心的往往只是个体的某个或某几个数量指标以及该指标在总体中的概率分布情况.例如,在研究一批电子元件组成的总体时,可能关心的是电子元件的寿命指标以及所有电子元件寿命的分布情况.虽然每一个电子元件的寿命是客观存在的,但是却无法事先确定任何一个电子元件的寿命,因此可认为电子元件的寿命是一个随机变量.这样,我们就把总体与一个随机变量联系起来,而把对总体的研究转化为对某个随机变量的研究.由于一个随机变量的分布函数全面描述了该随机变量的统计规律,因此对总体进行研究的一个重要目的,就是确定相应的随机变量的分布.

这样,我们就可以用"数学"的方式来定义总体与个体了.所谓总体,就是一个具有确定分布的随机变量,而个体则是该随机变量的一个可能的取值.今后我们将不再严格区分总体及相应的随机变量,而直接用与总体相应的随机变量 X 或者相应的分布函数 $F(x)$ 来表征总体,例如我们将直接称"总体 X"或"总体 $F(x)$".

总体 X 的分布函数 $F(x)$ 总是未知的,统计推断的主要任务就是确定总体的分布,为此就必须从总体中抽取一部分个体进行试验,通过试验获取一定的数据,然后再利用这些数据来分析推断总体 $F(x)$ 的具体形式.例如,为了确定电子元件寿命 X 的分布,当然最精确的方法就是把每个元件的寿命都测出来.然而寿命试验是一种破坏性试验(即使试验是非破坏的试验,当总体所包含的元素个数很多时,对每一元素进行逐一考察也将花费大量的人力、物力、时间等资源),因此,一般来讲我们只能抽取一部分电子元件来做试验,然后通过这些元件的寿命数据来推断这批元件总体的寿命分布.

如上所述,数理统计的一个基本任务就是由部分来推断总体.这样就涉及两方面的问题,其一是如何获取部分的信息,这实际上就是如何进行试验和观测的问题;其二是如何利用这部分信息,说得更具体一些,就是如何根据试验和观测所得到的统计资料建立合理的统计模型并对被研究总体的分布做出合理的推断.本节我们回答第一个问题.

设从总体 X 中依次抽取 n 个个体进行试验,以 $X_1,X_2,\cdots,X_n$ 依次表示这 n 次试验的结果.显然,$X_1,X_2,\cdots,X_n$ 随着抽取的 n 个个体的不同而变化,它们具有随机性,因此它们均为随机变量.为了使所抽取的部分个体能客观地反映总体的特性,我们将依据如下两个假设来从总体中抽取部分:

(1)假设每个个体被抽中的机会是均等的;

(2)抽取一个个体后不影响总体.

这种获取部分的方式我们称之为**简单随机抽样**.第一个假设能保证每次抽样的结果(首先是 X_1)具有与总体 X 相同的分布,第二个假设则保证了各次抽样的结果之间的独立性.这样就使得 $X_1,X_2,\cdots,X_n$ 是相互独立的且与总体 X 具有相同的分布.通常的有放回抽样是简单随机抽样,总体包含的个体数很多且抽出的部分数量相对较少时的不放回抽样也可近似地看成是简单随机抽样.

我们有如下定义.

定义 6.1.1 设 $(X_1,X_2,\cdots,X_n)$ 是 n 维随机变量,若 $X_1,X_2,\cdots,X_n$ 相互独立且其中每个都与总体 X 具有相同的分布,则称 $(X_1,X_2,\cdots,X_n)$ 是取自总体 X 的容量为 n 的**简单随机样本**,简称为**样本**.

对抽取的 n 个个体进行试验,当试验全部完成后,就得到一组实数 $x_1,x_2,\cdots,x_n$,它们依次是 $X_1,X_2,\cdots,X_n$ 的观察值,称 $(x_1,x_2,\cdots,x_n)$ 为样本观察值或样本值.

由部分推断总体,实际上就是利用样本对总体的未知分布(或者是分布中的某些特征)进行统计推断,因此可以说数理统计学是研究和处理带有随机性影响数据的一门学科.

练习题

§6.1 练习题解答

(1)填空题

设总体 $X \sim N(0,1)$,$(X_1,X_2,\cdots,X_n)$ 是取自总体 X 的容量为 n 的简单随机样本,则 $\sum\limits_{i=1}^{n} X_i \sim$ ________.

(2)选择题

(a) 设总体 $X \sim U(0,1)$,$(X_1,X_2,\cdots,X_n)$ 是取自总体 X 的容量为 n 的简单随机样本,则 $\max(X_1,\cdots,X_n)$ 的概率密度为 ( )

(A) $f(x)=\begin{cases} x^n, & 0<x<1 \\ 0, & \text{其他} \end{cases}$ (B) $f(x)=\begin{cases} nx^{n-1}, & 0<x<1 \\ 0, & \text{其他} \end{cases}$

(C) $f(x)=\begin{cases} nx^n, & 0<x<1 \\ 0, & \text{其他} \end{cases}$ (D) $f(x)=\begin{cases} nx^{n+1}, & 0<x<1 \\ 0, & \text{其他} \end{cases}$

(b)设总体 X 服从参数为 $\lambda,\lambda>0$ 的泊松分布,$X_1,X_2,\cdots,X_n(n\geqslant 2)$ 为来自总体的简单随机样本,则对应的统计量 $T_1=\dfrac{1}{n}\sum\limits_{i=1}^{n}X_i$,$T_2=\dfrac{1}{n-1}\sum\limits_{i=1}^{n-1}X_i+\dfrac{1}{n}X_n$, ( )

(A) $ET_1>ET_2,DT_1>DT_2$

(B) $ET_1>ET_2,DT_1<DT_2$

(C) $ET_1 < ET_2, DT_1 > DT_2$

(D) $ET_1 < ET_2, DT_1 < DT_2$

§6.2 统计量与抽样分布

获取样本只是进行统计推断的第一步,但是样本所含的信息往往不能直接用于解决所要研究的问题,而需要将样本所含的信息进行适当的加工和处理将其“浓缩”为所需要的信息,然后据此做出推断.在数理统计中,我们往往通过构造一个合适的样本的函数来实现这一目的,这个样本的函数就是所谓的统计量.

6.2.1 统计量

定义 6.2.1 设 $(X_1, X_2, \cdots, X_n)$ 是来自总体 X 的样本,$g(x_1, x_2, \cdots, x_n)$ 是 $x_1, x_2, \cdots, x_n$ 的连续或分段连续函数,若它不含任何未知参数,则称 $g(X_1, X_2, \cdots, X_n)$ 是**统计量**;若 $(x_1, x_2, \cdots, x_n)$ 是样本观察值,则称 $g(x_1, x_2, \cdots, x_n)$ 是该统计量的观察值.

在数学上,对 g 的要求可以更弱,只需要是波雷尔可测函数就可以了,但这已经超出了本书的范围,有兴趣的同学可参看数学专业的有关教材.另外,在定义中要求统计量不能依赖于任何未知参数,这是由统计量本身的意义所决定的,因为统计量的作用就在于对未知参数进行推断,这样一旦获得样本观察值后,即能算得相应统计量具体的观察值.

由定义,函数 $T = \frac{1}{\sigma}\sum_{i=1}^{n}(X_i - \mu)^2$ 当 σ, μ 均已知时是统计量,而当 σ, μ 至少有一个是未知时就不是统计量.

下面介绍几个常用的统计量.

设 $(X_1, X_2, \cdots, X_n)$ 是来自总体 X 的样本,$(x_1, x_2, \cdots, x_n)$ 是样本观察值.

定义 6.2.2 称统计量

$$\overline{X} = \frac{1}{n}\sum_{i=1}^{n} X_i \tag{6.2.1}$$

为**样本平均值**(或样本均值);称统计量

$$S^2 = \frac{1}{n-1}\sum_{i=1}^{n}(X_i - \overline{X})^2 \tag{6.2.2}$$

为**样本方差**;称统计量

$$S = \sqrt{S^2} = \sqrt{\frac{1}{n-1}\sum_{i=1}^{n}(X_i - \overline{X})^2} \tag{6.2.3}$$

为**样本标准差**;称统计量

$$A_k = \frac{1}{n}\sum_{i=1}^{n} X_i^k, \quad (k = 1,2,\cdots) \tag{6.2.4}$$

为**样本 k 阶原点矩**；称统计量

$$B_k = \frac{1}{n}\sum_{i=1}^{n} (X_i - \overline{X})^k, \quad (k = 1,2,\cdots) \tag{6.2.5}$$

为**样本 k 阶中心矩**.

上述定义中的统计量的观察值分别为

$$\bar{x} = \frac{1}{n}\sum_{i=1}^{n} x_i,\ s^2 = \frac{1}{n-1}\sum_{i=1}^{n}(x_i - \bar{x})^2,\ s = \sqrt{\frac{1}{n-1}\sum_{i=1}^{n}(x_i - \bar{x})^2},$$

$$a_k = \frac{1}{n}\sum_{i=1}^{n} x_i^k,\ b_k = \frac{1}{n}\sum_{i=1}^{n}(x_i - \bar{x})^k;(k = 1,2,\cdots)$$

为方便起见，这些观察值仍分别称为样本均值、样本方差、样本标准差、样本 k 阶原点矩、样本 k 阶中心矩.

定理 6.2.1　设总体 X 的数学期望和方差存在，并设 $E(X) = \mu, D(X) = \sigma^2$，若 $(X_1,\cdots,X_n)$ 是取自总体 X 的样本，则有

$$E(\overline{X}) = \mu, \quad D(\overline{X}) = \frac{\sigma^2}{n}, \quad E(S^2) = \sigma^2 \tag{6.2.6}$$

证　首先，对任意的 $i(1 \leqslant i \leqslant n)$，有 $E(X_i) = E(X) = \mu$，从而

$$E(\overline{X}) = E\left(\frac{1}{n}\sum_{i=1}^{n} X_i\right) = \frac{1}{n}\sum_{i=1}^{n} E(X_i) = \frac{1}{n} \cdot n\mu = \mu$$

又样本 $X_1,\cdots,X_n$ 相互独立，$D(X_i) = D(X) = \sigma^2$，故

$$D(\overline{X}) = D\left(\frac{1}{n}\sum_{i=1}^{n} X_i\right) = \frac{1}{n^2}\sum_{i=1}^{n} D(X_i) = \frac{1}{n^2} \cdot n\sigma^2 = \frac{\sigma^2}{n}$$

对于样本方差 S^2，注意到

$$\begin{aligned} S^2 &= \frac{1}{n-1}\sum_{i=1}^{n}(X_i - \overline{X})^2 \\ &= \frac{1}{n-1}\left[\sum_{i=1}^{n} X_i^2 - 2\overline{X}\sum_{i=1}^{n} X_i + n(\overline{X})^2\right] \\ &= \frac{1}{n-1}\left[\sum_{i=1}^{n} X_i^2 - n(\overline{X})^2\right] \end{aligned}$$

所以

$$\begin{aligned} E(S^2) &= \frac{1}{n-1}\left[\sum_{i=1}^{n} E(X_i^2) - nE(\overline{X}^2)\right] \\ &= \frac{1}{n-1}\left[\sum_{i=1}^{n}(\sigma^2 + \mu^2) - n\left(\frac{\sigma^2}{n} + \mu^2\right)\right] = \sigma^2 \end{aligned}$$

证毕

由于($X_1,\cdots,X_n$)是来自总体 X 的样本,因此 $X_1^k,X_2^k,\cdots,X_n^k$ 相互独立且与 X^k 具有相同的分布,于是,当总体的 k 阶矩 $E(X^k)=\mu_k$ 存在时,由辛钦大数定律,对于任意给定的正数 ε,有

$$\lim_{n\to\infty}P\left\{\left|\frac{1}{n}\sum_{i=1}^{n}X_i^k-\mu_k\right|\geqslant\varepsilon\right\}=0 \tag{6.2.7}$$

即有

$$A_k=\frac{1}{n}\sum_{i=1}^{n}X_i^k\xrightarrow{P}\mu_k. \tag{6.2.8}$$

也就是说,当样本的容量趋于无穷时,样本 k 阶矩依概率收敛于相应的总体 k 阶矩.这个结论非常重要,我们将在下一章讨论参数的矩估计时用到它.

6.2.2 次序统计量及其分布

除了样本矩以外,另一类常见的统计量是次序统计量,它在实际和理论中都有广泛的应用.

定义 6.2.3 设 $X_1,X_2,\cdots,X_n$ 是来自总体 X 的样本,$X_{(k)}$ 为该样本的第 k 个次序统计量,它的取值是将样本观测值由小到大排列后得到的第 k 个观测值.其中 $X_{(1)}=\min\{X_1,\cdots,X_n\}$ 称为该样本的最小次序统计量,$X_{(n)}=\max\{X_1,\cdots,X_n\}$ 称为该样本的最大次序统计量.

注意,在一个简单随机样本中,$X_1,X_2,\cdots,X_n$ 是独立同分布的,而次序统计量 $X_{(1)},X_{(2)},\cdots,X_{(n)}$ 既不独立,也不同分布,看下例.

例 6.2.1 设总体 X 的分布为仅取 0,1,2 的离散均匀分布,其分布列为

X	0	1	2
p	1/3	1/3	1/3

现从中抽取容量为 3 的样本,问次序统计量 $X_{(1)},X_{(2)},X_{(3)}$ 是否独立同分布?

解 容量为 3 的样本一切可能取值有 $3^3=27$ 种,现将它们列在表 6-2-1 左侧,其右侧是相应的次序统计量观测值.

表 6-2-1 例 6.2.1 中样本取值及其次序统计量取值

X_1	X_2	X_3	$X_{(1)}$	$X_{(2)}$	$X_{(3)}$	X_1	X_2	X_3	$X_{(1)}$	$X_{(2)}$	$X_{(3)}$
0	0	0	0	0	0	1	2	0	0	1	2
0	0	1	0	0	1	2	1	0	0	1	2

X_1	X_2	X_3	$X_{(1)}$	$X_{(2)}$	$X_{(3)}$	X_1	X_2	X_3	$X_{(1)}$	$X_{(2)}$	$X_{(3)}$
0	1	0	0	0	1	0	2	2	0	2	2
1	0	0	0	0	1	2	0	2	0	2	2
0	0	2	0	0	2	2	2	0	0	2	2
0	2	0	0	0	2	1	1	2	1	1	2
2	0	0	0	0	2	1	2	1	1	1	2
0	1	1	0	1	1	2	1	1	1	1	2
1	0	1	0	1	1	1	2	2	1	2	2
1	1	0	0	1	1	2	1	2	1	2	2
0	1	2	0	1	2	2	2	1	1	2	2
0	2	1	0	1	2	1	1	1	1	1	1
1	0	2	0	1	2	2	2	2	2	2	2
2	0	1	0	1	2						

由于样本取上述每一组观测值的概率相同，都为 1/27，由此可给出 $X_{(1)}$，$X_{(2)}$，$X_{(3)}$ 的分布列如下：

$X_{(1)}$	0	1	2
p	$\frac{19}{27}$	$\frac{7}{27}$	$\frac{1}{27}$

$X_{(2)}$	0	1	2
p	$\frac{7}{27}$	$\frac{13}{27}$	$\frac{7}{27}$

$X_{(3)}$	0	1	2
p	$\frac{1}{27}$	$\frac{7}{27}$	$\frac{19}{27}$

由此可见，这三个次序统计量的分布是不相同的. 进一步，我们可以给出两个次序统计量的联合分布，如 $X_{(1)}$ 和 $X_{(2)}$ 的联合分布列为

$X_{(1)}$ \ $X_{(2)}$	0	1	2
0	7/27	9/27	3/27
1	0	4/27	3/27
2	0	0	1/27

因为 $P(X_{(1)}=0)P(X_{(2)}=0)=\frac{19}{27}\times\frac{7}{27}$，而 $P(X_{(1)}=0,X_{(2)}=0)=\frac{7}{27}$，两者不相等，由此可看出 $X_{(1)}$ 和 $X_{(2)}$ 是不独立的. ◇

接下来我们讨论次序统计量的抽样分布，它们常用在连续总体上，下面我们仅就总体 X 为连续情况进行叙述.

首先给出单个次序统计量的分布.

定理 6.2.2 设总体 X 的密度函数为 $f(x)$，分布函数为 $F(x)$，$X_1,X_2,\cdots,X_n$ 为样本，则第 k 个次序统计量 $X_{(k)}$ 的密度函数为

$$f_k(x)=\frac{n!}{(k-1)!(n-k)!}(F(x))^{k-1}(1-F(x))^{n-k}f(x) \tag{6.2.9}$$

证明 对任意的实数 x，注意到事件“次序统计量 $X_{(k)}$ 取值落在小区间 $(x,x+\Delta x]$ 内”等价于“样本容量为 n 的样本中有 1 个观测值落在 $(x,x+\Delta x]$ 之间，而有 $k-1$ 个观测值小于等于 x，有 $n-k$ 个观测值大于 $x+\Delta x$”，其直观示意见图 6-2-1.

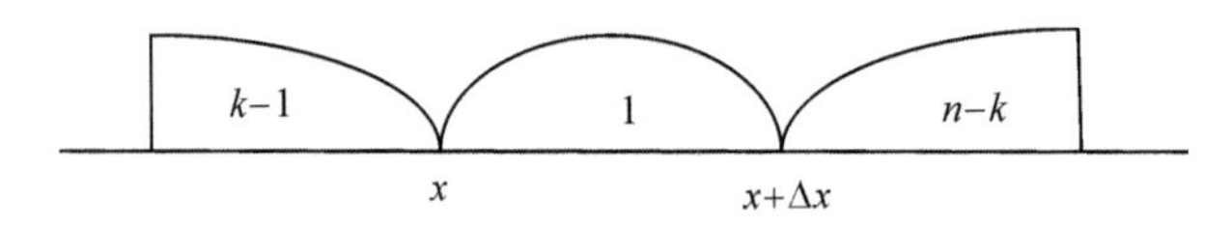

图 6-2-1 $X_{(k)}$ 取值的示意图

样本的每一个分量小于等于 x 的概率为 $F(x)$，落入区间 $(x,x+\Delta x]$ 的概率为 $F(x+\Delta x)-F(x)$，大于 $x+\Delta x$ 的概率为 $1-F(x+\Delta x)$，而将 n 个分量分成这样的三组，总的分法有 $\dfrac{n!}{(k-1)!1!(n-k)!}$ 种. 于是，若以 $F_k(x)$ 记 $X_{(k)}$ 的分布函数，则由多项分布可得

$$F_k(x+\Delta x)-F_k(x)\approx\frac{n!}{(k-1)!(n-k)!}(F(x))^{k-1}F(x+\Delta x)$$
$$-F(x))(1-F(x+\Delta x)))^{n-k}$$

两边除以 Δx，并令 $\Delta x\to 0$，有

$$\begin{aligned}f_k(x)&=\lim_{\Delta x\to 0}\frac{F_k(x+\Delta x)-F_k(x)}{\Delta x}\\&=\frac{n!}{(k-1)!(n-k)!}(F_k(x))^{k-1}f(x)(1-F_k(x))^{n-k}\end{aligned}$$

其中 $f_k(x)$ 的非零区间与总体的非零区间相同. 定理 6.2.2 得证. ◇

特别地，令 $k=1$ 和 $k=n$ 即得到最小次序统计量 $X_{(1)}$ 和最大次序统计量 $X_{(n)}$ 的密度函数分别为：

$$f_n(x)=n\cdot(F(x))^{n-1}f(x),\quad f_1(x)=n\cdot(1-F(x))^{n-1}f(x).$$

例 6.2.2 设总体密度函数为

$$f(x)=3x^2,\qquad 0<x<1,$$

现从该总体抽得一个容量为 5 的样本，试计算 $P(X_{(2)}<1/2)$.

解 首先求出 $X_{(2)}$ 的分布. 由总体密度函数不难求出总体分布函数为

$$F(x)=\begin{cases}0, & x\leqslant 0\\ x^3, & 0<x<1\\ 1, & x\geqslant 1\end{cases}$$

由定理 6.2.2 可以得到 $X_{(2)}$ 的密度函数为

$$\begin{aligned} f_2(x) &= \frac{5!}{(2-1)!(5-2)!}(F(x))^{2-1}f(x)(1-F(x))^{5-2} \\ &= 20 \cdot x^3 \cdot 3x^2 \cdot (1-x^3)^3 \\ &= 60x^5(1-x^3)^3, \quad 0<x<1 \end{aligned}$$

于是

$$\begin{aligned} P(X_{(2)}<1/2) &= \int_0^{1/2} 60x^5(1-x^3)^3 dx \\ &= \int_0^{1/8} 20y(1-y)^3 dy = \int_{7/8}^{1} 20(z^3-z^4)dz \\ &= 5(1-(7/8)^4) - 4(1-(7/8)^5) = 0.1207. \end{aligned}$$

◇

例 6.2.3 设总体分布为 $U(0,1)$，$X_1, X_2, \cdots, X_n$ 为其样本，则其第 k 个次序统计量的密度函数为

$$f_k(x) = \frac{n!}{(k-1)!(n-k)!}x^{k-1}(1-x)^{n-k}, \quad 0<x<1$$

这就§2.4 是中介绍的贝塔分布 $Be(k, n-k+1)$，从而有 $E(X_{(k)}) = \dfrac{k}{n+1}$.

下面我们仅讨论任意二个次序统计量的联合分布，对三个或三个以上次序统计量的分布可参照进行.

定理 6.2.3 在定理 6.2.2 的记号下，次序统计量 $(X_{(i)}, X_{(j)})$ $(i<j)$ 的联合分布密度函数为

$$f_{ij}(y,z) = \frac{n!}{(i-1)!(j-i-1)!(n-j)!}[F(y)]^{i-1}[F(z)-F(y)]^{j-i-1}.$$
$$[1-F(z)]^{n-j}f(y)f(z), \qquad y \leqslant z \tag{6.2.10}$$

证明 对增量 Δy，Δz 以及 $y<z$，事件"$X_{(i)} \in (y, y+\Delta y]$，$X_{(j)} \in (z, z+\Delta z]$"可以等价表述为"容量为 n 的样本 $X_{(1)}, \cdots, X_{(n)}$ 中有 $i-1$ 个观测值小于等于 y，一个落入区间 $(y, y+\Delta y]$，$j-i-1$ 个落入区间 $(y+\Delta y, z]$，一个落入区间 $(z, z+\Delta z]$，而余下 $n-j$ 个大于 $z+\Delta z$"(见图 6-2-2).

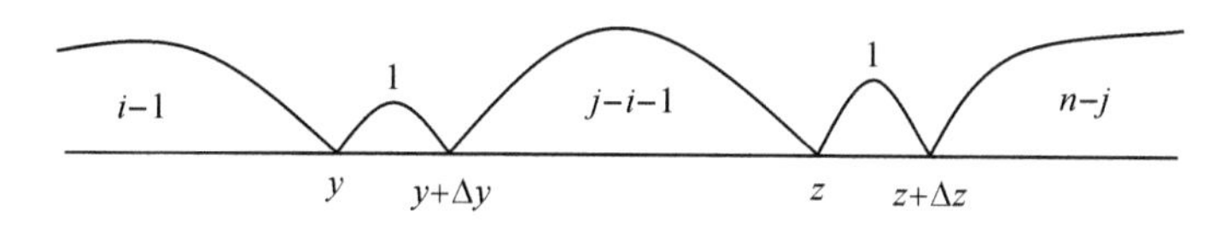

图 6-2-2 $X_{(i)}$ 与取值的示意图

由多项分布可得

$P(X_{(i)} \in (y, y+\Delta y), X_{(i)} \in (z, z+\Delta z))$

$$\approx \frac{n!}{(i-1)!1!(j-i-1)!1!(n-j)!}[F(y)]^{i-1}f(y)\Delta y[F(z)-F(y+\Delta y)]^{j-i-1}f(z)\Delta z[1-F(z+\Delta z)]^{n-j},$$

由 $F(x)$ 的连续性,当 $\Delta y \to 0$, $\Delta z \to 0$ 时,有 $F(y+\Delta y) \to F(y)$, $F(z+\Delta z) \to F(z)$,则

$$\begin{aligned} f_{ij}(y,z) &= \lim_{\Delta y \to 0, \Delta z \to 0} \frac{P(X_{(i)} \in (y,y+\Delta y), X_{(j)} \in (z,z+\Delta z))}{\Delta y \cdot \Delta z} \\ &= \frac{n!}{(i-1)!(j-i-1)!(n-j)!}[F(y)]^{i-1}[F(z)-F(y)]^{j-i-1}[1-F(z)]^{n-j}f(y)f(z). \end{aligned}$$

故定理得证. ◇

在实际问题中会用到一些次序统计量的函数,如: $R_n = X_{(n)} - X_{(1)}$ 称为**样本极差**,是一个很常用的统计量. 下面是一个样本极差的分布用初等函数表示的例子.

例 6.2.4 设总体分布为 $U(0,1)$, $X_1, X_2, \cdots, X_n$ 为样本,则 $(X_{(1)}, X_{(n)})$ 的联合密度函数为

$$f_{1,n}(y,z) = n(n-1)(z-y)^{n-2}, \quad 0 < y < z < 1$$

令 $R_n = X_{(n)} - X_{(1)}$,由 $R > 0$ 可以推出 $0 < X_{(1)} = X_{(n)} - R \leqslant 1 - R$,则

$$f_R(r) = \int_0^{1-r} n(n-1)[(y+r)-y]^{n-2}dy = n(n-1)r^{n-2}(1-r), \quad 0 < r < 1.$$

这是参数为 $(n-1,2)$ 的贝塔分布. ◇

下面介绍样本分位数与样本中位数.

样本中位数也是一个很常见的统计量,它也是次序统计量的函数,通常如下定义. 设 $X_{(1)}, \cdots, X_{(n)}$ 是有序样本,则样本中位数 $m_{0.5}$ 定义为

$$m_{0.5} = \begin{cases} X_{(\frac{n+1}{2})}, & \\ \frac{1}{2}(X_{(\frac{n}{2})} + X_{(\frac{n}{2}+1)}), & n \text{ 为偶数}. \end{cases}$$

譬如,若 $n = 5$,则 $m_{0.5} = X_{(3)}$,若 $n = 6$,则 $m_{0.5} = \frac{1}{2}(X_{(3)} + X_{(4)})$.

更一般地,样本 p 分位数 m_p 可如下定义:

$$m_p = \begin{cases} X_{([np+1])}, & \\ \frac{1}{2}(X_{(np)} + X_{(np+1)}), & \text{若 } np \text{ 是整数}. \end{cases}$$

譬如,若 $n = 10$, $p = 0.35$,则 $m_{0.35} = X_{(4)}$,若 $n = 20$, $p = 0.45$,则 $m_{0.45} = \frac{1}{2}(X_{(9)} + X_{(10)})$.

对多数总体而言，要给出样本 p 分位数的精确分布通常不是一件容易的事. 但当 $n \to +\infty$ 时,样本 p 分位数的渐进分布有比较简单的表达式，这里不加证明地给出如下定理.

定理 6.2.4 设总体密度函数 $f(x)$，x_p 为其 p 分位数，$f(x)$ 在 x_p 处连续且 $f(x_p) > 0$，则当 $n \to +\infty$ 时,样本 p 分位数 m_p 的渐进分布为

$$m_p \dot{\sim} N\left(x_p, \frac{p(1-p)}{n \cdot p^2(x_p)}\right)$$

特别，对样本中位数，当 $n \to +\infty$ 时,近似地有

$$m_{0.5} \dot{\sim} N\left(x_{0.5}, \frac{1}{4n \cdot p^2(x_{0.5})}\right)$$

例 6.2.5 设总体分布为柯西分布，密度函数为

$$f(x;\theta) = \frac{1}{\pi(1+(x-\theta))^2}, \quad -\infty < x < +\infty$$

其分布函数为

$$F(x;\theta) = \frac{1}{2} + \frac{1}{\pi}\arctan(x-\theta)$$

易知 θ 是该总体的中位数，即 $x_{0.5} = \theta$. 设 $X_1, X_2, \cdots, X_n$ 是来自该总体的样本,当样本量 n 较大时，样本中位数 $m_{0.5}$ 的渐进分布为

$$m_{0.5} \dot{\sim} N\left(\theta, \frac{\pi^2}{4n}\right)$$

定义 6.2.4(经验分布函数) 设 $X_1, X_2, \cdots, X_n$ 是来自总体 X 的样本,对于任意的实数 x，用 $S(x)$ 表示样本中不大于 x 的随机变量的个数,则 $S(x)$ 表示事件 $\{X \leqslant x\}$ 出现的频数,而它出现的频率

$$F_n(x) = \frac{1}{n}S(x) = \begin{cases} 0, & x < X_{(1)} \\ \frac{k}{n}, & X_{(k)} \leqslant x \leqslant X_{(k+1)} \\ 1 & x \geqslant X_{(n)} \end{cases} \tag{6.2.11}$$

也是一个统计量,称之为**经验分布函数**.

根据伯努利大数定律,事件的频率以概率收敛于该事件的概率，因此当样本的容量趋于无穷时,经验分布函数 $F_n(x)$ 以概率收敛于总体的分布函数 $F(x)$. 事实上,还有更加深刻的结论,格里汶科(Glivenko)在 1933 年证明了如下的定理.

经验分布模拟实验

定理 6.2.5 对于任意的实数 x，当 $n \to \infty$ 时,经验分布函数 $F_n(x)$ 以概率 1 一致收敛于总体的分布函数 $F(x)$，即有

$$P\{\lim_{n\to\infty} \sup_{-\infty<x<+\infty} |F_n(x) - F(x)| = 0\} = 1 \tag{6.2.12}$$

这个定理说明,当样本的容量足够大时,经验分布函数的任一个观察值 $F_n(x)$ 与总体的分布函数值 $F(x)$ 之差的最大值(上确界)"几乎必然"地很小,从而在实际问题中可作为总体分布函数的一个估计.

6.2.3 χ^2 分布　t 分布　F 分布

统计量的分布,称为抽样分布.在以后的许多问题中,需要在总体的分布函数表达式已知时,求出统计量的分布函数,即确定出统计量的精确分布.求出统计量的精确分布,这对于数理统计学中的所谓小样本问题(即在样本容量较小的情况下所讨论的各种统计问题)的研究很有用处.

一般情况下,要确定出统计量的分布是很困难的一件事,但是在总体 X 服从正态分布(此时称 X 是正态总体)时,已求出与 $\overline{X},S^2$ 有关的一些统计量的精确分布,这些精确分布中重要且常用的就是本节要介绍的 χ^2 分布、t 分布、F 分布.

1. χ^2 分布

定义 6.2.5　设随机变量 $X_1,X_2,\cdots,X_n$ 相互独立且均服从标准正态分布 $N(0,1)$,则称随机变量

$$\chi^2 = X_1^2 + X_2^2 + \cdots + X_n^2 \tag{6.2.13}$$

所服从的分布是**自由度为 n 的 χ^2 分布**,记为 $\chi^2 \sim \chi^2(n)$.

$\chi^2(n)$ 分布的概率密度函数为(证略)

$$f(y) = \begin{cases} \dfrac{1}{2^{\frac{n}{2}}\Gamma(\frac{n}{2})} y^{\frac{n}{2}-1}\mathrm{e}^{-\frac{y}{2}}, & y > 0 \\ 0, & y \leqslant 0 \end{cases} \tag{6.2.14}$$

$f(y)$ 的图形由图 6-2-3 所示

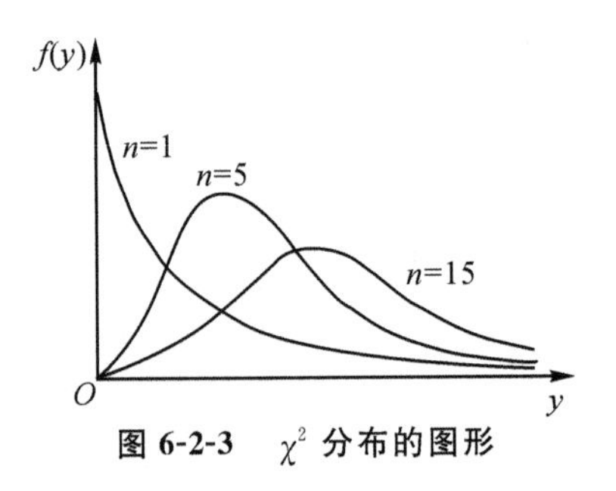

图 6-2-3　χ^2 分布的图形

卡方分布模拟实验

关于 χ^2 分布有一条有用的性质:设 $\chi_1^2 \sim \chi^2(n_1)$,$\chi_2^2 \sim \chi^2(n_2)$,且 χ_1^2 与 χ_2^2 独立,则 $\chi_1^2 + \chi_2^2 \sim \chi^2(n_1 + n_2)$.

这条性质叫作**分布的可加性**,可由定义 6.2.5 直接得到.

例 6.2.6　设总体 $X \sim N(0,1)$，$X_1,X_2,\cdots,X_6$ 是来自总体 X 的样本.又设

$$Y=(X_1+X_2+X_3)^2+(X_4+X_5+X_6)^2$$

试确定 C，使得 CY 服从 χ^2 分布.

解　由已知条件及正态分布的独立可加性有

$$X_1+X_2+X_3 \sim N(0,3), \qquad X_4+X_5+X_6 \sim N(0,3)$$

且 $X_1+X_2+X_3$ 与 $X_4+X_5+X_6$ 相互独立.显然应有 $C>0$，且

$$CY=\left[\sqrt{C}(X_1+X_2+X_3)\right]^2+\left[\sqrt{C}(X_4+X_5+X_6)\right]^2$$

由于

$$\sqrt{C}(X_1+X_2+X_3) \sim N(0,3C)$$
$$\sqrt{C}(X_4+X_5+X_6) \sim N(0,3C)$$

因此，当 $3C=1$，即 $C=1/3$ 时，CY 是两个相互独立且服从 $N(0,1)$ 的随机变量的平方和，由定义知此时，$CY \sim \chi^2(2)$. 故当 $C=1/3$ 时，CY 服从 χ^2 分布.

例 6.2.7　设 $\chi^2 \sim \chi^2(n)$，求 $E(\chi^2)$，$D(\chi^2)$.

解　因对 $i=1,2,\cdots,n$，X_i 均服从标准正态分布，故有 $E(X_i)=0$，$E(X_i^2)=D(X_i)=1$，而

$$\begin{aligned}E(X_i^4)&=\frac{1}{\sqrt{2\pi}}\int_{-\infty}^{\infty}x^4\mathrm{e}^{-\frac{x^2}{2}}\mathrm{d}x\\&=\frac{1}{\sqrt{2\pi}}\int_{-\infty}^{+\infty}-x^3\mathrm{d}\mathrm{e}^{-\frac{x^2}{2}}\\&=\frac{1}{\sqrt{2\pi}}(-x^3)\mathrm{e}^{-\frac{x^2}{2}}\Bigg|_{-\infty}^{+\infty}+\frac{3}{\sqrt{2\pi}}\int_{-\infty}^{+\infty}x^2\mathrm{e}^{-\frac{x^2}{2}}\mathrm{d}x\\&=3E(X^2)=3\end{aligned}$$

于是有

$$D(X_i^2)=E(X_i^4)-[E(X_i^2)]^2=3-1^2=2$$

利用独立性有

$$E(\chi^2)=E(X_1^2)+E(X_2^2)+\cdots+E(X_n^2)=n$$
$$D(\chi^2)=D(X_1^2)+D(X_2^2)+\cdots+D(X_n^2)=2n$$

2. t 分布

定义 6.2.6　设 $X \sim N(0,1)$，$Y \sim \chi^2(n)$，并且 X 与 Y 独立，则称随机变量

$$t=\frac{X}{\sqrt{Y/n}} \tag{6.2.15}$$

所服从的分布是**自由度为 n 的 t 分布**，记为 $t \sim t(n)$.

$t(n)$ 分布的概率密度函数为(证略)

$$h(t)=\frac{\Gamma(\frac{n+1}{2})}{\sqrt{\pi n}\Gamma(\frac{n}{2})}\left(1+\frac{t^2}{n}\right)^{-\frac{n+1}{2}},-\infty<t<\infty \tag{6.2.16}$$

由于 $h(t)$ 是偶函数,因此 t 分布是对称分布,$h(t)$ 的图形如下:

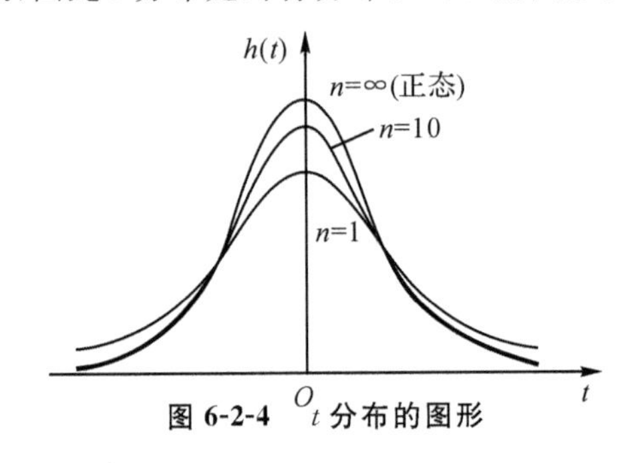

图 6-2-4 t 分布的图形

t 分布模拟实验

由于

$$\lim_{n\to\infty}\left(1+\frac{t^2}{n}\right)^{-\frac{n+1}{2}}=\mathrm{e}^{-\frac{t^2}{2}}$$

又由伽马函数的斯特林公式,可得

$$\lim_{n\to\infty}\frac{\Gamma\left(\frac{n+1}{2}\right)}{\Gamma\left(\frac{n}{2}\right)\sqrt{n\pi}}=\frac{1}{\sqrt{2\pi}}$$

因此,有

$$\lim_{n\to\infty}h(t)=\frac{1}{\sqrt{2\pi}}\mathrm{e}^{-\frac{t^2}{2}}$$

这表明当 n 充分大时,自由度为 n 的 t 分布可近似地看成标准正态分布. 一般地,当 $n>30$ 时 t 分布与标准正态分布就已经非常接近了,但对较小的 n,t 分布与标准正态分布之间有较大的差异,且 t 分布的尾部比标准正态分布的尾部有着更大的概率,即如果 $T\sim t(n)$,$X\sim N(0,1)$,则对于充分大的正数 t_0,有

$$P\{|T|\geqslant t_0\}>P\{|X|\geqslant t_0\} \tag{6.2.17}$$

这使得在描述不是十分罕见的极端事件所服从的统计规律性时,t 分布是一个比正态分布更加符合实际的概率分布.

例 6.2.8 设总体 X 和 Y 相互独立,且都服从正态分布 $N(0,3^2)$,而 $X_1,X_2,\cdots,X_9$ 和 $Y_1,Y_2,\cdots,Y_9$ 分别是来自 X 和 Y 的样本. 求统计量

$$V=\frac{X_1+\cdots+X_9}{\sqrt{Y_1^2+\cdots+Y_9^2}}$$

所服从的分布,并指明自由度.

解 由于 $X_1, X_2, \cdots, X_9$ 是来自正态总体的样本,且都服从 $N(0, 3^2)$,故样本均值

$$\overline{X} = \frac{1}{9}(X_1 + \cdots + X_9) \sim N(0,1)$$

由于 $Y_1, Y_2, \cdots, Y_9$ 相互独立,且都服从 $N(0, 3^2)$,则

$$\frac{Y_i}{3} \sim N(0, 1), \qquad (i = 1, \cdots, 9)$$

故

$$\chi^2 = \left(\frac{Y_1}{3}\right)^2 + \cdots + \left(\frac{Y_9}{3}\right)^2 = \frac{1}{9}(Y_1^2 + \cdots + Y_9^2) \sim \chi^2(9)$$

又因为 $\overline{X}$ 与 χ^2 相互独立,由 t 分布的定义知,

$$\frac{\overline{X}}{\sqrt{\frac{\chi^2}{9}}} = \frac{\frac{1}{9}(X_1 + \cdots + X_9)}{\sqrt{\frac{1}{9^2}(Y_1^2 + \cdots + Y_9^2)}} = V \sim t(9)$$

即统计量 V 服从 t 分布,自由度 9. ◇

3. F 分布

定义 6.2.7 设 $X \sim \chi^2(n_1)$,$Y \sim \chi^2(n_2)$ 且 X 与 Y 独立,则称随机变量

$$F = \frac{X/n_1}{Y/n_2} \tag{6.2.18}$$

所服从的分布是自由度为 (n_1, n_2) 的 F 分布,记为 $F \sim F(n_1, n_2)$.

显然若 $F \sim F(n_1, n_2)$,则 $\frac{1}{F} \sim F(n_2, n_1)$.

$F(n_1, n_2)$ 分布的概率密度函数为(证略)

$$\psi(y) = \begin{cases} \dfrac{\Gamma[(n_1 + n_2)/2](n_1/n_2)^{n_1/2} y^{\frac{n_1}{2}-1}}{\Gamma(\frac{n_1}{2})\Gamma(\frac{n_2}{2})[1 + (n_1 x/n_2)]^{(n_1+n_2)/2}}, & y > 0 \\ 0, & y \leqslant 0 \end{cases} \tag{6.2.19}$$

$\psi(y)$ 的图形大致如下

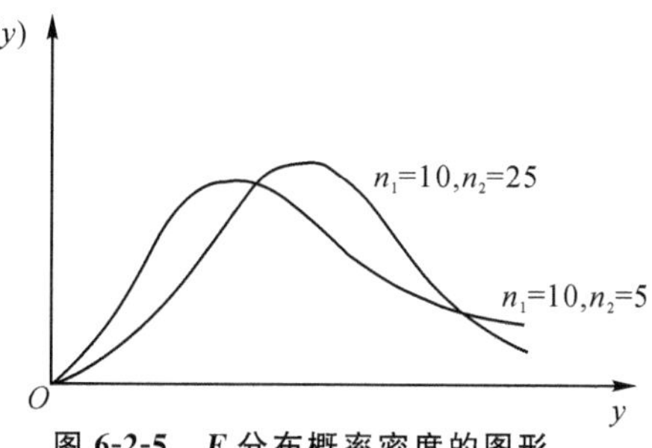

图 6-2-5 F 分布概率密度的图形

例 6.2.9 设正态总体 $X \sim N(0,2^2)$，而 $(X_1,X_2,\cdots,X_{15})$ 是来自总体 X 的样本，令

$$Y=\frac{X_1^2+X_2^2+\cdots X_{10}^2}{2(X_{11}^2+\cdots+X_{15}^2)}$$

试确定随机变量 Y 的分布.

解 由已知条件知

$$\frac{1}{4}S_1^2=\left(\frac{X_1}{2}\right)^2+\cdots+\left(\frac{X_{10}}{2}\right)^2\sim\chi^2(10)$$

$$\frac{1}{4}S_2^2=\left(\frac{X_{11}}{2}\right)^2+\cdots+\left(\frac{X_{15}}{2}\right)^2\sim\chi^2(5)$$

利用样本的独立性知，S_1^2 与 S_2^2 相互独立，于是，由 F 分布的定义，有

$$Y=\frac{X_1^2+\cdots X_{10}^2}{2(X_{11}^2+\cdots+X_{15}^2)}=\frac{\frac{1}{4}S_1^2/10}{\frac{1}{4}S_2^2/5}\sim F(10,5).$$ ◇

在第四章定义 4.4.2 中给出了 α 分位数(上侧或下侧)的概念，以后涉及的 α 分位数均指上侧分位数，简称上 α **分位数或上** α **分位点**.

标准正态分布 $N(0,1)$ 的上 α 分位点记为 u_α.

$\chi^2(n)$ 分布的上 α 分位数记为 $\chi_\alpha^2(n)$，如图 6-2-6 所示.

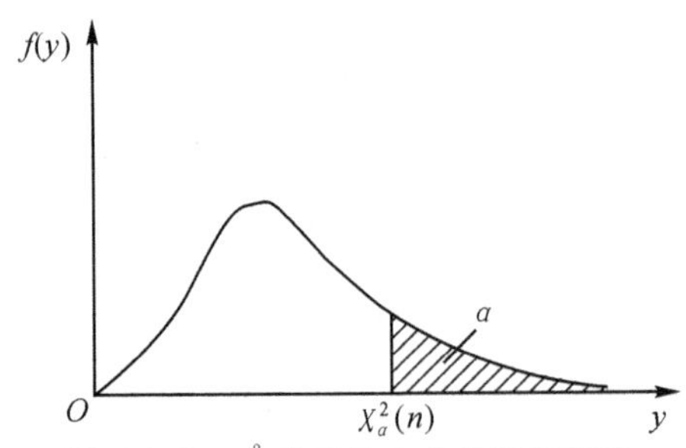

图 6-2-6 χ^2 分布的上分位数示意图

$t(n)$ 分布的上 α 分位数记为 $t_\alpha(n)$，如图 6-2-7 所示.

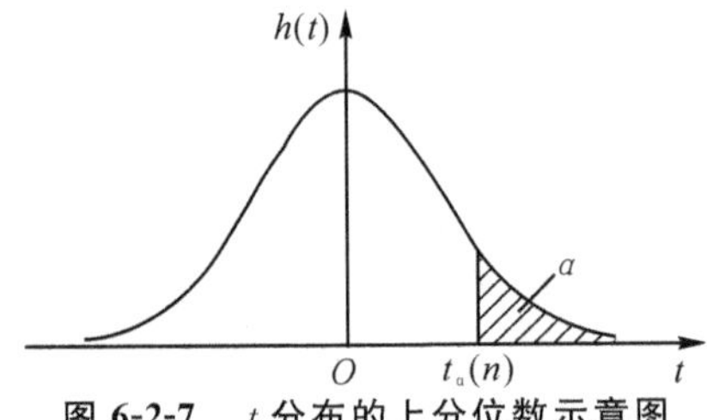

图 6-2-7 t 分布的上分位数示意图

$F(n_1,n_2)$ 分布的上 α 分位数记为 $F_\alpha(n_1,n_2)$，如图 6-2-8 所示.

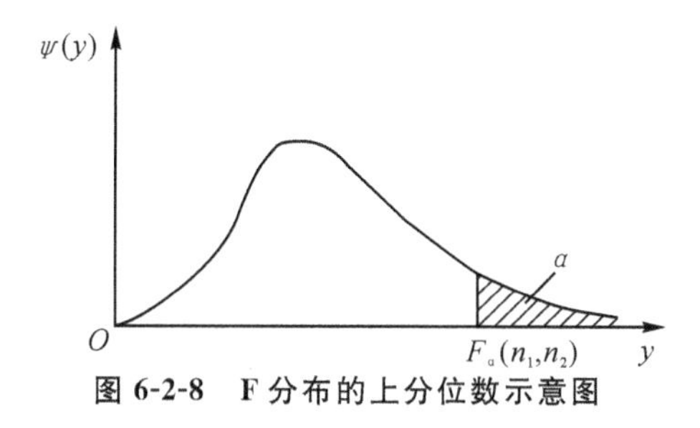

图 6-2-8 F 分布的上分位数示意图

通常地，给定 α 时可从附表中查出上 α 分位数，给定某个上分位数时可以查出相应的概率.本教材后面就给出几个常见分布的附表.

关于分位数有如下一些性质：

(1) $u_{1-\alpha}=-u_\alpha$ (6.2.20)

(2) $t_{1-\alpha}(n)=-t_\alpha(n)$ (6.2.21)

(3) $F_\alpha(n_1,n_2)=\dfrac{1}{F_{1-\alpha}(n_2,n_1)}$ (6.2.22)

(1),(2)的证明由读者自己完成，下面我们证明(3)

由定义知，若 $F\sim F(n_1,n_2)$，则 $\dfrac{1}{F}\sim F(n_2,n_1)$，因此有

$$P\left\{F\geqslant\frac{1}{F_{1-\alpha}(n_2,n_1)}\right\}=P\left\{\frac{1}{F}\leqslant F_{1-\alpha}(n_2,n_1)\right\}$$
$$=1-P\left\{\frac{1}{F}\geqslant F_{1-\alpha}(n_2,n_1)\right\}$$
$$=1-(1-\alpha)=\alpha$$

证毕.

另外还有一些近似结论，例如当 n 较大($n>45$)时，有

$$\chi_\alpha^2(n)\approx\frac{1}{2}(u_\alpha+\sqrt{2n-1})^2,\ t_\alpha(n)\approx u_\alpha \tag{6.2.23}$$

注：本节所介绍的三个分布中的“自由度”有时也称为“参数”，如 $\chi^2(n)$ 表示参数为 n 的 χ^2 分布，$t(n)$ 表示参数为 n 的 t 分布，$F(n_1,n_2)$ 表示参数为 (n_1,n_2) 的 F 分布.

练习题

§6.2 练习题解答

(1)填空题

(a) 设随机变量 $X\sim t(n)$，则 $P\{|X|<t_\alpha(n)\}=$ ________.

(b) 设随机变量 X 与 Y 相互独立，且 $X\sim N(0,4)$，$Y\sim N(1,9)$，当 $C=$ ________

时，$\frac{CX^2}{(Y-1)^2}$ 服从 F 分布，参数为________.

(c)设总体 X 服从正态分布 $N(\mu_1,\sigma^2)$，总体 Y 服从正态分布 $N(\mu_2,\sigma^2)$，$X_1,X_2,\cdots X_{n_1}$ 和 $Y_1,Y_2,\cdots Y_{n_2}$ 分别是来自总体 X 和 Y 的简单随机样本，则

$$E\left[\frac{\sum_{i=1}^{n_1}(X_i-\overline{X})^2+\sum_{j=1}^{n_2}(Y_j-\overline{Y})^2}{n_1+n_2-2}\right]=\_\_\_\_\_\_\_\_.$$

(2)选择题

(a) 设随机变量 X 与 Y 都服从标准正态分布，则 (　　)

(A) $X+Y$ 服从正态分布　　(B) X^2+Y^2 服从 χ^2 分布

(C) X^2 与 Y^2 均服从 χ^2 分布　　(D) X^2/Y^2 服从 F 分布

(b)设随机变量 $X\sim t(n)$，$Y=\frac{1}{X^2}$，则 (　　)

(A) $Y\sim\chi^2(n)$　　(B) $Y\sim\chi^2(n-1)$　(C) $Y\sim F(n,1)$　　(D) $Y\sim F(1,n)$

(c)设 X_1,X_2,X_3 为来自正态总体 $N(0,\sigma^2)$ 的简单随机样本，则统计量 $\frac{X_1-X_2}{\sqrt{2}\,|X_3|}$ 服从的分布为 (　　)

(A) $F(1,1)$　　(B) $F(2,1)$　　(C) $t(1)$　　(D) $t(2)$

(d)设随机变量 $X\sim t(n)$，$Y\sim F(1,n)$，给定 α，$(0<\alpha<0.5)$，常数 C 满足 $P\{X>c\}=\alpha$，则 $P\{Y>c^2\}=$ (　　)

(A)2α　　(B)$1-\alpha$　　(C) α　　(D)$1-2\alpha$

§6.3　正态总体的抽样分布

从理论上说，当总体分布函数的表达式已知时，统计量的精确分布是可以求得的. 但在实际过程中，要确定一个统计量分布的难度很大，到目前为止还只是对一些具有特殊分布的总体可求出某些统计量的精确分布. 求出统计量的分布是很重要的，比如要判断一个统计推断法则的优良性，甚至是统计推断法则的获得，都需要知道某些统计量的分布.

在概率统计中，正态分布占据着非常重要的地位，这是因为由中心极限定理知，许多随机变量的概率分布都是服从或者近似服从正态分布的. 另外，正态分布还有很多优良的性质. 当总体服从正态分布时，对于某些重要的统计量的分布已经有了详尽的研究.

在下面的讨论中，我们总是假设总体 X 是服从正态分布的.

设 $(X_1, X_2, \cdots, X_n)$ 是取自正态总体 $X \sim N(\mu, \sigma^2)$ 的样本，$\overline{X} = \frac{1}{n}\sum_{i=1}^{n} X_i$ 为其样本均值，$S^2 = \frac{1}{n-1}\sum_{i=1}^{n}(X_i - \overline{X})^2$ 为其样本方差.

样本均值与方差
独立性模拟实验

定理 6.3.1　若总体 $X \sim N(\mu, \sigma^2)$，则

$$\overline{X} \sim N\left(\mu, \frac{\sigma^2}{n}\right) \tag{6.3.1}$$

证　由于 $X_1, X_2, \cdots, X_n$ 相互独立且均服从正态分布 $N(\mu, \sigma^2)$，所以作为它们线性组合的样本均值也服从正态分布，又由定理 6.2.1 知

$$E(\overline{X}) = \mu,\ D(\overline{X}) = \frac{\sigma^2}{n}$$

故

$$\overline{X} \sim N\left(\mu, \frac{\sigma^2}{n}\right)$$

如果将样本均值 $\overline{X}$ 标准化即可得下面的推论.

推论　若总体 $X \sim N(\mu, \sigma^2)$，则

$$\frac{\overline{X} - \mu}{\sigma / \sqrt{n}} \sim N(0,1) \tag{6.3.2}$$

定理 6.3.2　若总体 $X \sim N(\mu, \sigma^2)$，则

(1) $\overline{X}$ 与 S^2 相互独立；

(2) $\frac{(n-1)S^2}{\sigma^2} \sim \chi^2(n-1)$.　　(6.3.3)

这个定理的证明见本章附录.

样本均值分布模拟实验

下面我们对自由度作一点说明. 由样本方差的定义可知

$$\frac{(n-1)S^2}{\sigma^2} = \sum_{i=1}^{n}\left(\frac{X_i - \overline{X}}{\sigma}\right)^2$$

虽然上式右端是 n 个随机变量的平方和，但是这些随机变量是不独立的，因为它们的和恒等于零：

$$\sum_{i=1}^{n}\frac{X_i - \overline{X}}{\sigma} = \frac{1}{\sigma}\left(\sum_{i=1}^{n} X_i - n\overline{X}\right) = 0$$

由于受到一个条件的约束，所以自由度为 $n-1$.

定理 6.3.3　若总体 $X \sim N(\mu, \sigma^2)$，则

$$\frac{\overline{X} - \mu}{S / \sqrt{n}} \sim t(n-1) \tag{6.3.4}$$

证　由定理 6.3.1 的推论知，有

$$\frac{\overline{X} - \mu}{\sigma / \sqrt{n}} \sim N(0,1)$$

又由定理 6.3.2 知,有

$$\frac{(n-1)S^2}{\sigma^2} \sim \chi^2(n-1)$$

因为 $\overline{X}$ 与 S^2 独立,所以 $\frac{\overline{X}-\mu}{\sigma/\sqrt{n}}$ 与 $\frac{(n-1)S^2}{\sigma^2}$ 也是独立的,于是由 t 分布的定义,有

抽样分布模拟实验

$$\frac{\dfrac{\overline{X}-\mu}{\sigma/\sqrt{n}}}{\sqrt{\dfrac{(n-1)S^2/\sigma^2}{(n-1)}}} = \frac{\overline{X}-\mu}{S/\sqrt{n}} \sim t(n-1)$$

定理 6.3.4 设 $(X_1, X_2, \cdots, X_{n_1})$ 是正态总体 $X \sim N(\mu_1, \sigma_1^2)$ 的样本,$(Y_1, Y_2, \cdots, Y_{n_2})$ 是正态总体 $Y \sim N(\mu_2, \sigma_2^2)$ 的样本,且两样本相互独立.记

$$\overline{X} = \frac{1}{n_1}\sum_{i=1}^{n_1} X_i,\ S_1^2 = \frac{1}{n_1-1}\sum_{i=1}^{n_1}(X_i-\overline{X})^2$$

$$\overline{Y} = \frac{1}{n_2}\sum_{i=1}^{n_2} Y_i,\ S_2^2 = \frac{1}{n_2-1}\sum_{i=1}^{n_2}(Y_i-\overline{Y})^2$$

则有如下结果:

(1) $F = \dfrac{S_1^2/S_2^2}{\sigma_1^2/\sigma_2^2} \sim F(n_1-1, n_2-1)$; (6.3.5)

(2)当 $\sigma_1^2 = \sigma_2^2$ 时,有

$$T = \frac{\overline{X}-\overline{Y}-(\mu_1-\mu_2)}{S_w\sqrt{\dfrac{1}{n_1}+\dfrac{1}{n_2}}} \sim t(n_1+n_2-2) \tag{6.3.6}$$

其中

$$S_w^2 = \frac{(n_1-1)S_1^2+(n_2-1)S_2^2}{n_1+n_2-2}.$$

证 (1) 因为 $\frac{(n_1-1)S_1^2}{\sigma_1^2} \sim \chi^2(n_1-1)$,$\frac{(n_2-1)S_2^2}{\sigma_2^2} \sim \chi^2(n_2-1)$,又由定理的条件知,它们相互独立,所以由 F 分布的定义,有

$$F = \frac{S_1^2/S_2^2}{\sigma_1^2/\sigma_2^2} = \frac{\dfrac{(n_1-1)S_1^2}{\sigma_1^2}\Big/(n_1-1)}{\dfrac{(n_2-1)S_2^2}{\sigma_2^2}\Big/(n_2-1)} \sim F(n_1-1, n_2-1)$$

(2)设 $\sigma_1^2 = \sigma_2^2 = \sigma^2$,则有

$$\overline{X}-\overline{Y} \sim N\left(\mu_1-\mu_2, \frac{\sigma^2}{n_1}+\frac{\sigma^2}{n_2}\right)$$

即有

$$U=\frac{\overline{X}-\overline{Y}-(\mu_1-\mu_2)}{\sigma\sqrt{\frac{1}{n_1}+\frac{1}{n_2}}}\sim N(0,1)$$

又由 χ^2 分布的可加性知,有

$$V=\frac{(n_1-1)S_1^2}{\sigma^2}+\frac{(n_2-1)S_2^2}{\sigma^2}\sim\chi^2(n_1+n_2-2)$$

由于两组样本独立,考虑到定理 6.3.2 结论,可知 U 与 V 相互独立,从而由 t 分布的定义

$$\frac{U}{\sqrt{V/(n_1+n_2-2)}}=\frac{\overline{X}-\overline{Y}-(\mu_1-\mu_2)}{S_w\sqrt{\frac{1}{n_1}+\frac{1}{n_2}}}\sim t(n_1+n_2-2)$$

证毕.

例 6.3.1 从正态总体 $N(3.4,6^2)$ 中抽取容量为 n 的样本,如果要求其样本均值位于区间(1.4 ,5.4)内的概率不小于 0.95,问样本容量 n 应取多大?

解 由题意,有

$$\frac{\overline{X}-\mu}{\sigma/\sqrt{n}}=\frac{\overline{X}-3.4}{6/\sqrt{n}}\sim N(0,1)$$

从而由

$$\begin{aligned}P\{1.4<\overline{X}<5.4\}&=P\left\{\frac{1.4-3.4}{6/\sqrt{n}}<\frac{\overline{X}-3.4}{6/\sqrt{n}}<\frac{5.4-3.4}{6/\sqrt{n}}\right\}\\&=\Phi\left(\frac{\sqrt{n}}{3}\right)-\Phi\left(-\frac{\sqrt{n}}{3}\right)\\&=2\Phi\left(\frac{\sqrt{n}}{3}\right)-1\geqslant 0.95\end{aligned}$$

可得

$$\Phi\left(\frac{\sqrt{n}}{3}\right)\geqslant 0.975\quad\Rightarrow\quad\frac{\sqrt{n}}{3}\geqslant 1.96$$

解得 $n\geqslant 34.5744$,所以 n 至少应取 35. ◇

例 6.3.2 设 $(X_1,X_2,\cdots,X_n)$ 是正态总体 $X\sim N(\mu,\sigma^2)$ 的样本,求(1) $\frac{1}{\sigma^2}\sum_{i=1}^{n}(X_i-\mu)^2$ 所服从的分布;(2) $\sum_{i=1}^{n}(X_i-\mu)^2$ 的数学期望与方差.

解 (1)因为 $X_1,X_2,\cdots,X_n$ 相互独立均服从 $N(\mu,\sigma^2)$,所以,$\frac{X_1-\mu}{\sigma},\cdots,\frac{X_n-\mu}{\sigma}$ 是

n 个相互独立的标准正态变量,于是,由 χ^2 分布的定义,得

$$\frac{\sum_{i=1}^{n}(X_i-\mu)^2}{\sigma^2}=\sum_{i=1}^{n}\left(\frac{X_i-\mu}{\sigma}\right)^2\sim\chi^2(n)$$

(2)由例 6.2.2 的结果知,有

$$E\left(\frac{1}{\sigma^2}\sum_{i=1}^{n}(X_i-\mu)^2\right)=n,D\left(\frac{1}{\sigma^2}\sum_{i=1}^{n}(X_i-\mu)^2\right)=2n$$

所以

$$E\left(\sum_{i=1}^{n}(X_i-\mu)^2\right)=n\sigma^2$$

$$D\left(\sum_{i=1}^{n}(X_i-\mu)^2\right)=2n\sigma^4$$

◇

注意:由取自正态总体 $N(\mu,\sigma^2)$ 的样本 $X_1,\cdots,X_n$ 所构造的两个函数 $\frac{1}{\sigma^2}\sum_{i=1}^{n}(X_i-\mu)^2$ 与 $\frac{1}{\sigma^2}\sum_{i=1}^{n}(X_i-\overline{X})^2$ 之间的区别,它们分别服从自由度为 n 与 $n-1$ 的 χ^2 分布.

练习题

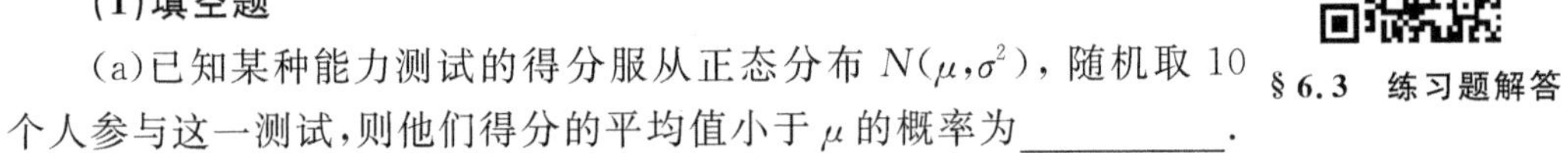

§6.3 练习题解答

(1)填空题

(a)已知某种能力测试的得分服从正态分布 $N(\mu,\sigma^2)$,随机取 10 个人参与这一测试,则他们得分的平均值小于 μ 的概率为__________.

(b) 设随机变量 X 和 Y 相互独立且都服从正态分布 $N(0,3^2)$,而 $X_1,X_2,\cdots,X_9$ 和 $Y_1,Y_2,\cdots,Y_9$ 分别是来自总体 X 和 Y 的样本,则统计量 $U=\frac{X_1+\cdots+X_9}{\sqrt{Y_1^2+\cdots+Y_9^2}}$ 服从______分布,参数为________.

(2)选择题

(a) 假设 $(X_1,X_2,\cdots,X_n)$ 是来自正态总体 $X\sim N(0,\sigma^2)$ 的样本,$\overline{X}$ 与 S^2 分别是样本均值和样本方差,则 (　　)

(A) $\frac{\overline{X}^2}{\sigma^2}\sim\chi^2(1)$　　(B) $\frac{S^2}{\sigma^2}\sim\chi^2(n-1)$

(C) $\frac{\overline{X}}{S}\sim t(n-1)$　　(D) $\frac{S^2}{n\overline{X}^2}\sim F(n-1,1)$

(b) 假设 $(X_1,X_2,\cdots,X_n)$ 是来自正态总体 $X\sim N(\mu,\sigma^2)$ 的样本,$\overline{X}$ 是样本均值,记

$$S_1^2=\frac{1}{n-1}\sum_{i=1}^{n}(X_i-\overline{X})^2,\qquad S_2^2=\frac{1}{n}\sum_{i=1}^{n}(X_i-\overline{X})^2$$

$$S_3^2=\frac{1}{n-1}\sum_{i=1}^{n}(X_i-\mu)^2,\qquad S_4^2=\frac{1}{n}\sum_{i=1}^{n}(X_i-\mu)^2$$

则服从 $t(n)$ 的随机变量是　　（　　）

(A) $t=\dfrac{\overline{X}-\mu}{S_1/\sqrt{n-1}}$　　(B) $t=\dfrac{\overline{X}-\mu}{S_2/\sqrt{n-1}}$

(C) $t=\dfrac{\overline{X}-\mu}{S_3/\sqrt{n}}$　　(D) $t=\dfrac{\overline{X}-\mu}{S_4/\sqrt{n}}$

附　录

一、定理 6.3.2 的证明

记 $X=(X_1,X_2,\cdots,X_n)^T$，则 X 的数学期望向量为

$$E(X)=(\mu,\mu,\cdots,\mu)^T$$

X 的协方差矩阵为

$$D(X)=\sigma^2 I,\text{其中 } I \text{ 是 } n \text{ 阶单位阵}$$

取一个 n 维单位正交阵 A 如下：

$$A=\begin{bmatrix}\frac{1}{\sqrt{n}} & \frac{1}{\sqrt{n}} & \frac{1}{\sqrt{n}} & \cdots & \frac{1}{\sqrt{n}}\\ \frac{1}{\sqrt{2\cdot 1}} & -\frac{1}{\sqrt{2\cdot 1}} & 0 & \cdots & 0\\ \frac{1}{\sqrt{3\cdot 2}} & \frac{1}{\sqrt{3\cdot 2}} & -\frac{2}{\sqrt{3\cdot 2}} & \cdots & 0\\ \vdots & \vdots & \vdots & \ddots & \vdots\\ \frac{1}{\sqrt{n\cdot(n-1)}} & \frac{1}{\sqrt{n\cdot(n-1)}} & \frac{1}{\sqrt{n\cdot(n-1)}} & \cdots & -\frac{n-1}{\sqrt{n\cdot(n-1)}}\end{bmatrix},$$

令 $Y=AX$，则由多维正态分布的性质知 Y 仍服从维正态分布，其均值向量和协方差矩阵分别为

$$E(Y)=A\cdot E(X)=(\sqrt{n}\mu,0,\cdots,0)^T$$

$$D(Y)=A\cdot D(X)\cdot A^T=A\cdot\sigma^2 I\cdot A^T=\sigma^2 AA^T=\sigma^2 I$$

因此，$cov(X_i,X_j)=0(i\neq j)$，$Y=(Y_1,Y_2,\cdots,Y_n)^T$ 的各个分量两两不相关，又由

多维正态分布的性质知 $Y=(Y_1,Y_2,\cdots,Y_n)^T$ 的各个分量相互独立且方差均为 σ^2，Y_1 的均值为 $\sqrt{n}\mu$，其他分量的均值均为 0. 故

$$\overline{X}=\frac{1}{\sqrt{n}}Y_1\sim N(\mu,\sigma^2/n)$$

由于

$$\sum_{i=1}^{n}Y_i^2=Y^TY=X^TA^TAX=\sum_{i=1}^{n}X_i^2$$

故

$$(n-1)S^2=\sum_{i=1}^{n}(X_i-\overline{X})=\sum_{i=1}^{n}X_i^2-(\sqrt{n}\overline{X})^2$$
$$=\sum_{i=1}^{n}Y_i^2-Y_1^2=\sum_{i=2}^{n}Y_i^2$$

由于 S^2 是 $Y_2,Y_3,\cdots,Y_n$ 的函数，而 $\overline{X}$ 是 Y_1 的函数，故 S^2 与 $\overline{X}$ 独立，又由于 $Y_2,Y_3,\cdots,Y_n$ 独立且均服从 $N(0,\sigma^2)$，于是

$$\frac{(n-1)S^2}{\sigma^2}=\sum_{i=2}^{n}\left(\frac{Y_i}{\sigma}\right)^2\sim\chi^2(n-1)$$

证毕. ◇

二、科赫伦(Cochran)分解定理

定理(科赫伦分解定理) 设 $X_1,\cdots,X_n$ 为独立同分布的随机变量，且 $X_i\sim N(0,1)$，$i=1,2,\cdots,n$，如果

$$Q_1+Q_2+\cdots+Q_m=\sum_{i=1}^{n}X_i^2$$

其中 $Q_k(k=1,2,\cdots,m)$ 的秩为 f_k 的 $X_1,\cdots,X_n$ 的二次型，则 $Q_k(k=1,2,\cdots,m)$ 相互独立且 $Q_k\sim\chi^2(f_k)(k=1,2,\cdots,m)$ 的充分必要条件为

$$\sum_{k=1}^{m}f_k=n$$

定理的必要性就是 χ^2 分布可加性的直接结论，充分性的证明从略。

Cochran 分解定理通常按下面的步骤使用：

(1)先验证 $Q_1+Q_2+\cdots+Q_m=\sum_{i=1}^{n}X_i^2\sim\chi^2(n)$；

(2)再验证每一个 Q_k 都是 $X_1,\cdots,X_n$ 的线性组合的平方和，从而它是非负二次型；

(3)若将 Q_k 整理成 $Q_k=\sum_{i=1}^{n}\sum_{j=1}^{n}a_{ij}X_iX_j$ (其中 $a_{ij}=a_{ji}$)，则矩阵 $A=(a_{ij})_{n\times n}$ 的秩 f_k

就是 Q_k 的秩，然后验证 $\sum_{k=1}^{m} f_k = n$。

如果上述条件都成立，则 $Q_1, \cdots, Q_m$ 相互独立，且有 $Q_k \sim \chi^2(f_k)(k = 1,2,\cdots,m)$。

这个定理我们在后面的章节中要用到.

习题六

第六章　内容提要

1. 设 $X_1,X_2,\cdots,X_9$ 是来自正态总体 $N(\mu,4)$ 的简单随机样本，$\overline{X}$ 是样本均值，已知 $P\{|\overline{X}-\mu|<\mu\}=0.95$，试确定 μ 的数值.

2. 在天平上重复称量一个重为 a 的物品，假设各次称量结果相互独立且均服从正态分布 $N(a,0.2^2)$，若以 $\overline{X}_n$ 表示 n 次称量结果的算术平均值，则为使 $P\{|\overline{X}_n-a|<0.1\}\geqslant 0.95$，$n$ 至少应等于多少?

3. 设 X_1,X_2,X_3,X_4 是来自正态总体 $N(0,2^2)$ 的容量为 4 的简单随机样本，$X=a(X_1-2X_2)^2+b(3X_3-4X_4)^2$，则当 a,b 各取什么值时统计量 X 服从自由度为 2 的 χ^2 分布?

4. 设总体 $X\sim B(1,p)$，$X_1,X_2,\cdots,X_n$ 是来自该总体的样本. (1)求样本均值 $\overline{X}$ 的分布律；(2)求 $E(\overline{X})$，$D(\overline{X})$，$E(S^2)$.

5. 设总体 X 服从正态分布 $N(0,2^2)$，而 $X_1,X_2,\cdots,X_{15}$ 是来自总体 X 的简单随机样本，则随机变量 $Y=\dfrac{X_1^2+\cdots+X_{10}^2}{2(X_{11}^2+\cdots+X_{15}^2)}$ 服从________分布，分布参数为________.

6. 设总体 X 服从正态分布 $N(\mu,\sigma^2)(\sigma>0)$，从该总体中抽取简单随机样本 $X_1,X_2,\cdots,X_{2n}(n\geqslant 2)$，其样本均值为 $\overline{X}=\dfrac{1}{2n}\sum\limits_{i=1}^{2n}X_i$，求统计量 $Y=\sum\limits_{i=1}^{n}(X_i+X_{n+i}-2\overline{X})^2$ 的数学期望 $E(Y)$.

7. $X_1,X_2,\cdots,X_9$ 是取自正态总体 X 的简单随机样本，

$$Y_1=\frac{1}{6}(X_1+\cdots+X_6),\quad Y_2=\frac{1}{3}(X_7+X_8+X_9),$$

$$S^2=\frac{1}{2}\sum_{i=7}^{9}(X_i-Y_2)^2,\qquad Z=\frac{\sqrt{2}(Y_1-Y_2)}{S}$$

证明统计量 Z 服从自由度为 2 的 t 分布.

8. 设 X,Y 为两个正态总体，又 $X\sim N(\mu_1,\sigma_1^2)$，$(X_1,\cdots,X_n)$ 为取自 X 的样本，$\overline{X},S_1^2$ 分别为其样本均值和样本方差，$Y\sim N(\mu_2,\sigma_2^2)$，$(Y_1,\cdots,Y_n)$ 为取自 Y 的样本，$\overline{Y},S_2^2$ 分别为其样本均值和样本方差，且两样本独立，求统计量

$$U=\frac{(\overline{X}-\overline{Y})-(\mu_1-\mu_2)}{\sqrt{S_1^2+S_2^2-2S_{12}}}\sqrt{n}$$

所服从的分布. 其中 $S_{12}=\dfrac{1}{n-1}\sum\limits_{i=1}^{n}(X_i-\overline{X})(Y_i-\overline{Y})$.

9. 设 $(X_1,\cdots,X_5)$ 是取自正态总体 $N(0,\sigma^2)$ 的一个样本，试问当 k 为何值时，

$\dfrac{k(X_1+X_2)^2}{X_3^2+X_4^2+X_5^2}$ 服从 F 分布.

10. 从两个正态总体中分别抽取容量为 25 和 20 的两独立样本，算得样本方差依次为 $s_1^2=62.7, s_2^2=25.6$，若两总体方差相等，求随机抽取的样本的样本方差比 $\dfrac{S_1^2}{S_2^2}$ 大于 $\dfrac{62.7}{25.6}$ 的概率是多少？

11. 设总体 $X\sim N(12,2^2)$，抽取容量为 5 的样本 $X_1,\cdots X_5$，试求：(1)样本的最小次序统计量小于 10 的概率；(2)最大次序统计量大于 15 的概率.

12. 设 X_1, X_2 为取自正态总体 $N(\mu,\sigma^2)$ 的样本，(1)证明 X_1+X_2 与 X_1-X_2 相互独立；(2)假定 $\mu=0$，求 $\dfrac{(X_1+X_2)^2}{(X_1-X_2)^2}$ 的分布.

13. 设总体 X 的概率密度为 $f(x;\theta)=\begin{cases}\dfrac{2x}{3\theta^2}, & \theta<x<2\theta,\\ 0, & \text{其他},\end{cases}$ 其中 θ 是未知参数，X_1，$X_2,\cdots,X_n$ 为来自总体 X 的简单样本，若 $E(c\sum\limits_{i=1}^{n}X_i^2)=\theta^2$，求常数 c.

14. 设总体以等概率取 1,2,3,4,5，现从中抽取一个容量为 4 的样本，试分别求 $X_{(1)}$ 和 $X_{(4)}$ 的分布.

15. 设 $X_1,\cdots,X_{16}$ 是来自 $N(8,4)$ 的样本，试求下列概率

(1) $P(X_{(16)}>10)$，

(2) $P(X_{(1)}>5)$.

16. 设总体为威布尔分布，其密度函数为

$$f(x;m,\eta)=\frac{mx^{m-1}}{\eta^m}\exp\left\{-\left(\frac{x}{\eta}\right)^m\right\},\quad x>0, m>0, \eta>0.$$

现从中得到样本 $X_1,\cdots,X_n$，证明 $X_{(1)}$ 仍服从威布尔分布，并指出其参数.

17. 设总体密度函数为 $f(x)=6x(1-x)$，$0<x<1$，$X_1,\cdots,X_9$ 是来自该总体的样本，试求样本中位数的分布.

18. 设 $X_1,\cdots,X_n$ 是来自 $U(0,\theta)$ 的样本，$X_{(1)}\leqslant\cdots\leqslant X_{(n)}$ 为次序统计量，令

$$Y_i=\frac{X_{(i)}}{X_{(i+1)}}, i=1,\cdots,n-1,\qquad Y_n=X_{(n)},$$

证明 $Y_1,\cdots,Y_n$ 相互独立.

习题六解答

第七章　参数估计

在上一章中我们曾经提到,数理统计的基本问题就是根据样本所提供的信息,对总体的分布或者分布的数字特征等做出统计推断的问题.本章所要探讨的是这样的一类问题,即总体所服从的分布类型是知道的,而它的某些参数却是未知的.对于这一类问题,要想确定总体的分布,关键是构造合理的方法将这些未知参数估计出来.例如,在很多场合中,电子元件的寿命是服从指数分布的,但是其参数 λ 却常常是未知的,因此,只要对 λ 做出了推断,自然的也就对总体分布做出了推断.这类问题称为**参数估计问题**.

§7.1　点估计

设总体 X 的分布函数 $F(x;\theta)$ 的形式已知,$\theta \in \Theta$,Θ 是未知参数 θ 允许的取值范围,θ 可以是一个参数也可以是几个参数组成的向量.对未知参数 θ 进行推断的一个最直接的方式就是估计出 θ 的值,具体地说就是构造一个统计量并将其相应的观察值作为 θ 的估计值,此种方式就是本节要探讨的点估计.

定义 7.1.1　设总体 X 的分布函数为 $F(x;\theta)$,$\theta \in \Theta$,θ 是未知参数,$X_1,X_2,\cdots,X_n$ 是来自 X 的样本,$x_1,x_2,\cdots,x_n$ 是样本观察值.选取一个统计量 $\hat{\theta}=\hat{\theta}(X_1,X_2,\cdots,X_n)$,以数值 $\hat{\theta}(x_1,x_2,\cdots,x_n)$ 估计 θ 的真值,则称 $\hat{\theta}(X_1,X_2,\cdots,X_n)$ 是 θ 的**估计量**,称 $\hat{\theta}(x_1,x_2,\cdots,x_n)$ 是 θ 的**估计值**.

在获得未知参数的一个估计后,接下来的一个问题就是如何评价这个估计的好坏.由于统计推断的结果取决于抽得的样本,而样本是随机变量,因而推断的结果也是随机的.一个看起来较好的推断方法,在个别情况下可以给出不好的结果.比如说,在对未来股市行情的预测中,总的说来专家的预测比瞎猜要好得多,但是在个别情况下,专家的结果却与实际情况大相径庭,反而有些瞎猜的人却猜对了.因此,评判一个估计好坏的标准必须是整体性的,它取决于估计量的抽样分布及统计性质.因此,构造估计量的方法成了决定估计合理与否的一个重要前提.

因此,点估计涉及的问题有两个:(1)如何构造估计量?(2)如何评价估计量?

下面我们先介绍两个最基本的构造估计量的方法.

7.1.1 矩法

由辛钦大数定律以及上一章的结论我们知道，当样本的容量趋于无穷时，样本 r 阶矩依概率收敛于相应的总体 r 阶矩. 因此，当总体矩 $\mu_j = E(X^j)$ 存在时，只要样本的容量足够大，样本矩 $A_j = \frac{1}{n}\sum_{i=1}^{n} X_i^j$ 在 $E(X^r)$ 附近的可能性就很大. 由于在许多分布中所含的参数都是矩的函数，因此很自然地会想到用样本矩来代替总体矩，从而得到总体分布中未知参数的一个估计. 这种估计方法称为矩法. 下面我们具体介绍矩法的实现途径.

设总体 X 的分布函数为 $F(x;\theta_1,\theta_2,\cdots,\theta_k)$，即有 k 个未知参数 $\theta_1,\theta_2,\cdots,\theta_k$，$(X_1,\cdots,X_n)$ 是总体 X 的样本，$(x_1,x_2,\cdots,x_n)$ 是样本观察值，并且设总体 X 的矩 $\mu_j = E(X^j)$，$j = 1,2,\cdots,k$ 皆存在，用矩法构造未知参数估计量的基本步骤如下：

(1) 计算出 $E(X),E(X^2),\cdots,E(X^k)$，可记

$$E(X^j) = \mu_j(\theta_1,\theta_2,\cdots,\theta_k),j = 1,2,\cdots,k. \tag{7.1.1}$$

(2) 近似替换，列出方程组有

$$\begin{cases}\mu_1(\theta_1,\theta_2,\cdots,\theta_k) = A_1\\ \mu_2(\theta_1,\theta_2,\cdots,\theta_k) = A_2\\ \cdots \quad \cdots\\ \mu_k(\theta_1,\theta_2,\cdots,\theta_k) = A_k\end{cases} \tag{7.1.2}$$

(3) 解此方程组，若 $\theta_j = h_j(A_1,A_2,\cdots,A_k) = \theta_j(X_1,X_2,\cdots,X_n)(j = 1,2,\cdots,k)$ 是方程组的解，则以 $\theta_j(X_1,X_2,\cdots,X_n)$ 作为 θ_j 的估计量 $\hat{\theta}_j$，$j = 1,2,\cdots,k$，并称

$$\hat{\theta}_j = \theta_j(X_1,X_2,\cdots,X_n),j = 1,2,\cdots,k. \tag{7.1.3}$$

为 $\theta_j(j = 1,2,\cdots,k)$ 的**矩法估计量**.

有时，也可以通过解(7.1.1)式直接将未知参数 $\theta_1,\theta_2,\cdots,\theta_k$ 表示成总体矩 $E(X)$，$E(X^2),\cdots,E(X^k)$ 的函数，再将 $E(X),E(X^2),\cdots,E(X^k)$ 用相应的样本矩 $A_1,A_2,\cdots,A_k$ 来替换，所得的统计量即为相应参数的矩估计量.

矩法的优点是计算较简便，且当样本容量较大时，由大数定律，矩估计接近被估计参数真值的可能性也较大. 不过，矩估计法也有一定的局限性，比如有时可以提供出不是唯一的估计量. 例如，若总体 X 服从参数为 λ 的泊松分布，λ 是未知参数，因为 $E(X) = \lambda$，$D(X) = \lambda$，于是用替换方法可得 λ 的矩估计量可以是 $\hat{\lambda}_1 = \frac{1}{n}\sum_{i=1}^{n} X_i$，也可以是 $\hat{\lambda}_2 = \frac{1}{n}\sum_{i=1}^{n} X_i^2 - \overline{X}^2 = \frac{1}{n}\sum_{i=1}^{n}(X_i - \overline{X})^2$. 一般说来，在求矩估计量时，如没有其他要求，往往用一个较简单的结果就行了.

例 7.1.1 设总体 $X \sim B(m,p)$，其中 m 已知，$p(0 < p < 1)$ 是未知参数，$(X_1,X_2,$

$\cdots,X_n$)是总体 X 的样本,求 p 的矩估计量.

解 因 $E(X)=mp$,故令

$$mp=\frac{1}{n}\sum_{i=1}^{n}X_i=\overline{X}$$

解得 p 的矩估计量为 $\hat{p}=\frac{1}{m}\overline{X}$. ◇

例 7.1.2 设总体 X 服从 $[0,\theta]$ 上的均匀分布,$\theta>0$ 是未知参数,$(X_1,\cdots,X_n)$ 是 X 的样本 ,求 θ 的矩估计量.

解 因 $E(X)=\frac{\theta}{2}$,令 $\frac{\theta}{2}=\overline{X}$,解得 θ 的矩估计量为 $\hat{\theta}=2\overline{X}$. ◇

例 7.1.3 设总体 X 的概率密度函数为

$$f(x)=\begin{cases}\frac{1}{\theta}\mathrm{e}^{-(x-\mu)/\theta}, & x\geqslant\mu\\ 0, & \text{其他}\end{cases}$$

其中 $\theta>0$,θ,μ 是未知参数,$(X_1,\cdots,X_n)$ 是总体 X 的样本,求 θ,μ 的矩估计量.

解 总体的一阶矩和二阶矩分别为

$$E(X)=\int_{\mu}^{\infty}x\cdot\frac{1}{\theta}\mathrm{e}^{-(x-\mu)/\theta}\mathrm{d}x=\mu+\theta$$

$$E(X^2)=\int_{\mu}^{\infty}x^2\cdot\frac{1}{\theta}\mathrm{e}^{-(x-\mu)/\theta}\mathrm{d}x=\mu^2+2\theta\mu+2\theta^2$$

令

$$\begin{cases}\mu+\theta=\overline{X}\\ \mu^2+2\theta\mu+2\theta^2=\frac{1}{n}\sum_{i=1}^{n}X_i^2\end{cases}$$

解得 θ,μ 的估计量分别为

$$\hat{\theta}=\sqrt{\frac{1}{n}\sum_{i=1}^{n}X_i^2-\overline{X}^2},\hat{\mu}=\overline{X}-\sqrt{\frac{1}{n}\sum_{i=1}^{n}X_i^2-\overline{X}^2}$$ ◇

矩估计法还有一个优点,就是在总体的分布未知时也能给出总体均值和方差的估计.

设总体 X 的数学期望与方差均存在,分别为

$$E(X)=\mu,$$

$$D(X)=E(X^2)-[E(X)]^2=\sigma^2,$$

由此可得均值和方差的矩估计量,分别为

$$\hat{\mu}=\overline{X}$$

$$\hat{\sigma^2} = \frac{1}{n}\sum_{i=1}^{n} X_i^2 - (\overline{X})^2 = \frac{1}{n}\sum_{i=1}^{n}(X_i - \overline{X})^2$$

值得指出的是,方差的矩估计量并不是样本方差.

7.1.2 最大似然法

最大似然法也称极大似然法,它最早是由高斯所提出的,后来由英国统计学家费歇(R. A. Fisher)于 1912 年在其一篇文章中重新提出,并且证明了这个方法的一些性质.最大似然估计这一名称也是费歇给的.它是建立在最大似然原理的基础上的一个统计方法.为了对最大似然原理有一个直观的认识,我们先来讨论两个问题.

费歇尔人物介绍

问题 1 设有外形完全相同的两个箱子,甲箱有 99 个白球 1 个黑球,乙箱有 1 个白球 99 个黑球.今随机地抽取一箱,然后再从这箱中任取一球,结果发现是白球.问这个箱子是甲箱还是乙箱?

分析:如果该箱是甲箱,则取得白球的概率为 0.99;如果该箱是乙箱,则取得白球的概率为 0.01.因此,“该箱是甲箱”比“该箱是乙箱”更好地解释了“取出的球是白球”这一事实,因此甲箱“看起来更像”是真的.

结论:这个箱子是甲箱.

问题 2:设总体 X 的概率密度为 $f(x,\theta)$,其中未知参数 θ 的可能取值有两个,即 θ_1 和 θ_2,但不知道到底哪一个是参数的真值.现对总体做了一次观测,得到样本值 x_0(如图 7-1),问 θ 应该等于 θ_1 还是 θ_2?

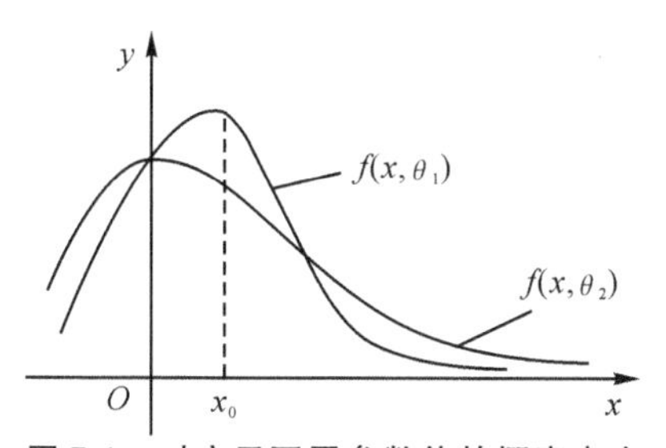

图 7-1 对应于不同参数值的概率密度

分析:问题可以转化为,对于已经出现的结果——“观察值为 x_0”,$\theta=\theta_1$ 和 $\theta=\theta_2$ 哪个更好地解释了这一事实.从图中可以看出,$f(x_0,\theta_1) > f(x_0,\theta_2)$,这表明当 $\theta=\theta_1$ 时观察值出现在 x_0 附近的可能性要比 $\theta=\theta_2$ 时更大一些,因此直观上 θ_1 比 θ_2 看上去更像是真的参数值,或者说,用 $\theta=\theta_1$ 来解释“观察值为 x_0”这一事实要比 $\theta=\theta_2$ 更有说服力一些.

结论:θ 的估计值为 θ_1.

当然对于问题 2 来说,如果出现的观察值为 x_1,且 $f(x_1,\theta_2) > f(x_1,\theta_1)$,则 θ 的估

计值就变为θ_2了.

上述两个问题的分析中包含了最大似然法的思想.下面我们结合离散型总体和连续型总体两种情形来进一步阐述这个思想.

设总体X是离散型随机变量,其分布律为$p(x;\theta)=P\{X=x\}$,x是X的可能取值,$\theta\in\Theta$是未知参数,$X_1,\cdots,X_n$是取自总体X的样本,$x_1,x_2,\cdots,x_n$是相应的样本观察值.现在的问题是,给定“样本的观察值是$x_1,x_2,\cdots,x_n$”这一事实,寻找一个最好地解释了该事实的参数值,或者换句话说,通过样本观察值$x_1,x_2,\cdots,x_n$所提供的信息,在参数θ所有可能的取值中寻找一个“看起来最像”的参数值.而“看起来最像”正是“最大似然(maximum likelihood)”在字面上的意思.

显然,“样本的观察值是$x_1,x_2,\cdots,x_n$”这一事件发生的概率与未知参数θ有关,记为

$$L(\theta,x_1,x_2,\cdots,x_n)=P\{X_1=x_1,X_2=x_2,\cdots,X_n=x_n\}$$
$$=\prod_{i=1}^{n}P\{X=x_i\}=\prod_{i=1}^{n}p(x_i;\theta)$$

如果固定θ,而将$L(\theta,x_1,x_2,\cdots,x_n)$视为$x_1,x_2,\cdots,x_n$的函数,则当下面的不等式

$$L(\theta,x_1,x_2,\cdots,x_n)>L(\theta,y_1,y_2,\cdots,y_n)$$

成立时,“样本的观察值为$x_1,x_2,\cdots,x_n$”是比“样本的观察值为$y_1,y_2,\cdots,y_n$”更有可能出现的一个事件.但是现在“样本的观察值为$x_1,x_2,\cdots,x_n$”是一个已经出现的事实,即函数$L(\theta,x_1,x_2,\cdots,x_n)$中$x_1,x_2,\cdots,x_n$是给定的,因此如果反过来将$\theta$视为自变量,则它即为$\theta$的函数.对于这样的一个函数,如果

$$L(\theta_1,x_1,x_2,\cdots,x_n)>L(\theta_2,x_1,x_2,\cdots,x_n)$$

则被估计的参数θ是θ_1的可能性要比是θ_2的可能性更大.因此函数$L(\theta,x_1,x_2,\cdots,x_n)$刻画了当样本观察值为$x_1,x_2,\cdots,x_n$时参数值为$\theta$的可能性大小.由于$\theta$不是随机变量,无概率可言,因此给该函数一个名称,称之为“似然函数”.从字面上来理解,该函数衡量了θ的“似然(likelihood)”的程度.

下面给出似然函数的一般性定义.

定义 7.1.2 设$(X_1,X_2,\cdots,X_n)$是X的样本,$(x_1,x_2,\cdots,x_n)$是样本观察值.称

$$L(\theta)=L(\theta;x_1,\cdots,x_n)=\begin{cases}\prod_{i=1}^{n}p(x_i;\theta),\text{当 }X\text{ 是离散型且其分布律为 }p(x;\theta)\text{ 时}\\ \prod_{i=1}^{n}f(x_i;\theta)),\text{当 }X\text{ 是连续型且其概率密度为 }f(x;\theta)\text{ 时}\end{cases}\tag{7.1.4}$$

为**似然函数**.

注意,如果在$L(\theta;x_1,\cdots,x_n)$中把θ看成常数,而把$(x_1,x_2,\cdots,x_n)$看作变量,则该函数实际上就是联合分布律或者联合概率密度函数,而如果把$(x_1,x_2,\cdots,x_n)$看作常数

而把 θ 看成变量,则该函数就是上面所定义的似然函数.

对于连续型总体的情形,似然函数 $L(\theta;x_1,\cdots,x_n)$ 是样本 $(X_1,X_2,\cdots,X_n)$ 的联合概率密度在 $(x_1,x_2,\cdots,x_n)$ 的函数值,类似于上面对问题 2 的讨论可知,它同样刻画了"样本观察值为 $(x_1,x_2,\cdots,x_n)$"这一事件发生的"原因"是参数 θ 的似然程度.

根据上面的讨论,当试验结果为 $(x_1,x_2,\cdots,x_n)$ 时,导致该结果出现的"最大似然"或看起来最像的原因应该是使 $L(\theta;x_1,x_2,\cdots,x_n)$ 达到最大值的 θ. 由此给出最大似然估计的定义.

定义 7.1.3　设 $L(\theta)=L(\theta;x_1,x_2,\cdots,x_n)$ 是似然函数,若存在 $\hat{\theta}=\hat{\theta}(x_1,x_2,\cdots,x_n)$ 使得

$$L(\hat{\theta})=\max_{\theta\in\Theta}L(\theta) \tag{7.1.5}$$

则称 $\hat{\theta}(x_1,x_2,\cdots,x_n)$ 是未知参数 θ 的**最大似然估计值**,称 $\hat{\theta}(X_1,X_2,\cdots,X_n)$ 是未知参数 θ 的**最大似然估计量**.

上述求最大似然估计的方法称为最大似然法. 从定义中可以看出,求最大似然估计只要两步就可完成,第一步写出似然函数 $L(\theta)$,第二步就是求使 $L(\theta)$ 达到最大值的点. 这里 θ 可以是单个参数或多个参数(向量形式).

求使 $L(\theta)$ 达到最大值的点时,很多时候可以采用高等数学中的方法,通过求 $L(\theta)$ 的驻点来得到. 因为 $L(\theta)$ 与 $\ln L(\theta)$ 在同一点达到最大值,所以还可以通过求 $\ln L(\theta)$ 的驻点来得到. 由于似然函数 $L(\theta)$ 表现为一些函数的连乘积,所以求 $\ln L(\theta)$ 会更加方便. 从理论上说,可微函数的驻点并非一定是最大值点,但在很多具体的情形中,这一点是容易讨论的,事实上,在高等数学中我们知道,若可微函数的最大值存在,且驻点唯一,则驻点就是最大值点,这一点在以后的解题中常遇到,因此以后将不再详细讨论.

另外,一个可微函数的驻点不存在时,表明该函数是一个单调函数,则此时似然函数的最大值应该在区间的端点处取得,这一点要特别注意.

例 7.1.3　设总体 X 服从参数 λ 的泊松分布,$\lambda>0$ 为未知参数,$(X_1,\cdots,X_n)$ 是 X 的样本,$x_1,x_2,\cdots,x_n$ 是样本观察值,求 λ 的最大似然估计量.

解　X 的分布律为 $p(x;\lambda)=P\{X=x\}=\dfrac{\lambda^x}{x!}\mathrm{e}^{-\lambda},x=0,1,2,\cdots$,似然函数为

$$L(\lambda)=\prod_{i=1}^{n}p(x_i;\lambda)=\prod_{i=1}^{n}\frac{\lambda^{x_i}}{x_i!}\mathrm{e}^{-\lambda}=\frac{\lambda^{\sum\limits_{i=1}^{n}x_i}}{\prod\limits_{i=1}^{n}x_i!}\mathrm{e}^{-n\lambda}$$

取对数有:

$$\ln L(\lambda)=\sum_{i=1}^{n}x_i\ln\lambda-n\lambda-\ln\prod_{i=1}^{n}x_i!$$

案例七　黑白鱼比例估计

令
$$\frac{\mathrm{d}\ln L(\lambda)}{\mathrm{d}\lambda}=\frac{1}{\lambda}\sum_{i=1}^{n}x_i-n=0$$

解得 λ 的最大似然估计值为

$$\hat{\lambda}=\frac{1}{n}\sum_{i=1}^{n}x_i=\bar{x}$$

所以，λ 的最大似然估计量为 $\hat{\lambda}=\bar{X}$. ◇

例 7.1.4　设总体 X 的分布律为

$$p(1;\theta)=P\{X=1\}=\theta^2,$$
$$p(2;\theta)=P\{X=2\}=2\theta(1-\theta),$$
$$p(3;\theta)=P\{X=3\}=(1-\theta)^2$$

其中 θ 是未知参数 $(0<\theta<1)$ 这是在基因遗传中被称为 Hardy-Weinberg 比率的模型. 设有样本观察值为 $x_1=1, x_2=2, x_3=1$，求 θ 的最大似然估计值.

解　似然函数为

$$L(\theta;x_1,x_2,x_3)=p(1;\theta)p(2;\theta)p(1;\theta)=2\theta^5(1-\theta)$$

取对数得

$$\ln L(\theta)=\ln 2+5\ln\theta+\ln(1-\theta)$$

令

$$\frac{\mathrm{d}\ln L(\theta)}{\mathrm{d}\theta}=\frac{5}{\theta}-\frac{1}{1-\theta}=0$$

解得 θ 的最大似然估计值为 $\hat{\theta}=\dfrac{5}{6}$. ◇

例 7.1.5　设总体 $X\sim N(\mu,\sigma^2)$，$(X_1,\cdots,X_n)$ 是来自总体 X 的样本，$(x_1,x_2,\cdots,x_n)$ 是样本观察值，求 μ,σ^2 的最大似然估计量.

解　似然函数为

$$L(\mu,\sigma^2)=\prod_{i=1}^{n}\left(\frac{1}{\sqrt{2\pi}\sigma}e^{-\frac{(x_i-\mu)^2}{2\sigma^2}}\right)=\left(\frac{1}{\sqrt{2\pi}}\right)^n\cdot\sigma^{-n}\cdot e^{-\frac{1}{2\sigma^2}\sum_{i=1}^{n}(x_i-\mu)^2}$$

取对数得

$$\ln L(\mu,\sigma^2)=-\frac{1}{2\sigma^2}\sum_{i=1}^{n}(x_i-\mu)^2-\frac{n}{2}\ln\sigma^2-n\ln\sqrt{2\pi}$$

令

$$\begin{cases}\dfrac{\partial\ln L(\mu,\sigma^2)}{\partial\mu}=\dfrac{1}{\sigma^2}\sum\limits_{i=1}^{n}(x_i-\mu)=0\\[2ex]\dfrac{\partial\ln L(\mu,\sigma^2)}{\partial\sigma^2}=-\dfrac{n}{2}\cdot\dfrac{1}{\sigma^2}+\dfrac{\sum\limits_{i=1}^{n}(x_i-\mu)^2}{2(\sigma^2)^2}=0\end{cases}$$

解之得 μ,σ^2 的最大似然估计值为

$$\hat{\mu}=\bar{x}$$

$$\hat{\sigma}^2=\frac{1}{n}\sum_{i=1}^{n}(x_i-\bar{x})^2$$

μ,σ^2 的最大似然估计量为

$$\hat{\mu}=\bar{X}$$

$$\hat{\sigma}^2=\frac{1}{n}\sum_{i=1}^{n}(X_i-\bar{X})^2$$

◇

例 7.1.6　设总体 X 服从 $[0,\theta]$ 上的均匀分布，$\theta>0$ 是未知参数，$X_1,\cdots,X_n$ 是 X 的样本，$x_1,\cdots,x_n$ 是样本观察值，求 θ 的最大似然估计量.

解　似然函数为

$$L(\theta)=\prod_{i=1}^{n}f(x_i;\theta)=\begin{cases}\dfrac{1}{\theta^n},0\leqslant x_1,\cdots,\quad x_n\leqslant\theta\\0,\qquad\qquad 其他\end{cases}=\begin{cases}\dfrac{1}{\theta^n},\quad \theta\geqslant\max\{x_1,\cdots,x_n\}\\0,\qquad\qquad 其他\end{cases}$$

当 $\theta\geqslant x_{(n)}=\max\{x_1,\cdots,x_n\}$ 时，$L(\theta)>0$ 且 $\ln L(\theta)=-n\ln\theta$，不过其驻点并不存在，这是因为

$$\frac{\mathrm{d}\ln L(\theta)}{\mathrm{d}\theta}=-\frac{n}{\theta}<0$$

即 $L(\theta)$ 是 θ 的一个单值递减函数，因此似然函数的最大值在其大于 0 的区间左端点处取得，从而 $\hat{\theta}=x_{(n)}$ 是 θ 的最大似然估计值，$\hat{\theta}=X_{(n)}$ 即最大顺序统计量是参数 θ 的最大似然估计量.

◇

例 7.1.7　设总体 X 的概率密度为

$$f(x,\theta)=\begin{cases}\theta,\qquad 0<x<1\\1-\theta,\quad 1\leqslant x<2\\0,\qquad 其他\end{cases}，其中\ \theta\ 是未知参数\ (0<\theta<1)$$

$X_1,X_2,\cdots,X_n$ 为来自总体的随机样本，记 N 为样本值 $x_1,x_2,\cdots,x_n$ 中小于 1 的个数，求：(1) θ 的矩估计；(2) θ 的最大似然估计.

解　(1)总体 X 的数学期望为

$$E(X)=\int_0^1 x\theta\mathrm{d}x+\int_1^2 x(1-\theta)\mathrm{d}x=\frac{3}{2}-\theta$$

令 $\frac{3}{2}-\theta=\bar{X}$，得所求的矩估计量为 $\hat{\theta}_M=\frac{3}{2}-\bar{X}$.

(2)依题意，样本值 $x_1,x_2,\cdots x_n$ 中有 N 个小于 1，$n-N$ 个大于 1，因此似然函数为

$$L(\theta)=\prod_{i=1}^{n}f(x_i,\theta)=\theta^N(1-\theta)^{n-N}$$

取对数,有

$$\ln L(\theta) = N\ln\theta + (n-N)\ln(1-\theta)$$

令

$$\frac{\mathrm{d}\ln L(\theta)}{\mathrm{d}\theta} = \frac{N}{\theta} - \frac{n-N}{1-\theta} = 0$$

解得 θ 的最大似然估计为 $\hat{\theta}_L = \dfrac{N}{n}$. ◇

最大似然估计有一个简单而有用的性质

性质 设 $u = u(\theta), \theta \in \Theta$ 具有单值反函数 $\theta = \theta(u), u \in U$. 若 $\hat{\theta}$ 是总体分布中未知参数 θ 的最大似然估计,则 $\hat{\mu} = u(\hat{\theta})$ 是 u 的最大似然估计.

证明 因为 $\hat{\theta}$ 是 θ 的最大似然估计,所以有下式成立

$$L(\hat{\theta};x_1,x_2,\cdots,x_n) = \max_{\theta\in\Theta} L(\theta,x_1,x_2,\cdots,x_n)$$

其中 $x_1,\cdots,x_n$ 是总体的一组样本值,考虑到 $\hat{u} = u(\hat{\theta})$ 有单值反函数,且有 $\hat{\theta} = \theta(\hat{\mu})$,上式可以写成

$$L(\theta(\hat{\mu});x_1,x_2,\cdots,x_n) = \max_{\theta\in\Theta} L(\theta,x_1,x_2,\cdots,x_n) = \max_{u\in U} L(\theta(u);x_1,x_2,\cdots,x_n)$$

这就证明了 $\hat{\mu} = u(\hat{\theta})$ 是 u 的最大似然估计.

在例 7.1.3 中,已经求出参数 λ 的最大似然估计量 $\hat{\lambda} = \overline{X}$,再由上述性质,$p_0 = P\{X = 0\} = \mathrm{e}^{-\lambda}$ 的最大似然估计量为 $\hat{p}_0 = \mathrm{e}^{-\hat{\lambda}} = \mathrm{e}^{-\overline{X}}$.

练习题

§7.1 练习题解答

(1)填空题

(a)已知总体 X 服从参数为 p 的 0-1 分布,$X_1,\cdots,X_n$ 是取自该总体的样本,则 p 的矩估计量为________.

(b) 设总体 $X \sim N(\mu,1)$,$p = P\{X > 2\}$,已知 μ 的极大似然估计值 $\hat{\mu} = 1$,则 p 的极大似然估计值 $\hat{p} =$ ________.

(2)选择题

(a) 假设总体 X 的方差 $D(X)$ 存在,$X_1,\cdots,X_n$ 是取自该总体的样本,样本均值和方差分别为 $\overline{X},S^2$,则 $E(X^2)$ 的矩估计量是 ( )

(A) $S^2 + \overline{X}^2$ (B) $(n-1)S^2 + \overline{X}^2$ (C) $nS^2 + \overline{X}^2$ (D) $\dfrac{n-1}{n}S^2 + \overline{X}^2$

(b) 假设总体 X 的方差 $D(X) = \sigma^2$ 存在,$X_1,\cdots,X_n$ 是取自该总体的样本,样本方差为 S^2,且 $D(S) > 0$,则 ( )

(A) S 是 σ 的矩估计量 (B) S 是 σ 的最大似然估计量

(C) $E(S) = \sigma$ (D) $E(S^2) = \sigma^2$

§7.2　估计量的评判标准

对于同一个参数,用不同的方法可以得到不同的估计量.例如通过上一节我们知道,当总体为 $[0,\theta]$ 上的均匀分布时,用矩法和最大似然法可分别得到 θ 的不同的估计量.事实上,类似的情形还有很多.现在的问题是,当同一个参数出现多个估计量时,究竟哪一个更好呢?这就涉及用什么标准来评价估计量的问题.

确定估计量好坏的标准必须是整体性的,说得明确一点就是,必须在大量观察的基础上从统计的意义上来评价估计量的好坏.因此,我们不是根据某一次估计的结果即估计值来评价估计的好坏,而是根据产生了估计值的估计量的统计性质来评价估计的好坏,也就是说,估计的好坏取决于估计量的统计性质.

设总体未知参数 θ 的估计量为 $\hat{\theta}$,很自然地,我们认为一个"好"的估计量应该具有如下的条件:

(1) $\hat{\theta}$ 与被估计参数 θ 的真值越近越好.由于 $\hat{\theta}$ 是随机变量,它有一定的波动性,因此只能在统计的意义上要求 $\hat{\theta}$ 的平均值离 θ 的真值越近越好,最好是能满足 $E(\hat{\theta})=\theta$,这就是无偏性的要求;

(2) $\hat{\theta}$ 围绕 θ 真值波动的幅度越小越好.下面我们将会看到,同一个参数的满足无偏性要求的估计量往往也不止一个.无偏性只对估计量波动的平均值提出了要求,但是对波动的"振幅"(即估计量的方差)没有提出进一步的要求.当然,我们希望估计量方差尽可能地小.这就是无偏估计量的有效性要求;

(3)当样本容量越来越大时,$\hat{\theta}$ 靠近 θ 真值的可能性也应该越来越大,最好是当样本容量趋于无穷时,$\hat{\theta}$ 在某种意义上收敛于 θ 的真值.这就是一致性的要求.

无偏性、有效性和一致性是对估计量的三条最基本的要求.下面就这三条性质分别予以介绍.

无偏性模拟实验

7.2.1　无偏性

定义 7.2.1　设 $\hat{\theta}=\hat{\theta}(X_1,\cdots,X_n)$ 是未知参数 θ 的估计量,$\theta\in\Theta$,若对任意的 $\theta\in\Theta$,有

$$E(\hat{\theta})=\theta \tag{7.2.1}$$

则称 $\hat{\theta}=\hat{\theta}(X_1,X_2,\cdots,X_n)$ 是 θ 的**无偏估计量**;若对任意的 $\theta\in\Theta$,有

$$\lim_{n\to\infty}E(\hat{\theta})=\theta \tag{7.2.2}$$

则称 $\hat{\theta}=\hat{\theta}(X_1,X_2,\cdots,X_n)$ 是 θ 的**渐近无偏估计量**.

例 7.2.1　设总体 X 服从 $[0,\theta]$ 上的均匀分布,试证 θ 的矩估计量 $\hat{\theta}_1=2\overline{X}$ 是 θ 的无

偏估计量,θ 的最大似然估计量 $\hat{\theta}_2 = X_{(n)}$ 是 θ 的渐进无偏估计量.

证 因为

$$E(\hat{\theta}_1) = E(2\overline{X}) = 2E(\overline{X}) = 2E(X) = 2 \cdot \frac{\theta}{2} = \theta$$

所以 $\hat{\theta}_1 = 2\overline{X}$ 是 θ 的无偏估计量.

$X_{(n)}$ 的概率密度为

$$f_{(n)}(x) = n[F(x)]^{n-1} f(x) = \begin{cases} \dfrac{nx^{n-1}}{\theta^n}, & 0 \leqslant x \leqslant \theta \\ 0, & \text{其他} \end{cases}$$

所以有

$$E(\hat{\theta}_2) = E(X_{(n)}) = \int_0^\theta x \cdot \frac{nx^{n-1}}{\theta^n} dx = \frac{n}{n+1}\theta \neq \theta$$

即 $\hat{\theta}_2 = X_{(n)}$ 不是 θ 的无偏估计量. 但是由于 $\lim\limits_{n\to\infty} E(\hat{\theta}_2) = \theta$,所以 $\hat{\theta}_2 = X_{(n)}$ 是 θ 的渐近无偏估计量. ◇

在本例中,如果我们令 $\hat{\theta}_3 = \dfrac{n+1}{n} X_{(n)}$,则 $\hat{\theta}_3$ 是 θ 的无偏估计量. 这样,我们就对同一个参数,得到了多个无偏估计量.

如果参数 θ 有两个不同的无偏估计量 $\hat{\theta}_1$ 和 $\hat{\theta}_2$,那么它就有无穷多个无偏估计量,这是因为只要系数满足 $a + b = 1$,则线性组合 $a\hat{\theta}_1 + b\hat{\theta}_2$ 就是 θ 的无偏估计.

因为,$E(\frac{1}{n}\sum\limits_{i=1}^n X_i^r) = E(X^r)$,所以样本的 r 阶矩是相应的总体 r 阶矩的无偏估计. 另外,由定理 6.2.1 知,$E(S^2) = D(X)$,即样本方差是总体方差的无偏估计.

例 7.2.2 设总体 X 服从参数 λ 的泊松分布,(X_1, X_2, X_3) 是 X 的样本,试证:下述三个估计量都是 λ 的无偏估计量.

$$\hat{\lambda}_1 = \frac{1}{3}X_1 + \frac{1}{3}X_2 + \frac{1}{3}X_3,$$

$$\hat{\lambda}_2 = \frac{1}{3}X_1 + \frac{1}{6}X_2 + \frac{1}{2}X_3,$$

$$\hat{\lambda}_3 = X_1 + \frac{1}{2}X_2 - \frac{1}{2}X_3$$

证 因为 $E(X) = \lambda$,于是 $E(X_i) = \lambda, i = 1,2,3$,又

$$E(\hat{\lambda}_1) = \frac{1}{3}E(X_1) + \frac{1}{3}E(X_2) + \frac{1}{3}E(X_3) = \frac{1}{3}\lambda + \frac{1}{3}\lambda + \frac{1}{3}\lambda = \lambda$$

$$E(\hat{\lambda}_2) = \frac{1}{3}\lambda + \frac{1}{6}\lambda + \frac{1}{2}\lambda = \lambda$$

$$E(\hat{\lambda}_3) = \lambda + \frac{1}{2}\lambda - \frac{1}{2}\lambda = \lambda$$

故 $\hat{\lambda}_1, \hat{\lambda}_2, \hat{\lambda}_3$ 都是 λ 的无偏估计量. ◇

无偏性是对估计量的一个基本要求.在科学技术中 $E(\hat{\theta}) - \theta$ 称为以 $\hat{\theta}$ 作为 θ 的估计的系统误差.无偏估计的实际意义就是无系统误差:在多次重复抽样的平均意义下,给出接近真值的估计,这一点可由大数定律保证.

7.2.2 有效性及C-R不等式

通过上面的例子我们已知,同一个未知参数可以有多个无偏估计量.这就要求我们提出更高的标准,使得我们能够进一步评价不同的无偏估计量之间的优劣.估计量的无偏性只保证了估计量的取值在参数真值周围波动,但是波动的幅度有多大却并没有告诉我们.自然地,我们希望估计量波动的幅度越小越好,因为幅度越小,估计值与参数真值有较大偏差的可能性就越小.由于衡量随机变量波动幅度的量就是方差.这样就有了我们下面要介绍的有效性的概念.

定义 7.2.2 设 $\hat{\theta}_1 = \hat{\theta}_1(X_1, \cdots, X_n)$ 和 $\hat{\theta}_2 = \hat{\theta}_2(X_1, \cdots, X_n)$ 都是未知参数 θ 的无偏估计量,若有 $D(\hat{\theta}_1) < D(\hat{\theta}_2)$ 则称 $\hat{\theta}_1$ 较 $\hat{\theta}_2$ **有效**.

例 7.2.3 由例 7.2.1 可知,如果总体 X 服从 $[0,\theta]$ 上的均匀分布,则我们有 θ 的两个无偏估计量:$\hat{\theta}_1 = 2\overline{X}$ 和 $\hat{\theta}_3 = \dfrac{n+1}{n}X_{(n)}$. 问它们哪一个更有效.

解 首先,我们有

$$D(\hat{\theta}_1) = 4D(\overline{X}) = \frac{4}{n}D(X) = \frac{1}{3n}\theta^2$$

下面计算 $D(\hat{\theta}_3)$. 由于

$$E(X_{(n)}^2) = \int_0^\theta x^2 \frac{nx^{n-1}}{\theta^n}dx = \frac{n}{n+2}\theta^2$$

所以

$$D(\hat{\theta}_3) = \left(\frac{n+1}{n}\right)^2 D(X_{(n)}) = \left(\frac{n+1}{n}\right)^2 \{E(X_{(n)}^2) - (E(X_{(n)}))^2\} = \frac{1}{n(n+2)}\theta^2$$

故当 $n > 1$ 时,有 $D(\hat{\theta}_3) < D(\hat{\theta}_1)$,即 $\hat{\theta}_3 = \dfrac{n+1}{n}X_{(n)}$ 比 $\hat{\theta}_1 = 2\overline{X}$ 有效. ◇

有效性概念说明了在无偏估计量中,方差越小就越有效,那么,无偏估计量中方差能小到什么程度呢?是否有下界呢?下面的定理就某些特定的场合给出了答案.

定理 7.2.1(Cramer-Rao 不等式) 设总体 X 为具有概率密度函数 $f(x;\theta)$ 的连续型随机变量,未知参数 $\theta \in \Theta$,$(X_1, X_2, \cdots, X_n)$ 是 X 的样本,$\hat{\theta} = \hat{\theta}(X_1, \cdots, X_n)$ 是 θ 的无偏估计量.如果

(1) Θ 是实数域 R 中的开区间,且集合 $\{x: f(x;\theta) > 0\}$ 与 θ 无关.

(2) $\frac{\partial}{\partial\theta}\ln f(x;\theta)$ 对一切 x,θ 都存在，且

$$\frac{\partial}{\partial\theta}\int_{-\infty}^{\infty} f(x,\theta)dx = \int_{-\infty}^{\infty} \frac{\partial}{\partial\theta}f(x,\theta)dx$$

即可以在积分号下求导数

3)记

$$I(\theta) = E\left[\frac{\partial}{\partial\theta}\ln f(X,\theta)\right]^2 \tag{7.2.3}$$

它满足 $0 < I(\theta) < \infty$，则有

$$D(\hat{\theta}) \geqslant \frac{1}{nI(\theta)}，对一切 \theta \in \Theta 均成立 \tag{7.2.4}$$

且等号成立的充分必要条件是以概率1有关系式

$$\frac{\partial}{\partial\theta}\left[\ln\prod_{i=1}^{n} f(X_i;\theta)\right] = C(\theta)(\hat{\theta} - \theta) \tag{7.2.5}$$

其中 $C(\theta)$ 与样本无关.

该定理的证明从略.

不等式(7.2.4)是由瑞典统计学家 H. Cramer 和印度统计学家 C. R. Rao 在 1945—1946 年各自独立得出的，故文献中一般称为 Cramer-Rao 不等式，简称为 C-R 不等式，有时也称为信息不等式. 如果 C-R 不等式中的等号成立，那么我们看到 $I(\theta)$ 越大，估计量的方差 $D(\hat{\theta})$ 就越小，表明此时参数估计得越精确. 直观地说就是，如果某分布的 $I(\theta)$ 越大，意味着该总体的参数越容易估计，或者说，该总体模型本身提供的信息量越多. 故此有理由把 $I(\theta)$ 视为一种衡量总体模型所含信息的量——信息量. 一般地，我们将 $I(\theta)$ 称为**费歇信息量**.

对 X 是离散型的随机变量，只要将 $f(x;\theta)$ 换成分布律 $p(x;\theta)$，将积分换成求和，在相类似的条件下，也有同样结论.

定义 7.2.3 如果 θ 的无偏估计量 $\hat{\theta}(X_1,X_2,\cdots,X_n)$ 使得

$$D(\hat{\theta}) = \frac{1}{nI(\theta)}，对任意 \theta \in \Theta \tag{7.2.5}$$

其中 $I(\theta)$ 是定理 7.2.1 中定义的量，则称 $\hat{\theta}$ 是 θ 的**有效估计量**.

在定理 7.2.1 的条件下，θ 的无偏估计量 $\hat{\theta}$ 是 θ 的有效估计量的充要条件是以概率1成立如下关系式

$$\frac{\partial}{\partial\theta}\ln L(\theta) = C(\theta)(\hat{\theta} - \theta)$$

其中 $L(\theta)$ 是似然函数，且 $C(\theta)$ 与样本无关.

例 7.2.4 设总体 $X \sim B(1,p)$，$p(0 < p < 1)$ 是未知参数，$(X_1,X_2,\cdots,X_n)$ 是 X 的

样本,证明 $\hat{p}=\overline{X}$ 是 p 的有效估计量.

解　X 的分布律(概率函数)为

$$f(x;p)=p^{x}(1-p)^{1-x},x=0,1,$$

可以验证定理 7.2.1 的条件满足,于是

$$\frac{\partial}{\partial p}\ln f(x,p)=\frac{x}{p}-\frac{1-x}{1-p}$$

$$\begin{aligned}I(p)&=E\left[\left(\frac{\partial}{\partial p}\ln f(X,p)\right)^{2}\right]\\&=\sum_{x=0,1}\left(\frac{x}{p}-\frac{1-x}{1-p}\right)^{2}p^{x}(1-p)^{1-x}\\&=\frac{1}{p(1-p)}\end{aligned}$$

而

$$D(\hat{p})=D(\overline{X})=\frac{1}{n}D(X)=\frac{p(1-p)}{n}=\frac{1}{nI(p)}$$

故 $\hat{p}=\overline{X}$ 是 p 的有效估计量.　◇

7.2.3　一致性

定义 7.2.4　设 $\hat{\theta}(X_1,X_2,\cdots,X_n)$ 是 θ 的估计量,若对任意给定的正数 ε,有

$$\lim_{n\to\infty}P\{|\hat{\theta}(X_1,X_2,\cdots,X_n)-\theta|\geqslant\varepsilon\}=0\qquad 对一切\ \theta\in\Theta$$

即当 $n\to\infty$,$\hat{\theta}(X_1,X_2,\cdots,X_n)$ 依概率收敛于 θ,则称 $\hat{\theta}(X_1,X_2,\cdots,X_n)$ 是 θ 的**一致估计量**.

直观上看,当 n 增大时,样本信息增多,当然希望估计量以很大的概率越来越靠近真值,这种想法就引出了上面的一致性概念.一致估计量一般是当样本容量很大时,才能显示其优点.

当总体 X 的数学期望 $E(X)=\mu$ 存在时,矩估计 $\hat{\mu}=\overline{X}$ 是 μ 的一致估计量.更一般地,若 $\mu_i=E(X^i),i=1,2,\cdots,k$ 存在,且未知参数 $\theta=g(\mu_1,\mu_2,\cdots,\mu_k)$,$g$ 连续,则 θ 的矩估计量 $\hat{\theta}=g(A_1,A_2,\cdots,A_k)$ 是 θ 的一致估计量,其中 A_j 是样本 j 阶矩,即 $A_j=\frac{1}{n}\sum_{i=1}^{n}X_i^j,j=1,2,\cdots,k$.至于最大似然估计量的一致性问题,引起了许多数理统计学家的兴趣,但直到现在都没有彻底地解决,已有的研究表明,在满足一定的条件下,最大似然估计量也是 θ 的一致估计量.有兴趣的读者可参看相关的数理统计教材.

相合性模拟实验

练习题

§7.2 练习题解答

(1)填空题

设总体 X 服从参数为 λ 的泊松分布，$X_1,\cdots,X_n$ 是取自该总体的样本,若 $a\overline{X}+bS^2$ 是 λ 的无偏估计量,则 a 与 b 满足关系式________.

(2)选择题

设 (X_1,X_2,X_3) 是总体 X 的样本,$E(X)=\mu$,则(　　)是以下四个估计量中关于参数 μ 的最有效估计

(A) $\hat{\mu}_1=\frac{1}{6}X_1+\frac{1}{3}X_2+\frac{1}{2}X_3$　　(B) $\hat{\mu}_2=\frac{1}{5}X_1+\frac{2}{5}X_2+\frac{2}{5}X_3$

(C) $\hat{\mu}_3=\frac{1}{4}X_1+\frac{1}{4}X_2+\frac{1}{2}X_3$　　(D) $\hat{\mu}_4=\frac{1}{3}X_1+\frac{1}{3}X_2+\frac{1}{3}X_3$

§7.3 区间估计

通过上一节对点估计的讨论我们看到,假如 $\hat{\theta}(X_1,X_2,\cdots,X_n)$ 是未知参数 θ 的一个点估计,那么一旦获得样本值 $x_1,x_2,\cdots,x_n$,估计值 $\hat{\theta}(x_1,x_2,\cdots,x_n)$ 就给出了一个确定的数.这个数给我们一个关于该参数的明确的数量概念,而这是非常有用的.但是,我们必须注意到,点估计值只是 θ 的一个近似值,它本身并没有反映这种近似值的精度,也就是说它并没有给出近似值的误差范围.更进一步的,在数理统计学中仅仅知道误差范围 $(\hat{\theta}-\delta,\hat{\theta}+\delta)$ 也是不够的.由于样本的随机性,误差范围 $(\hat{\theta}-\delta,\hat{\theta}+\delta)$ 就成了一个随机区间,于是就连它是否包含 θ 真值都成了疑问.因此,我们还必须建立一种统计推断的方法,希望通过它能确定这个区间 $(\hat{\theta}-\delta,\hat{\theta}+\delta)$ 包含 θ 真值的概率.

为了弥补点估计在这方面的不足,本节讨论区间估计的概念.区间估计是一种重要的统计推断方法,它是由奈曼(J. Neyman)在1934年开始的一系列工作中引入的,这种思想从确立之日起就引起了众多统计学家的重视.

奈曼人物介绍

定义 7.3.1　设总体 X 的分布函数为 $F(x;\theta)$,θ 是未知参数,$X_1,X_2,\cdots,X_n$ 是来自 X 的样本.α 是给定值 $(0<\alpha<1)$,若两个统计量 $\underline{\theta}=\underline{\theta}(X_1,\cdots,X_n)$ 和 $\overline{\theta}=\overline{\theta}(X_1,\cdots,X_n)$ 满足

$$P\{\underline{\theta}<\theta<\overline{\theta}\}=1-\alpha \tag{7.3.1}$$

则称随机区间 $(\underline{\theta},\overline{\theta})$ 是 θ 的**置信度**为 $1-\alpha$ 的**置信区间**,分别称 $\underline{\theta}$ 和 $\overline{\theta}$ 为**置信度为** $1-\alpha$ 的**置信下限和置信上限**.

当 $(X_1,X_2,\cdots,X_n)$ 有观察值 $(x_1,x_2,\cdots,x_n)$ 时,$(\underline{\theta}(x_1,\cdots,x_n),\overline{\theta}(x_1,\cdots,x_n))$ 就是

通常意义的区间,也称它为置信区间.(7.3.1)的含意是:固定样本容量,然后进行多次抽样,每次抽样都可得到一个区间,这些区间中并非每个都包含真值,由大数定律,当抽样的次数足够多时,包含 θ 真值的区间大约占 $100(1-\alpha)\%$,即只能以 $100(1-\alpha)\%$ 的可信程度保证,由样本观察值代入 $(\underline{\theta},\bar{\theta})$ 中所得的区间包含 θ 的真值.

对应于已给的置信度,根据样本来确定未知参数 θ 的置信区间,称为参数 θ 的**区间估计**.

现在来介绍求置信区间的方法.

寻求未知参数 θ 的置信区间可通过下列三个步骤得到:

(1)寻求一个样本 $X_1,X_2,\cdots,X_n$ 和参数 θ 的函数 $Z=Z(X_1,X_2,\cdots,X_n;\theta)$,它只含待估计的参数 θ,而不含有其他的未知参数,且它的分布不依赖于任何未知参数(当然也不依赖参数 θ 本身),称具有这种性质的函数 $Z=Z(X_1,X_2,\cdots,X_n;\theta)$ 为**枢轴量**.在很多场合,这个函数可以从未知参数的点估计经过变换获得;

(2)对于给定的置信度 $1-\alpha$,定出常数 a,b,使得

$$P\{a<Z(X_1,\cdots,Z_n;\theta)<b\}=1-\alpha$$

由于 $Z=Z(X_1,X_2,\cdots,X_n;\theta)$ 的分布是已知的,所以常数 a,b 是可以计算的,一般可利用该分布的分位点来确定;

(3)利用不等式变形,求得未知参数 θ 的置信区间.若由

$$a<Z(X_1,\cdots,Z_n;\theta)<b,$$

置信区间可靠性
解释模拟实验

解得

$$\underline{\theta}(X_1,\cdots,X_n)<\theta<\bar{\theta}(X_1,\cdots,X_n)$$

则有

$$P\{\underline{\theta}<\theta<\bar{\theta}\}=1-\alpha$$

即 $(\underline{\theta},\bar{\theta})$ 是 θ 的置信度为 $1-\alpha$ 的置信区间,其中 $\underline{\theta}=\underline{\theta}(X_1,\cdots,X_n)$,$\bar{\theta}=\bar{\theta}(X_1,\cdots,X_n)$.

练习题

§ 7.3　练习题解答

(1)填空题

在其他条件不变的情况下,置信区间 $(\underline{\theta},\bar{\theta})$ 的区间长度随着 $1-\alpha$ 的增大而________.

(2)选择题

设 θ 是总体 X 的参数,$(\underline{\theta},\bar{\theta})$ 为 θ 的置信度为 $1-\alpha$ 的置信区间,即 $P\{\underline{\theta}<\theta<\bar{\theta}\}=1-\alpha$,这就是说　(　　)

(A) $(\underline{\theta},\bar{\theta})$ 以概率 $1-\alpha$ 包含 θ　　(B) θ 以 $1-\alpha$ 的概率落入 $(\underline{\theta},\bar{\theta})$

(C) θ 以 α 的概率落在 $(\underline{\theta},\bar{\theta})$ 之外　　(D) $(\underline{\theta},\bar{\theta})$ 以概率 α 包含 θ

§7.4 正态总体均值与方差的区间估计

本节中只对正态总体中的均值或方差进行区间估计,此时有关函数 $Z(X_1,X_2,\cdots,X_n;\theta)$ 的构造,是基于第六章中抽样分布的一些结论,从方法上看函数 $Z(X_1,X_2,\cdots,X_n;\theta)$ 的构造是可以从 θ 的某个点估计着手进行分析考虑的.

7.4.1 单个正态总体 $N(\mu,\sigma^2)$ 的情况

1. σ^2 已知时 μ 的区间估计

设 $(X_1,X_2,\cdots,X_n)$ 是来自正态总体 $N(\mu,\sigma^2)$ 的样本,σ^2 已知,μ 未知,此时选取如下的一个样本的函数

$$U=\frac{\overline{X}-\mu}{\sigma/\sqrt{n}}$$

它包含了待估计的参数 μ 但不包含其他的未知参数,由定理 6.3.1 的推论知,$U\sim N(0,1)$,该分布不依赖于任何参数.利用上分位点有

$$P\{|U|<u_{\alpha/2}\}=1-\alpha \tag{7.4.1}$$

由于

$$|U|<u_{\alpha/2} \quad \Leftrightarrow \quad \left|\frac{\overline{X}-\mu}{\sigma/\sqrt{n}}\right|<u_{\alpha/2}$$

$$\Leftrightarrow \quad \overline{X}-\frac{\sigma}{\sqrt{n}}u_{\alpha/2}<\mu<\overline{X}+\frac{\sigma}{\sqrt{n}}u_{\alpha/2}$$

故 μ 的置信度为 $1-\alpha$ 的置信区间为

$$\left(\overline{X}-\frac{\sigma}{\sqrt{n}}u_{\alpha/2},\overline{X}+\frac{\sigma}{\sqrt{n}}u_{\alpha/2}\right) \tag{7.4.2}$$

简记为

$$\left(\overline{X}\pm\frac{\sigma}{\sqrt{n}}u_{\alpha/2}\right).$$

值得指出的是,利用分位点时,从

$$P\{-u_{\alpha_1}<U<u_{\alpha-\alpha_1}\}=1-\alpha$$

出发,也可得到置信度为 $1-\alpha$ 的置信区间.但是,对于像标准正态分布和下面将要提到的 t 分布的情形,取对称的分位点可以使所得的区间最短(请读者自行验证).

由(7.4.2)式知,该置信区间的长度为

$$L=\frac{2\sigma}{\sqrt{n}}u_{\alpha/2} \tag{7.4.3}$$

很自然地，我们希望能够找到这样的区间，既有足够大的置信度，区间的长度又能尽量短. 然而，从(7.4.3)式我们可以看出，如果想提高置信区间的置信度 $1-\alpha$，则 α 必须减小，而这同时又会导致 $u_{\alpha/2}$ 增大，从而导致区间的长度 L 增加.

对于给定的置信度，欲使置信区间的长度变短，只有一种途径，那就是增加样本的容量 n. 不过，从(7.4.3)式我们还可以看到，要使区间的长度缩短一半，样本的容量需要增加 4 倍，成本和收益似乎不太匹配.

2. σ^2 未知时 μ 的区间估计

当 σ^2 未知时，由于 $U=\dfrac{\overline{X}-\mu}{\sigma/\sqrt{n}}$ 除了 μ 以外还包含了一个未知参数 σ，所以它已不符合要求. 考虑到 S^2 是 σ^2 的无偏估计，在上式中将 σ 换成 S，这样就得到函数 $T=\dfrac{\overline{X}-\mu}{S/\sqrt{n}}$，由定理 6.3.3 知，$T\sim t(n-1)$，并且该分布不依赖于任何参数，利用 t 分布的分位点有

$$P\{|T|<t_{\alpha/2}(n-1)\}=1-\alpha \tag{7.4.3}$$

由于

$$|T|<t_{\alpha/2}(n-1)\quad\Leftrightarrow\quad\left|\frac{\overline{X}-\mu}{S/\sqrt{n}}\right|<t_{\alpha/2}(n-1)$$

$$\Leftrightarrow\quad\overline{X}-\frac{S}{\sqrt{n}}t_{\alpha/2}(n-1)<\mu<\overline{X}+\frac{S}{\sqrt{n}}t_{\alpha/2}(n-1)$$

区间估计性质模拟实验

故此时 μ 的置信度为 $1-\alpha$ 的置信区间为

$$\left(\overline{X}\pm\frac{S}{\sqrt{n}}t_{\alpha/2}(n-1)\right) \tag{7.4.4}$$

例 7.4.1 测得某种清漆的 9 个样品，其干燥时间(以小时计)分别为

6.0　5.7　5.8　6.5　7.0　6.3　5.6　6.1　5.0

设干燥时间总体服从正态分布 $N(\mu,\sigma^2)$，分别就下列两种情形求 μ 的置信度为 0.95 的置信区间，(1)若由以往经验知 $\sigma=0.6$ (小时)，(2) σ 为未知.

解 (1) $\sigma^2=0.6^2$ 已知时 μ 的置信度为 $1-\alpha$ 的置信区间为

$$\left(\overline{X}\pm\frac{\sigma}{\sqrt{n}}u_{\alpha/2}\right),$$

已知 $\sigma=0.6, n=9, z_{\alpha/2}=z_{0.025}=1.96$，计算得 $\bar{x}=6$，将这些数据代入即得所求的置信区间为

$$\left(6\pm\frac{0.6}{\sqrt{9}}\times 1.96\right)=(5.608,\quad 6.392)$$

(2) σ^2 未知时 μ 的置信度为 $1-\alpha$ 的置信区间为

$$\left(\overline{X}\pm\frac{S}{\sqrt{n}}t_{\alpha/2}(n-1)\right)$$

将 $\overline{x}=6, s=0.577, t_{\alpha/2}(n-1)=t_{0.025}(8)=2.306, n=9$ 代入得所求的置信区间为

$$\left(\overline{x}\pm\frac{s}{\sqrt{n}}t_{\alpha/2}(n-1)\right)=\left(6\pm\frac{0.577}{\sqrt{9}}\times 2.306\right)=(5.558,\quad 6.442)$$ ◇

例 7.4.2 有一大批糖果,现从中随机地取 16 袋,称得重量(克)如下:

506 508 499 503 504 510 497 512

514 505 493 496 506 502 509 496

设袋装糖果的重量服从正态分布,试求总体均值 μ 的置信度为 0.95 的置信区间

解 因为 σ^2 未知,故 μ 的置信度为 $1-\alpha$ 的置信区间为

$$\left(\overline{X}\pm\frac{S}{\sqrt{n}}t_{\alpha/2}(n-1)\right)$$

计算得 $\overline{x}=503.75$, $s=6.2022$,查表得 $t_{0.025}(15)=2.1315$,故所求的置信区间为

$$\left(503.75\pm\frac{6.2022}{\sqrt{16}}\times 2.1315\right),\text{ 即 }(500.4, 507.1).$$ ◇

关于本例结果的解释:如果估计袋装糖果重量的均值在 500.4 克与 507.1 克之间,则这个估计的可信程度为 95%.

3. μ 已知时 σ^2 的区间估计

因 $X_i\sim N(\mu,\sigma^2)$,故 $\dfrac{X_i-\mu}{\sigma}\sim N(0,1), i=1,2,\cdots,n$,再利用独立性及 χ^2 分布的定义知

$$\frac{1}{\sigma^2}\sum_{i=1}^{n}(X_i-\mu)^2=\sum_{i=1}^{n}\frac{(X_i-\mu)^2}{\sigma^2}\sim\chi^2(n) \tag{7.4.5}$$

此时,选取函数为 $\chi^2=\dfrac{1}{\sigma^2}\sum\limits_{i=1}^{n}(X_i-\mu)^2$,由上式知,它服从的分布不依赖于任何未知参数,由 χ^2 分布的分位点,可得

$$P\left\{\chi^2_{1-\frac{\alpha}{2}}(n)<\frac{1}{\sigma^2}\sum_{i=1}^{n}(X_i-\mu)^2<\chi^2_{\frac{\alpha}{2}}(n)\right\}=1-\alpha \tag{7.4.6}$$

故 σ^2 的置信度为 $1-\alpha$ 的置信区间为

$$\left(\frac{\sum\limits_{i=1}^{n}(X_i-\mu)^2}{\chi^2_{\frac{\alpha}{2}}(n)},\ \frac{\sum\limits_{i=1}^{n}(X_i-\mu)^2}{\chi^2_{1-\frac{\alpha}{2}}(n)}\right) \tag{7.4.7}$$

由此可得 σ 的置信度为 $1-\alpha$ 的置信区间为

$$\left(\sqrt{\frac{\sum\limits_{i=1}^{n}(X_i-\mu)^2}{\chi^2_{\frac{\alpha}{2}}(n)}},\ \sqrt{\frac{\sum\limits_{i=1}^{n}(X_i-\mu)^2}{\chi^2_{1-\frac{\alpha}{2}}(n)}}\right) \tag{7.4.8}$$

4. μ 未知时 σ^2 的区间估计

因 S^2 是 σ^2 的一个常用估计，基于 S^2 并利用抽样分布结论选取函数为 $\chi^2 = \frac{(n-1)S^2}{\sigma^2}$，则由定理 6.3.2 知，$\chi^2 \sim \chi^2(n-1)$，类似于前面的推导，可得 σ^2 的置信度为 $1-\alpha$ 的置信区间为

$$\left(\frac{(n-1)S^2}{\chi^2_{\frac{\alpha}{2}}(n-1)},\quad \frac{(n-1)S^2}{\chi^2_{1-\frac{\alpha}{2}}(n-1)}\right) \tag{7.4.9}$$

由此可得 σ 的置信度为 $1-\alpha$ 的置信区间为

$$\left(\sqrt{\frac{(n-1)S^2}{\chi^2_{\frac{\alpha}{2}}(n-1)}},\ \sqrt{\frac{(n-1)S^2}{\chi^2_{1-\frac{\alpha}{2}}(n-1)}}\right) \tag{7.4.10}$$

例 7.4.3　随机地取某种炮弹 9 发做试验，得炮口速度的样本标准差 $s = 11(m/s)$. 设炮口速度服从正态分布. 求这种炮弹的炮口速度的标准差 σ 的置信度为 0.95 的置信区间.

解　这是 μ 未知的情形. 可得 σ 的置信度为 $1-\alpha$ 的置信区间

$$\left(\sqrt{\frac{n-1)S^2}{\chi^2_{\frac{\alpha}{2}}(n-1)}},\ \sqrt{\frac{(n-1)S^2}{\chi^2_{1-\frac{\alpha}{2}}(n-1)}}\right),$$

将 $s = 11, n = 9, \chi^2_{0.025}(8) = 17.535, \chi^2_{0.975}(8) = 2.180$ 代入，得所求的置信区间为

$$\left(\frac{\sqrt{8}\times 11}{\sqrt{17.535}}, \frac{\sqrt{8}\times 11}{\sqrt{2.180}}\right) = (7.4,\quad 21.1)$$ ◇

7.4.2　两个正态总体 $N(\mu_1,\sigma_1^2)$ 和 $N(\mu_2,\sigma_2^2)$ 的情形

下面介绍两正态总体均值差和方差比的区间估计.

设 $X_1, X_2, \cdots, X_{n_1}$ 是正态总体 $X \sim N(\mu_1,\sigma_1^2)$ 的样本，$Y_1, Y_2, \cdots, Y_{n_2}$ 是正态总体 $Y \sim N(\mu_2,\sigma_2^2)$ 的样本，且两组样本相互独立，记

$$\overline{X} = \frac{1}{n_1}\sum_{i=1}^{n_1} X_i, S_1^2 = \frac{1}{n_1-1}\sum_{i=1}^{n_1}(X_i - \overline{X})^2$$

$$\overline{Y} = \frac{1}{n_2}\sum_{i=1}^{n_2} Y_i, S_2^2 = \frac{1}{n_2-1}\sum_{i=1}^{n_2}(Y_i - \overline{Y})^2$$

1. σ_1^2 及 σ_2^2 已知时，$\mu_1-\mu_2$ 的区间估计

由正态分布的性质可知 $\overline{X}-\overline{Y}$ 分别是 $\mu_1-\mu_2$ 的无偏估计，并且有

$$\frac{(\overline{X}-\overline{Y})-(\mu_1-\mu_2)}{\sqrt{\frac{\sigma_1^2}{n_1}+\frac{\sigma_2^2}{n_2}}} \sim N(0,1). \tag{7.4.11}$$

类似于前面的讨论，可得 $\mu_1-\mu_2$ 的置信度为 $1-\alpha$ 的置信区间为

$$\left(\overline{X}-\overline{Y}\pm u_{\frac{\alpha}{2}}\sqrt{\frac{\sigma_1^2}{n_1}+\frac{\sigma_2^2}{n_2}}\right) \tag{7.4.12}$$

2. $\sigma_1^2=\sigma_2^2=\sigma^2$ 未知时，$\mu_1-\mu_2$ 的区间估计

这是同方差的情形. 由定理 6.3.4 知，有

$$\frac{\overline{X}-\overline{Y}-(\mu_1-\mu_2)}{S_w\sqrt{\frac{1}{n_1}+\frac{1}{n_2}}}\sim t(n_1+n_2-2) \tag{7.4.13}$$

其中

$$S_w^2=\frac{(n_1-1)S_1^2+(n_2-1)S_2^2}{n_1+n_2-2}.$$

由(7.4.13)和上分位点的概念，可得 $\mu_1-\mu_2$ 的置信度为 $1-\alpha$ 的置信区间为

$$\left(\overline{X}-\overline{Y}\pm S_w\sqrt{\frac{1}{n_1}+\frac{1}{n_2}}\,t_{\frac{\alpha}{2}}(n_1+n_2-2)\right) \tag{7.4.14}$$

例 7.4.4 随机地从 A 批导线中抽取 4 根，又从 B 批导线中抽取 5 根，测得电阻(欧)为

A 批导线	0.143	0.143	0.143	0.137	
B 批导线	0.140	0.142	0.136	0.138	0.140

设测定数据分别来自分布 $N(\mu_1,\sigma^2)$，$N(\mu_2,\sigma^2)$，且两样本独立. 又 $\mu_1,\mu_2.\sigma^2$ 均未知. 试求 $\mu_1-\mu_2$ 的置信度为 0.95 的置信区间.

解 这是同方差正态总体均值差的区间估计问题. $\mu_1-\mu_2$ 的置信度为 0.95 的置信区间由(7.4.12)给出，将

$\bar{x}=0.14125,\bar{y}=0.1392,n_1=4,n_2=5,s_w^2=6.7\times10^{-6},t_{0.025}(7)=2.3646$

代入，得所求的置信区间为

$$\begin{aligned}&\left(\bar{x}-\bar{y}\pm t_{0.025}(7)s_w\sqrt{\frac{1}{n_1}+\frac{1}{n_2}}\right)\\&=\left(0.14125-0.1392\pm2.3646\sqrt{6.7\times10^{-6}}\times\sqrt{\frac{1}{4}+\frac{1}{5}}\right)\\&\approx(-0.002,0.006)\end{aligned}$$

因为此区间包含零，在实际中可以认为 $\mu_1=\mu_2$. ◇

3. σ_1^2 及 σ_2^2 未知，$\sigma_1^2\neq\sigma_2^2$，但 $n_1=n_2$ 时，$\mu_1-\mu_2$ 的区间估计

当 σ_1^2 及 σ_2^2 未知，$n_1=n_2=n$ 时，令

$$Z_i=X_i-Y_i,i=1,2,\cdots,n,$$

易知 $Z_i\sim N(\mu_1-\mu_2,\sigma_1^2+\sigma_2^2)$，$i=1,2,\cdots,n$ 且相互独立，即 $Z_1,Z_2,\cdots,Z_n$ 是正态总

体 $N(\mu_1-\mu_2,\sigma_1^2+\sigma_2^2)$ 的样本. 利用前面情形可得 $\mu_1-\mu_2$ 的置信度为 $1-\alpha$ 的置信区间为

$$\left(\overline{X}-\overline{Y}\pm\frac{S}{\sqrt{n}}t_{\alpha/2}(n-1)\right) \tag{7.4.15}$$

这里

$$S^2=\frac{1}{n-1}\sum_{i=1}^{n}(Z_i-\overline{Z})^2=\frac{1}{n-1}\sum_{i=1}^{n}[(X_i-Y_i)-(\overline{X}-\overline{Y})]^2$$

其中利用到等式

$$\overline{Z}=\frac{1}{n}\sum_{i=1}^{n}Z_i=\frac{1}{n}\sum_{i=1}^{n}(X_i-Y_i)=\overline{X}-\overline{Y}.$$

4. σ_1^2 及 σ_2^2 未知，$\sigma_1^2\neq\sigma_2^2$ 且 $n_1\neq n_2$ 时，$\mu_1-\mu_2$ 的区间估计问题

该问题比较复杂，通常地只能求出近似置信区间. 将情形 1 中的 σ_1^2 及 σ_2^2（这里未知）分别用 S_1^2 和 S_2^2 近似，即有 $\mu_1-\mu_2$ 的置信度为 $1-\alpha$ 的近似置信区间为（n_1 及 n_2 较大时）

$$\left(\overline{X}-\overline{Y}\pm u_{\alpha/2}\sqrt{\frac{S_1^2}{n_1}+\frac{S_2^2}{n_2}}\right) \tag{7.4.16}$$

5. μ_1 及 μ_2 未知时，σ_1^2/σ_2^2 的区间估计

因为 $\dfrac{(n_1-1)S_1^2}{\sigma_1^2}\sim\chi^2(n_1-1)$，$\dfrac{(n_2-1)S_2^2}{\sigma_2^2}\sim\chi^2(n_2-1)$，由独立性及 F 分布的定义，有

$$\frac{S_1^2/S_2^2}{\sigma_1^2/\sigma_2^2}=\frac{\dfrac{(n_1-1)S_1^2}{\sigma_1^2}\Big/(n_1-1)}{\dfrac{(n_2-1)S_2^2}{\sigma_2^2}\Big/(n_2-1)}\sim F(n_1-1,n_2-1) \tag{7.4.17}$$

于是，利用 F 分布的分位点有

$$P\left\{F_{1-\frac{\alpha}{2}}(n_1-1,n_2-1)<\frac{S_1^2/S_2^2}{\sigma_1^2/\sigma_2^2}<F_{\frac{\alpha}{2}}(n_1-1,n_2-1)\right\}=1-\alpha$$

由此可得，σ_1^2/σ_2^2 的置信度为 $1-\alpha$ 的置信区间

$$\left(\frac{S_1^2/S_2^2}{F_{\frac{\alpha}{2}}(n_1-1,n_2-1)},\frac{S_1^2/S_2^2}{F_{1-\frac{\alpha}{2}}(n_1-1,n_2-1)}\right) \tag{7.4.18}$$

当 μ_1 及 μ_2 已知时，也可以选取函数 $\dfrac{\dfrac{1}{n_1}\sum\limits_{i=1}^{n_1}(X_i-\mu_1)^2}{\dfrac{1}{n_2}\sum\limits_{i=1}^{n_2}(Y_i-\mu_2)^2}\cdot\dfrac{\sigma_2^2}{\sigma_1^2}$ 进行讨论，具体细节从略，读者可自行考虑.

例 7.4.5 某自动机床加工同类型套筒，假设套筒的直径服从正态分布，现从两个班次的产品中各抽验 5 个套筒，测量它们的直径，得如下数据：

A班	2.066	2.063	2.068	2.060	2.067
B班	2.058	2.057	2.063	2.059	2.060

试求两班所加工套筒直径的方差比 σ_A^2/σ_B^2 的 0.90 置信区间.

解 这是两正态总体中 μ_A 及 μ_B 未知的情形. σ_A^2/σ_B^2 置信度为 $1-\alpha$ 的置信区间为

$$\left(\frac{S_1^2/S_2^2}{F_{\frac{\alpha}{2}}(n_1-1,n_2-1)},\frac{S_1^2/S_2^2}{F_{1-\frac{\alpha}{2}}(n_1-1,n_2-1)}\right)$$

因为

$$\bar{x}=2.0648,s_1^2=0.0000107,\bar{y}=2.0594,$$

$$s_2^2=0.0000053,\alpha=0.10,n_1=n_2=5$$

且

$$F_{0.05}(4,4)=6.39,F_{0.95}(4,4)=\frac{1}{6.39}$$

代入得 σ_A^2/σ_B^2 的置信度为 0.90 的置信区间为

$$\left(\frac{2.01887}{6.39},2.01887\times 6.39\right)=(0.316,12.901).$$ ◇

对非正态总体,由于没有正态总体这样简明的抽样分布理论,其讨论就复杂得多,在很多情形下,常利用中心极限定理等理论知识给出选取的函数 $Z(X_1,X_2,\cdots,X_n;\theta)$ 的近似分布,从而得到近似的置信区间.

练习题

§7.4 练习题解答

(1)填空题

设 $X_1,X_2,\cdots,X_{16}$ 是总体 $N(\mu,\sigma^2)$ 的样本, $\overline{X}$ 是样本均值, S^2 是样本方差,若 $P(\overline{X}>\mu+aS)=0.95$, 则 $a=$ ________.

(2)选择题

设一批零件的长度服从正态分布 $N(\mu,\sigma^2)$, 现从中随机抽取 16 个零件,测得样本均值 $\overline{X}=20$ 厘米,样本标准差 $s=1$ 厘米,则 μ 的置信水平为 0.95 的置信区间为 ( )

(A) $\left(20-\frac{1}{4}t_{0.05}(15),20+\frac{1}{4}t_{0.05}(15)\right)$

(B) $\left(20-\frac{1}{4}t_{0.025}(15),20+\frac{1}{4}t_{0.025}(15)\right)$

(C) $\left(20-\frac{1}{4}t_{0.05}(16),20+\frac{1}{4}t_{0.05}(16)\right)$

(D) $\left(20-\frac{1}{4}t_{0.025}(16),20+\frac{1}{4}t_{0.025}(16)\right)$

* §7.5 (0－1)分布参数的区间估计

设有一个容量 $n > 50$ 的大样本，它来自(0－1)分布的总体 X，X 的分布律为

$$P(X = x) = f(x;p) = p^x(1-p)^{1-x}, x = 0, 1, \tag{7.5.1}$$

其中 p 为未知参数. 现在求参数 p 的置信水平为 $1-\alpha$ 的置信区间.

设 $X_1, X_2, \cdots, X_n$ 是一个样本. 因为样本容量较大，由中心极限定理，可知

$$\frac{\sum_{i=1}^{n} X_i - np}{\sqrt{np(1-p)}} = \frac{n\overline{X} - np}{\sqrt{np(1-p)}} \sim N(0,1) \tag{7.5.2}$$

于是有，

$$P(-z_{\alpha/2} < \frac{n\overline{X} - np}{\sqrt{np(1-p)}} < z_{\alpha/2}) \approx 1-\alpha \tag{7.5.3}$$

而不等式

$$-z_{\alpha/2} < \frac{n\overline{X} - np}{\sqrt{np(1-p)}} < z_{\alpha/2} \tag{7.5.4}$$

等价于

$$(\frac{z_{\alpha/2}^2}{n} + 1)p^2 - (2\overline{X} + \frac{z_{\alpha/2}^2}{n})p + \overline{X}^2 < 0 \tag{7.5.5}$$

即是

$$(z_{\alpha/2}^2 + n)p^2 - (2n\overline{X} + z_{\alpha/2}^2)p + n\overline{X}^2 < 0 \tag{7.5.6}$$

记

$$p_1 = \frac{1}{2a}(-b - \sqrt{b^2 - 4ac}); p_2 = \frac{1}{2a}(-b + \sqrt{b^2 - 4ac}) \tag{7.5.7}$$

其中 $a = (z_{\alpha/2}^2 + n)$，$b = -(2n\overline{X} + z_{\alpha/2}^2)$，$c = n\overline{X}^2$. 于是参数 p 的置信水平为 $1-\alpha$ 的置信区间为 (p_1, p_2).

例 从一大批产品中任取 100 件产品进行检验，发现其中有 60 件是一级品，求这批产品的一级品率 p 的置信水平为 95%的置信区间.

解 一级品率 p 是(0－1)分布的参数，此处 $\alpha = 0.05$，查表得 $z_{\frac{\alpha}{2}} = z_{0.025} = 1.96$，$n = 100$，$\overline{X} = \frac{60}{100} = 0.6$，经计算，

$a = n + z_{\frac{\alpha}{2}}^2 = 100 + (1.96)^2 = 103.84$，

$b = -(2n\overline{X} + z_{\frac{\alpha}{2}}^2) = -(2 \times 100 \times 0.6 + (1.96)^2) = -123.84$，$c = n\overline{X}^2 = 36$.

由(7.5.7)式计算得，

$p_1 = -\frac{1}{2a}(b + \sqrt{b^2 - 4ac}) = 0.5020$，$p_2 = -\frac{1}{2a}(b - \sqrt{b^2 - 4ac}) = 0.6906$.

所以一级品率 p 的置信水平为 95%的置信区间为 (0.5020, 0.6906). ◇

*§7.6 单侧置信区间

在解决某些问题时,我们可能不是同时关心“上限”和“下限”,即有时“上限”和“下限”的重要性是不对称的,而可能只关心某一个界限.例如,对产品的寿命来说,平均寿命越长越好,此时关心的便是平均寿命的“下限”;与之相反,如果考虑的是产品次品率,则关心的便是次品率的“上限”.这就引出了单侧置信区间的概念.

定义 7.6.1 对给定值 $\alpha(0<\alpha<1)$,若统计量 $\underline{\theta}=\underline{\theta}(X_1,X_2,\cdots,X_n)$ 满足

$$P\{\underline{\theta}<\theta\}=1-\alpha \tag{7.6.1}$$

则称 $(\underline{\theta},\infty)$ 是 θ 的置信度为 $1-\alpha$ 的**单侧置信区间**,称 $\underline{\theta}$ 为置信度为 $1-\alpha$ 的**单侧置信下限**.若有统计量 $\bar{\theta}=\bar{\theta}(X_1,X_2,\cdots,X_n)$,使得

$$P\{\theta<\bar{\theta}\}=1-\alpha \tag{7.6.2}$$

则称 $(-\infty,\bar{\theta})$ 是 θ 的置信度为 $1-\alpha$ 的**单侧置信区间**,称 $\bar{\theta}$ 为置信度为 $1-\alpha$ 的**单侧置信上限**.

求单侧置信区间的步骤,只需将§7.3中求置信区间的第二步中,按要求只需要定出 a,b 中的一个,第三步略改即可.

例如,设 $(X_1,X_2,\cdots,X_n)$ 是总体 $N(\mu,\sigma^2)$ 的样本,σ^2 已知,μ 未知,求 μ 的置信度为 $1-\alpha$ 的单侧置信下限.

取函数为 $\dfrac{\overline{X}-\mu}{\sigma/\sqrt{n}}\sim N(0,1)$,由

$$P\left\{\frac{\overline{X}-\mu}{\sigma/\sqrt{n}}<u_\alpha\right\}=1-\alpha$$

得

$$P\left\{\mu>\overline{X}-\frac{\sigma}{\sqrt{n}}u_\alpha\right\}=1-\alpha$$

即 μ 的置信度为 $1-\alpha$ 的单侧置信下限为 $\overline{X}-\dfrac{\sigma}{\sqrt{n}}u_\alpha$.

将它与同一条件下的同一置信度的双侧置信下限 $\overline{X}-\dfrac{\sigma}{\sqrt{n}}u_{\alpha/2}$ 对照发现,只是 $\alpha/2$ 与 α 的差别.此种规律对前面介绍的各种条件下的正态总体都适用,即只需将双侧置信区间的上(或下)限中的 $\alpha/2$ 换成 α,就是相应条件下相应参数的同一置信度的单侧置信上(或下)限.

例 7.6.1 科学上的重大发现往往是由年轻人做出的.下面列出了自16世纪中叶至20世纪早期的二十项重大发现的发现者和他们当时的年龄:

发现内容	发现者	发现时间	年龄
地球绕太阳运转	哥白尼	1543	40
望远镜、天文学的基本定律	伽利略	1600	36
运动原理、重力、微积分	牛顿	1665	23
电的本质	富兰克林	1746	40
燃烧是与氧气联系着的	拉瓦锡	1774	31
地球是渐进过程演化成的	莱尔	1830	33
自然选择控制演化的证据	达尔文	1858	49
光的场方程	麦克斯韦	1864	33
放射性	居里	1896	34
量子论	普朗克	1901	43
狭义相对论，$E=mc^2$	爱因斯坦	1905	26
量子论的数学基础	薛定谔	1926	39

设样本来自正态总体，试求发现者的平均年龄 μ 的置信度为 0.95 的单侧置信上限.

解 μ 的置信度为 $1-\alpha$ 的单侧置信上限为

$$\mu_u=\overline{X}+\frac{S}{\sqrt{n}}t_\alpha(n-1)$$

对表中的数据计算可得 $n=12,\bar{x}=35.58,s=7.22$，查表得 $t_\alpha(n-1)=t_{0.05}(11)=1.7959$，故得

$$\mu_u=35.58+\frac{7.22}{\sqrt{12}}\times1.7959=39.32$$

即发现者的平均年龄的 μ 的置信度为 0.95 的单侧置信上限约为 39 岁零 4 个月. ◇

§7.7 应用 Excel 求置信区间

Excel 作为强大的数据处理软件，包含大量的统计分析函数和工具。通过这些函数和工具我们可以方便快捷地进行统计分析，降低对统计专业知识的要求，提高应用效率。应用好 Excel 软件，对于利用统计专业知识解决实际问题，具有事半功倍的效果。本书以 Excel2007 为例来介绍 Excel 在统计分析中的应用。

需要开发复杂的统计或工程分析时，可以使用分析工具库节省步骤和时间。只需为每一个分析工具提供数据和参数，该工具就会使用适当的统计或工程宏函数计算相应的

结果并将它们显示在输出表格中。其中有些工具在生成输出表格时还能同时生成图表。

要访问这些工具,请单击“数据”选项卡上“分析”组中的“数据分析”。如果没有显示“数据分析”命令,则需要加载“分析工具库”,加载宏程序。

依次单击“文件”选项卡、“选项”和“加载项”类别。在“管理”框中,选择“Excel 加载宏”,再单击“转到”。在“可用加载宏”框中选中“分析工具库”复选框,然后单击“确定”。

提示 如果“可用加载宏”框中没有“分析工具库”,则单击“浏览”进行查找。

如果出现一条消息,指出您的计算机上当前没有安装分析工具库,请单击“是”进行安装。

注释 要包含用于分析工具库的 Visual Basic for Application (VBA)函数,您可以按照与加载分析工具库相同的方法加载“分析工具库-VBA 函数”加载宏。在“可用加载宏”框中选中“分析工具库-VBA 函数”复选框。

一、总体均值的区间估计

(一)总体方差未知

例 7.7.1 为研究某种汽车轮胎的磨损情况,随机选取 16 只轮胎,每只轮胎行驶到磨坏为止。记录所行驶的里程(以公里计)如下:

41250	40187	43175	41010	39265	41872	42654	41287
38970	40200	42550	41095	40680	43500	39775	40400

假设汽车轮胎的行驶里程服从正态分布,均值、方差未知。试求总体均值 μ 的置信度为 0.95 的置信区间。

步骤

	A	B	C	D
1	样本数据			
2	41250			
3	40187			
4	43175	指标名称	指标数值	
5	41010	样本容量	16	
6	39265	样本均值	41116.8750	
7	41872	样本标准差	1346.8428	
8	42654	抽样平均误差	336.7107	
9	41287	置信度	0.95	
10	38970	自由度	15	
11	40200	t 分布的双侧分位数	2.1315	
12	42550	允许误差	717.6823	
13	41095	置信下限	40399.1927	
14	40680	置信上限	41834.5573	
15	43500			
16	39775			
17	40400			
18				
19				

图 7-7-1 总体方差未知总体均值区间估计数据输入示意图

1. 在单元格 A1 中输入“样本数据”，在单元格 B4 中输入“指标名称”，在单元格 C4 中输入“指标数值”，并在单元格 A2：A17 中输入样本数据；

2. 在单元格 B5 中输入“样本容量”，在单元格 C5 中输入“16”；

3. 计算样本平均行驶里程。在单元格 B6 中输入“样本均值”，在单元格 C6 中输入公式：“=AVERAGE(A2：A17)”，回车后得到的结果为 41116.875；

4. 计算样本标准差。在单元格 B7 中输入“样本标准差”，在单元格 C7 中输入公式：“=STDEV(A2：A17)”，回车后得到的结果为 1346.842771；

5. 计算抽样平均误差。在单元格 B8 中输入“抽样平均误差”，在单元格 C8 中输入公式：“=C7/SQRT(C5)”，回车后得到的结果为 336.7106928；

6. 在单元格 B9 中输入“置信度”，在单元格 C9 中输入“0.95”；

7. 在单元格 B10 中输入“自由度”，在单元格 C10 中输入“15”；

8. 在单元格 B11 中输入“t 分布的双侧分位数”，在单元格 C11 中输入公式：“=TINV(1－C9，C10)”，回车后得到 $\alpha=0.05$ 的 t 分布的双侧分位数 $t=2.1315$。

9. 计算允许误差。在单元格 B12 中输入“允许误差”，在单元格 C12 中输入公式：“=C11 * C8”，回车后得到的结果为 717.6822943；

10. 计算置信区间下限。在单元格 B13 中输入“置信下限”，在单元格 C13 中输入置信区间下限公式：“=C6－C12”，回车后得到的结果为 40399.19271；

11. 计算置信区间上限。在单元格 B14 中输入“置信上限”，在单元格 C14 中输入置信区间上限公式：“=C6＋C12”，回车后得到的结果为 41834.55729.

(二)总体方差已知

仍以上例为例，假设汽车轮胎的行驶里程服从正态总体，方差为 10002，试求总体均值 μ 的置信度为 0.95 的置信区间.

步骤

1. 在单元格 A1 中输入“样本数据”，在单元格 B4 中输入“指标名称”，在单元格 C4 中输入“指标数值”，并在单元格 A2：A17 中输入样本数据；

2. 在单元格 B5 中输入“样本容量”，在单元格 C5 中输入“16”；

3. 计算样本平均行驶里程。在单元格 B6 中输入“样本均值”，在单元格 C6 中输入公式：“=AVERAGE(A2：A17)”，回车后得到的结果为 41116.875；

4. 在单元格 B7 中输入“标准差”，在单元格 C7 中输入“1000”；

5. 计算抽样平均误差。在单元格 B8 中输入“抽样平均误差”，在单元格 C8 中输入公式：“=C7/SQRT(C5)”，回车后得到的结果为 250；

6. 在单元格 B9 中输入“置信度”，在单元格 C9 中输入“0.95”；

7. 在单元格 B10 中输入“自由度”，在单元格 C10 中输入“15”；

8. 在单元格 B11 中输入“标准正态分布的双侧分位数”，在单元格 C11 中输入公式：

"=NORMSINV(0.975)",回车后得到 $\alpha=0.05$ 的标准正态分布的双侧分位数 $Z_{0.05/2}=1.96$;

9.计算允许误差。在单元格 B12 中输入"允许误差",在单元格 C12 中输入公式:"=C11 * C8",回车后得到的结果为 490;

10.计算置信区间下限。在单元格 B13 中输入"置信下限",在单元格 C13 中输入置信区间下限公式:"=C6-C12",回车后得到的结果为 40626.875;

11.计算置信区间上限。在单元格 B14 中输入"置信上限",在单元格 C14 中输入置信区间上限公式:"=C6+C12,回车后得到的结果为 41606.875.

	A	B	C	D
1	样本数据			
2	41250			
3	40187			
4	43175	指标名称	指标数值	
5	41010	样本容量	16	
6	39265	样本均值	41116.875	
7	41872	标准差	1000	
8	42654	抽样平均误差	250	
9	41287	置信度	0.95	
10	38970	自由度	15	
11	40200	标准正态分布的双侧分位数	1.96	
12	42550	允许误差	490	
13	41095	置信下限	40636.875	
14	40680	置信上限	41606.875	
15	43500			
16	39775			
17	40400			
18				
19				

图 7-7-2 总体方差已知总体均值区间估计数据输入示意图

二、总体方差的区间估计(μ 未知)

例 7.7.2 假设从加工的同一批产品中任意抽取 20 件,测得它们的平均长度为 12 厘米,方差为 0.0023 平方厘米,求总体方差的置信度为 95%的置信区间。

为构造区间估计的工作表,我们应在工作表的 A 列输入计算指标,B 列输入计算公式,C 列输入计算结果。

	A	B	C
1			
4	计算指标	计算公式	计算结果
5	样本均值	12	12
6	样本方差	0.0023	0.0023
7	样本容量	20	20
8	置信水平	0.95	0.95
9	卡方分布上侧分位数(α=0.025)	=CHIINV(0.025,B7-1)	32.85233698
10	卡方分布上侧分位数(α=0.975)	=CHIINV(0.975,B7-1)	8.906514385
11	置信下限	=(B7-1)*B6/B9	0.001330195
12	置信上限	=(B7-1)*B6/B10	0.004906521
13			

图 7-7-3 总体方差的区间估计数据输入示意图

注释

①本表C列为B列的计算结果，当在B列输入完公式后，即显示出C列结果，这里只是为了让读者看清楚公式，才给出了B列的公式形式。

②统计函数"＝CHINV(α,df)"，给出概率水平为α、自由度为v的χ^2分布上侧分位数。

具体使用方法，可以在Excel的函数指南中查看。

综上所述，我们有95％的把握认为该批零件平均长度的方差在0.00133至0.00491之间。

拓展阅读

许宝騄，概率论与数理统计学家，中国科学院学部委员(院士)，曾任北京大学教授。主要从事数理统计学和概率论研究，最先发现线性假设的似然比检验(F检验)的优良性，给出了多元统计中若干重要分布的推导，推动了矩阵论在多元统计中的应用；与罗宾斯(H. Robbins)一起提出的完全收敛的概念，是对强大数定律的重要加强。

许宝騄人物介绍

习题七

第七章 内容提要

1. 设 $X_1,\cdots,X_n$ 是来自总体的一个样本,求下述各总体的概率密度或分布律中未知参数的矩估计量:

(1) $f(x,\theta)=\begin{cases}(\theta+1)x^{\theta}, & 0<x<1\\ 0, & \text{其他}\end{cases}$ 其中 $\theta>-1$ 是未知参数;

(2) $P\{X=x\}=p(1-p)^{x-1},x=1,2\cdots$ 其中 $0<p<1$ 是未知参数;

(3) $f(x,\theta)=\begin{cases}2e^{-2(x-\theta)}, & x\geqslant\theta,\\ 0, & x<\theta\end{cases}$,其中 $\theta>0$ 为未知参数;

(4) $f(x,\theta)=\begin{cases}\sqrt{\theta}x^{\sqrt{\theta}-1}, & 0\leqslant x\leqslant 1,\\ 0, & \text{其他}\end{cases}$,其中 $\theta>0$ 为未知参数;

(5) $f(x,\theta)=\begin{cases}\dfrac{\theta}{x^{\theta+1}}, & x>1\\ 0, & \text{其他}\end{cases}$,其中 $\theta>1$ 是未知参数;

(6) $f(x,\sigma)=\dfrac{1}{2\sigma}e^{-\frac{|x|}{\sigma}}$,其中 $\sigma>0$ 为未知参数;

2. 求上题中各未知参数的极大似然估计量.

3. 设总体 X 服从参数为 m,p 的二项分布:

$$P\{X=x\}=\binom{m}{x}p^{x}(1-p)^{m-x},x=0,1,2,\cdots,m,0<p<1$$

$X_1,\cdots,X_n$ 是来自该总体的一个样本,求未知参数 p 的极大似然估计量.

4. (1)设总体 X 服从参数为 λ 的泊松分布,$X_1,\cdots,X_n$ 是来自总体 X 的一个样本,求 $P\{X=0\}$ 的极大似然估计;

(2)某铁路局证实一个扳道员在五年内所引起的严重事故的次数服从泊松分布.求一个扳道员在五年内未引起严重事故的概率 p 的极大似然估计值.使用下面 122 个观察值.下表中,r 表示一扳道员五年内引起严重事故的次数,s 表示观察到的扳道员人数.

r	0	1	2	3	4	5
s	44	42	21	9	4	2

5. 设总体 X 的概率分布为

$$X\sim\begin{pmatrix}0 & 1 & 2 & 3\\ \theta^2 & 2\theta(1-\theta) & \theta^2 & 1-2\theta\end{pmatrix}$$

其中 $\theta\left(0<\theta<\frac{1}{2}\right)$ 是未知参数，利用总体 X 观察得如下样本值

$$3,1,3,0,3,1,2,3$$

求 θ 的矩估计值和最大似然估计值.

6. 设总体 X 的概率密度为

$$f(x,\theta)=\begin{cases}2\theta, & 0<x<1\\ 1-2\theta, & 1\leqslant x<2\\ 0, & \text{其他}\end{cases}$$

其中 θ 是未知参数 $\left(0<\theta<\frac{1}{2}\right)$，$X_1,\cdots,X_n$ 是来自总体 X 的一个样本，记 N 为样本值 $x_1,\cdots,x_n$ 中小于 1 的个数. 求(1) θ 的矩估计；(2) θ 的最大似然估计.

7. 设总体 X 的概率密度为

$$f(x,\theta)=\begin{cases}\dfrac{1}{2\theta}, & 0<x<\theta\\ \dfrac{1}{2(1-\theta)}, & \theta\leqslant x<1\\ 0, & \text{其他}\end{cases}$$

其中 θ 是未知参数 $(0<\theta<1)$，$X_1,\cdots,X_n$ 是来自总体 X 的一个样本. (1)求参数 θ 的矩估计量；(2)判断 $4(\overline{X})^2$ 是否为 θ^2 的无偏估计量.

8. 设总体 $X\sim N(\mu,\sigma^2)$，$X_1,\cdots,X_n$ 是来自总体 X 的一个样本，试确定常数 c，使统计量 $c\sum\limits_{i=1}^{n-1}(X_{i+1}-X_i)^2$ 为 σ^2 的无偏估计.

9. 设 $\hat{\theta}_1$ 和 $\hat{\theta}_2$ 相互独立且均为参数 θ 的无偏估计，并且 $\hat{\theta}_1$ 的方差是 $\hat{\theta}_2$ 的方差的 2 倍，试求出常数 a,b，使得 $a\hat{\theta}_1+b\hat{\theta}_2$ 是 θ 的无偏估计，并且在所有这样的无偏估计中方差最小.

10. 设总体 X 服从参数为 λ 的泊松分布，$X_1,\cdots,X_n$ 是来自总体 X 的一个样本，$\overline{X}$，S^2 分别为样本均值和样本方差，(1)试证对一切 $\alpha(0\leqslant\alpha\leqslant 1)$，统计量 $\alpha\overline{X}+(1-\alpha)S^2$ 均为 λ 的无偏估计量；(2)试求 λ,λ^2 的极大似然估计量 $\hat{\lambda}_M,\hat{\lambda}_M^2$；(3)讨论 $\hat{\lambda}_M^2$ 的无偏性，并给出 λ^2 的一个无偏估计量.

11. 设总体 X 服从区间 $(\theta,\theta+1)$ 上的均匀分布，$X_1,\cdots,X_n$ 是来自总体 X 的一个样本，证明估计量

$$\hat{\theta}_1=\frac{1}{n}\sum_{i=1}^{n}X_i-\frac{1}{2},\quad \hat{\theta}_2=X_{(n)}-\frac{n}{n+1}$$

皆为参数 θ 的无偏估计，并且当 n 大于 8 时，$\hat{\theta}_2$ 比 $\hat{\theta}_1$ 有效.

12. 从一台机床加工的轴承中，随机地抽取 200 件，测量其椭圆度，得样本均值 $\overline{x}=$

0.081mm,并由累积资料知道椭圆度服从 $N(\mu, 0.025^2)$,试求 μ 的置信度为 0.95 的置信区间.

13. 设总体 $X \sim N(\mu, \sigma^2)$,$x_1, x_2, \cdots, x_n$ 是其样本值,如果 σ^2 为已知,问 n 取多大值时,能保证 μ 的置信度为 $1-\alpha$ 的置信区间的长度不大于给定的 L ?

14. 在测量反应时间中,一心理学家估计的标准差为 0.05 秒,为了以 95%的置信度使他对平均反应时间的估计误差不超过 0,01 秒,应取多大的样本容量 n.

15. 从自动机床加工的同类零件中抽取 16 件,测得长度为(单位 mm):

12.15　12.12　12.01　12.08　12.09　12.16　12.03　12.01　12.06

12.13　12.11　12.08　12.01　12.03　12.06　12.07

设零件长度近似服从正态分布,试求方差 σ^2 的置信度为 0.95 的置信区间.

16. 设 $X_1, \cdots, X_n$ 是来自正态总体 $N(\mu, \sigma^2)$ 的样本,已知 $\mu = 6.5$,且有样本值

7.5,2.0,12.1,8.8,9.4,7.3,1.9,2.8,7.0,7.3

试求 σ^2 和 σ 的置信度为 0.95 的置信区间.

17. 为比较甲与乙两种型号同一产品的寿命,随机地抽取甲型产品 5 个,测得平均寿命 $\bar{x} = 1000h$,标准差 $s_1 = 28h$,随机地抽取乙型产品 7 个,测得平均寿命 $\bar{y} = 980h$,$s_2 = 32h$,设总体服从正态分布,并且由生产过程知它们的方差相等,求两个总体均值差的置信度为 0.99 的置信区间.

18. 为了在正常条件下检验一种杂交作物的两种新处理方案,在同一地区随机地挑选 8 块地,在每块试验地上按两种方案种植作物,这 8 块地的单位面积产量分别是:

一号方案产量: 86　87　56　93　84　93　75　79

二号方案产量: 80　79　58　91　77　82　74　66

假设两种方案的产量都服从正态分布,试求这两个平均产量之差的置信度为 0.95 的置信区间.

19. 设两位化验员 A,B 独立地对某种聚合物含氯量用相同的方法各做 10 次测定,其测定值的样本方差依次为 $s_A^2 = 0.5419$,$s_B^2 = 0.6065$,设 σ_A^2, σ_B^2 分别为 A,B 所测定的测定值总体的方差,设总体均为正态的. 求方差比 σ_A^2/σ_B^2 的置信度为 0.95 的置信区间.

20. 设总体 X 服从区间 $(\theta, \theta+1)$ 上的均匀分布,$X_1, \cdots, X_n$ 是来自总体 X 的一个样本,其中 $-\infty < \theta < \infty$,试证 θ 的极大似然估计量不止一个. 如:$\hat{\theta}_1 = X_{(1)}$,$\hat{\theta}_2 = X_{(n)} - 1$,$\hat{\theta}_3 = \frac{1}{2}(X_{(1)} + X_{(n)}) - \frac{1}{2}$ 都是 θ 的极大似然估计量.

21. 设随机变量 X 服从参数为 λ 的指数分布,求未知参数 λ 的倒数 $\theta = \frac{1}{\lambda}$ 的极大似然估计量 $\hat{\theta}$,并问所得的估计量 $\hat{\theta}$ 是否为 θ 的有效估计.

22. 设随机变量 X 服从均值为 λ 的泊松分布,λ 为未知参数,(1)求 e^{λ} 的无偏估计;

(2)证明 $\theta = e^{-2\lambda}$ 的无偏估计为

$$\hat{\theta} = \begin{cases} 1, & X\text{取偶数} \\ -1, & X\text{取奇数} \end{cases}$$

23. 设 0.50,1.25,0.80,2.00 是来自总体 X 的简单随机样本值. 已知 $Y = lnX$ 服从正态分布 $N(\mu,1)$.

(1)求 X 的数学期望 EX(记 $EX = b$);

(2)求 μ 的置信度为 0.95 的置信区间;

(3)利用上述结果求 b 的置信度为 0.95 的置信区间.

24. 设 $X_1,\cdots,X_n$ 是来自于正态总体 $N(\mu,\sigma^2)$ 的样本,(1)求 σ^2 的置信度为 $1-\alpha$ 的置信上限;(2)说明如何构造 $log\sigma^2$ 的具有固定长度 L 的置信度为 $1-\alpha$ 的置信区间.

25. 设 $X_i = \frac{\theta}{2}t_i^2 + \varepsilon_i, i = 1,2,\cdots,n$, 这里 ε_i 是均值为 0 方差为 σ^2(设为已知)的独立正态随机变量.

(1)用 θ 的估计量 $\hat{\theta} = 2\sum\limits_{i=1}^{n} t_i^2 X_i / \sum\limits_{i=1}^{n} t_i^4$, 求 θ 的具有固定长度 L 的置信度为 $1-\alpha$ 的置信区间;

(2)若 $0 \leqslant t_i \leqslant 1, i = 1,2,\cdots,n$, 除此限制外,我们可以自由地选择 t_i, 我们应该使用 t_i 的什么值,能使我们的区间对于给定的 α 尽可能地短.

26. 设 $X_1,\cdots,X_n$ 是取自正态母体 $N(\mu,\sigma^2)$ 的一个子样,其中 σ^2 已知. 试证明形如 $\left(\overline{X} - u_{\alpha_1}\frac{\sigma}{\sqrt{n}}, \overline{X} + u_{\alpha_2}\frac{\sigma}{\sqrt{n}}\right)$ 的置信度为 $1-\alpha(\alpha_1 + \alpha_2 = \alpha)$ 的置信区间中,当 $\alpha_1 = \alpha_2 = \frac{\alpha}{2}$ 时,区间长度最短.

27. 设 $(X_1,X_2,\cdots,X_{n_1})$ 和 $(Y_1,Y_2,\cdots,Y_{n_2})$ 是分别来自正态总体 $N(\mu_1,\sigma_1^2)$ 和 $N(\mu_2,\sigma_2^2)$ 的两个相互独立的样本,(1)若 σ_1^2,σ_2^2 已知,求 $\mu_1-\mu_2$ 的置信度为 $1-\alpha$ 的具有固定长度 L 的置信区间;(2)若 $\sigma_1^2 = \sigma_2^2 = \sigma^2$, 为使置信度为 90%的 $\mu_1-\mu_2$ 的置信区间长度为 $\frac{2}{5}\sigma$, 样本容量 $n_1 = n_2 = n$ 应取多大?

28. 设总体 X 服从正态分布 $N(\mu,1)$, $X_1,X_2,\cdots,X_n$ 为取自该总体的子样,

(1)试求未知参数 μ 的极大似然估计量;

(2)问所得的估计量是否为 μ 的一致的、无偏的达到罗-克拉美不等式下界的有效估计?

29. 设总体 X 概率密度为

$$f(x,\theta) = \begin{cases} \frac{2x}{\theta^2}, & 0 < x < \theta \\ 0, & \text{其他} \end{cases}$$

(1)求 θ 的矩估计量 $\hat{\theta}$；

(2)证明 $\hat{\theta}$ 是 θ 的无偏估计量；

(3)证明 $D(\hat{\theta})$ 小于 Cramer-Rao 不等式的下界。

30. 设总体 X 的分布函数为 $F(x;\theta)=\begin{cases}1-e^{-\frac{x^2}{\theta}}, & x\geqslant 0,\\ 0, & x<0,\end{cases}$ 其中 θ 是未知参数且大于零. $X_1,X_2,\cdots,X_n$ 为来自总体 X 的简单随机样本.

(1)求 $E(X),E(X^2)$；

(2)求 θ 的最大似然估计量 $\widehat{\theta}_n$；

(3)是否存在实数 a，使得对任何 $\varepsilon>0$，都有 $\lim\limits_{n\to\infty}P\{|\widehat{\theta}_n-a|\geqslant\varepsilon\}=0$?

31. 设随机变量 X 的分布函数为

$$F(x,\alpha,\beta)=\begin{cases}1-\left(\dfrac{\alpha}{x}\right)^{\beta}, & x>\alpha,\\ 0, & x\leqslant\alpha,\end{cases}$$

其中参数 $\alpha>0,\beta>1$. 设 $X_1,X_2,\cdots,X_n$ 为来自总体 X 的简单随机样本，

(1) 当 $\alpha=1$ 时，求未知参数 β 的矩估计量；

(2) 当 $\alpha=1$ 时，求未知参数 β 的最大似然估计量；

(3) 当 $\beta=2$ 时，求未知参数 α 的最大似然估计量.

习题七解答

第八章 假设检验

假设检验是另一种有重要理论和应用价值的统计推断形式.它的基本任务是,在总体的分布函数完全未知或只知其形式但不知其参数的情况下,为了推断总体的某些性质,首先提出某些关于总体的假设,然后根据样本所提供的信息,对所提假设做出"接受"或"拒绝"的结论性判断.假设检验有其独特的统计思想,许多实际问题都可以作为假设检验问题而得以有效地解决.

为了对假设检验问题有一个直观的认识,我们先来讨论一个案例.

美国军队原来的导弹制导系统是雷达系统,其命中率为 $p_0 = 1/2$. 后来他们又研制了红外线制导系统.为了确定新导弹制导系统的命中率,他们试射了 18 枚红外制导的导弹,结果有 12 枚击中.此时,如果试验的目的仅仅只是为了估计新制导系统的命中率,那么这就是一个参数估计问题.显然,$\hat{p} = 2/3$ 是这种新制导系统命中率的一个点估计值.但是现在美国国防部需要考虑的问题的是,是否有必要更换制导系统,即将雷达制导系统更换为红外线制导系统?而这首先需要他们回答这么一个问题:根据这个试验结果,能不能够认为红外线制导系统的命中率比雷达制导系统的命中率要高?

设装备有红外线制导系统的导弹的命中率为 p,则要回答上述问题,需对以下两个假设进行检验以决定该接受哪一个假设:

$$H_0: p = p_0, H_1: p > p_0,\text{其中 } p_0 = 1/2$$

其中 H_0 表示红外线制导系统没有提高命中率,H_1 则表示提高了命中率.

前面提到,如果是参数估计问题,那么 $\hat{p} = 2/3$ 就是一个很好的估计,它显然大于 $p_0 = 1/2$. 因此,粗看起来,好像确实是提高了命中率.然后,由于更换制导系统(即拒绝 H_0 或接受 H_1)是一件非常昂贵的事情,因此当你在做最后决定的时候可能会有一些犹豫,毕竟即使是雷达制导的导弹,试射 18 枚导弹至少击中 12 枚的结果也是有可能会出现的.也就是说,即使没有提高命中率,上述试验结果也是很有可能"碰巧"发生的.这样一犹豫,红外制导系统是否提高了导弹的命中率的问题便好像不再是显然的了.

这就是假设检验问题与参数估计问题的不同之处.

§8.1 假设检验的基本概念

下面先通过一个例题来说明假设检验的基本思想及由此而形成的一些基本概念.为了叙述的方便,在本章中我们将不区别样本和样本值的记号,都记为 $x_1,x_2,\cdots,x_n$,并且将总体记为 x,至于记号的准确含义由读者根据上下文确定.

例 8.1.1 某车间用一台包装机包装葡萄糖.包得的袋装糖重是一个随机变量,它服从正态分布 $N(\mu,0.015^2)$.当机器正常时,其均值为 0.5 公斤,随机地抽取它所包装的糖 9 袋,称得净重分别为(公斤)

0.497　0.506　0.518　0.524　0.498　0.511　0.520　0.515　0.512

问包装机工作是否正常?

解 我们按照下列步骤来分析,并在分析的过程给出假设检验的一些基本概念.

(1)原假设和备择假设

看包装机工作是否正常,实际上就是看是否可以认为 μ 等于 0.5,如果可以认为 μ 等于 0.5,则表明这天的包装机工作正常.如果不可以认为 μ 等于 0.5,则表明这天的包装机工作不正常.因此,本例的问题实际上是要我们根据样本所提供的信息来检验下面的假设:

$$H_0:\mu=\mu_0,H_1:\mu\neq\mu_0$$

其中 $\mu_0=0.5$.

通常称 H_0 为**原假设**(或零假设),H_1 为**备择假设**.如果接受 H_0,则表明这天的包装机工作正常,如果拒绝 H_0,则接受 H_1,此时表明这天的包装机工作不正常.

现在的问题是,依据什么样的法则来决定拒绝还是接受 H_0?

(2)检验统计量和拒绝域的形式

我们已经知道,样本均值 $\bar{x}$ 是总体数学期望 μ 的一个无偏估计,因此当 H_0 为真时,$\bar{x}$ 与 $\mu_0=0.5$ 应该比较接近.由于抽样的随机性,$\bar{x}$ 与 μ_0 之间不可避免地会出现一定的差异,但是如果 $|\bar{x}-\mu_0|$ 很大时,我们就有理由怀疑 H_0 的正确性并进而拒绝 H_0.

由于当 H_0 为真时,统计量

$$u=\frac{\bar{x}-\mu_0}{\sigma/\sqrt{n}}\sim N(0,1),\text{其 }\sigma=0.015,n=9$$

因此当 H_0 为真时,$|u|$ 不应很大,如果很大,则拒绝 H_0.基于这种想法,我们所要做的就是确定一个正的临界值 k,当 $|u|\geqslant k$ 时拒绝 H_0 同时接受 H_1,而在 $|u|<k$ 时接受 H_0.

这就是一个判断的法则.

于是，包装机是否正常的关键是看统计量 $u=\dfrac{\bar{x}-\mu_0}{\sigma/\sqrt{n}}$ 的“表现”，我们给这个统计量一个名称，称为**检验统计量**，而将集合 $\{(x_1,x_2,\cdots,x_n):|u|\geqslant k\}$ 称为**拒绝域的形式**. 一旦拒绝域形式中的 k 确定，拒绝域也就随之确定.

确定假设检验的法则的过程就是寻找拒绝域的过程.

(3)可能犯的两类错误

现在假设临界值 k 已经确定，则当我们使用上面的法则作判断时，由于检验统计量的随机性，不可避免地会导致如下两类错误：

a)第一类错误(弃真)

原假设 H_0 事实上是真的，但是由于检验统计量的观察值落入拒绝域中，从而拒绝 H_0. 这时犯了“弃真”的错误，即将正确的假设摒弃了，这一类错误我们称之为**第一类错误**. 记犯第一类错误的概率为 α，则有

$$P\{\text{拒绝 } H_0 \mid H_0 \text{ 为真}\}=\alpha \tag{8.1.1}$$

上式也可记为

$$P_{H_0}\{\text{拒绝 } H_0\}=\alpha$$

在本例中，上式可写成

$$P_{H_0}\left\{\left|\frac{\bar{x}-\mu_0}{\sigma/\sqrt{n}}\right|\geqslant k\right\}=\alpha \tag{8.1.2}$$

b)第二类错误(取伪)

原假设 H_0 事实上是假的，但是由于检验统计量的观察值没有落在拒绝域中，从而接受 H_0. 这时犯了“取伪”的错误，即接受了错误的原假设，这一类错误我们称之为**第二类错误**. 记犯第二类错误的概率为 β，则有

$$P\{\text{接受 } H_0 \mid H_0 \text{ 为假}\}=\beta \tag{8.1.3}$$

上式也可记为

$$P_{H_1}\{\text{接受 } H_0\}=P\{\text{接受 } H_0 \mid H_1 \text{ 为真}\}=\beta$$

在本例中，上式可写成

$$P_{H_1}\left\{\left|\frac{\bar{x}-\mu_0}{\sigma/\sqrt{n}}\right|<k\right\}=\beta$$

对于给定的一对 H_0 和 H_1，总可以找出许多的拒绝域，比如在本例中当 k 取不同的值时就得到不同的拒绝域. 当然我们希望寻找这样的拒绝域，使得犯两类错误的概率 α 与 β 都很小. 但是已有的研究表明，当样本容量给定后，α 与 β 中的一个减小时，另一个却随着增大，要使它们同时都很小是不可能的. 基于这种情况，奈曼和皮尔逊(Neyman-Pearson)提出了一个原则，即在控制第一类错误的概率 α 的条件下，使犯第二类错误的概率 β 尽量的小. 根据该原则，首先需要控制的错误是第一类错误.

Neyman-Pearson 原则的出发点:我们提出原假设 H_0 时是经过细致调查和考虑的,它必须是一个要加以保护的假设,因此当我们要拒绝它时必须非常慎重,一般情况下不宜轻易拒绝.

这种假设检验问题称为**显著性检验**问题. 称犯第一类错误的概率 α 为**显著性水平**.

在确定了显著性水平后,接下来的任务就是确定拒绝域.

(4)确定拒绝域及检验结果

设显著性水平即犯第一类错误的概率为 α,由于 H_0 为真时,$u \sim N(0,1)$,则由(8.1.2)式可知 $k = u_{\alpha/2}$.

于是,若 $|u| \geqslant u_{\alpha/2}$,则拒绝 H_0,而若 $|u| < u_{\alpha/2}$,则接受 H_0. 称 $|u| \geqslant u_{\alpha/2}$ 为**拒绝域**.

在本例中,如果取 $\alpha = 0.05$,则有 $k = u_{0.025} = 1.96$,又已知 $\sigma = 0.015, n = 9$,再由样本算得 $\bar{x} = 0.511$,从而有

$$|u| = \left|\frac{\bar{x} - \mu_0}{\sigma/\sqrt{n}}\right| = \left|\frac{0.511 - 0.5}{0.015/\sqrt{9}}\right| = 2.2 > 1.96 = u_{0.025}$$

于是拒绝 H_0,即认为这天包装机工作不正常.

(5)假设检验过程中包含的基本思想

通过本例我们可以发现,假设检验过程包含有两个重要的思想,即小概率原理和反证法思想. 反证法的思想大家都很熟悉,而小概率原理是指,概率很小的事件在一次试验中是不会发生的.

例 8.1.1 的推理过程是以如下的方式进行的.

(a)因为通常 α 都取得较小,因此若 H_0 为真,即当 $\mu = \mu_0$ 时,事件 $\{|u| \geqslant u_{\alpha/2}\}$ 是一个小概率事件;

(b)(**小概率原理**)因此若 H_0 为真,则由一次试验得到的观察值 u 恰好满足不等式 $|u| \geqslant u_{\alpha/2}$ 是不会发生的;

(c)(**反证法思想**)现在事件 $\{|u| \geqslant u_{\alpha/2}\}$ "居然"发生了,故我们有理由怀疑原假设 H_0 的正确性,因而拒绝 H_0.

下面我们结合例 8.1.1 来对"显著性水平"中"显著(significance)"一词再作些直观的解释.

我们曾经提到,由于抽样的随机性,即使是在机器正常运行的情况下,样本均值 $\bar{x}$ 与 μ_0 之间的机会差异总是难免的,但是如果差异"显著",那么用"碰巧"之类的机会差异来解释则显得有点牵强,此时我们宁愿相信,这种差异是由机器偏离了正常运行轨道而产生的,从而拒绝原假设.

但是什么样的差异是"显著"或"有意义"的呢? 这就需要一个准则. 事实上,在本例

中，我们看到这个准则是根据犯第一类错误的概率来定的.当事件$\{|u|\geqslant u_{\alpha/2}\}$发生时，我们认为样本均值$\bar{x}$与总体假设的期望$\mu_0$之间差异“显著”，而当事件$\{|u|<u_{\alpha/2}\}$发生时，认为差异不“显著”.这就是为什么称犯第一类错误的概率为“显著性水平”的直观解释.

由以上的讨论知，在显著性检验问题中，若没有非常充足的理由，原假设是不能轻易拒绝的，因此原假设是受到保护的假设.如何根据问题的需要来合理地提出原假设和备择假设是一个关键的问题.一般地，我们总是将被拒绝时导致的后果更严重的假设作为原假设.

回到本章一开始的问题.

美国国防部需要考虑的问题是，能否认为红外线制导系统的导弹命中率要高于原来雷达制导系统的导弹命中率.已知原来雷达制导系统的命中率为$p_0=0.5$，假如红外线制导系统的命中率为p，则此时需检验的问题为：

$$H_0:p=0.5, H_1:p>0.5$$

其中H_0表示红外线制导系统没有提高命中率.由于更换制导系统（即拒绝H_0）是一件非常昂贵的事情，因此H_0是一个需要保护的假设(这意味着显著性水平要取得很小).从试验样本的结果看好像确实是提高了命中率(试射18枚击中了12枚，达到了2/3)，但问题是我们能否据此就可以“很有信心”地更换制导系统了呢?

设X为试射的18枚导弹中击中目标的导弹数，则$X\sim b(10,p)$.现在我们需确定一个数k，当$X\geqslant k$时拒绝H_0同时接受H_1.如果取显著性水平(犯第一类错误的概率)α为0.01，则由

$$P\{X\geqslant k \mid p=0.5\}\leqslant 0.01$$

知此时k至少应为15；同理，如果取显著性水平为0.05，则此时k至少应为14；如果我们将α的数值取得更大一些，即显著性水平要更低一些，比如取为0.1，则此时k至少应为13.因此，在显著性水平$\alpha=0.1$下根据击中的次数大于11是不能拒绝H_0的.也就是说，为了谨慎起见，我们宁愿相信试验的结果是随机波动的结果(碰巧的结果)，而不是由于导弹的性能有了显著的提高.虽然接受H_0有可能会犯错误，但问题并不是很严重，因为不更换制导系统并不比原来更差，命中率仍可维持在0.5.否则一旦作出拒绝的判断，那么就将消耗巨大的人力物力来更换该系统，其结果却很有可能(概率至少为10%)并没有改善导弹性能.

下面我们就一般假设检验的一些重要概念作进一步的阐述.

原假设H_0和备择假设H_1 根据问题的实际性质，提出能对问题进行回答的原假设H_0以及拒绝H_0时的备择假设H_1.在数理统计中，如果总体x的分布函数形式为$F(x;\theta)$，而参数θ未知，$\theta\in\Theta$，则对θ提问时，原假设H_0和备选假设H_1一般地可有如下形式

$$H_0:\theta \in \Theta_0;H_1:\theta \in \Theta_1 \tag{8.1.4}$$

其中 Θ_0 和 Θ_1 都是 Θ 的非空子集且不相交. 比如例 8.1.1 中 $\Theta=(-\infty,+\infty)$,$\Theta_0=\{0.5\}$,$\Theta_1=(-\infty,0.5)\cup(0.5,+\infty)$. 一般往往有 $\Theta_1=\Theta-\Theta_0$,但也未必总是如此. 当 Θ_0 或 Θ_1 是单点集时,称相应的假设是**简单假设**,否则称为**复合假设**. 若对未知参数提出假设,再根据样本进行检验,这种问题称为**参数假设检验**问题.

有时,我们也有可能遇到另一类称为**非参数假设检验**的问题,常见的是对总体的未知分布提出假设,再根据样本进行检验. 此时,原假设 H_0 和备选假设 H_1 一般地有如下形式:

$$H_0:F(x)=F_0(x);\ H_1:F(x)\neq F_0(x) \tag{8.1.5}$$

其中 $F(x)$ 是总体的分布函数,而 $F_0(x)$ 是已知的某个具体的分布函数或某个分布族中的分布函数. 例如,$F_0(x)$ 可以是标准正态分布 $N(0,1)$ 的分布函数,也可以是正态分布族 $N(\mu,\sigma^2)$,$-\infty<\mu<+\infty,\sigma^2>0$ 中的分布函数,等等. 另外,检验两总体的分布是否相同,是否独立等也属于非参数假设检验.

通过例 8.1.1,我们看到,在求假设检验的拒绝域 C 时,往往涉及一个统计量. 本例中就涉及统计量 $u=\dfrac{\bar{x}-\mu_0}{\sigma/\sqrt{n}}$,它在求拒绝域时扮演了一个重要的角色. 这一类统计量我们称之为**检验统计量**. 通过前面的讨论我们看到,拒绝还是接受原假设的关键是看该统计量的具体表现(是否落在拒绝域中).

当样本的观察值 $(x_1,x_2,\cdots,x_n)$ 落在某区域 C 时我们拒绝原假设,则称区域 C 为**拒绝域**,拒绝域的边界点称为**临界点**. 在例 8.1.1 中,拒绝域为

$$C=\{(x_1,\cdots,x_n):|u|\geqslant u_{\alpha/2}\} \quad 或 \quad C=\{|u|\geqslant u_{\alpha/2}\}$$

例 8.1.1 中的备择假设 $H_1:\mu\neq\mu_0$,表示 μ 可能大于 μ_0,也可能小于 μ_0,这两种情况均表示机器不正常,称为**双边备择假设**,而针对双边备择假设的假设检验称为**双边假设检验**.

但是对于有些问题,备择假设可能就要取为另一种形式了. 比如,某生产线在正常时候生产的产品的平均寿命为 μ_0,用了一段时间以后,为了检验生产线是否已经老化,从而需要检验产品的寿命是否下降,则此时需检验如下的假设:

$$H_0:\mu\geqslant\mu_0,H_1:\mu<\mu_0$$

其中 $H_1:\mu<\mu_0$ 表示生产线已老化. 这一类假设检验问题称为左边检验. 又如,某生产线采用了新的工艺,为了检验新工艺能否提高产品的平均寿命,则需检验:

$$H_0:\mu\leqslant\mu_0,H_1:\mu>\mu_0$$

这一类假设检验问题称为**右边检验**. 右边检验和左边检验统称为**单边检验**.

前面讨论的关于红外线制导系统是否提高了命中率的问题就是一个右边检验的问题.

两类错误模拟实验

综上所述,处理假设检验问题的步骤如下:

(1)根据问题的实际情况,建立原假设 H_0 及备择假设 H_1;

(2)选定检验统计量并分析拒绝域的形式;

(3)给定显著性水平 α,并由此确定出拒绝域 C;

(4)抽样,根据样本观察值做出判断是否拒绝 H_0.

§8.1 练习题解答

练习题

(1)填空题

在假设检验中,要使得两类错误同时变小,则需要__________.

(2)选择题

假设检验时,当样本容量一定时,若缩小犯第一类错误的概率,则犯第二类错误的概率 ( )

(A)变小 (B)变大

(C)不变 (D)不确定

§8.2 单个正态总体参数的假设检验

由中心极限定理知,正态分布是一种常用的分布,具有一定的普遍性,关于它的两个参数的假设检验问题是在实际中经常遇到的问题.本节讨论单个正态总体 $N(\mu,\sigma^2)$ 的参数检验问题.

8.2.1 关于均值的假设检验

此时,关于均值 μ 可以提出如下几种常见的假设检验问题:

(1)双边假设检验:

$$H_0:\mu=\mu_0,H_1:\mu\neq\mu_0 \tag{8.2.1}$$

(2)右边假设检验:

$$H_0:\mu\leqslant\mu_0,H_1:\mu>\mu_0 \tag{8.2.2}$$

(3)左边假设检验:

$$H_0:\mu\geqslant\mu_0,H_1:\mu<\mu_0 \tag{8.2.3}$$

其中的 μ_0 表示一已知数.

1. σ^2 已知

对于双边检验(8.2.1)的情形,实际上已经在例 8.1.1 中讨论过.此时,检验统计量为 $u=\dfrac{\bar{x}-\mu_0}{\sigma/\sqrt{n}}$,拒绝域的形式为 $\{|u|\geqslant k\}$,由于当 H_0 为真时,$u\sim N(0,1)$,因此对于

给定的显著性水平 α，有

$$P_{H_0}\{|u| \geqslant u_{\alpha/2}\} = \alpha$$

得此时的拒绝域为

$$C = \{|u| \geqslant u_{\alpha/2}\} \tag{8.2.4}$$

下面讨论右边检验(8.2.2)的情形，此时，检验统计量仍然选为 $u = \dfrac{\bar{x} - \mu_0}{\sigma/\sqrt{n}}$，但是拒绝域的形式则有所不同. 当 H_0 为真时，u 应该在 0 附近取值，而当 H_1 为真时，$\bar{x}$ 作为 μ（比 μ_0 要大）的无偏估计量，应该比 μ_0 要大，并且越大越说明 H_1 的正确性. 因此，当 u 的值超过某一个足够大的正数 k 时，就拒绝原假设而接受备择假设. 故拒绝域形式应取为 $\{u \geqslant k\}$. 对于给定的显著性水平 α，由于

$$P_{H_0}\{u \geqslant u_\alpha\} = \alpha$$

故此时的拒绝域为

$$C = \{u \geqslant u_\alpha\} \tag{8.2.5}$$

对于左边检验(8.2.3)，仍然取检验统计量为 $u = \dfrac{\bar{x} - \mu_0}{\sigma/\sqrt{n}}$，而拒绝域的形式则取为 $\{u \leqslant -k\}$，由此可得左边检验的拒绝域为

$$C = \{u \leqslant -u_\alpha\} \tag{8.2.6}$$

一般地，如果在原假设 H_0 为真时检验统计量服从标准正态分布，则此时的检验方法称为 u **检验法**.

有一点需要说明的是，右边检验

$$H_0: \mu = \mu_0, H_1: \mu > \mu_0$$

与检验

$$H_0: \mu \leqslant \mu_0, H_1: \mu > \mu_0$$

是等价的. 所谓“等价的”是指，给定显著性水平 α，在犯第一类错误的概率不超过 α 的意义下，两者的拒绝域相同.

从直观上来说，对于右边检验，如果依据拒绝域 $C = \{u \geqslant u_\alpha\}$ 做出拒绝原假设 $H_0: \mu = \mu_0$ 的决定，则更应该拒绝 $H_0: \mu \leqslant \mu_0$. 事实上，在前面的讨论中，关于显著性水平 α 的确定是在 $\mu \leqslant \mu_0$ 的范围内最不容易拒绝的 μ_0 点处计算得到的.

同样的，给定显著性水平 α，左边检验

$$H_0: \mu = \mu_0, H_1: \mu < \mu_0$$

与检验

$$H_0: \mu \geqslant \mu_0, H_1: \mu < \mu_0$$

在犯第一类错误的概率不超过 α 的意义下是等价的，即两者的拒绝域相同.

例 8.2.1 在正态总体 $N(\mu,1)$ 中取 100 个样品，计算得 $\bar{x}=5.32$，

(1)试在显著性水平 $\alpha=0.01$ 下检验假设 $H_0:\mu=5 \leftrightarrow H_1:\mu\neq 5$

(2)如果需在显著性水平 $\alpha=0.01$ 下检验假设 $H_0:\mu=5 \leftrightarrow H_1:\mu=4.8$，试计算此时犯第二类错误的概率.

解 (1)这是一个双边检验问题，检验统计量取为

$$u=\frac{(\bar{x}-\mu_0)\sqrt{n}}{\sigma}$$

其中 $\mu_0=5$，此时拒绝域为 $|u|>u_{\alpha/2}$.

已知 $\bar{x}=5.32$，$\sigma=1$，$n=100$，$\alpha=0.01$，代入计算得，$u=3.2$，查表得 $u_{\alpha/2}=u_{0.005}=2.57$，从而有

$$|u|=3.2>2.57,$$

故拒绝 H_0.

(2)此时犯第二类错误的概率为：

$$\beta=P\{\text{接受 } H_0 \mid H_1 \text{ 为真}\}=P_{H_1}\{|u|<u_{\alpha/2}\}=P_{H_1}\left\{\left|\frac{\bar{x}-5}{\sigma/\sqrt{n}}\right|<u_{\alpha/2}\right\}$$

$$=P_{H_1}\left\{-2.57<\frac{\bar{x}-4.8-0.2}{0.1}<2.57\right\}=P_{H_1}\left\{-0.57<\frac{\bar{x}-4.8}{0.1}<4.57\right\}$$

当 H_1 为真时，$\dfrac{\bar{x}-4.8}{\sigma/\sqrt{n}}=\dfrac{\bar{x}-4.8}{0.1}$ 服从 $N(0,1)$，所以有

$$\beta=\Phi(4.57)-\Phi(-0.57)=0.7157$$ ◇

从本例中，我们看到虽然犯第一类错误的概率 $\alpha=0.01$ 是个很小的数，但是犯第二类错误的概率 $\beta=0.7157$ 却非常大. 如何在给定显著性水平 α 下使犯第二类错误的概率 β 尽可能的小，这是一个非常重要的问题. 但这已超出本教科书的范围，有兴趣的同学可参看数理统计学的高级教程.

例 8.2.2 要求一种元件平均使用寿命不得低于 1000 小时，今从一批这种元件中随机抽取 25 件，测得其寿命的平均值为 950 小时. 已知该种元件寿命服从标准差为 $\sigma=100$ 小时的正态分布. 试在显著性水平 $\alpha=0.05$ 下确定这批元件是否合格?

解 此题是要求检验假设

$$H_0:\mu=\mu_0,H_1:\mu<\mu_0$$

其中 μ 是总体均值，$\mu_0=1000$. 在 $\sigma^2=100^2$ 已知时，检验统计量为

$$u=\frac{\bar{x}-1000}{\sigma/\sqrt{n}}\text{，其中 }\sigma=100,n=25$$

检验上述假设的拒绝域为 $C=\{u<-u_\alpha\}$。

经计算得 $\bar{x}=950$，查表有 $u_{0.05}=1.645$，于是

$$u=\frac{\bar{x}-1000}{\sigma/\sqrt{n}}=\frac{950-1000}{100/\sqrt{25}}=-2.5<-1.645$$

即检验统计量的观察值落在拒绝域内，故拒绝 H_0，即认为这批元件不合格. ◇

2. σ^2 未知

由于样本的函数 $u=\frac{\bar{x}-\mu_0}{\sigma/\sqrt{n}}$ 包含了未知参数，因此它已不是一个统计量，当然也不能作为检验统计量. 此时，我们可以取检验统计量为

$$t=\frac{\bar{x}-\mu_0}{s/\sqrt{n}}$$

由定理 6.3.3 知，当 H_0 为真时，$t\sim t(n-1)$.

对于双边检验的情形，拒绝域的形式应取为 $\{|t|\geqslant k\}$，于是给定显著性水平 α，有

$$P_{H_0}\{|t|\geqslant t_{\alpha/2}(n-1)\}=\alpha$$

由此得此时的拒绝域为

$$C=\{|t|\geqslant t_{\alpha/2}\} \tag{8.2.7}$$

由于在原假设为真时检验统计量服从 t 分布，因此称上述关于 μ 的检验法为 **t 检验法**.

右边检验和左边检验的情况可类似地讨论，其结果总结成下表.

表 8-2-1 σ^2 未知时关于 μ 的检验法(t 检验法)

原假设	备择假设	检验统计量	H_0 为真时检验统计量的分布	拒绝域的形式	拒绝域 C
$\mu=\mu_0$	$\mu\neq\mu_0$	$t=\frac{\bar{x}-\mu_0}{s/\sqrt{n}}$	$t(n-1)$	$\|t\|\geqslant k$	$\{\|t\|>t_{\alpha/2}(n-1)\}$
$\mu=\mu_0$	$\mu>\mu_0$	同上		$t\geqslant k$	$\{t>t_\alpha(n-1)\}$
$\mu=\mu_0$	$\mu<\mu_0$	同上		$t\leqslant -k$	$\{t<-t_\alpha(n-1)\}$

例 8.2.3 设某次考试的考生成绩服从正态分布，从中随机地抽取 36 位考生的成绩，算得平均成绩为 65.5 分，标准差为 15 分. 问在显著性水平 0.05 下，是否可以认为这次考试全体考生的平均成绩为 70 分.

解 设该次考试的考生成绩为 x，则 $x\sim N(\mu,\sigma^2)$，本题是在显著性水平 $\alpha=0.05$ 下检验假设：

$$H_0:\mu=\mu_0;H_1:\mu\neq\mu_0，其中\ \mu_0=70$$

检验统计量为 $t=\dfrac{\bar{x}-\mu_0}{s/\sqrt{n}}$，拒绝域为 $|t|\geqslant t_{\frac{\alpha}{2}}(n-1)$，由 $n=36,\bar{x}=66.5,s=15$，算得

$$|t|=\frac{|65.5-70|\sqrt{36}}{15}=1.8$$

由于 $t_{0.025}(36-1)=2.0301$，因此检验统计量的观察值没有落在拒绝域内，故接受原假设，即可以认为这次考试全体考生的平均成绩为 70 分. ◇

关于本例的进一步说明　设某学校考生的平均成绩的达标线为 70 分，如果是要检验该学校是否达标，则此时的检验就是一个如下的左边检验问题：

$$H_0:\mu=\mu_0;H_1:\mu<\mu_0,\text{其中 }\mu_0=70$$

则拒绝域为 $t\leqslant -t_\alpha(n-1)$. 查表得 $t_{0.05}(35)=1.6896$，于是，有

$$t=-1.8<-t_{0.05}(35)$$

故拒绝 H_0，即认为该次考试该学校没有达标.

同样的原假设，同样的显著性水平，同样的一组数据，但由于备择假设不同，结果导致原假设的不同命运. 由此可见，如何根据实际问题合理地提出假设是一个非常重要的问题.

例 8.2.4　为了试验两种不同的谷物的种子的优劣，选取了十块土质不同的土地，并将每块土地分成面积相同的两部分，分别种植这两种种子. 设在每块土地的两部分人工管理等条件完全一样. 下面给出各块土地上的产量.

土地	1	2	3	4	5	6	7	8	9	10
种子 $A(x_i)$	23	25	29	42	39	29	37	34	35	28
种子 $B(y_i)$	26	39	35	40	38	24	36	26	41	27

设 $d_i=x_i-y_i,i=1,2,\cdots,10$ 来自正态总体 $d\sim N(\mu,\sigma^2)$，问这两种种子种植的谷物产量是否有显著的差异(取 $\alpha=0.05$)?

解　这是一个成对数据试验问题，对应的差是来自于正态总体的样本. 此题是要检验假设

$$H_0:\mu=0,\ H_1:\mu\neq 0$$

检验拒绝域为(σ^2 未知)

$$C=\left\{\left|\frac{\bar{d}-0}{s/\sqrt{n}}\right|>t_{\alpha/2}(n-1)\right\}$$

这里有 $\bar{d}=-0.12,s=4.316,n=10$，查表有 $t_{0.025}(9)=2.2622$，而且

$$\left|\frac{\bar{d}-0}{s/\sqrt{n}}\right| = \frac{0.2}{4.316/\sqrt{10}} = 0.147 < t_{0.025}(9) = 2.2622$$

即接受 H_0，认为两种种子种植的产量无显著差异. ◇

8.2.2 关于方差的假设检验

同样的,关于方差 σ^2 的假设检验问题可以分为双边检验、右边检验和左边检验三种:

(1) $H_0:\sigma^2=\sigma_0^2,\ H_1:\sigma^2\neq\sigma_0^2$ (8.2.8)

(2) $H_0:\sigma^2=\sigma_0^2,\ H_1:\sigma>\sigma_0^2$ (8.2.9)

(3) $H_0:\sigma^2=\sigma_0^2,\ H_1:\sigma<\sigma_0^2$ (8.2.10)

其中 σ_0^2 是已知的正数.

先讨论双边检验(8.2.8)的情形.

由于样本方差 s^2 是总体方差 σ^2 的无偏估计,因此当 H_0 为真时，s^2 应该在 σ_0^2 附近，比值 s^2/σ_0^2 一般不应太大也不应太小,当太大或太小时都应该拒绝 H_0，而当 H_0 为真时

$$\chi^2=\frac{(n-1)s^2}{\sigma_0^2}\sim\chi^2(n-1)$$

因此,如果取检验统计量为 $\chi^2=\dfrac{(n-1)s^2}{\sigma_0^2}$，则由上面的分析知,当 χ^2 不大于一个足够小的正数或者不小于某一个足够大的正数时,就拒绝原假设,即可将拒绝域的形式取为 $\{\chi^2\leqslant k_1$,或 $\chi^2\geqslant k_2\}$，其中 k_1 是一个足够小的正数而 k_2 是一个足够大的正数.对于给定的显著性水平 α，有

$$P_{H_0}\{\chi^2\leqslant k_1 \text{ 或 } \chi^2\geqslant k_2\}=\alpha$$

为计算的方便起见,取

$$P_{H_0}\{\chi^2\leqslant k_1\}=P_{H_0}\{\chi^2\geqslant k_2\}=\frac{\alpha}{2}$$

解得 $k_1=\chi^2_{1-\frac{\alpha}{2}}(n-1)$，$k_2=\chi^2_{\frac{\alpha}{2}}(n-1)$，于是得拒绝域为

$$C=\{\chi^2\leqslant\chi^2_{1-\frac{\alpha}{2}}(n-1)\}\cup\{\chi^2\geqslant\chi^2_{\frac{\alpha}{2}}(n-1)\} \tag{8.2.11}$$

对于右边检验的情形,由于 H_1 为真时，χ^2 的值往往偏大,并且 χ^2 的值越大就越倾向于接受 H_1 而拒绝 H_0，因此拒绝域的形式可取为 $\{\chi^2\geqslant k\}$. 而对于左边检验的情形,拒绝域的形式可取为 $\{\chi^2\leqslant k\}$. 然后,对于给定的显著性水平,利用分位点的概念即可得到相应于不同情形时的拒绝域.

我们将上述关于 σ^2 的检验法称为 χ^2 检验,具体结果列于下表

表 8-2-2 关于 σ^2 的检验法(χ^2 检验法)

原假设	备选假设	检验统计量	H_0 为真时检验统计量的分布	拒绝域 C
$\sigma^2=\sigma_0^2$	$\sigma^2\neq\sigma_0^2$	$\chi^2=\dfrac{(n-1)s^2}{\sigma_0^2}$	$\chi^2(n-1)$	$\{\chi^2\leqslant\chi^2_{1-\frac{\alpha}{2}}\}\cup\{\chi^2\geqslant\chi^2_{\frac{\alpha}{2}}\}$
$\sigma^2=\sigma_0^2$	$\sigma^2>\sigma_0^2$	同上		$\{\chi^2\geqslant{\chi_\alpha}^2(n-1)\}$
$\sigma^2=\sigma_0^2$	$\sigma^2<\sigma_0^2$	同上		$\{\chi^2\leqslant{\chi_{1-\alpha}}^2(n-1)\}$

一般地,称上述检验法为 χ^2 检验法.

例 8.2.5 要求某种导线电阻的标准差不得超过 0.005(欧姆).今在一批导线中取样品 9 根,测得 $s=0.007$(欧姆),设总体为正态分布 $N(\mu,\sigma^2)$.问在水平 $\alpha=0.05$ 下能否认为这批导线的标准差显著地偏大?

解 此题是要检验如下假设

$$H_0:\sigma^2=0.005^2;H_1:\sigma^2>0.005^2$$

检验统计量为

$$\chi^2=\frac{(n-1)s^2}{\sigma_0^2},其中\ \sigma_0^2=0.005^2,n=9$$

案例八

卷烟质量检验

检验拒绝域为

$$C=\{\chi^2>{\chi_\alpha}^2(n-1)\}$$

已知 $s^2=0.007^2$,查表有 $\chi^2_{0.05}(8)=15.507$.因为

$$\frac{(n-1)s^2}{\sigma_0^2}=\frac{8\times0.007^2}{0.005^2}=15.68>15.507$$

所以拒绝 H_0,在水平 $\alpha=0.05$ 下认为标准差显著地偏大. 

练习题

§8.2 练习题解答

(1)填空题

在假设检验中,t 检验和 u 检验都是关于__________的假设检验,当________使用 u 检验,当________ 使用 t 检验.

(2)选择题

设 $X\sim N(\mu,\sigma^2)$,σ^2 已知,μ 未知,$x_1,x_2,\cdots,x_n$ 是样本观察值,已知 μ 的置信度为 0.95 的置信区间为(4.71,5.69),则取 $\alpha=0.05$ 时,检验假设 $H_0:\mu=5.0,H_1:\mu\neq5.0$ 的结果是 ( )

(A)不能确定 (B)接受 H_0 (C)拒绝 H_0 (D)条件不足无法检验

§8.3 两个正态总体均值差或方差比的假设检验

设有正态总体 $x \sim N(\mu_1, \sigma_1^2)$，$(x_1, x_2, \cdots, x_{n_1})$ 是来自于 x 的样本. 总体 $y \sim N(\mu_2, \sigma_2^2)$，$(y_1, y_2, \cdots, y_{n_2})$ 是来自于 y 的样本，且设来自于 x 与来自于 y 的样本是独立的. 记

$$\bar{x} = \frac{1}{n_1}\sum_{i=1}^{n_1} x_i, s_1^2 = \frac{1}{n_1 - 1}\sum_{i=1}^{n_1}(x_i - \bar{x})^2$$

$$\bar{y} = \frac{1}{n_2}\sum_{i=1}^{n_2} y_i, s_2^2 = \frac{1}{n_2 - 1}\sum_{i=1}^{n_2}(y_i - \bar{y})^2$$

本节主要讨论两个总体的均值差 $\mu_1 - \mu_2$ 与方差比 $\frac{\sigma_1^2}{\sigma_2^2}$ 的假设检验问题.

8.3.1 σ_1^2 及 σ_2^2 已知时，$\mu_1 - \mu_2$ 的假设检验

还是先讨论双边检验的情形，此时需在显著性水平 α 下检验假设

$$H_0: \mu_1 - \mu_2 = \delta, H_1: \mu_1 - \mu_2 \neq \delta \tag{8.3.1}$$

由于 $\bar{x} - \bar{y} \sim N\left(\mu_1 - \mu_2, \frac{\sigma_1^2}{n_1} + \frac{\sigma_2^2}{n_2}\right)$，故 $\bar{x} - \bar{y}$ 是 $\mu_1 - \mu_2$ 的无偏估计，因此，当 H_0 为真时，$\bar{x} - \bar{y} - \delta$ 应在 0 附近取值. 于是，当 $|\bar{x} - \bar{y} - \delta|$ 较大时拒绝 H_0，取检验统计量为

$$u = \frac{(\bar{x} - \bar{y}) - \delta}{\sqrt{\frac{\sigma_1^2}{n_1} + \frac{\sigma_2^2}{n_2}}}$$

则拒绝域形式应取为 $|u| \geqslant k$. 由于当 H_0 为真时，$u \sim N(0,1)$，从而对于给定的显著性水平 α，由 $P_{H_0}\{|u| \geqslant u_{\alpha/2}\} = \alpha$，可得此时的检验拒绝域为

$$C = \{|u| \geqslant u_{\alpha/2}\} \tag{8.3.2}$$

对于右边检验和左边检验也可以做类似的讨论，具体的结果列表如下.

表 8-3-1 σ_1^2 及 σ_2^2 已知时，$\mu_1 - \mu_2$ 的假设检验(u 检验法)

原假设	备择假设	检验统计量	H_0 为真时检验统计量的分布	拒绝域 C
$\mu_1 - \mu_2 = \delta$	$\mu_1 - \mu_2 \neq \delta$	$u = (\bar{x} - \bar{y} - \delta) / \sqrt{\frac{\sigma_1^2}{n_1} + \frac{\sigma_2^2}{n_2}}$	$N(0,1)$	$\{\lvert u \rvert \geqslant u_{\alpha/2}\}$
$\mu_1 - \mu_2 = \delta$	$\mu_1 - \mu_2 > \delta$	同上		$\{u \geqslant u_\alpha\}$
$\mu_1 - \mu_2 = \delta$	$\mu_1 - \mu_2 < \delta$	同上		$\{u \leqslant - u_\alpha\}$

8.3.2　$\sigma_1^2=\sigma_2^2=\sigma^2$ 未知时，$\mu_1-\mu_2$ 的假设检验

仍然以双边检验

$$H_0:\mu_1-\mu_2=\delta, H_1:\mu_1-\mu_2\neq\delta$$

为例. 此时取检验统计量为

$$t=\frac{\bar{x}-\bar{y}-\delta}{s_w\sqrt{\frac{1}{n_1}+\frac{1}{n_2}}}$$

其中

$$s_w^2=\frac{(n_1-1)s_1^2+(n_2-1)s_2^2}{n_1+n_2-2}$$

拒绝域形式可取为 $\{|t|\geqslant k\}$.

由定理 6.3.4 知，当 H_0 为真时

$$t=\frac{\bar{x}-\bar{y}-\delta}{s_w\sqrt{\frac{1}{n_1}+\frac{1}{n_2}}}\sim t(n_1+n_2-2)$$

对于给定显著性水平 α，由

$$P_{H_0}\{|t|\geqslant k\}=\alpha$$

可解得检验拒绝域为

$$C=\{|t|\geqslant t_{\alpha/2}(n_1+n_2-2)\} \tag{8.3.3}$$

对于右边检验和左边检验也可以做类似的讨论，具体的结果由表(8.3.3)给出.

表 8-3-2　$\sigma_1^2=\sigma_2^2=\sigma^2$ 未知时，$\mu_1-\mu_2$ 的假设检验(t 检验法)

原假设	备选假设	检验统计量	H_0 为真时检验统计量的分布	拒绝域 C
$\mu_1-\mu_2=\sigma$	$\mu_1-\mu_2\neq\sigma$	$t=\frac{\bar{x}-\bar{y}-\delta}{s_w\sqrt{\frac{1}{n_1}+\frac{1}{n_2}}}$	$t(n_1+n_2-2)$	$\{\|t\|\geqslant t_{\alpha/2}(n_1+n_2-2)\}$
$\mu_1-\mu_2=\sigma$	$\mu_1-\mu_2>\sigma$	同上		$\{t\geqslant t_\alpha(n_1+n_2-2)\}$
$\mu_1-\mu_2=\sigma$	$\mu_1-\mu_2<\sigma$	同上		$\{t\leqslant -t_\alpha(n_1+n_2-2)\}$

例 8.3.1　据推测认为，矮个子的人比高个子的人寿命要长一些. 下面将美国 31 个自然死亡的总统分为矮个子与高个子两类(以 172.72 厘米为界)，其寿命(年龄)如下表：

矮个子		85	79	67	90	80					
高个子	68	53	63	70	88	74	64	66	60	60	78
	71	67	90	73	71	77 72	57	78	67	56	
	63	64	83	65							

假设两个寿命总体均服从正态分布且方差相等，问矮个子的人比高个子的人寿命是否要长一些?($\alpha = 0.05$)

解 设矮个子的寿命和高个子的寿命分别为 x,y，则由题意，可设 $x \sim N(\mu_1,\sigma^2)$，$y \sim N(\mu_2,\sigma^2)$. 本题要求在显著性水平 $\alpha = 0.05$ 下检验如下的假设：

$$H_0:\mu_1 = \mu_2 \quad H_1:\mu_1 > \mu_2$$

检验统计量为

$$t = \frac{\bar{x} - \bar{y}}{s_w\sqrt{\dfrac{1}{n_1} + \dfrac{1}{n_2}}}, \text{其中 } s_w = \sqrt{\frac{(n_1 - 1)s_1^2 + (n_2 - 1)s_2^2}{n_1 + n_2 - 2}}$$

检验拒绝域为

$$C = \{t \geqslant t_\alpha(n_1 + n_2 - 2)\}$$

由题意，$n_1 = 5, n_2 = 26$，经计算得

$$\bar{x} = 80.2, \bar{y} = 69.15, s_1 = 8.585, s_2 = 9.315$$

$$s_w = 9.218, t = \frac{80.2 - 69.15}{9.218 \times 0.488} = 2.4564$$

查表得 $t_{0.05}(29) = 1.6991$，由于

$$t = 2.4564 > t_{0.05}(29) = 1.6991,$$

故拒绝 H_0，即认为矮个子人的寿命较高个子人的寿命长. ◇

8.3.3 μ_1 及 μ_2 未知时，σ_1^2/σ_2^2 的假设检验

考虑如下的假设检验问题

$$H_0:\frac{\sigma_1^2}{\sigma_2^2} = 1; H_1:\frac{\sigma_1^2}{\sigma_2^2} \neq 1$$

或

$$H_0:\sigma_1^2 = \sigma_2^2; H_1:\sigma_1^2 \neq \sigma_2^2$$

因 $E(s_1^2) = \sigma_1^2, E(s_2^2) = \sigma_2^2$，于是当 H_0 为真时，$\dfrac{s_1^2}{s_2^2}$ 应在 1 附近，而当 H_1 为真时，$\dfrac{s_1^2}{s_2^2}$ 往往偏大或偏小，故拒绝域形式可取为

$$\left\{\frac{s_1^2}{s_2^2} \leqslant k_1 \text{ 或} \frac{s_1^2}{s_2^2} \geqslant k_2\right\}.$$

由于 $\frac{(n_1-1)s_1^2}{\sigma_1^2} \sim \chi^2(n_1-1)$，$\frac{(n_2-1)s_2^2}{\sigma_2^2} \sim \chi^2(n_2-1)$，又 s_1^2 与 s_2^2 独立，所以当 H_0 为真时，即 $\sigma_1^2=\sigma_2^2$ 时，由 F 分布的定义，有

$$\frac{s_1^2}{s_2^2}=\frac{\frac{(n_1-1)s_1^2}{\sigma_1^2}/(n_1-1)}{\frac{(n_2-1)s_2^2}{\sigma_2^2}/(n_2-1)} \sim F(n_1-1,n_2-1)$$

故取检验统计量为

$$F=\frac{s_1^2}{s_2^2}$$

这样，对于给定显著性水平 α 时，由

$$P_{H_0}\{F \leqslant k_1 \text{ 或 } F \geqslant k_2\}=\alpha$$

可解得

$$k_1=F_{1-\frac{\alpha}{2}}(n_1-1,n_2-1), k_2=F_{\frac{\alpha}{2}}(n_1-1,n_2-1)$$

所以拒绝域为

$$C=\{F \leqslant F_{1-\frac{\alpha}{2}}(n_1-1,n_2-1) \text{ 或 } F \geqslant F_{\frac{\alpha}{2}}(n_1-1,n_2-1)\} \tag{8.3.4}$$

其他形式的假设检验的拒绝域可从下表查出.

表 8-3-3　μ_1 及 μ_2 未知时，σ_1^2/σ_2^2 的假设检验（F 检验法）

原假设	备选假设	检验统计量	H_0 为真时检验统计量的分布	拒绝域 C
$\sigma_1^2=\sigma_2^2$	$\sigma_1^2 \neq \sigma_2^2$	$F=\frac{s_1^2}{s_2^2}$	$F(n_1-1,n_2-1)$	$\{F \leqslant F_{1-\frac{\alpha}{2}}(n_1-1,n_2-1)\}$ 或 $\{F \geqslant F_{\frac{\alpha}{2}}(n_1-1,n_2-1)\}$
$\sigma_1^2=\sigma_2^2$	$\sigma_1^2 > \sigma_2^2$	同上		$\{F \geqslant F_{\alpha}(n_1-1,n_2-1)\}$
$\sigma_1^2=\sigma_2^2$	$\sigma_1^2 < \sigma_2^2$	同上		$\{F \leqslant F_{1-\alpha}(n_1-1,n_2-1)\}$

一般地，称上述检验法为 F **检验法**.

例 8.3.2　测得两批电子器件的样品的电阻(欧)为

A 批(x)	0.140	0.138	0.143	0.142	0.114	0.137
B 批(y)	0.135	0.140	0.142	0.136	0.138	0.140

设这两批器件的电阻值分别服从分布 $N(\mu_1,\sigma_1^2)$，$N(\mu_2,\sigma_2^2)$，且两样本独立.

(1)检验假设 ($\alpha=0.05$)：

$$H_0: \sigma_1^2=\sigma_2^2; H_1: \sigma_1^2 \neq \sigma_2^2$$

(2)在(1)的基础上检验假设 ($\alpha=0.05$)

$$H_0:\mu_1=\mu_2;H_1:\mu_1\neq\mu_2$$

解 (1)由题意，这是一个双边检验问题：

$$H_0:\sigma_1^2=\sigma_2^2;H_1:\sigma_1^2\neq\sigma_2^2$$

取检验统计量为

$$F=\frac{s_1^2}{s_2^2}$$

则拒绝域为

$$C=\{F\leqslant F_{1-\frac{\alpha}{2}}(n_1-1,n_2-1)\text{ 或 }F\geqslant F_{\frac{\alpha}{2}}(n_1-1,n_2-1)\}$$

已知 $n_1=n_2=6,\alpha=0.05$，经计算得 $s_1^2=8\times10^{-6},s_2^2=7.1\times10^{-6},F=1.13$，查表得 $F_{0.025}(5,5)=7.15$，于是

$$F_{0.975}(5,5)=\frac{1}{F_{0.025}(5,5)}=\frac{1}{7.15}=0.14$$

由于 $F_{0.975}(5,5)\leqslant F\leqslant F_{0.05}(5,5)$，即 F 没有落在拒绝域内，故接受 H_0，即在显著性水平 $\alpha=0.05$ 下，可以认为 $\sigma_1^2=\sigma_2^2$.

(2)此时，须在显著性水平 $\alpha=0.05$ 下，检验假设

$$H_0:\mu_1=\mu_2,H_1:\mu_1\neq\mu_2$$

由上面的讨论知，可以认为 $\sigma_1^2=\sigma_2^2$，故可取检验统计量为

$$t=\frac{\bar{x}-\bar{y}}{s_w\sqrt{\frac{1}{n_1}+\frac{1}{n_2}}}\text{，其中 }s_w^2=\frac{(n_1-1)s_2^2+(n_2-1)s_2^2}{n_1+n_2-2}$$

拒绝域为

$$C=\{|t|\geqslant t_{\frac{\alpha}{2}}(n_1+n_2-2)\}$$

经计算得，$\bar{x}=0.141,\bar{y}=0.1385,s_w^2=7.55\times10^{-6}$，查表得 $t_{0.025}(10)=2.2281$，由于

$$|t|=\frac{|0.141-0.1385|}{\sqrt{7.55\times10^{-6}}\times\sqrt{\frac{1}{6}+\frac{1}{6}}}=1.58<2.2281$$

故接受 H_0，可以认为均值无显著差异. ◇

例 8.3.3 将种植某种作物的一块土地等分为 15 小块，其中 5 块施有某种肥料，而其他 10 块没有施肥，收获时分别测量亩产量如下(单位:kg)：

施肥的： 250 241 270 245 260

不施肥的： 200 208 210 213 230 224 205 220 216 214

假设施肥与不施肥的作物亩产量均服从正态分布且方差相同，试问施肥的作物平均亩产量比不施肥的作物平均亩产量是否提高一成以上？

解 设施肥的土地亩产量 $x \sim N(\mu_1, \sigma^2)$，不施肥的土地亩产量 $y \sim N(\mu_2, \sigma^2)$，由题意知，需在显著性水平 $\alpha = 0.05$ 下检验假设：

$$H_0: \mu_1 = 1.1\mu_2 \leftrightarrow H_1: \mu_1 > 1.1\mu_2$$

由于

$$\bar{x} - 1.1\bar{y} \sim N\left(\mu_1 - 1.1\mu_2, \frac{\sigma^2}{n_1} + \frac{1.1^2\sigma^2}{n_2}\right)$$

所以当 H_0 为真时，有

$$\frac{\bar{x} - 1.1\bar{y}}{\sqrt{\dfrac{\sigma^2}{n_1} + \dfrac{1.21\sigma^2}{n_2}}} \sim N(0,1)$$

另外，由于

$$\frac{(n_1 - 1)s_1^2}{\sigma^2} + \frac{(n_2 - 1)s_2^2}{\sigma^2} \sim \chi^2(n_1 + n_2 - 2)$$

所以当 H_0 为真时，

$$t = \frac{\bar{x} - 1.1\bar{y}}{s_w\sqrt{\dfrac{1}{n_1} + \dfrac{1.21}{n_2}}} \sim t(n_1 + n_2 - 2)$$

将检验统计量取为 t，则拒绝域为

$$\{t \geqslant t_{1-\alpha}(n_1 + n_2 - 2)\}$$

已知 $n_1 = 5, n_2 = 10$，查表得 $t_{0.95}(13) = -1.7709$，计算得

$$s_1^2 = 138.7, s_2^2 = 80.667, s_w^2 = \frac{4 \times 138.7 + 9 \times 80.667}{13} = 98.5233,$$

故有

$$t = \frac{253.2 - 214}{\sqrt{98.5233}\sqrt{\dfrac{1}{5} + \dfrac{1.21}{10}}} = 6.97 > -1.7709$$

所以拒绝 H_0，即认为施肥的作物亩产量比不施肥的作物亩产量可提高一成以上. ◇

练习题

§ 8.3 练习题解答

(1)填空题

在同一个问题的假设检验中，单边检验和双边检验的统计量________，拒绝域________.

(2)选择题

设总体 $X \sim N(\mu_1, \sigma_1^2)$，$Y \sim N(\mu_2, \sigma_2^2)$ 相互独立，样本容量分别为 n_1, n_2，样本方差分别为 s_1^2, s_2^2，在显著性水平 α 下，检验 $H_0: \sigma_1^2 \geqslant \sigma_2^2, H_1: \sigma_1^2 < \sigma_2^2$ 的拒绝域

为 ( )

(A) $\frac{s_2^2}{s_1^2} \geqslant F_\alpha(n_2-1,n_1-1)$ (B) $\frac{s_2^2}{s_1^2} \geqslant F_{1-\frac{\alpha}{2}}(n_2-1,n_1-1)$

(C) $\frac{s_2^2}{s_1^2} \leqslant F_\alpha(n_1-1,n_2-1)$ (D) $\frac{s_2^2}{s_1^2} \leqslant F_{1-\frac{\alpha}{2}}(n_1-1,n_2-1)$

§8.4 分布拟合检验

在上一节中,我们讨论了正态总体的参数假设检验问题. 由于在实际问题中往往并不知道总体分布的类型,这时需要对总体的分布类型进行假设检验,这一类问题就是非参数假设检验问题中的分布拟合检验问题.本节介绍分布拟合检验的一种常用方法——皮尔逊 χ^2 拟合检验法.

设总体 x 的分布函数 $F(x)$ 未知,$(x_1,x_2,\cdots,x_n)$ 是总体 x 的样本,现在,需在显著性水平 α 下检验假设

$$H_0:F(x)=F_0(x),H_1:F(x)\neq F_0(x) \tag{8.4.1}$$

其中 $F_0(x)$ 为某已知分布函数或者是某一已知类型中的分布函数.

皮尔逊 χ^2 检验法的步骤如下.

设总体 x 的可能取值都落在 (a,b) 内,a 可以为 $-\infty$,b 可以为 $+\infty$,将区间 (a,b) 分成 m 个小区间,不妨设第 i 个小区间为 $[t_{i-1},t_i)$,$i=1,2,\cdots,m$(当 $i=1$ 时,第一个小区间应为开区间,以下将不再声明),设样本落入第 i 个小区间中的个数为 v_i 个.

设当 H_0 为真时,总体 x 落入 i 个小区间 $[t_{i-1},t_1)$ 的概率为 p_i,则有

$$p_i=P_{H_0}\{t_{i-1}\leqslant x<t_i\},i=1,2,\cdots,m \tag{8.4.2}$$

按照大数定律,当 H_0 成立时,“理论频数” np_i(或 np_i)与“实际频数” v_i 的差异不应太大,根据这个思想,皮尔逊构造了一个统计量

$$\chi^2=\sum_{i=1}^{m}\frac{(v_i-np_i)^2}{np_i} \tag{8.4.3}$$

称为皮尔逊 χ^2 一统计量. 根据上面的分析,当 H_1 为真时,χ^2 往往偏大,从而拒绝域的形式应取为$\{\chi^2\geqslant k\}$.

K.皮尔逊人物介绍

现在的关键问题是,当 H_0 为真时,皮尔逊 χ^2 一统计量服从什么分布.

皮尔逊证明了下面的定理

定理 8.4.1 若 n 充分大($n\geqslant 50$),则当 H_0 为真时(不论 $F_0(x)$ 属于什么分布),统计量 $\chi^2=\sum\limits_{i=1}^{m}\frac{(v_i-np_i)^2}{np_i}$ 近似地服从自由度为 $m-1$ 的 χ^2 分布.

于是,由

$$P_{H_0}\{\chi^2 \geqslant k\} = \alpha$$

可得拒绝域为

$$C = \{\chi^2 \geqslant \chi^2_\alpha(m-1)\} \tag{8.4.4}$$

如果在原假设 H_0 中只确定了总体分布的类型，但是分布中还含有若干个未知参数，则我们不能将上述定理作为检验的理论依据，因为此时皮尔逊 χ^2 一统计量中的 p_i 无法确定．费歇证明了如下定理，从而解决了含未知参数情形的分布检验问题．

定理 8.4.2 设 $F_0(x;\theta_1,\cdots\theta_k)$ 是总体的真实分布，其中 $\theta_1,\cdots,\theta_k$ 为 k 个未知参数．在 $F_0(x;\theta_1,\cdots\theta_k)$ 中用 $\theta_1,\cdots,\theta_k$ 的极大似然估计 $\hat{\theta}_1,\cdots,\hat{\theta}_k$ 代替 $\theta_1,\cdots,\theta_k$，令

$$\hat{p}_i = F(t_i;\hat{\theta}_1,\cdots,\hat{\theta}_k) - F(t_{i-1};\hat{\theta}_1,\cdots,\hat{\theta}_k), i = 1,2,\cdots,m \tag{8.4.5}$$

则当 n 很大时，统计量 $\chi^2 = \sum\limits_{i=1}^{m}\dfrac{(v_i - n\hat{p}_i)^2}{n\hat{p}_i}$ 近似服从自由度为 $m-k-1$ 的 χ^2 分布．

此时，假设检验(8.4.1)的拒绝域为

$$C = \left\{\chi^2 = \sum_{i=1}^{m}\frac{(v_i - n\hat{p}_i)^2}{n\hat{p}_i} \geqslant \chi^2_\alpha(m-k-1)\right\} \tag{8.4.6}$$

注：当 $F_0(x)$ 是离散型随机变量的分布函数时，其分组可直接以可能的取值中的一个或若干个组成一组而完成．

皮尔逊 χ^2 一统计量可用下式计算：

$$\sum_{i=1}^{m}\frac{(v_i - np_i)^2}{np_i} = \sum_{i=1}^{m}\frac{v_i^2}{np_i} - n \tag{8.4.7}$$

这是因为

$$\begin{aligned}\sum_{i=1}^{m}\frac{(v_i - np_i)^2}{np_i} &= \sum_{i=1}^{m}\frac{v_i^2 - 2nv_ip_i + n^2p_i^2}{np_i} = \sum_{i=1}^{m}\frac{v_i^2}{np_i} - 2\sum_{i=1}^{m}v_i + \sum_{i=1}^{m}np_i \\ &= \sum_{i=1}^{m}\frac{v_i^2}{np_i} - 2n + n\sum_{i=1}^{m}p_i = \sum_{i=1}^{m}\frac{v_i^2}{np_i} - n.\end{aligned}$$

在(8.4.7)中 p_i 改成 $\hat{p}_i$ 等式也成立．

例 8.4.1 在一批灯泡中抽取 300 只作寿命试验，其结果如下

寿命 t(小时)	$t<100$	$100\leqslant t<200$	$200\leqslant t<300$	$t\geqslant 300$
灯泡数	121	78	43	58

在水平 $\alpha = 0.05$ 下检验假设

H_0：灯泡寿命服从参数为 0.005 的指数分布；

H_1：灯泡寿命不服从参数为 0.005 的指数分布．

解 题中已将样本分成 4 组，且落入各组的个数分别 121，78，43，58．利用皮尔逊 χ^2 检验法（$n = 300$ 较大），检验假设的拒绝域为

$$\left\{\sum_{i=1}^{m}\frac{(v_i-np_i)^2}{np_i}>\chi_\alpha^2(3)\right\}$$

其中

$$p_1=\int_0^{100}0.005\mathrm{e}^{-0.005t}dt=1-\mathrm{e}^{-0.5}=0.3935$$

其余的 p_i 可类似地算出,其结果由下表列出:

寿命 t	$t<100$	$100\leqslant t<200$	$200\leqslant t<300$	$t\geqslant 300$
频数 v_i	121	78	43	58
p_i	0.3935	0.2386	0.1453	0.2226
np_i	118.05	71.58	43.59	66.78
$(v_i-np_i)^2/np_i$	0.0737	0.5758	0.0080	1.1544
χ^2	1.8119			

查表有 $\chi_{0.05}^2(3)=7.815>1.8119$.

故接受 H_0,可以认为灯泡寿命服从指数为 0.005 的指数分布. ◇

§8.5 置信区间与假设检验之间的关系

置信区间和假设检验是统计推断问题的两个重要内容,它们之间存在着明显的联系。先考虑置信区间与双边检验之间的关系.设 $X_1,X_2,\cdots,X_n$ 是来自总体 X 的样本,$x_1,x_2,\cdots,x_n$ 是样本观察值,$\theta\in\Theta$,θ 是未知参数.

设 $\underline{\theta}=\underline{\theta}(X_1,\cdots,X_n)$,$\overline{\theta}=\overline{\theta}(X_1,\cdots,X_n)$.$(\underline{\theta},\overline{\theta})$ 是 θ 的置信度为 $1-\alpha$ 的置信区间,则对于任意的 $\theta\in\Theta$,有

$$P_\theta\{\underline{\theta}<\theta<\overline{\theta}\}\geqslant 1-\alpha \tag{8.5.1}$$

考虑显著性水平为 α 的双边检验

$$H_0:\theta=\theta_0,H_1:\theta\neq\theta_0 \tag{8.5.2}$$

由(8.5.1)式

$$P_{\theta_0}\{\underline{\theta}<\theta_0<\overline{\theta}\}\geqslant 1-\alpha \tag{8.5.3}$$

即有

$$P_{\theta_0}\{(\theta_0\leqslant\underline{\theta})\cup(\theta_0\geqslant\overline{\theta})\}\leqslant\alpha \tag{8.5.4}$$

按显著性水平为 α 的假设检验的拒绝域的定义,检验(8.5.2)式的拒绝域为 $\theta_0\leqslant\underline{\theta}$ 或者 $\theta_0\geqslant\overline{\theta}$;接受域为 $\underline{\theta}<\theta_0<\overline{\theta}$.

这就是说,当我们要检验假设(8.5.2)时,先求出 θ 的置信度为 $1-\alpha$ 的置信区间 $(\underline{\theta},$

$\bar{\theta}$)，然后考察区间 $(\underline{\theta},\bar{\theta})$ 是否包含 θ_0，若 $\theta_0\in(\underline{\theta},\bar{\theta})$，则接受 H_0；若 $\theta_0\notin(\underline{\theta},\bar{\theta})$，则拒绝 H_0.

反之，对于任意的 $\theta_0\in\Theta$，考虑显著性水平为 α 的假设检验问题

$$H_0:\theta=\theta_0, H_1:\theta\neq\theta_0,$$

假设它的接受域为 $\underline{\theta}<\theta_0<\bar{\theta}$，则有 $P_{\theta_0}\{\underline{\theta}<\theta_0<\bar{\theta}\}\geqslant 1-\alpha$. 由 θ_0 的任意性，可知对于任意的 $\theta\in\Theta$，有 $P_\theta\{\underline{\theta}<\theta<\bar{\theta}\}\geqslant 1-\alpha$. 因此，$(\underline{\theta},\bar{\theta})$ 是 θ 的置信度为 $1-\alpha$ 的置信区间.

这就是说，为求出参数 θ 的置信度为 $1-\alpha$ 的置信区间，我们可以先求显著性水平为 α 的假设检验问题 $H_0:\theta=\theta_0, H_1:\theta\neq\theta_0$ 的接受域 $\underline{\theta}<\theta_0<\bar{\theta}$，那么 $(\underline{\theta},\bar{\theta})$ 就是 θ 的置信度为 $1-\alpha$ 的置信区间.

同样，还可以验证，置信度为 $1-\alpha$ 的单侧置信区间 $(-\infty,\bar{\theta})$ 与显著性水平为 α 的左边检验问题 $H_0:\theta\geqslant\theta_0, H_1:\theta<\theta_0$ 也有类似的对应关系. 即若已求得单侧置信区间 $(-\infty,\bar{\theta})$，则当 $\theta_0\in(-\infty,\bar{\theta})$ 时接受 H_0，当 $\theta_0\notin(-\infty,\bar{\theta})$ 时，拒绝 H_0. 反之，若已知求得检验问题 $H_0:\theta\geqslant\theta_0$，$H_1:\theta<\theta_0$ 的接受域为 $-\infty<\theta_0<\bar{\theta}$，则可得 θ 置信区间 $(-\infty,\bar{\theta})$.

置信度为 $1-\alpha$ 的单侧置信区间 $(\underline{\theta},+\infty)$ 与显著性水平为 α 的右边检验问题 $H_0:\theta\leqslant\theta_0$，$H_1:\theta>\theta_0$ 也有类似的对应关系. 即若已求得单侧置信区间 $(\underline{\theta},+\infty)$，则当 $\theta_0\in(\underline{\theta},+\infty)$ 时接受 H_0，当 $\theta_0\notin(\underline{\theta},+\infty)$ 时，拒绝 H_0. 反之，若已知求得检验问题 $H_0:\theta\leqslant\theta_0, H_1:\theta>\theta_0$ 的接受域为 $\underline{\theta}<\theta_0<+\infty$，则可得 θ 置信区间 $(\underline{\theta},+\infty)$.

例 8.5.1

设 $X\sim N(\mu,\sigma^2)$，σ^2 未知，$\alpha=0.05$，$n=16$，且由一样本算得 $\bar{x}=5.20$，$s^2=1$，于是得到参数 μ 的一个置信水平为 $1-\alpha=0.95$ 的置信区间

$$\left(\bar{x}-\frac{1}{\sqrt{16}}\mathrm{t}_{1-0.025}(15),\ \bar{x}+\frac{1}{\sqrt{16}}t_{1-0.025}(15)\right)=(5.20-0.533,5.20+0.533)$$

$$=(4.667,5.733).$$

考虑检验问题 $H_0:\mu=5.5$，$H_1:\mu\neq5.5$，因为 $5.5\in(4.667,5.733)$，所以接受 H_0.

§8.6 假设检验问题的 *p* 值法以及 Excel 软件应用

以上几节我们讨论的假设检验方法称为**临界值法**. 为了有效应用现代计算机各种统计软件，本节介绍另一种被称为 p 值法的检验方法，并在此基础上进一步介绍 Excel 软件在假设检验问题中的应用.

8.6.1 p 值法

在例 8.2.5 中,由于检验统计量的观察值

$$\chi^2 = \frac{(n-1)s^2}{\sigma_0^2} = 15.68 > \chi_{0.05}^2(8) = 15.507$$

因此,在显著性水平 $\alpha = 0.05$ 下拒绝原假设.现在设想,如果根据样本算得 $\chi^2 = 20.1$,那么我们依然可以在显著性水平 $\alpha = 0.05$ 下拒绝原假设.虽然在两种情形下都是拒绝原假设,并且显著性水平都是,但是很显然,后一种情形下(即 $\chi^2 = 20.1$ 时)拒绝原假设的信心要更足一些.从直观上看,此时犯第一类错误的概率要更小一些,或者检验效果要更显著一些.

为了对检验效果的显著性有更为准确和直观把握,我们引入 p 值的概念.

定义 8.6.1 假设检验问题的 p 值(probability value)是样本给定的情况下,由检验统计量的观察值得出的原假设可被拒绝的最小显著性水平.

设总体 $X \sim N(\mu, \sigma^2)$,现在需要在显著性水平 α 下检验假设

$$H_0: \sigma^2 = \sigma_0^2,\ H_1: \sigma > \sigma_0^2$$

则根据定义 8.5.1,可按如下的步骤进行检验:

(1)计算检验统计量 $\chi^2 = \dfrac{(n-1)s^2}{\sigma_0^2}$ 的观察值,设为 χ_0^2;

(2)计算概率 $P\{\chi^2 \geqslant \chi_0^2 \mid H_0 \text{ 为真}\}$,由定义可知所得的概率即为 p 值;

(3)若 p 值 $\leqslant \alpha$,则在显著性水平 α 下拒绝 H_0;若 p 值 $> \alpha$,则在显著性水平 α 下接受 H_0.

以上检验过程称为 p 值法,其他各种假设检验问题的 p 值法检验过程可类似进行.

因此,根据 p 值法,如果在例 8.2.5 中算得 $\chi^2 = 20.1$,而 $\chi_{0.01}^2(8) = 20.09$,则该假设检验问题的 p 值不会大于 0.01,即可以在显著性水平 $\alpha = 0.01$ 下拒绝原假设.

一般地,如果 p 值 $\leqslant 0.01$,则称推断拒绝原假设的检验是高度显著的;如果 $0.01 < p$ 值 $\leqslant 0.05$,则推断拒绝原假设的检验是显著的;如果 $0.05 < p$ 值 $\leqslant 0.1$,则推断拒绝原假设的检验是不显著的;如果 p 值 > 0.1,则没有理由拒绝原假设.

一般来说,通过查表只能获得 p 值的近似值,要想获得 p 值的精确值则不是一件简单的事情,此时需要运用统计软件来帮忙.

8.6.2 Excel 软件在假设检验中的应用

本节介绍在 Excel 2007 环境下某些假设检验问题确定 p 值的步骤.

例 8.6.1 求例 8.2.3 的检验问题的 p 值.

这一问题使用的是 t 检验法,样本容量为 36,是双边检验.由样本已经算得检验统计

量的观察值为

$$|t_0| = \left|\frac{(65.5-70)\sqrt{36}}{15}\right| = 1.8$$

下面用 Excel 来求 p 值.

打开 Excel 工作表,单击“公式”,然后对于弹出的菜单单击“插入函数”,然后选择类别“统计”,再选择函数“TDIST”,单击“确定”,即弹出一个对话框.

对于显示的对话框,键入检验统计量的观察值 $x=1.8$,自由度 Deg_freedom $=35$,由于是双边检验,故输入 Tails $=2$ (单边检验则输入 1),点击“确定”,即得 0.080485,此即为 p 值,由于该 p 值大于 0.05,因此接受原假设. ◇

例 8.6.2　求例 8.2.5 的检验问题的 p 值.

该问题使用的是 χ^2 检验法,且为右边检验,自由度为 8,已算得检验统计量的值为

$$\chi^2 = \frac{(n-1)s^2}{\sigma_0^2} = 15.68$$

打开 Excel 工作表,单击“公式”,然后对于弹出的菜单单击“插入函数”,然后选择类别“统计”,再选择函数“CHIDIST”,单击“确定”,即弹出一个对话框.

对于显示的对话框,键入检验统计量的观察值 $x=15.68$,自由度 Deg_freedom$=8$,点击“确定”,即得 CHIDIST(15.68,8)=0.047196,此即为单边检验的 p 值,由于该 p 值小于 0.05,因此在显著性水平 $\alpha=0.05$ 下拒绝原假设. ◇

如果在例 8.2.5 中算得 $\chi^2=20.1$,则由上面的操作步骤可得 p 值 $=0.009964$,由于该 p 值小于 0.01,因此检验是高度显著的.

如果在 χ^2 检验法中是双边检验,则相应的 p 值是 2×CHIDIST(x,deg_freedom).

如果在 χ^2 检验法中是左边检验,则相应的 p 值是 1−CHIDIST(x,deg_freedom).

例 8.6.3　求例 8.3.2 的检验问题的 p 值.

该问题使用的是 F 检验法,且为双边检验,自由度为(5,5),已算得检验统计量的值为

$$F = \frac{s_1^2}{s_2^2} = 1.13$$

打开 Excel 工作表,单击“公式”,然后对于弹出的菜单单击“插入函数”,然后选择类别“统计”,再选择函数“FDIST”,单击“确定”,即弹出一个对话框.

对于显示的对话框,键入检验统计量的观察值 $x=1.13$,自由度 Deg_freedom1$=5$,Deg_freedom2$=5$,点击“确定”,即得 FDIST(1.13,5,5)=0.4483,此即为右边检验的 p 值,由此可得左边检验的 p 值为 0.5517,由于这两个 p 值均大于 0.1,所以既没有理由拒绝右边检验的原假设,也没有理由拒绝左边检验的原假设,故接受原假设. ◇

注:如果在两个单边检验中均接受原假设,则在双边检验也必然接受原假设.

下面我们通过一个例子来完整地描述 Excel 2007 在假设检验中的应用.

例 8.6.4 为了比较两个铁矿矿石之间铁含量的差别,特从第一个铁矿中获取 8 种矿石测试其铁含量(单位:g),从第二个铁矿中获取 10 种矿石测试其铁含量,具体数据见下表.

第一个铁矿的铁含量	2.7	2.6	2.5	2.6	2.5	2.7	2.8	2.6		
第二个铁矿的铁含量	2.4	2.5	2.3	2.2	2.5	2.6	2.2	2.1	2.3	2.6

设两个铁矿的矿石中铁的含量均服从正态分布且方差相同,问这两个铁矿的矿石中铁的含量是否有显著的差别.

解 设两个铁矿矿石的铁含量分别为 x,y,由题意可设 $x \sim N(\mu_1,\sigma^2)$,$y \sim N(\mu_2,\sigma^2)$,现在的问题是要在显著性水平 $\alpha = 0.05$ 下检验假设:

$$H_0:\mu_1 = \mu_2,\quad H_1:\mu_1 \neq \mu_2$$

检验统计量为

$$t = \frac{\bar{x} - \bar{y}}{s_w\sqrt{\frac{1}{n_1} + \frac{1}{n_2}}}$$

拒绝域为 $\{|t| \geqslant t_{\alpha/2}(n-1)\}$.

下面利用 Excel 2007 创建公式进行假设检验,其步骤如下.

(1)新建“例 8.6.4 数据.xls”工作表,分别单击 A1 和 B1 单元格,输入如图 8-6-1 所示的文字,然后单击 A2:A9 以及 B2:B11 单元格输入两个铁矿的铁含量的样本数据.

	A	B	C
1	铁矿1铁含量x	铁矿2铁含量y	
2	2.7	2.4	
3	2.6	2.5	
4	2.5	2.3	
5	2.6	2.2	
6	2.5	2.5	
7	2.7	2.6	
8	2.8	2.2	
9	2.6	2.1	
10		2.3	
11		2.6	
12			

图 8-6-1 两个铁矿矿石铁含量的样本数据

(2)单击“公式”,对于弹出的菜单单击“插入函数”,然后选择类别“统计”,再选择函数“TTEST”,单击“确定”,即弹出一个对话框.

(3)在 Array1(第一组数据)方框内输入“A2:A9”,在 Array2(第二组数据)方框内输入“B2:B11”,由于是双边检验,在 Tails 方框内输入 2,最后在 Type 方框内输入“2”(“1”表示成对数据,“2”表示双样本等方差检验,“3”表示双样本异方差检验).见图 8-6-2.

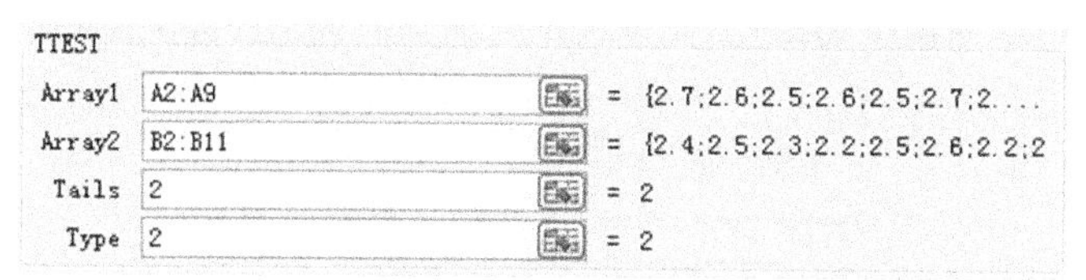

图 8-6-2　t 检验的过程

(4)点击“确定”,得到计算结果 TTEST(A2:A9,B2:B11,2,2)=0.002379,此即为该检验的 p 值,由于它小于 $\alpha=0.050$,所以拒绝原假设,即认为两组数据有显著差别,并且由于 p 值小于 0.01,该检验还是高度显著的. ◇

例 8.6.4(续)　如果我们还想得到关于检验过程的更为详细的信息,则在输入如图 8.6.1 的数据后,再单击“数据”、“数据分析”,对于弹出的对话框单击“t—检验:双样本等方差假设”. 如图 8-6-3 所示.

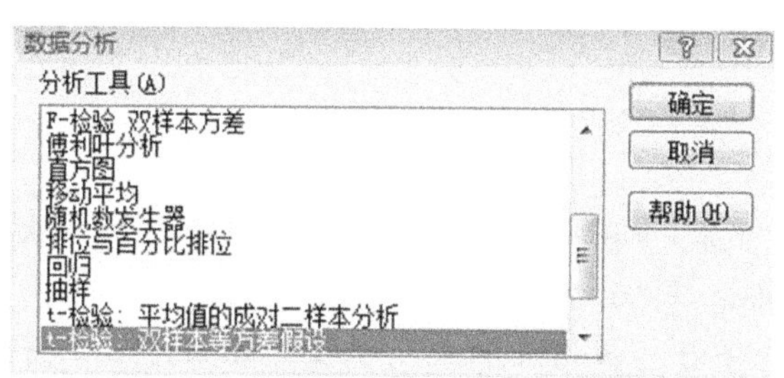

图 8-6-3　分析工具对话框

对于弹出的对话框,在变量 1 的区域,选择第一组数据对应的区域(即 A2:A9),在变量 2 的区域,选择第二组数据对应的区域(即 B2:B11). 接着在“假设平均差”框中输入平均差假设特定值 0,在 α(A) 框中输入显著性水平“0.05”,最后在“输出选项”中选定“新工作表组”,单击“确定”按钮. 如图 8-6-4 所示.

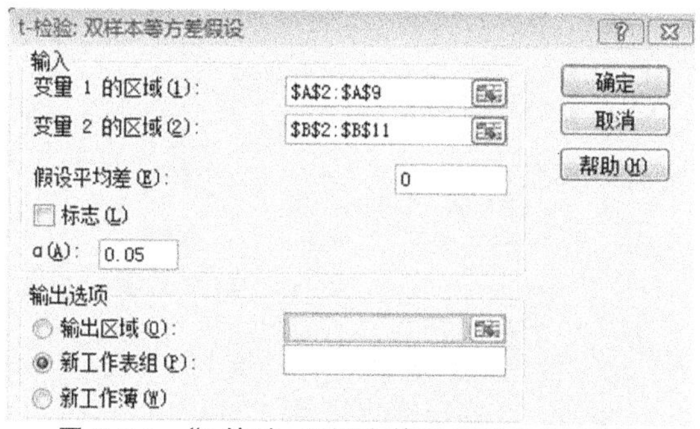

图 8-6-4　“t-检验:双样本等方差假设”对话框

随即我们会在当前工作簿中得到一张新的工作表,我们就可以根据这张表的输出结果作出拒绝或不拒绝原假设的结论,具体结论与前面相同.显示结果如图 8-6-5 所示.

	A	B	C
1	t-检验: 双样本等方差假设		
2			
3		变量 1	变量 2
4	平均	2.625	2.37
5	方差	0.010714286	0.031222222
6	观测值	8	10
7	合并方差	0.02225	
8	假设平均差	0	
9	df	16	
10	t Stat	3.603992792	
11	P(T<=t) 单尾	0.00118953	
12	t 单尾临界	1.745883669	
13	P(T<=t) 双尾	0.00237906	
14	t 双尾临界	2.119905285	

图 8-6-5　检验的输出结果

◇

拓展阅读

陈希孺,数理统计学家,中国科学院院士,曾任中国科学技术大学教授。主要从事线性模型、U 统计量、参数估计与非参数密度、回归估计和判别等研究,解决了在一般同变损失下位置和刻度参数的序贯 Minimax 同变估计的存在和形式问题;给出了在种种抽样机制之下,作为分布泛函的一般参数存在精确区间估计的条件,否定了国外学者关于此问题的某些猜测。

陈希孺人物介绍

习题八

第八章 内容提要

1. 设某产品的指标服从正态分布，它的标准差 $\sigma=150$，今抽了一个容量为 26 的样本，计算得平均值为 1637. 问在显著性水平 5% 下能否认为这批产品的指标的期望值 μ 为 1600?

2. 按规定，100g 罐头番茄汁中的平均维生素 C 含量不得少于 21mg/g. 先从工厂的产品中抽取 17 个罐头，其 100g 番茄汁中，测得维生素 C 含量(mg/g)记录如下：

16,25,21,20,23,21,19,15,13,23,17,20,29,18,22,16,22

设维生素含量服从正态分布 $N(\mu,\sigma^2)$，μ,σ^2 均未知，问这批罐头是否符合要求 ($\alpha=0.05$).

3. 要求一种元件使用寿命不得低于 1000 小时，今从一批这种元件中随机抽取 25 件，测得寿命的平均值为 950 小时. 已知该种元件的寿命服从标准差为 $\sigma=100$ 小时的正态分布，试在显著性水平 $\alpha=0.05$ 下确定这批元件是否合格？设总体均值为 μ，即需检验假设 $H_0:\mu=1000$，$H_1:\mu<1000$.

4. 测定某种溶液中的水分，它的 10 个测定值给出样本均值为 0.452%，样本标准差为 0.037%，设测定值总体服从正态分布 $N(\mu,\sigma^2)$ 试在显著性水平 $\alpha=0.05$ 下，分别检验假设：(1) $H_0:\mu=0.5\%$；(2) $H_0:\sigma=0.04\%$.

5. 随机地挑选 8 个人，分别测量了他们在早晨起床时和晚上就寝时的身高(cm)，得到以下的数据

序号	1	2	3	4	5	6	7	8
早上(x_i)	172	168	180	181	160	163	165	177
晚上(y_i)	172	167	177	179	159	161	166	175

设各对数据的差 $d_i=x_i-y_i(i=1,2,\cdots,8)$ 是来自正态总体 $N(\mu,\sigma^2)$ 的样本，μ,σ^2 均未知. 在显著性水平 $\alpha=0.05$ 下，问是否可以认为早晨的身高比晚上的身高要高？

6. 为了比较两种枪弹的速度(单位是米/秒)，在相同的条件下进行速度测试. 算得样本均值和样本标准差如下：

枪弹甲：$n_1=110$，$\bar{x}=2805$，$s_1=120.41$

枪弹乙：$n_2=100$，$\bar{y}=2680$，$s_2=105.00$

在显著性水平 $\alpha=0.05$ 下，这两种枪弹在速度方面及均匀性方面有无显著差异？

7. 下表分别给出两个文学家马克.吐温的 8 篇小品文以及思诺特格拉斯的 10 篇小

品文中由 3 个字母组成的词的比例：

马克.吐温	0.225	0.262	0.217	0.240	0.230	0.229	0.235	0.217		
思诺特格拉斯	0.209	0.205	0.196	0.210	0.202	0.207	0.224	0.223	0.220	0.201

设两组数据分别来自两个方差相等而且相互独立的正态总体，.问两个作家所写的小品文中包含由 3 个字母组成的词的比例是否有显著的差异(取 $\alpha = 0.05$).

8. 某机床厂某日从两台机器所加工的同一种零件中，分别抽若干个样品测量零件尺寸，得

第一台机器：15.0　14.5　15.2　15.5　14.8　15.1　15.2　14.8

第二台机器：15.2　15.0　14.8　15.2　15.0　15.0　14.8　15.1　14.8

设零件尺寸服从正态分布，问第二台机器的加工精度是否比第一台机器的高？(取 $\alpha = 0.05$)

9. 为了考察感觉剥夺对脑电波的影响，加拿大某监狱随机地将囚犯分成两组，每组 10 人，其中一组中每人被单独地关禁闭，另一组的人不关禁闭，几天后，测得这两组人脑电波中的 α 波的频率如下：

没关禁闭	10.7	10.7	10.4	10.9	10.5	10.3	9.6	11.1	11.2	10.4
关禁闭	9.6	10.4	9.7	10.3	9.2	9.3	9.9	9.5	9.0	10.9

设这两组数据分别来自两个相互独立的正态总体，问在显著性水平 $\alpha = 0.05$ 下，能否认为这两个总体的均值与方差有显著的差别？

10. 两台车床生产同一型号的滚珠，根据经验可以认为两车床生产的滚珠的直径均服从正态分布，先从两台车床的产品中分别抽出 8 个和 9 个，测得滚珠直径的有关数据如下：

甲车床：$\sum_{i=1}^{8} x_i = 120.8,\ \sum_{i=1}^{8} (x_i - \bar{x})^2 = 0.672$

乙车床：$\sum_{i=1}^{9} y_i = 134.91,\sum_{i=1}^{9} (y_i - \bar{y})^2 = 0.208$

设两个总体的方差相等，问是否可以认为两车床生产的滚珠直径的均值相等？($\alpha = 0.05$)

11. 某种零件的椭圆度服从正态分布，改变工艺前抽取 16 件，测得数据并算得 $\bar{x} = 0.081, s_x = 0.025$；改变工艺后抽取 20 件，测得数据并计算得 $\bar{y} = 0.07, s_y = 0.02$，问：(1)改变工艺前后，方差有无明显差异；(2)改变工艺前后，均值有无明显差异？(α 取为 0.05)

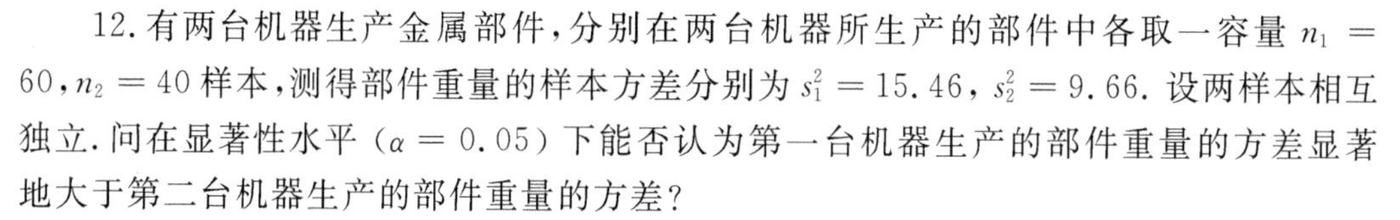

12.有两台机器生产金属部件，分别在两台机器所生产的部件中各取一容量 $n_1=60$，$n_2=40$ 样本，测得部件重量的样本方差分别为 $s_1^2=15.46$，$s_2^2=9.66$. 设两样本相互独立. 问在显著性水平（$\alpha=0.05$）下能否认为第一台机器生产的部件重量的方差显著地大于第二台机器生产的部件重量的方差？

13.下表是上海 1875 年到 1955 年的 81 年间，根据其中 63 年观察到的一年中(5 月到 9 月)下暴雨次数的整理资料：

一年中暴雨次数	0	1	2	3	4	5	6	7	8	≥9
实际年数 n_i	4	8	14	19	10	4	2	1	1	0

试检验一年中暴雨次数是否服从泊松分布？($\alpha=0.05$)

14.某工厂近 5 年来发生了 63 次事故，按星期几分类如下：

星期	一	二	三	四	五	六
次数	9	10	11	8	13	12

(注：该厂的休息日是星期天，星期一至星期六是工作日)

问：事故的发生是否与星期几有关？($\alpha=0.05$)

15.2016 年某高校工科研究生有 60 名以数理统计作为学位课，考试成绩如下：

93　75　83　93　91　85　84　82　77　76　77　95　94　89　91　88　86
83　96　81　79　97　78　75　67　69　68　84　83　81　75　66　85　70
94　84　83　82　80　78　74　73　76　70　86　76　89　90　71　66　86
73　80　94　79　78　77　63　53　55

试用 χ^2 检验法检验考试成绩是否服从正态分布？($\alpha=0.05$)

16.有甲乙两个试验员，对同样的试样进行分析，各人试验分析结果如下(分析结果服从正态分布)：

试验号数	1	2	3	4	5	6	7	8
甲	4.3	3.2	3.8	3.5	3.5	4.8	3.3	3.9
乙	3.7	4.1	3.8	3.8	4.6	3.9	2.8	4.4

试问甲、乙两试验员试验分析结果之间有无显著差异（$\alpha=0.05$)？

17.有一种新安眠药，据说在一定剂量下，能比某种旧安眠药平均增加睡眠时间 3 小时，根据资料用某种旧安眠药时，平均睡眠时间为 20.8 小时，均方差为 1.6 小时，为了检验这个说法是否正确，收集到一组使用新安眠药的睡眠时间为

26.7　22.0　24.1　21.0　27.2　25.0　23.4

试问:从这组数据能否说明新安眠药已达到新的疗效(假定睡眠时间服从正态分布,$\alpha = 0.05$).

18.设总体 X 的概率密度为

$$f(x,\theta) = \begin{cases} \theta x^{\theta-1}, & 0 < x < 1 \\ 0, & \text{其他} \end{cases}$$

$\theta = 1,2$. 作假设 $H_0:\theta = 1, H_1:\theta = 2$. 现从总体 X 中抽出容量为 2 的样本 (x_1,x_2),拒绝域为 $C = \left\{(x_1,x_2) \mid \dfrac{3}{4x_1} \leqslant x_2\right\}$,试求犯第一类错误的概率 α 和犯第二类错误的概率 β.

19.一药厂生产一种新的止痛片,厂方希望验证服用新药片后至开始起作用的时间间隔较原有止痛片至少缩短一半,因此厂方提出需检验假设

$$H_0:\mu_1 = 2\mu_2, \quad H_1:\mu_1 > 2\mu_2$$

此处 μ_1,μ_2 分别是服用原有止痛片和服用新止痛片后至起作用的时间间隔的总体的均值.设两总体均为正态且方差分别为已知值 σ_1^2,σ_2^2. 现分别在两总体中取一样本 $x_1,x_2,\cdots,x_{n_1}$ 和 $y_1,y_2,\cdots,y_{n_2}$,设两个样本独立.试给出上述假设 H_0 的拒绝域,取显著性水平为 α.

20.设有 A 种药随机地给 8 个病人服用,经过一个固定时间后,测得病人身体细胞内药的浓度,其结果为

1.40　1.42　1.41　1.62　1.55　1.81　1.60　1.52

又有 B 种药给 6 个病人服用,并在同样固定时间后,测得病人身体细胞内药的浓度,得数据如下:

1.76　1.41　1.81　1.49　1.67　1.81

并设两种药在病人身体细胞内的浓度都服从正态分布.试问 A 种药在病人身体内的浓度的方差是否为 B 种药在病人身体细胞内浓度方差的$\dfrac{2}{3}$?($\alpha = 0.10$)

习题八解答

第九章　回归分析

在现实世界的许多问题中,处于同一过程中的一些变量往往是互相联系、互相制约的.一般来说,变量与变量之间的关系可以分为确定性关系和非确定性关系两种.确定性关系是指变量之间的关系可以用函数关系来表达.如圆的面积 S 与半径 r 之间的关系

$$S = \pi r^2$$

即为确定性的函数关系.另一种非确定性的关系一般称为相关关系.例如人的身高和体重之间存在着关系,一般来说个子高的人体重也会大一些,但它们之间并不是确定性的函数关系,这是因为在身高相同的人之中体重存在着一定的差异.花在学习上的时间越多的同学一般而言其学习成绩也更好一些,但学习时间与学习成绩的关系同样不是确定性的函数关系.像居民的平均收入和某种商品消费量之间的关系、施肥量与粮食亩产量之间的关系等都是非确定性的相关关系.

就涉及的变量而言,也可以分为两类.像身高、学习时间、居民的平均收入和施肥量等都是可以在试验中通过控制或选择使其在某一范围内取确定数值的,这种变量称为可控变量或自变量.而当它们被取定之后,对应的体重、成绩、利润和亩产量等变量虽然可以观察,但不可控制,这种不可控制的变量称为随机变量或因变量.

研究一个或几个子变量与一个随机变量之间的相关关系时所建立的数学模型及所做的统计分析称为回归分析.只有一个自变量的回归分析叫一元回归分析,多于一个自变量的回归分析叫多元回归分析.如果所建立的模型是线性的,就叫线性回归分析.

本章首先介绍一元线性回归分析,然后介绍多元线性回归和一元曲线回归.在记号上,与第八章一致,即不区分随机变量 Y 和它的取值 y,均用小写的符号 y 表示,具体的含义则由读者根据上下文确定.

§9.1　一元线性回归

9.1.1　基本模型

设因变量 y 和自变量 x 存在着某种相关性关系.这里 x 是可以控制或可以精确观察

的变量,如身高、进货量、降雨量与学习时间等,可以视为是普通的变量.对于 x 的各个确定的值,随机变量 y 的取值服从一定的分布 $F(y \mid x)$.然而,通过 $F(y \mid x)$ 来考察两个变量之间的相关关系既不直观也不太方便,因此一个很自然的想法是转而考察 y 的数学期望(记为 $\mu_{y|x}$ 或 $\mu(x)$)与 x 之间的函数关系.由于一般而言,对于给定的 x,随机变量 y 的取值并不一定等于 $\mu(x)$ 而与 $\mu(x)$ 有一定的误差,因此我们在处理数据的时候,往往把随机变量 y 的取值分为两部分,一部分是 $\mu(x)$,它可以视为由 x 的影响所致,另一部分则是随机误差 ε,它可以视为是由众多未加考虑的因素所致.于是,我们得到关于 y 的如下数据结构

$$\begin{cases} y = \mu(x) + \varepsilon \\ E(\varepsilon) = 0 \end{cases} \tag{9.1.1}$$

至于 $\mu(x)$ 应该具有什么样的函数形式,则要根据实际数据分析,提出假设并作进一步的检验.先看一个实例.

例 9.1.1 某工厂在分析产量与成本关系时,选取 10 个生产小组作样本,得到如下数据

产量 x(千件)	40	42	48	55	65	79	88	100	120	140
成本 y(千元)	150	140	152	160	150	162	175	165	190	185

需要了解成本 y 与产量 x 之间的关系.

这里,产量 x 是一个可以控制的变量,因而是自变量,而 y 则除了受到产量的影响之外,还受到其他一些未被观测的因素的影响,因而可以视为是一个随机变量.为了能够比较直观地弄清两个变量之间的关系,把每对观测值 (x_i, y_i) 看成是平面直角坐标系中的点,并描出相应的点,所得到的图称为散点图,如图 9.1 所示.由散点图,可以观察散点的分布规律.在本例中,这些散点分布在一条斜率为正的直线附近,但并不完全在一条直线.这可以理解为,随着产量 x 的增加,成本 y 将成线性增加的趋势,但由于其他一些难以观测的因素的影响,使得 y 围绕着直线呈现出一定的随机波动性.因此,可以认为随机变量 y 与 x 之间的关系可以表示为 $y = a + bx + \varepsilon$,其中 a, b 是与 x 无关的未知参数,ε 是不可观测的随机变量,且假定 $E(\varepsilon) = 0, D(\varepsilon) = \sigma^2$(未知).为了对参数作区间估计和假设检验,通常还进一步假设 ε 服从正态分布.

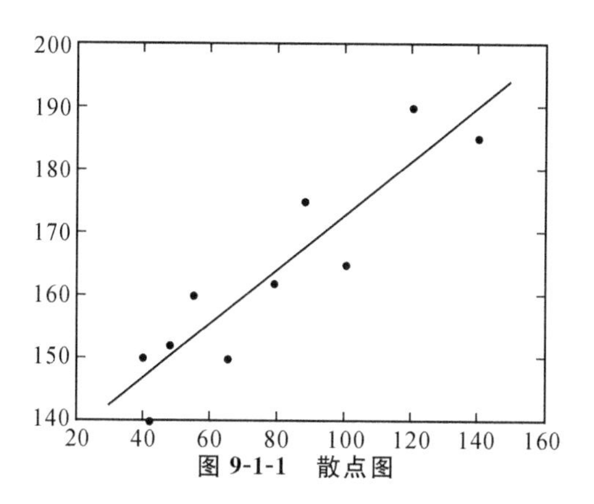

图 9-1-1 散点图

一般地，如果在(9-1-1)式中 $\mu(x)$ 是 x 的线性函数，ε 服从正态分布，则所得到的模型称为**一元线性回归模型**，它具有如下的形式

$$\begin{cases} y = ax + b + \varepsilon \\ \varepsilon \sim N(0,\sigma^2) \end{cases} \tag{9.1.2}$$

其中 a,b,σ^2 是与 x 无关的未知参数，a,b 称为**回归系数**. 称 $\hat{y} = ax + b$ 为**一元线性理论回归模型**，或称 $\mu(x) = E(y) = ax + b$ 为 y 关于 x 的**回归函数**，它在平均意义上表明 y 与 x 之间的一种统计关系.

要确定 y 与 x 之间的内在关系 $\hat{y} = ax + b$，关键是要确定回归系数 a,b 的值. 为此，对 x 的一组不完全相同的值 $x_1,x_2,\cdots,x_n$ 做独立的试验，由此可以得到随机变量 y 的一组相应的观测值 $y_1,y_2,\cdots,y_n$，从而在实际问题中，一元线性回归模型可以写为

$$\begin{cases} y_i = ax_i + b + \varepsilon_i \\ \varepsilon_i \sim N(0,\sigma^2) \end{cases}, i = 1,2,\cdots,n, \text{ 且 } \varepsilon_1,\varepsilon_2,\cdots,\varepsilon_n \text{ 相互独立} \tag{9.1.3}$$

在一元线性回归中，需要分析以下三个问题：

(1)如何由样本 $(x_i,y_i)(i = 1,2,\cdots,n)$ 得到 a,b,σ^2 的估计 $\hat{a},\hat{b},\hat{\sigma^2}$，并建立方程

$$\hat{y} = \hat{a} + \hat{b}x \tag{9.1.4}$$

称(9.1.4)为 y 关于 x 的一元经验回归方程，也简称为一元线性回归方程.

(2)如何对所建立的回归方程进行可信度检验.

(3)若回归方程是可信的，如何用它进行预测和控制.

9.1.2 未知参数的估计及统计性质

1. a,b 的最小二乘估计

一元线性回归模型(9.1.3)知，我们构造如下的**偏差平方和**

$$Q(a,b) = \sum_{i=1}^{n} (y_i - (a - bx_i))^2 \tag{9.1.5}$$

最小二乘法就是选择 a,b 的估计 $\hat{a},\hat{b}$ 使得

$$Q(\hat{a},\hat{b})=\min_{a,b}Q(a,b) \tag{9.1.6}$$

分别求 $Q(a,b)$ 关于 a,b 的偏导数,并令它们等于零:

$$\begin{cases}\dfrac{\partial Q}{\partial a}=-2\sum\limits_{i=1}^{n}(y_i-a-bx_i)=0\\ \dfrac{\partial Q}{\partial b}=-2\sum\limits_{i=1}^{n}x_i(y_i-a-bx_i)=0\end{cases} \tag{9.1.7}$$

得如下的方程组

$$\begin{cases}na+b\sum\limits_{i=1}^{n}x_i=\sum\limits_{i=1}^{n}y_i\\ a\sum\limits_{i=1}^{n}x_i+b\sum\limits_{i=1}^{n}x_i^2=\sum\limits_{i=1}^{n}x_iy_i\end{cases} \tag{9.1.10}$$

称(9.1.10)式为**正规方程组**.

由于 $x_1,x_2,\cdots,x_n$ 不全相同,正规方程组的系数行列式

$$\begin{vmatrix} n & \sum\limits_{i=1}^{n}x_i\\ \sum\limits_{i=1}^{n}x_i & \sum\limits_{i=1}^{n}x_i^2\end{vmatrix}=n\sum_{i=1}^{n}x_i^2-\left(\sum_{i=1}^{n}x_i\right)=n\sum_{i=1}^{n}(x_i-\bar{x})^2\neq 0 \tag{9.1.11}$$

故方程组(9.1.10)有唯一解. 解方程组(9.1.10)可得 a,b 的估计为

$$\begin{cases}\hat{b}=\dfrac{n\sum\limits_{i=1}^{n}x_iy_i-\left(\sum\limits_{i=1}^{n}x_i\right)\left(\sum\limits_{i=1}^{n}y_i\right)}{n\sum\limits_{i=1}^{n}x_i^2-\left(\sum\limits_{i=1}^{n}x_i\right)^2}=\dfrac{\sum\limits_{i=1}^{n}(x_i-\bar{x})(y_i-\bar{y})}{\sum\limits_{i=1}^{n}(x_i-\bar{x})^2}\\ \hat{a}=\dfrac{1}{n}\sum\limits_{i=1}^{n}y_i-\dfrac{\hat{b}}{n}\sum\limits_{i=1}^{n}x_i=\bar{y}-\hat{b}\bar{x}\end{cases} \tag{9.1.12}$$

其中 $\bar{x}=\dfrac{1}{n}\sum\limits_{i=1}^{n}x_i,\bar{y}=\dfrac{1}{n}\sum\limits_{i=1}^{n}y_i$. 由(9.12)所确定的估计 $\hat{a},\hat{b}$ 称为回归系数 a,b 的**最小二乘估计**(least squares estimation),该方法称为**最小二乘法**.

于是,得到 y 关于 x 的经验回归方程 $\hat{y}=\hat{a}+\hat{b}x$, 或

$$\hat{y}=\bar{y}+\hat{b}(x-\bar{x}) \tag{9.1.13}$$

它的图形称为回归直线. 回归直线必过点 $(0,\hat{a})$ 的由 (x_i,y_i) 所构成的散点图的重心 $(\bar{x},\bar{y})$, 由这两点就可以决定回归直线.

对于给定的 $x,\hat{y}=\hat{a}+\hat{b}x$ 是 y 的均值 $\mu(x)=a+bx$ 的估计,称为**回归值**或**拟合值**.

为了便于计算,引入几个常用的记号

$$l_{xy}=\sum_{i=1}^{n}(x_i-\bar{x})(y_i-\bar{y})=\sum_{i=1}^{n}(x_i-\bar{x})y_i$$

$$=\sum_{i=1}^{n}x_i(y_i-\bar{y})=\sum_{i=1}^{n}x_iy_i-n\bar{x}\cdot\bar{y} \tag{9.1.14}$$

$$l_{xx}=\sum_{i=1}^{n}(x_i-\bar{x})^2=\sum_{i=1}^{n}(x_i-\bar{x})x_i=\sum_{i=1}^{n}x_i^2-n\bar{x}^2 \tag{9.1.15}$$

$$l_{yy}=\sum_{i=1}^{n}(y_i-\bar{y})^2=\sum_{i=1}^{n}(y_i-\bar{y})y_i=\sum_{i=1}^{n}y_i^2-n\bar{y}^2 \tag{9.1.16}$$

于是,(9.1.12)式可以写成

$$\begin{cases}\hat{b}=\dfrac{l_{xy}}{l_{xx}}\\ \hat{a}=\bar{y}-\hat{b}\bar{x}\end{cases} \tag{9.1.17}$$

若回归系数 $\hat{b}>0$,则经验回归方程中的斜率是正的,表明当 x 增大时,y 又随之增大的趋势;反之,若 $\hat{b}<0$,则经验回归方程中斜率是负的,表明当 x 增大时,y 又随之减小的趋势.

为了书写的方便,我们将在某些场合用符号 $\sum$ 代替符号 $\sum\limits_{i=1}^{n}$,如用 $\sum x_i$ 表示 $\sum\limits_{i=1}^{n}x_i$.

例 9.1.2(续例 9.1.1) 求例 9.1.1 中的经验回归方程.

解 经计算得

$$n=10,\sum x_i=777,\bar{x}=77.7,\sum x_i^2=70903,$$

$$\sum y_i=1629,\bar{y}=162.9,\sum y_i^2=267723,\sum x_iy_i=131124$$

故由公式(9.14),(9.15),(9.16),有

$$l_{xx}=\sum x_i^2-\frac{1}{n}\left(\sum x_i\right)^2=70793-\frac{1}{10}\times777^2=10530.1$$

$$l_{yy}=\sum y_i^2-\frac{1}{n}\left(\sum y_i\right)^2=267723-\frac{1}{10}\times1629^2=2358.9$$

$$l_{xy}=\sum x_iy_i-\frac{1}{n}\left(\sum x_i\right)\left(\sum y_i\right)=131124-\frac{1}{10}\times777\times1629=4550.7$$

于是由公式(9.17),可得回归系数的估计为

$$\hat{b}=\frac{l_{xy}}{l_{xx}}=\frac{4550.7}{10530.1}=0.4322$$

$$\hat{a}=\bar{y}-\hat{b}\bar{x}=162.9-0.4322\times77.7=129.3181$$

故所求的经验回归方程为

$$\hat{y} = 129.318 + 0.4322x$$

由于回归方程的斜率为 $\hat{b} = 0.4322$，因此估计产量每增加 1 千件，平均成本将会增加 0.432 千元. ◇

2. 最小二乘估计的性质

对于由(9.1.2)式给出的一元线性回归模型，设 $(x_i, y_i), i = 1, 2, \cdots, n$ 是一组样本值，$\hat{a}, \hat{b}$ 分别为参数 a, b 的最小二乘估计，则下面的定理描述了最小二乘估计的一些性质.

定理 9.1.1 在一元线性回归模型(9.1.2)下，则有如下结论：

(1) $\hat{b} \sim N\left(b, \dfrac{\sigma^2}{l_{xx}}\right)$；

(2) $\mathrm{cov}(\bar{y}, \hat{b}) = 0$ 且 $\bar{y}$ 与 $\hat{b}$ 相互独立；

(3) $\hat{a} \sim N\left(a, \left(\dfrac{1}{n} + \dfrac{\bar{x}^2}{l_{xx}}\right)\sigma^2\right)$；

(4) $\mathrm{cov}(\hat{a}, \hat{b}) = -\dfrac{\bar{x}}{l_{xx}}\sigma^2$.

证明 (1) 由(9.1.3)式知，$y_i = a + bx_i + \varepsilon \sim N(a + bx_i, \sigma^2), i = 1, 2, \cdots, n$，由于

$$\hat{b} = \frac{l_{xy}}{l_{xx}} = \frac{1}{l_{xx}} \sum (x_i - \bar{x}) y_i$$

是独立正态变量 $y_1, y_2, \cdots, y_n$ 的线性组合，所以由正态分布的性质，$\hat{b}$ 服从正态分布，注意到 $\sum (x_i - \bar{x}) = 0, l_{xy} = \sum (x_i - \bar{x}) y_i$ 以及 $l_{xx} = \sum (x_i - \bar{x}) x_i$，有

$$\begin{aligned} E(\hat{b}) &= E\left(\frac{1}{l_{xx}} \sum (x_i - \bar{x}) y_i\right) = \frac{1}{l_{xx}} \sum (x_i - \bar{x}) E(y_i) \\ &= \frac{1}{l_{xx}} \sum (x_i - \bar{x})(a + bx_i) = \frac{1}{l_{xx}}\left(a \sum (x_i - \bar{x}) + b \sum (x_i - \bar{x}) x_i\right) \\ &= \frac{bl_{xx}}{l_{xx}} = b \end{aligned}$$

注意到 $D(y_i) = \sigma^2$ 以及 $l_{xx} = \sum (x_i - \bar{x})^2$，有

$$D(\hat{b}) = \frac{1}{l_{xx}} \sum (x_i - \bar{x})^2 D(y_i) = \frac{1}{l_{xx}} \cdot l_{xx} \cdot \sigma^2 = \sigma^2$$

故有 $\hat{b} \sim N\left(b, \dfrac{\sigma^2}{l_{xx}}\right)$，结论(1)得证.

(2) 由于 $y_1, y_2, \cdots, y_n$ 相互独立，因此当 $i \neq j$ 时，有 $\mathrm{cov}(y_i, y_j) = 0$. 由协方差的性质，有

$$\mathrm{cov}(\bar{y}, \hat{b}) = \mathrm{cov}\left(\frac{1}{n} \sum_{j=1}^{n} y_j, \frac{1}{l_{xx}} \sum_{i=1}^{n} (x_i - \bar{x}) y_i\right)$$

$$= \frac{1}{nl_{xx}} \sum_{i=1}^{n} \sum_{j=1}^{n} \mathrm{cov}(y_j, (x_i - \bar{x}) y_i)$$

$$= \frac{1}{nl_{xx}} \sum_{i=1}^{n} (x_i - \bar{x}) \mathrm{cov}(y_i, y_i)$$

$$= \frac{\sigma^2}{nl_{xx}} \sum_{i=1}^{n} (x_i - \bar{x}) = 0$$

由于 $\bar{y}$ 与 $\hat{b}$ 均为独立正态变量的线性组合,故由多维正态分布的性质知,$(\bar{y},\hat{b})$ 服从二维正态分布,因此 $\bar{y}$ 和 $\hat{b}$ 不相关即 $\mathrm{cov}(\bar{y},\hat{b}) = 0$ 与 $\bar{y}$ 和 $\hat{b}$ 相互独立是等价的,故结论(2)得证.

(3)由于 $y_i \sim N(a + bx_i, \sigma^2)$,因此

$$\bar{y} \sim N\left(a + b\bar{x}, \frac{\sigma^2}{n}\right)$$

由结论(1)和(2)知 $\hat{b}$ 服从正态分布,且 $\bar{y}$ 和 $\hat{b}$ 相互独立,因此 $\hat{a} = \bar{y} - \hat{b}\bar{x}$ 也服从正态分布,又

$$E(\hat{a}) = E(\bar{y}) - \bar{x}E(\hat{b}) = a + b\bar{x} - \bar{x}b = a$$

$$D(\hat{a}) = D(\bar{y}) + \bar{x}^2 \cdot D(\hat{b})$$

$$= \frac{\sigma^2}{n} + \frac{\bar{x}^2\sigma^2}{l_{xx}} = \left(\frac{1}{n} + \frac{\bar{x}^2}{l_{xx}}\right)\sigma^2$$

故 $\hat{a} \sim N\left(a, \left(\frac{1}{n} + \frac{\bar{x}^2}{l_{xx}}\right)\sigma^2\right)$,结论(3)得证.

(4)由结论(2),有

$$\mathrm{cov}(\hat{a},\hat{b}) = \mathrm{cov}(\bar{y},\hat{b}) - \mathrm{cov}(\hat{b},\hat{b}\bar{x})$$

$$= 0 - \bar{x}D(\hat{b})$$

$$= -\frac{\bar{x}}{l_{xx}}\sigma^2$$

结论(4)得证.

定理证毕.

由定理 9.1.1 知,$\hat{a}$ 和 $\hat{b}$ 分别为 a 和 b 的无偏估计,又

$$E(\hat{y}) = E(\hat{a} + \hat{b}x) = E(\hat{a}) + E(\hat{b})x = a + bx$$

故对于给定的 x,回归值 $\hat{y} = \hat{a} + \hat{b}x$ 是 y 的均值 $\mu(x) = a + bx$ 的无偏估计.

3. σ^2 的无偏估计

由于

$$E[y - (a + bx)]^2 = E(\varepsilon^2) = D(\varepsilon) = \sigma^2$$

因此,σ^2 的大小反映了 $\mu(x) = a + bx$ 作为 y 的近似值所导致的均方误差的大小. σ^2 越小,利用回归函数 $\mu(x) = a + bx$ 去研究随机变量 y 与 x 之间的关系就越有效. 然而,σ^2

是未知的,因此下面的任务是利用样本 $(x_i, y_i), i = 1,2,\cdots,n$ 去估计 σ^2.

y_i 是相应于 x_i 的实际测量值,而 $\hat{y}_i = \hat{a} + \hat{b}x_i$ 则是回归直线上相应的函数值,它是 $E(y_i) = \mu(x_i)$ 的一个无偏估计值,称 $y_i - \hat{y}_i$ 为 x_i 处的残差.平方和

$$S_e = \sum (y_i - \hat{y}_i)^2 = \sum (y_i - \hat{a} - \hat{b}x_i)^2 \tag{9.1.18}$$

称为**残差平方和**或**剩余平方和**.

关于残差平方和的统计性质,有如下的定理.

定理 9.1.2 在一元线性回归模型(9.1.2)下,有

(1) $E(S_e) = (n-2)\sigma^2$;

(2) $\dfrac{S_e}{\sigma^2} \sim \chi^2(n-2)$,且 S_e 与 $\bar{y}, \hat{b}$ 相互独立.

证明 (1)由于 $\hat{y} = \bar{y} + \hat{b}(x - \bar{x})$ 以及 $\hat{b} = \dfrac{l_{xy}}{l_{xx}}$,故残差平方和可以分解为

$$\begin{aligned} S_e &= \sum (y_i - \hat{y}_i)^2 = \sum [y_i - \bar{y} - \hat{b}(x_i - \bar{x})]^2 \\ &= l_{yy} - 2\hat{b}l_{xy} + \hat{b}^2 l_{xx} \\ &= l_{yy} - \hat{b}^2 l_{xx} \end{aligned}$$

而

$$\begin{aligned} E(l_{yy}) &= E\left(\sum y_i^2 - n\bar{y}^2\right) = \sum E(y_i^2) - nE(\bar{y}^2) \\ &= \sum [D(y_i) + (E(y_i))^2] - n[D(\bar{y}) + (E(\bar{y}))^2] \\ &= n\sigma^2 + \sum (a + bx_i)^2 - n\left(\frac{\sigma^2}{n} + (a + b\bar{x})^2\right) \\ &= (n-1)\sigma^2 + \sum [(a + bx_i)^2 - (a + b\bar{x})^2] \\ &= (n-1)\sigma^2 + b^2 \sum (x_i - \bar{x})^2 \\ &= (n-1)\sigma^2 + b^2 l_{xx} \end{aligned}$$

注意到 $\hat{b} \sim N\left(b, \dfrac{\sigma^2}{l_{xx}}\right)$,有

$$\begin{aligned} E(\hat{b}^2 l_{xx}) &= l_{xx}E(\hat{b}^2) = l_{xx}[D(\hat{b}) + (E(\hat{b}))^2] \\ &= l_{xx}\left(\frac{\sigma^2}{l_{xx}} + b^2\right) = \sigma^2 + b^2 l_{xx} \end{aligned}$$

于是有

$$\begin{aligned} E(S_e) &= E(l_{yy}) - E(\hat{b}^2 l_{xx}) \\ &= (n-1)\sigma^2 + b^2 l_{xx} - (\sigma^2 + b^2 l_{xx}) \\ &= (n-2)\sigma^2 \end{aligned}$$

(2)证略

由定理 9.1.2,我们有

$$E\left(\frac{S_e}{n-2}\right)=\sigma^2$$

由此可以得到如下 σ^2 的一个无偏估计量

$$\hat{\sigma^2}=\frac{S_e}{n-2} \tag{9.1.19}$$

例 9.1.3 (续例 9.1.2)求 σ^2 的无偏估计.

解 由例 9.1.2,已知 $n=10, l_{yy}=2358.9, l_{xx}=10530.1, \hat{b}=0.4322$, 因此

$$\begin{aligned} S_e &= l_{yy}-\hat{b}^2 l_{xx} \\ &= 2358.9-(0.4332)^2\times 10530.1 \\ &= 382.7978 \end{aligned}$$

由此可得 σ^2 的无偏估计

$$\hat{\sigma^2}=\frac{S_e}{n-2}=47.85$$ ◇

9.1.3 回归效果的显著性检验

在一元线性回归模型(9.2)中,我们假设回归函数 $\mu(x)$ 具有线性形式 $a+bx$. 然而需要指出的是,即使由样本 $(x_i,y_i)(i=1,2,\cdots,n)$ 所作的散点图一看便知道 y 与 x 之间不存在线性关系,即 $\mu(x)$ 不具备线性形式,通过(9.17)式也能算出 $\hat{a}$ 和 $\hat{b}$, 从而写出回归方程 $\hat{y}=\hat{a}+\hat{b}x$. 显然,这时所建立的回归方程是毫无意义的. 那么在什么情况下所建立的线性回归方程是有意义的呢? 或者说,在什么情况下我们可以接受 $\mu(x)$ 具有线性形式的假设呢?

首先需要指出的是,如果线性回归模型(9.2)符合实际,那么 b 不应为零,否则若 $b=0$, 则 y 与 x 之间便不存在线性关系了,即所建立的回归方程也没有意义了. 另外, $|b|$ 越大, y 随 x 变化的趋势越明显; $|b|$ 越小, y 随 x 变化的趋势越不明显. 因此,是否该接受回归方程的线性假设,实际上就是要检验假设

$$H_0: b=0, H_1: b\neq 0 \tag{9.1.20}$$

若接受原假设,则认为线性假设不显著,若接受备择假设,则认为线性假设显著. 这种检验称为回归的显著性检验.

下面我们构造检验统计量,为此,先给出平方和分解公式.

1. 平方和分解公式

记 $S_T=l_{yy}$, 则有

$$\begin{aligned} S_T &= \sum(y_i-\bar{y})^2=\sum[(y-\hat{y}_i)+(\hat{y}_i-\bar{y}_i)]^2 \\ &= \sum(y_i-\hat{y}_i)^2+2\sum(y_i-\hat{y}_i)(\hat{y}_i-\bar{y})+\sum(\hat{y}_i-\bar{y})^2 \end{aligned}$$

$$= \sum (y_i - \hat{y}_i)^2 + \sum (\hat{y}_i - \bar{y})^2 \tag{9.1.21}$$

其中上面推导过程中的最后一个等式是因为交叉项等于零(读者自己证明之).

(9.1.20)式右端的第一项 $S_e = \sum (y_i - \hat{y}_i)^2$ 是残差平方和,记 $S_R = \sum (\hat{y}_i - \bar{y})^2$,则得到下面的平方和分解公式

$$S_T = S_e + S_R \tag{9.1.22}$$

下面对 S_T, S_e, S_R 的含义作一些解释.

S_T 表示观测值 $y_1, \cdots, y_n$ 与它们的均值 $\bar{y}$ 的离差平方和. S_T 越大,则 $y_1, \cdots, y_n$ 的波动也越大,表明其数值越分散,故称 S_T 为**总偏差平方和**.

$\hat{y}_i$ 是回归直线 $\hat{y} = \hat{a} + \hat{b}x$ 在点 x_i 处的纵坐标值,由于

$$\frac{1}{n}\sum_{i=1}^{n} \hat{y}_i = \frac{1}{n}\sum_{i=1}^{n} (\hat{a} + \hat{b}x_i) = \hat{a} + \hat{b}\bar{x} = \bar{y}$$

因此 $S_R = \sum (\hat{y}_i - \bar{y})^2$ 表示 $\hat{y}_1, \cdots, \hat{y}_n$ 与它们的平均值 $\bar{y}$ 的离差平方和,它描述了 $\hat{y}_1, \cdots, \hat{y}_n$ 的分散程度. 又

$$\begin{aligned} S_R &= \sum (\hat{y}_i - \bar{y})^2 = \sum (\hat{a} + \hat{b}x_i - \bar{y})^2 \\ &= \sum (\bar{y} - \hat{b}\bar{x} + \hat{b}x_i - \bar{y})^2 \\ &= \sum [\hat{b}(x_i - \bar{x})]^2 \\ &= \hat{b}^2 \sum (x_i - \bar{x})^2 \\ &= \hat{b}^2 l_{xx} \end{aligned}$$

上式表明 $\hat{y}_1, \cdots, \hat{y}_n$ 的分散程度取决于 $x_1, \cdots, x_n$ 的分散程度 l_{xx},且 S_R 与回归直线的斜率 $\hat{b}$ 的平方成正比. 对于同一组 $x_1, \cdots, x_n$,较陡的回归直线显然会有较大的 S_R 值. 由此可见,S_R 是回归直线 $\hat{y} = \hat{a} + \hat{b}x$ 上点的纵坐标 $\hat{y}_1, \cdots, \hat{y}_n$ 的偏差平方和,称为**回归平方和**.

$S_e = \sum (y_i - \hat{y}_i)^2$ 实际上是 $Q(a,b) = \sum_{i=1}^{n} (y_i - (a - bx_i))^2$ 的最小值,它是实际观测值 y_i 与回归直线上对应的点 $(x_i, \hat{y}_i)$ 的纵坐标 $\hat{y}_i$ 的离差平方和. S_e 可以认为是剔除了 x 对 y 的线性影响之外由其他未被考虑的因素所引起的随机误差的平方和,称为**残差平方和**或者**剩余平方和**.

关于回归平方和的统计性质,由下面的定理.

定理 9.1.3 当 $H_0: b = 0$ 为真时,有 $\frac{S_R}{\sigma^2} \sim \chi^2(1)$,且 S_e 与 S_R 相互独立.

证明 由定理 9.1.1 知,$\hat{b} \sim N\left(b, \frac{\sigma^2}{l_{xx}}\right)$,因此当原假设 H_0 为真时,有 $\hat{b} \sim$

$N\left(0,\dfrac{\sigma^2}{l_{xx}}\right)$，由此得

$$\frac{\hat{b}\sqrt{l_{xx}}}{\sigma} \sim N(0,1)$$

由 χ^2 分布的定义，得

$$\frac{S_R}{\sigma^2} = \frac{\hat{b}^2 l_{xx}}{\sigma^2} \sim \chi^2(1)$$

即 S_R 服从自由度为 $f_R = 1$ 的 χ^2 分布. 由一元线性回归模型(9.2)式知，当原假设为真时，$y_i = a + \varepsilon_i (i = 1,2,\cdots,n)$ 相互独立且服从相同的正态分布，于是由定理 6.3.2，有

$$\frac{S_T}{\sigma^2} \sim \chi^2(n-1)$$

即 S_T 服从自由度为 $f_T = n-1$ 的 χ^2 分布.

由定理 9.1.2 知，$\dfrac{S_e}{\sigma^2}$ 服从自由度 $f_e = n-2$ 的 χ^2 分布，再由平方和分解公式，得

$$\frac{S_T}{\sigma^2} = \frac{S_e}{\sigma^2} + \frac{S_R}{\sigma^2}$$

且它们的自由度满足

$$f_T = f_R + f_e$$

于是，由科赫伦定理(见第六章附录)知，S_e 与 S_R 相互独立.

2. 回归效果的显著性检验

(1) F 检验法

对于假设(9.20)，取检验统计量

$$F = \frac{(n-2)S_R}{S_e}$$

由定理 9.1.2 知，$\dfrac{S_e}{\sigma^2} \sim \chi^2(n-2)$，又由定理 9.1.3 知，当原假设 H_0 为真时，$\dfrac{S_R}{\sigma^2} \sim \chi^2(1)$，且 S_e 与 S_R 相互独立，于是由 F 分布的定义，当原假设 H_0 为真时，有

$$F = \frac{S_R}{S_e/(n-2)} = \frac{\dfrac{S_R}{\sigma^2}}{\dfrac{S_e}{(n-2)\sigma^2}} \sim F(1,n-2) \tag{9.1.23}$$

由于当原假设 H_0 不真或 H_1 为真时，回归平方和 S_R 有变大的趋势，因而 F 也有变大的趋势，故应取右侧拒绝域，即拒绝域的形式为 $F \geqslant k$. 于是，对于给定的显著性水平，拒绝域为

$$F \geqslant F_\alpha(1,n-2) \tag{9.1.24}$$

如果接受 H_0，则认为线性回归效果不显著；若拒绝原假设，则认为线性回归效果

显著.

上述检验过程一般用如下方差分析表列出:

表 9-1-1 方差分析表

来源	平方和	自由度	均方和	F 比
回归	S_R	$f_R=1$	$\frac{S_R}{f_R}=S_R$	$\frac{S_e}{S_R/(n-2)}$
残差	S_e	$f_e=n-2$	$\frac{S_e}{f_e}=\frac{S_e}{n-2}$	
总计	S_T	$f_T=n-1$		

回归效果不显著的原因可能有以下几种:

(a)影响 y 取值的除 x 外,还有其他不可忽略的变量;

(b) y 与 x 的关系不是线性的,而是其他非线性关系;

(c) y 与 x 之间根本就不存在任何关系.

因此,在回归效果不显著的时候,需要作进一步的分析,分别处理.

(2) t 检验法

由定理 9.1.1 知,$\hat{b}\sim N\left(b,\frac{\sigma^2}{l_{xx}}\right)$,即

$$\frac{\hat{b}-b}{\sigma}\sqrt{l_{xx}}\sim N(0,1)$$

又由定理 9.1.2 知,$\frac{S_e}{\sigma^2}\sim\chi^2(n-2)$,且 S_e 与 $\hat{b}$ 相互独立,因此由 t 分布的定义,有

$$\frac{\frac{\hat{b}-b}{\sigma}\sqrt{l_{xx}}}{\sqrt{\frac{S_e/\sigma^2}{n-2}}}=\frac{\hat{b}-b}{\sqrt{\frac{S_e}{n-2}}}\sqrt{l_{xx}}\sim t(n-2) \tag{9.1.25}$$

取检验统计量为

$$t=\frac{\hat{b}}{\sqrt{\frac{S_e}{n-2}}}\sqrt{l_{xx}} \tag{9.1.26}$$

则当原假设 $H_0(b=0)$ 为真时,$t\sim t(n-2)$. 由于原假设不真时,$|t|$ 有偏大的趋势,因此拒绝域的形式为 $|t|\geqslant k$. 于是对于给定的显著性水平 α,可得拒绝域为

$$|t|\geqslant t_{\alpha/2}(n-2) \tag{9.1.27}$$

由于 $t^2=F$,因此 t 检验与 F 检验是等价的,选其中之一即可.

(3) r 检验法

x 与 y 的相关系数定义为

$$r=\frac{l_{xy}}{\sqrt{l_{xy}l_{xy}}}=\frac{\sum(x_i-\bar{x})(y_i-\bar{y})}{\sqrt{\sum(x_i-\bar{x})^2\sum(y_i-\bar{y})^2}} \tag{9.1.28}$$

由平方和分解公式(9.1.22)可以看出，S_e 的值越小，则 S_R 占总偏差平方和 S_T 的比重 $\frac{S_R}{S_T}$ 越大，即回归效果越显著. 由于

$$\frac{S_R}{S_T}=\frac{(\hat{b})^2l_{xy}}{l_{yy}}=\frac{l_{xy}^2}{l_{xx}l_{yy}}$$

因此，有

$$r^2=\frac{S_R}{S_T} \tag{9.1.29}$$

即 r^2 恰好代表了 S_R 在 S_T 的比重，因此 $|r|\leqslant 1$.

(1)当 $r=0$ 时，$l_{xy}=0$，因此 $\hat{b}=0$，回归直线平行于 x 轴. 这说明 y 的变化与 x 的变化无关，此时 x 与 y 没有线性关系，称之为不相关.

(2)当 $0<|r|<1$ 时，x 与 y 之间存在一定的线性关系. 当 $r>0$ 时，$\hat{b}>0$，此时散点图上散点的纵坐标呈递增趋势，称 x 与 y 正相关. 当 $r<0$ 时，$\hat{b}<0$，此时散点图上散点的纵坐标呈递减趋势，称 x 与 y 负相关.

(3)当 $|r|=1$ 时，$S_T=S_R$，$S_e=0$，即散点图上所有的点都在回归直线上. 此时称 x 与 y 完全线性相关，且当 $r=1$ 时称为完全正相关，当 $r=-1$ 时称为完全负相关.

由于

$$F=\frac{S_R}{S_e/(n-2)}=\frac{r^2(n-2)}{1-r^2}$$

因此 F 检验的拒绝域 $F\geqslant F_\alpha(1,n-2)$ 等价于

$$|r|\geqslant\left(\frac{n-2}{F_\alpha(1,n-2)}+1\right)^{-\frac{1}{2}}\triangleq r_{n-2,\alpha} \tag{9.1.30}$$

当 $|r|\geqslant r_{n-2,\alpha}$ 时，拒绝原假设 H_0，否则接受 H_0.

该检验法称为 r 检验法. 在很多数理统计的教材中都有 $r_{n-2,\alpha}$ 的数值表可查，由于 r 检验法与其他两种检验法(F 检验和 t 检验)是等价的，因此一般采用 F 检验即可.

例 9.1.4　(续例 9.1.2)分别用 F 检验法和 t 检验法检验例 9.1.2 的线性回归效果是否显著 ($\alpha=0.05$).

解　在例 9.1.2 中已经算得

$$l_{xx}=10530.1, S_T=l_{yy}=2358.9, \hat{b}=0.4322$$

(1) F 检验法

$$S_R = \hat{b}^2 l_{xx} = (0.4322)^2 \times 10530.1 = 1966.9894$$

$$S_e = S_T - S_R = 2358.9 - 1966.9894 = 391.9106$$

$$F = \frac{S_R}{S_e}(n-2) = \frac{1966.9894}{391.9106} \times 8 = 40.1520$$

利用以上数据可得到方差分析表

来源	平方和	自由度	均方和	F 比
回归	1966.9894	1	1966.9894	40.1520
残差	391.9106	8	48.9888	
总计	2358.9	9		

对于显著性水平 $\alpha = 0.05$，查 F 分布表，得 $F_\alpha(1, n-2) = F_{0.05}(1,8) = 5.32$.
由于 $F > F_{0.05}(1,8)$，因此拒绝原假设 H_0，即认为线性回归效果显著.

(2) t 检验法

$$t = \frac{\hat{b}\sqrt{l_{xx}}}{\sqrt{\frac{S_e}{n-2}}} = \frac{0.4322 \times \sqrt{10530.1}}{\sqrt{\frac{391.9106}{8}}} = 6.3365$$

查 t 分布表，得 $t_{\alpha/2}(n-2) = t_{0.025}(8) = 2.3060$.

因为 $|t| > t_{0.25}(8)$，故拒绝原假设 H_0. ◇

3. 回归系数的置信区间

由定理 9.1.1，有 $\hat{a} \sim N\left(a, \left(\frac{1}{n} + \frac{\overline{x}^2}{l_{xx}}\right)\sigma^2\right)$，所以

$$\frac{\hat{a} - a}{\sigma\sqrt{\frac{1}{n} + \frac{\overline{x}^2}{l_{xx}}}} \sim N(0,1)$$

若 σ^2 已知，则通过上式可以得到 a 的置信度为 $1-\alpha$ 的置信区间为

$$\left(\hat{a} - \sigma u_{\alpha/2}\sqrt{\frac{1}{n} + \frac{\overline{x}^2}{l_{xx}}}, \hat{a} + \sigma u_{\alpha/2}\sqrt{\frac{1}{n} + \frac{\overline{x}^2}{l_{xx}}}\right) \tag{9.1.31}$$

一般情况下，σ^2 是未知的，此时由定理 9.1.2 知，有 $\frac{S_e}{\sigma^2} \sim \chi^2(n-2)$，且可证 $\hat{a}$ 与 S_e 相互独立，于是由 t 分布的定义，有

$$t = \frac{\hat{a} - a}{\sigma\sqrt{\frac{1}{n} + \frac{\overline{x}^2}{l_{xx}}}\sqrt{\frac{S_e}{\sigma^2(n-2)}}} = \frac{\hat{a} - a}{\sqrt{\frac{1}{n} + \frac{\overline{x}^2}{l_{xx}}}\sqrt{\frac{S_e}{(n-2)}}} \sim t(n-2)$$

由此得回归系数 a 的置信度为 $1-\alpha$ 的置信区间为

$$\left(\hat{a}-t_{\alpha/2}(n-2)\sqrt{\frac{1}{n}+\frac{\bar{x}^2}{l_{xx}}}\sqrt{\frac{S_e}{(n-2)}},\hat{a}+t_{\alpha/2}(n-2)\sqrt{\frac{1}{n}+\frac{\bar{x}^2}{l_{xx}}}\sqrt{\frac{S_e}{(n-2)}}\right) \tag{9.1.32}$$

同理,由(9.1.25)式可得回归系数 b 的置信度为 $1-\alpha$ 的置信区间为

$$\left(\hat{b}-t_{\alpha/2}(n-2)\frac{1}{\sqrt{l_{xx}}}\sqrt{\frac{S_e}{(n-2)}},\hat{b}+t_{\alpha/2}(n-2)\frac{1}{\sqrt{l_{xx}}}\sqrt{\frac{S_e}{(n-2)}}\right) \tag{9.1.33}$$

例 9.1.5(续例 9.1.2)　求例 9.1.2 中的回归系数的置信度为 95% 的置信区间.

解　已经算得 $\hat{a}=129.3181,\hat{b}=0.4322,l_{xx}=10530.1,S_e=391.9106,\bar{x}=77.7$,查表得,$t_{\alpha/2}(n-2)=t_{0.025}(8)=2.3060$,将这些数据代入(9.31)和(9.32)式,可得 a 和 b 的 95%置信区间分别为

$$(116.0740,142.5622)$$

和

$$(0.2749,0.5893)$$

4. 预测与控制

在实际问题中,当所求的回归方程的回归效果被检验为显著时,接下来的任务就是利用回归方程 $\hat{y}=\hat{a}+\hat{b}x$ 进行预测和控制.

(1)预测

所谓预测,就是对于给定的值 $x=x_0$,预测对应的 y_0 的估计值及 y_0 的取值范围,前者为点预测或者点估计,后者则为区间预测或者区间估计.

先求点估计.

在获得经验回归方程后,对于给定的 $x=x_0$,很自然会想到将其代入经验回归方程,并将所得的值 $\hat{y}_0=\hat{a}+\hat{b}x$ 来预测 y_0 的取值. 这样做是合理的,事实上,由一元线性回归模型(9.1.2),有

$$y_0=a+bx_0+\varepsilon_0,\varepsilon_0\sim N(0,\sigma^2)$$

由此可得

$$E(\hat{y}_0)=E(\hat{a}+\hat{b}x_0)=a+bx_0=\mu(x_0)$$

即 $\hat{y}_0=\hat{a}+\hat{b}x$ 是 y_0 的数学期望 $E(y_0)=\mu(x_0)$ 的无偏估计.

下面来求 y_0 的置信度为 $1-\alpha$ 的置信区间.

为此先证明一个定理.

定理 9.1.4　在一元线性回归模型中,设 $y_0,y_1,\cdots,y_n$ 相互独立,则

$$\frac{\hat{y}_0-y_0}{S\sqrt{1+\frac{1}{n}+\frac{(x_0-\bar{x})^2}{l_{xx}}}}\sim t(n-2) \tag{9.1.34}$$

其中 $S=\sqrt{\dfrac{S_e}{n-2}}$.

证明 因为 $\hat{y}_0=\hat{a}+\hat{b}x_0=\bar{y}+\hat{b}(x_0-\bar{x})$,又 $\hat{b}=\dfrac{\sum(x_i-\bar{x})y_i}{l_{xx}}$,所以 $\hat{y}_0$ 是 $y_1,y_2,\cdots,y_n$ 的线性组合,从而它也服从正态分布.由于 $y_0,y_1,\cdots,y_n$ 相互独立,因此 $\hat{y}_0$ 与 y_0 也相互独立,所以 $\hat{y}_0-y_0$ 也服从正态分布.由于 $\hat{y}_0=\hat{a}+\hat{b}x$ 是 y_0 的数学期望 $E(y_0)=\mu(x_0)$ 的无偏估计,故有

$$E(\hat{y}_0-y_0)=E(\hat{y}_0)-E(y_0)=0$$

又由定理 9.1.1 知,$\bar{y}$ 与 $\hat{b}$ 相互独立,故有

$$\begin{aligned}D(\hat{y}_0-y_0)&=D(\hat{y}_0)+D(y_0)=D(\hat{a}+\hat{b}x_0)+\sigma^2\\&=D(\bar{y}+\hat{b}(x_0-\bar{x}))+\sigma^2\\&=D(\bar{y})+(x_0-\bar{x})^2D(\hat{b})+\sigma^2\\&=\frac{\sigma^2}{n}+\frac{(x_0-\bar{x})^2}{l_{xx}}\sigma^2+\sigma^2\\&=\left(\frac{1}{n}+\frac{(x_0-\bar{x})^2}{l_{xx}}+1\right)\sigma^2\end{aligned}$$

于是有

$$\hat{y}_0-y_0=N\left(0,\left(\frac{1}{n}+\frac{(x_0-\bar{x})^2}{l_{xx}}+1\right)\sigma^2\right)$$

将其标准化后,得

$$\frac{\hat{y}_0-y_0}{\sigma\sqrt{1+\dfrac{1}{n}+\dfrac{(x_0-\bar{x})^2}{l_{xx}}}}\sim N(0,1)$$

根据定理 9.1.2 知,$\dfrac{S_e}{\sigma^2}\sim\chi^2(n-2)$ 且与 $\bar{y},\hat{b}$ 相互独立,因此 $\hat{y}_0=\bar{y}+\hat{b}(x_0-\bar{x})$ 与 S_e 相互独立.又 $S_e=\sum(y_i-\hat{y}_i)^2$ 是 $y_1,y_2,\cdots,y_n$ 的函数,所以 $\hat{y}_0-y_0$ 与 S_e 相互独立.由 t 分布的定义,有

$$t=\frac{\dfrac{\hat{y}_0-y_0}{\sigma\sqrt{1+\dfrac{1}{n}+\dfrac{(x_0-\bar{x})^2}{l_{xx}}}}}{\sqrt{\dfrac{S_e}{\sigma^2(n-2)}}}=\frac{\hat{y}_0-y_0}{S\sqrt{1+\dfrac{1}{n}+\dfrac{(x_0-\bar{x})^2}{l_{xx}}}}\sim t(n-2)$$

定理证毕.

根据(9.1.34)以及分位数的概念,有

$$P\left\{\frac{|\hat{y}_0 - y_0|}{S\sqrt{1+\frac{1}{n}+\frac{(x_0-\bar{x})^2}{l_{xx}}}} < t_{\alpha/2}(n-2)\right\} = 1-\alpha$$

由此可解得 y_0 的置信度为 $1-\alpha$ 的置信区间为

$$(\hat{y}_0-\delta(x_0),\hat{y}_0+\delta(x_0)) \tag{9.1.35}$$

其中

$$\delta(x_0)=t_{\alpha/2}(n-2)S\sqrt{1+\frac{1}{n}+\frac{(x_0-\bar{x})^2}{l_{xx}}} \tag{9.1.36}$$

由(9.1.35)和(9.1.36)两式可知，即使样本观测值及置信度已经给定，预测的精度 $\delta(x_0)$ 仍然没有确定，它随 x_0 而变，且 x_0 越接近于 $\bar{x}$，$\delta(x_0)$ 越小，预测精度就越高，反之，当 x_0 远离 $\bar{x}$ 时，预测精度就低.

由于 x_0 的任意性，可将上面的 x_0 换成符号 x. 于是，对于给定的自变量值 x，可得因变量 y 的置信度为 $1-\alpha$ 的置信区间为

$$(\hat{y}-\delta(x),\hat{y}+\delta(x)) \tag{9.1.37}$$

或简记为

$$(\hat{y}\pm\delta(x)) \tag{9.1.38}$$

其中

$$\hat{y}=\hat{a}+\hat{b}x,\delta(x)=t_{\alpha/2}(n-2)S\sqrt{1+\frac{1}{n}+\frac{(x-\bar{x})^2}{l_{xx}}} \tag{9.1.39}$$

当 x 变动时，介于两条曲线 $h_1(x)=\hat{y}-\delta(x)$ 和 $h_2(x)=\hat{y}+\delta(x)$ 之间的带域包含了回归直线 $\hat{y}=\hat{a}+\hat{b}x$，该带域在 $x=\bar{x}$ 处最窄. 带域的边界构成了 y 相应于每一个自变量 x 的置信区间的边界. 如图 9-1-2 所示.

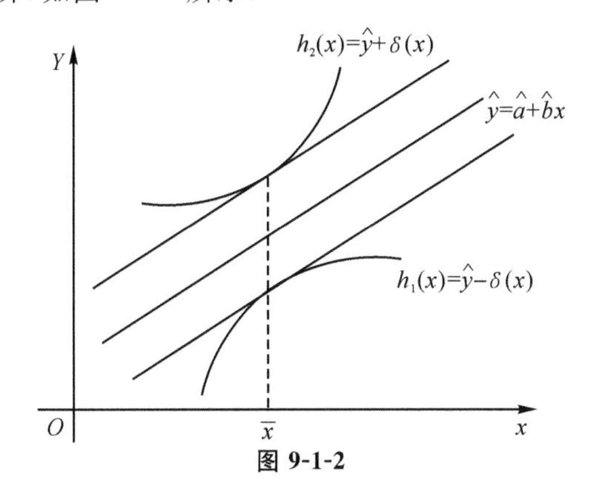

图 9-1-2

例 9.1.6(续例 9.1.1)　在例 9.1.1 中，取 $x_0=90$，求 y_0 的预测值及 95% 的预测区间.

解 由例 9.1.2 知,有

$$\hat{y}=\hat{a}+\hat{b}x=129.318+0.4322x$$

所以当 $x_0=90$ 时,y_0 的预测值为

$$\hat{y}_0=\hat{a}+\hat{b}x_0=129.318+0.4322\times 90=168.2161$$

已知 $l_{xx}=10530.1,S_e=391.9106,\bar{x}=77.7,t_{\alpha/2}(n-2)=t_{0.025}(8)=2.3060$,由此算得 $S=\sqrt{\dfrac{S_e}{n-2}}=6.9992$,将这些数据代入(9.35)和(9.36)中可得 y_0 的置信度为 $1-\alpha$ 的置信区间为

$$\begin{aligned}(\hat{y}\pm\delta(x_0))&=\left(\hat{y}\pm t_{\alpha/2}(n-2)S\sqrt{1+\frac{1}{n}+\frac{(x_0-\bar{x})^2}{l_{xx}}}\right)\\&=\left(168.2161\pm 2.3060\times 0.66692\times\sqrt{1+\frac{1}{10}+\frac{(90-77.7)^2}{10530.1}}\right)\\&=(151.1780,185,2542)\end{aligned}$$

◇

(2)控制

控制是预测的反问题,所谓控制,就是如果要保证 y 以一定的概率在某区间 (y_1,y_2) 内取值,则自变量 x 的值应该控制在什么范围内?具体一点说,这个问题实际上是要确定 x_1 和 x_2,使得当 $x_1<x<x_2$ 时,与 x 相应的观测值 y 至少以 $1-\alpha$ 的置信度落在 (y_1,y_2) 内.

由前面的讨论以及(9.1.37)式,上述问题实际上就是要确定下列方程组的解

$$\begin{cases}\hat{a}+\hat{b}x_1-\delta(x_1)=y_1\\\hat{a}+\hat{b}x_2+\delta(x_2)=y_2\end{cases}\tag{9.1.40}$$

但是,由(9.1.39)式可以看出,$\delta(x)$ 的形式相当复杂,因此很难得到(9.38)的解.不过,在某些特殊的情况我们可以得到近似解.

当 n 很大且 x 在 $\bar{x}$ 附近时,有

$$t_{\alpha/2}(n-2)\approx u_{\alpha/2},\sqrt{1+\frac{1}{n}+\frac{(x-\bar{x})^2}{l_{xx}}}\approx 1$$

则此时对于给定的 x,y 的置信度为 $1-\alpha$ 的置信区间为

$$(\hat{y}\pm\delta(x))\approx(\hat{y}\pm u_{\alpha/2}S)\tag{9.1.41}$$

在这种情况下,方程组(9.1.40)变为

$$\begin{cases}\hat{a}+\hat{b}x_1-u_{\alpha/2}S=y_1\\\hat{a}+\hat{b}x_2+u_{\alpha/2}S=y_2\end{cases}\tag{9.1.42}$$

解之得

$$\begin{cases} x_1 = \dfrac{1}{\hat{b}}(y_1 + u_{\alpha/2}S - \hat{a}) \\ x_2 = \dfrac{1}{\hat{b}}(y_2 - u_{\alpha/2}S - \hat{a}) \end{cases} \tag{9.43}$$

由于 $y_1 < y_2$，因此，当 $\hat{b} > 0$ 时，x 的控制区间为 (x_1, x_2)；当 $\hat{b} < 0$ 时，x 的控制区间为 (x_2, x_1). 显然只有当 $y_2 - y_1 > 2u_{\alpha/2}S$ 时，所求的控制区间才有意义.

9.1.4 Excel 软件在一元线性回归分析中的应用

下面我们通过一个例子介绍 Excel 2007 在回归分析中的应用.

例 9.1.7 在动物学研究中，有时需要找出某种动物的体积与重量的关系. 因为动物的重量相对而言容易测量，而测量体积比较困难，因此，人们希望用动物的重量预测其体积. 下面是 18 只某种动物的体积与重量数据，在这里，动物的重量被看作自变量，用 x 表示，单位为 kg，动物的体积则作为因变量，用 y 表示，单位为 dm^3，18 组数据如下

动物的重量 x：10.4 10.5 11.9 12.1 13.8 15.0 15.1 15.1 15.1 15.7
15.8 16.0 16.5 16.7 17.1 17.1 17.8 18.4

动物的体积 y：10.2 10.4 11.6 11.9 13.5 14.5 14.8 15.1 14.5 15.7
15.2 15.8 15.9 16.6 16.7 16.7 17.6 18.3

试用 Excel 2007 对以上数据作回归分析.

解 (1)打开 Excel 工作表，将数据输入单元格 A1 : A18 和 B1 : B18.

(2)依次单击"插入"、"散点图"，选择"XY 散点图"的类型，即显示散点图，见图9-1-3.

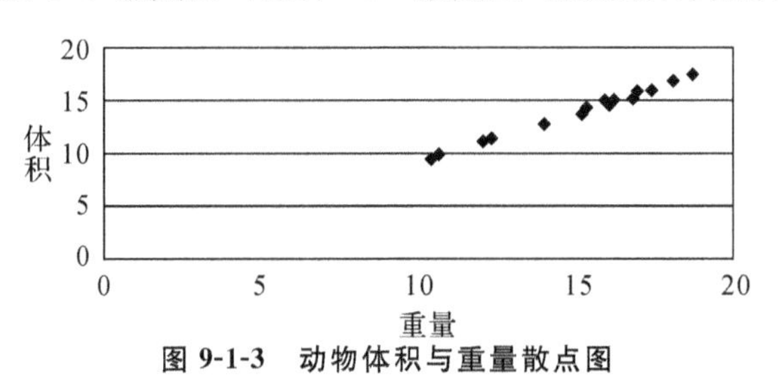

图 9-1-3 动物体积与重量散点图

(3)依次单击"数据分析"、"回归"，在弹出的对话框中，"Y 值输入区域"为 B1 : B18，在"X 值输入区域"框输入 A1 : A18，单击"标志"，认定置信水平为 95%，"输出选项"选定"新工作表组"，单击"确定"，即得计算结果表格. 部分结果见表 9.1.2.

表 9.1.2 回归分析结果

方差分析

	df	SS	MS	F	Significance F
回归分析	1	80.60717404	80.60717404	2047.693228	1.86416E-17
残差	15	0.590473023	0.039364868		
总计	16	81.19764706			

	Coefficients	标准误差	t Stat	P-value	Lower 95%	Upper 95%	下限 95.0%	上限 95.0%
Intercept	0.024299549	0.323750904	0.075056311	0.941161764	-0.665759166	0.714358264	-0.6657592	0.714358264
x	0.978493872	0.021623484	45.25144449	1.86416E-17	0.932404508	1.024583237	0.93240451	1.024583237

关于结果的说明：

(1)表中 Intercept 所对应的一行中的数字都是与参数 a 相关的统计结果，X 所对应的一行的数字则都是与参数 b 相关的统计结果.

(2)表中 Coefficients 一列对应的两个数字分别为 a,b 的估计，即 $\hat{a}=0.0242995,\hat{b}=0.97849$，于是得到如下的回归方程：

$$\hat{y}=0.0242995+0.97849x$$

(3)表中 p－value 一栏下面的数字由科学计数法表示为 1.86416E－17，它等于 1.86416×10^{-17}，它是关于 b 的双边显著性检验的 p 值，由于它远小于 $\alpha=0.01$，故拒绝原假设 H_0，认为回归效果高度显著.

(4)从表中可以得到 b 的置信度为 0.95 的置信区间为

$$(0.93240451\quad 1.024583237)$$

(5)从方差分析表中还可以得到 σ^2 的估计值为 $\hat{\sigma^2}=0.03936$. ◇

§9.2 多元线性回归

在实际问题中，影响随机变量 y 的因素往往不止一个，此时寻找随机变量 y 与其影响因素之间的关系的问题就是多元回归分析的问题. 如果是寻求它们之间的线性关系，则所涉及的问题就是我们下面要讨论的多元线性回归问题.

9.2.1 多元线性回归模型

假设随机变量与 $m(m\geqslant2)$ 个自变量 $x_1,x_2,\cdots,x_m$ 之间存在相关关系，且有

$$\begin{cases}y=a+b_1x_1+b_2x_2+\cdots+b_mx_m+\varepsilon\\ \varepsilon\sim N(0,\sigma^2)\end{cases}\tag{9.2.1}$$

其中 $a,b_1,\cdots,b_m,\sigma^2$ 是与 $x_1,x_2,\cdots,x_m$ 无关的未知参数，ε 是不可观测的随机变量. 称(9.2.1)式为 m 元线性回归模型.

由(9.2.1)知，$y\sim N\left(a+\sum\limits_{i=1}^{m}b_ix_i,\sigma^2\right)$，所以有

$$\mu(x_1,\cdots,x_m)=E(y)=a+\sum_{i=1}^{m}b_ix_i \tag{9.2.2}$$

称 $\mu(x_1,\cdots,x_m)$ 为回归函数，称(9.2.2)式为理论回归超平面方程，简称为 m 元线性回归方程.

设有 n 组不全相同的样本观测值 $(x_{i1},x_{i2},\cdots,x_{im};y_i)(i=1,2,\cdots,n)$，则(9.2.1)式可以写成

$$\begin{cases}y_i=a+b_{i1}x_{i1}+b_{i2}x_{i2}+\cdots+b_{im}x_{im}+\varepsilon_i\\ \varepsilon_i\sim N(0,\sigma^2)\end{cases},i=1,2,\cdots,m,\text{各 }\varepsilon_i\text{ 相互独立} \tag{9.2.3}$$

为了方便起见，我们用矩阵形式来表示. 为此，记

$$Y=\begin{pmatrix}y_1\\y_2\\\vdots\\y_n\end{pmatrix},X=\begin{pmatrix}1&x_{11}&x_{12}&\cdots&x_{1m}\\1&x_{21}&x_{22}&\cdots&x_{2m}\\\vdots&\vdots&\vdots&\vdots&\vdots\\1&x_{n1}&x_{n2}&\cdots&x_{nm}\end{pmatrix},B=\begin{pmatrix}a\\b_1\\b_2\\\vdots\\b_m\end{pmatrix},\varepsilon=\begin{pmatrix}\varepsilon_1\\\varepsilon_2\\\vdots\\\varepsilon_n\end{pmatrix}$$

则(9.2.3)可写成矩阵形式

$$\begin{cases}Y=XB+\varepsilon\\ \varepsilon\sim N(o,\sigma^2E_n)\end{cases} \tag{9.2.4}$$

其中 E_n 是 n 阶单位阵，o 是 n 维零向量. 称 Y 为随机变量的观测矩阵，B 为未知参数向量，X 为结构矩阵，一般假定 X 为列满秩的，即 $r(X)=m+1$. 由(9.2.4)式，有

$$Y\sim N(XB,\sigma^2E_n) \tag{9.2.5}$$

9.2.2 未知参数的估计及统计性质

同一元线性回归一样，仍采用最小二乘法来求模型(9.2.1)中的参数 a,b_i 的估计 $\hat{a}$，$\hat{b}_i(i=1,2,\cdots,n)$. 为此，引入如下的偏差平方和

$$\begin{aligned}Q(a,b_1,\cdots,b_n)&=(Y-XB)^T(Y-XB)\\&=\sum_{i=1}^{n}(y_i-a-b_1x_{i1}-\cdots-b_mx_{im})^2\end{aligned} \tag{9.2.5}$$

求偏导数 $\frac{\partial Q}{\partial a},\frac{\partial Q}{\partial b_i},i=1,2,\cdots,m$，并令它们等于零，整理可得如下的方程

$$a=\bar{y}-\sum_{i=1}^{n}b_i\bar{x}_i \tag{9.2.6}$$

和方程组

$$\begin{cases} l_{11}b_1 + l_{12}b_2 + \cdots + l_{1m}b_m = l_{1y} \\ l_{21}b_1 + l_{22}b_2 + \cdots + l_{2m}b_m = l_{2y} \\ \cdots\cdots\cdots\cdots \\ l_{m1}b_1 + l_{m2}b_2 + \cdots + l_{mm}b_m = l_{my} \end{cases} \tag{9.2.7}$$

其中

$$\bar{x}_i = \frac{1}{n}\sum_{k=1}^{n} x_{ki}, (i = 1,2,\cdots,m), \bar{y} = \frac{1}{n}\sum_{k=1}^{n} y_k$$

$$l_{ij} = l_{ji} = \sum_{k=1}^{n}(x_{ki} - \bar{x}_i)(x_{kj} - \bar{x}_j) = \sum_{k=1}^{n} x_{ki}x_{kj} - n\bar{x}_i\bar{x}_j, \ (i,j = 1,2,\cdots,m)$$

$$l_{iy} = \sum_{k=1}^{n}(x_{ki} - \bar{x}_i)(y_k - \bar{y}) = \sum_{k=1}^{n} x_{ki}y_k - n\bar{x}_i\bar{y}$$

称(9.2.7)式为**正规方程组**.

记

$$L = \begin{pmatrix} l_{11} & l_{12} & \cdots & l_{1m} \\ l_{21} & l_{22} & \cdots & l_{2m} \\ \vdots & \vdots & \vdots & \vdots \\ l_{m1} & l_{m2} & \cdots & l_{mm} \end{pmatrix}, b = \begin{pmatrix} b_1 \\ b_2 \\ \vdots \\ b_m \end{pmatrix}, \hat{b} = \begin{pmatrix} \hat{b}_1 \\ \hat{b}_2 \\ \vdots \\ \hat{b}_m \end{pmatrix}, l_y = \begin{pmatrix} l_{1y} \\ l_{2y} \\ \vdots \\ l_{my} \end{pmatrix}$$

则正规方程组(9.2.7)可写成

$$Lb = l_y \tag{9.2.8}$$

通常 L 是可逆的,记 $L^{-1} = C = (C_{ij})_{m\times m}$,则方程(9.50)的解为

$$\hat{b} = L^{-1}l_y = Cl_y \tag{9.2.9}$$

$\hat{b}_i$ 即为参数 $b_i(i = 1,2,\cdots,m)$ 的最小二乘估计.由(9.49)可得 a 的最小二乘估计为

$$\hat{a} = \bar{y} - \sum_{i=1}^{n} \hat{b}_i\bar{x}_i \tag{9.2.10}$$

一般地,称 $\hat{a},\hat{b}_i(i = 1,2,\cdots,m)$ 为回归系数.

关于回归系数的统计性质,有下面的定理.

定理 9.2.1 对于多元线性回归模型(9.2.1),其参数 $a,b_1,\cdots,b_m$ 的最小二乘估计具有如下的性质:

(1) $\hat{B} \sim N(B,\sigma^2(X^TX)^{-1})$ (9.2.11)

其中 $\hat{B} = (\hat{a},\hat{b}_1,\hat{b}_2,\cdots,\hat{b}_m)^T$.

(2) $\hat{b}_i \sim N(b_i,C_{ii}\sigma^2), i = 1,2,\cdots,m.$ (9.2.12)

其中 C_{ii} 是 $L^{-1} = C = (C_{ij})$ 的对角线上的第 i 个元素.

证略.

由定理 9.2.1 知,$\hat{B}$ 是 B 的无偏估计量,$\hat{b}_i$ 是 $b_i(i = 1,2,\cdots,m)$ 的无偏估计量.

关于多元线性回归的模型,与一元线性回归的情形类似,仍然有回归效果显著性检验等问题.

9.2.3 回归效果的显著性检验

与一元线性回归一样,在实际工作中,事前并不能断定 y 与 $x_1,x_2,\cdots,x_m$ 之间确有线性关系,多元线性回归模型(9.2.1)只是一种假设,至于回归的效果还需要进行检验.一般来说,如果 y 与 $x_1,x_2,\cdots,x_m$ 之间没有线性关系,那么在模型(9.2.1)中所有的 $b_i(i=1,2,\cdots,m)$ 均应为0.因此检验 y 与 $x_1,x_2,\cdots,x_m$ 之间是否存在线性关系,就是要检验假设:

$$H_0:b_1=b_2=\cdots=b_m=0,H_1:b_i(i=1,2,\cdots,m)\text{ 不全为 }0 \tag{9.2.13}$$

下面简单介绍检验的基本过程.首先,有如下的平方和分解公式

$$S_T=S_e+S_R \tag{9.2.14}$$

其中

$$S_T=l_{yy}=\sum(y_i-\bar{y})^2,S_e=\sum(y_i-\hat{y}_i)^2,S_R=\sum(\hat{y}_i-\bar{y})^2$$

S_T 称为总偏差平方和,它反映了数据 $y_1,\cdots,y_n$ 的波动情况;S_e 称为残差平方和,它反映了在扣除 $x_1,\cdots,x_m$ 对 y 的线性影响之外的剩余因素引起数据 $y_1,\cdots,y_n$ 的波动程度;S_R 称为回归平方和,它反映了回归因子 $x_1,\cdots,x_m$ 对 y 的总的线性影响.

一般地,称回归平方和 S_R 在总平方和 S_T 中所占的比重为**判定系数** R^2.判定系数的具体定义为

$$R^2=\frac{S_R}{S_T}=1-\frac{S_e}{S_T} \tag{9.2.15}$$

R^2 越大,说明残差越小,回归曲线拟合得越好,它从总体上给出一个拟合优劣程度的度量.

定理 9.2.2 在多元线性回归模型(9.2.1)下,有下列结论:

(1) $E(S_e)=(n-m-1)\sigma^2$;

(2) $\dfrac{S_e}{\sigma^2}\sim\chi^2(n-m-1)$,且 S_e 与 $\hat{b}_1,\hat{b}_2,\cdots,\hat{b}_m$ 相互独立;

(3)当(9.2.13)中的原假设 H_0 为真时,$\dfrac{S_R}{\sigma^2}\sim\chi^2(m)$,且 S_R 与 S_e 相互独立.

由定理 9.2.2 知,$\hat{\sigma^2}=\dfrac{S_e}{n-m-1}$ 是未知参数 σ^2 的无偏估计.记

$$S=\sqrt{\frac{S_e}{n-m-1}} \tag{9.2.16}$$

称 S 为**剩余标准差**.

取检验统计量为

$$F=\frac{S_R/m}{S_e/(n-m-1)}$$

则当 H_0 为真时，$F\sim F(m,n-m-1)$.

由(9.2.14)知，当回归平方和 S_R 越大时，残差平方和 S_e 越小，此时表明回归效果越显著.因此，当备择假设 H_1 为真时，检验统计量 F 的取值有偏大的趋势.因此，对于给定的显著性水平 α，拒绝域为

$$F\geqslant F_\alpha(m,n-m-1)$$

当回归效果显著时，仅说明 $b_1,b_2,\cdots,b_m$ 不可能为 0，但是这并不排斥某些 $b_i=0$，这意味着 y 与 x_i 无关或者 x_i 的作用被其他的 $x_j(j\neq i)$ 的作用所代替，因而可以将这个 x_i 从回归方程中剔除掉.因此，当回归效果显著时，还需检验每个变量 x_i 对 y 有无显著的线性影响，这就相当于检验假设

$$H_{0i}:b_i=0,\quad H_{1i}:b_i\neq 0,\quad i=1,2,\cdots,m \tag{9.2.17}$$

由定理 9.2.1 知，有 $\hat{b}_i\sim N(b_i,C_{ii}\sigma^2)$，于是，有

$$\frac{\hat{b}_i-b_i}{\sigma\sqrt{C_{ii}}}\sim N(0,1)$$

又由定理 9.2.2，$\frac{S_e}{\sigma^2}\sim\chi^2(n-m-1)$，且 S_e 与 $\hat{b}_1,\hat{b}_2,\cdots,\hat{b}_m$ 相互独立，故由 t 分布的定义，有

$$t_i=\frac{\dfrac{\hat{b}_i-b_i}{\sigma\sqrt{C_{ii}}}}{\sqrt{\dfrac{S_e}{\sigma^2(n-m-1)}}}=\frac{\hat{b}_i-b_i}{S\sqrt{C_{ii}}}\sim t(n-m-1) \tag{9.2.18}$$

其中 S 由(9.2.16)式定义的剩余标准差.

取检验统计量为

$$t_i=\frac{\hat{b}_i}{S\sqrt{C_{ii}}}$$

则当 H_{0i} 为真时，$t_i\sim t(n-m-1)$.因此，检验拒绝域为 $|t_i|\geqslant t_{\alpha/2}(n-m-1)$.

一般来说，在以上步骤的基础上还可以进一步为每一对假设 H_{0i} 和 H_{1i} 确定一个 p 值，并且如果对应于 H_{0i} 和 H_{1i} 的 p 值小，则说明变量 x_i 所起的作用显著.

在(9.2.18)式的基础上，可以确定 b_i 的置信度为 $1-\alpha$ 的置信区间为

$$(\hat{b}_i-t_{\alpha/2}(n-m-1)S\sqrt{C_{ii}}\quad \hat{b}_i+t_{\alpha/2}(n-m-1)S\sqrt{C_{ii}}) \tag{9.2.19}$$

由于多元回归分析问题的计算量比较大，因此下面通过 Excel 软件来说明多元线性回归问题的具体操作过程.

9.2.4 Excel 软件在多元回归分析中的应用

通过一个例题来说明 Excel 2007 在多元线性回归中的应用.

例 9.2.1 某公司在 15 个地区的某种商品的销售额 y（单位:件）和各地区人口数 x_1（千人），以及平均每户总收入数 x_2（元）的统计资料见表 9.3.

地区	x_1	x_2	y	地区	x_1	x_2	y
1	274	2450	162	9	195	2137	116
2	180	3254	120	10	53	2560	55
3	375	3802	223	11	430	4020	252
4	205	2838	131	12	372	4427	232
5	86	2347	67	13	236	2660	144
6	265	3782	169	14	157	2088	103
7	98	3008	81	15	370	2605	212
8	330	2450	192				

试对以上数据进行多元回归分析.

解 打开 Excel 工作表，将题上数据输入单元格，如表 9-2-1 所示

表 9-2-1 户均收入，人口数与销售额数据的 Excel 表格

	A	B	C
1	人口数x1	户均收入x2	销售额y
2	274	2450	162
3	180	3254	120
4	375	3802	223
5	205	2838	131
6	86	2347	67
7	265	3782	169
8	98	3008	81
9	330	2450	192
10	195	2137	116
11	53	2560	55
12	430	4020	252
13	372	4427	232
14	236	2660	144
15	157	2088	103
16	370	2605	212

(2)依次单击“数据”、“数据分析”、“回归”，在“Y 值输入区域”选择 C1－C16 单元格，在“X 值输入区域”选择 A1－B16 单元格区域. 单击选中“标志”，“置信度”复选框，输出选项选择“新工作表组”，在“残差”和“正态分布”下的复选框里全部打勾，如图 9-2-1 所示，然后点击“确定”按钮.

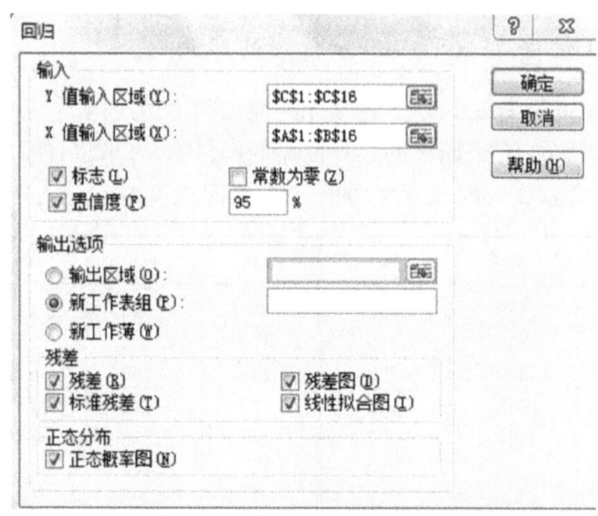

图 9-2-1　多元回归分析对话框

Excel 输出的统计结果包括:回归汇总输出(SUMMARY OUTPUT)中的方差分析、残差分析(RESIDUAL OUTPUT)、回归残差图(Residual)等.

回归汇总图中基本上包含了回归分析所需要的信息,由表 9-2-2 所示.

表 9-2-2　多元回归分析结果汇总图输出

	A	B	C	D	E	F	G	H	I
1	SUMMARY OUTPUT								
2									
3	回归统计								
4	Multiple R	0.9994722							
5	R Square	0.99894468							
6	Adjusted R Square	0.99876879							
7	标准误差	2.17722234							
8	观测值	15							
9									
10	方差分析								
11		df	SS	MS	F	Significance F			
12	回归分析	2	53844.72	26922.36	5679.466	1.38137E-18			
13	残差	12	56.88357	4.740297					
14	总计	14	53901.6						
15									
16		Coefficients	标准误差	t Stat	P-value	Lower 95%	Upper 95%	下限 95.0%	上限 95.0%
17	Intercept	3.45261279	2.43065	1.420448	0.180935	-1.843319684	8.748545	-1.84332	8.748545
18	人口数x1	0.49600498	0.006054	81.92415	7.3E-18	0.482813482	0.509196	0.482813	0.509196
19	户均收入x2	0.00919908	0.000968	9.502065	6.2E-07	0.007089742	0.011308	0.00709	0.011308

通过图 9-2-2 可以看出,a,b_1,b_2 的最小二乘估计分别为

$$\hat{a}=3.45261279,\hat{b}_1=0.49600498,\hat{b}_2=0.00919908$$

关于回归效果的显著性检验的 p 值为 1.38137E$-$18,为高度显著.

判定系数 R^2 (R square)为 0.99894468,非常接近于 1,线性回归方程的拟合效果

很好.

剩余标准差(标准误差) $S=2.17722234$.

关于 b_1 的显著性检验的 p 值为 7.3E−18,关于 b_2 的显著性检验的 p 值为 6.2E−07,均为高度显著,不过从 p 值的大小来看,人口数 x_1 比户均收入 x_2 对销售额的影响更加显著.

b_1 和 b_2 的置信度为 $1-\alpha$ 的置信区间分别为(0.482813,0.509196)和(0.00709,0.011308). ◇

§9.3 可化为线性回归的曲线回归

在实际问题中,随机变量与自变量之间的相关关系并不一定都是线性关系,更多的是非线性关系.对非线性相关的变量,如何确定它们之间的回归方程呢?本节对一些可化为线性回归的非线性回归问题作一些介绍.

许多非线性模型可通过变量替换实现线性化,常见的变换如表 9-3-1 和表 9-3-2 所示

表 9-3-1 常见的线性变换函数(不涉及参数)

原模型	变换函数	变换后模型
$y=\dfrac{1}{a+bx}$	$u=\dfrac{1}{y},v=x$	$u=a+bv$
$y=\sqrt{a+bx}$	$u=y^2,v=x$	$u=a+bv$
$y=a+b_1x+\cdots+b_mx^m$	$u=y,v_i=x^i,i=1,2,\cdots,m$	$u=a+b_1v_1+\cdots+b_mv_m$
$y=a+b\ln x$	$u=y,v=\ln x$	$u=a+bv$

表 9-3-2 常见的线性变换(涉及参数)

原模型	变换函数	变换后模型
$y=cx^b$	$u=\ln y,v=\ln x,a=\ln c$	$u=a+bv$
$y=ce^{bx}$	$u=\ln y,v=x,a=\ln c$	$u=a+bv$
$y=K(1-ce^{-x})^3$	$u=y^{\frac{1}{3}},v=e^{-x},a=\sqrt[3]{K},b=-c\sqrt[3]{K}$	$u=a+bv$

通过变换后,非线性模型就化成了线性模型,可直接对其进行最小二乘估计,对于不涉及参数的变换,由最小二乘估计得出的参数即为原方程的参数估计,而对于涉及参数的变换,则还需要再次实施变换才能得到原先回归模型的参数值.

设 $(x_i,y_i)(i=1,2,\cdots,n)$ 为一组样本,通过回归分析后建立的曲线回归方程为 $\hat{y}=$

$f(x)$，$\hat{y}_1$，$\hat{y}_2$，…，$\hat{y}_n$ 为曲线回归方程用原始数据 x_1，x_2，…，x_n 算得回归值，则可以用判定系数 R^2 评价回归方程的拟合优劣程度，R^2 越接近于1，表明曲线拟合程度越好，其中判定系数为

$$R^2 = 1 - \frac{S_e}{S_T} = 1 - \frac{\sum (y_i - \hat{y}_i)^2}{\sum (y_i - \bar{y})^2} \tag{9.3.1}$$

但是，在多数情形下我们并不知道原来的模型是属于什么类型的，并且直接观察样本 $(x_i, y_i)(i = 1, 2, \cdots, n)$ 也很难做出准确的预测，此时可借助 Excel 软件判断散点图变化趋势以及回归类型.

下面通过例子介绍曲线回归以及 Excel 2007 的应用.

例 9.3.1 某电视机厂想考察单机成本和产量之间的关系，根据结果调整已有的生产计划和营销战略，表 9-3-3 给出了抽取的月度产量和单机成本的数据的 Excel 表格形式. 试根据所给的数据寻找单机成本和产量之间的关系，并对模型结果作检验、评价和解释.

表 9-3-3 单机成本和产量的部分数据

	A	B	C
1	序号	产量（台）	单机成本（元/台）
2	1	6465	305.44
3	2	6450	300.05
4	3	6948	305.74
5	4	8000	298.18
6	5	4325	345.22
7	6	4000	342.24
8	7	4300	328.56
9	8	5010	310.37
10	9	5015	313.17
11	10	5510	309.6
12	11	7380	299.51
13	12	7555	305.1
14	13	6190	304.72
15	14	6022	309.7
16	15	6650	304.9
17	16	5875	313.5
18	17	5647	306.8

解 （一）应用散点图和趋势线建立曲线模型.

首先通过散点图判断变量之间的关系.

(1)选择数据区域 B1：C18，单击“插入”，“散点图”的下拉图标，在填出的对话框中，单击“所有图表类型”类型，双击“XY 散点图”，即显示出散点图. 如图 9-5 所示.

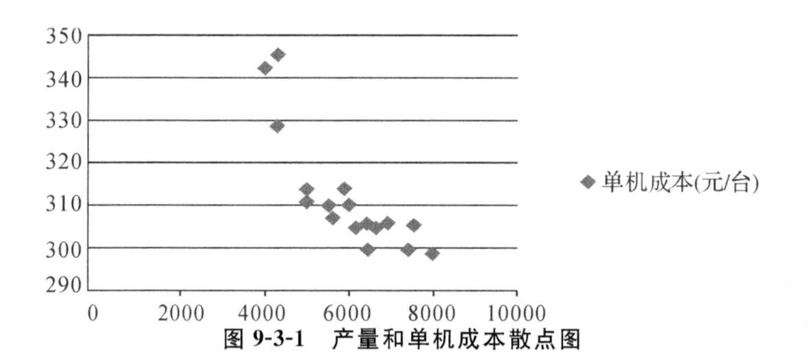

图 9-3-1　产量和单机成本散点图

(2)右击散点图中的蓝色散点,在快捷菜单中选择"添加趋势线",随即弹出"添加趋势线"对话框.

如果凭经验从图中初步判断散点图具有对数函数的形式,则选择"对数","显示公式","显示 R 平方值",最后单击"关闭",即显示出回归曲线方程和判定系数 R^2,如图 9-3-2 所示.

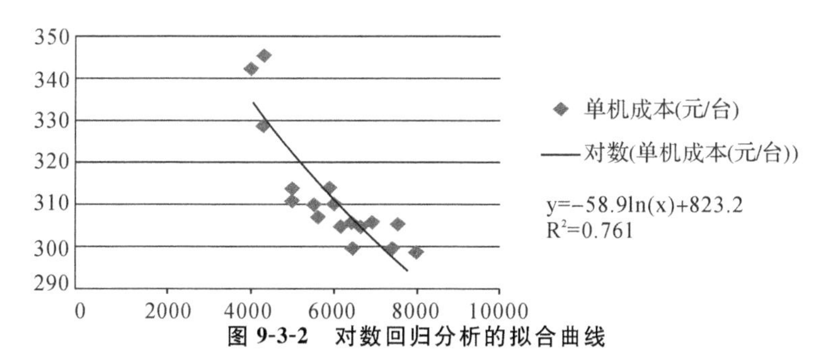

图 9-3-2　对数回归分析的拟合曲线

从图 9-3-2 中可以看出,回归曲线方程为

$$\hat{y} = -58.9x + 823.3$$

判定系数为 $R^2 = 0.761$.

(3)值得指出的是,对于散点图的趋势曲线的判断是带有主观色彩的,如果在"添加趋势线"的对话框中,选择"幂"函数,则回归曲线方程为

$$\hat{y} = 1544x^{-0.18}$$

相应的判定系数为 $R^2 = 0.770$. 如图 9-3-3 所示.

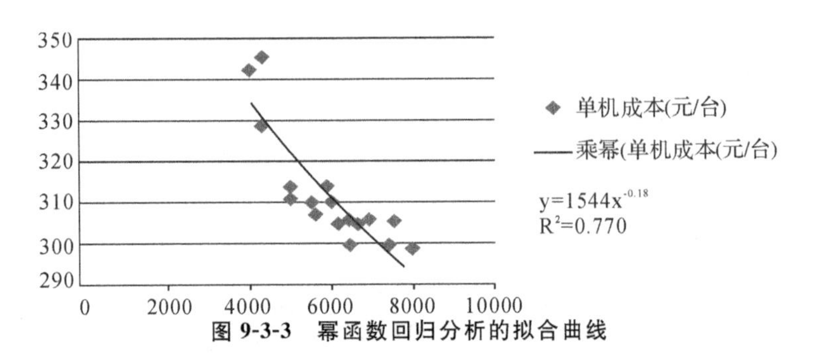

图 9-3-3　幂函数回归分析的拟合曲线

如果选择二次“多项式”函数，则回归曲线方程为

$$\hat{y}=502.2-0.056x+0.000004x^2$$

相应的判定系数为 $R^2=0.852$. 如图 9-3-4 所示.

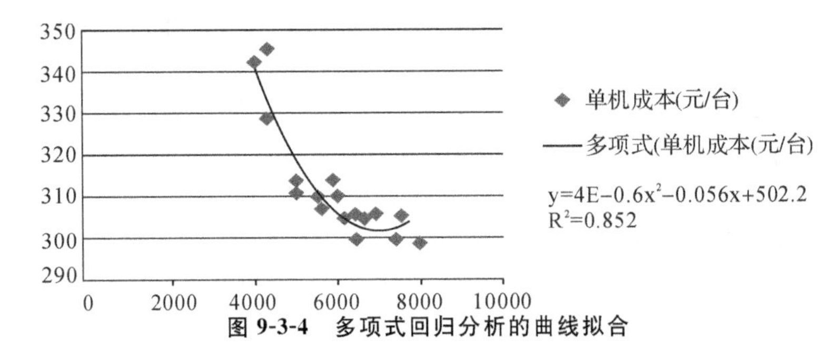

图 9-3-4　多项式回归分析的曲线拟合

从图 9-3-2，图 9-3-3 和图 9-3-4 可以看出，回归曲线的类型可以是多样的，既可以是对数也可以是幂函数，还可以是多项式，并且判定系数都不算小. 在通常的情况下一般选择判定系数大的模型.

当然对于所给的回归方程，还可以在变量替换后作进一步的线性回归分析，如回归效果的显著性检验，参数的区间估计等，这部分工作的基本步骤在线性回归分析已作介绍，故略去. ◇

习题九

第九章　内容提要

1. 设 $(x_i, y_i)(i=1,2,\cdots,n)$ 是一组样本，$\hat{y}_i = \hat{a} + \hat{b}x_i$ 是相应的线性回归方程，其中 $\hat{b} = \dfrac{l_{xy}}{l_{xx}}$，$\hat{a} = \bar{y} - \hat{b}\bar{x}$，试证下列恒等式：

(1) $\sum_{i=1}^{n}(y_i - \hat{y}_i) = 0$；

(2) $\sum_{i=1}^{n}(y_i - \hat{y}_i)x_i = 0$；

(3) $\sum_{i=1}^{n}(y_i - \hat{y}_i)(\hat{y}_i - \bar{y}) = 0$；

(4) $S_e = \sum_{i=1}^{n}(y_i - \hat{a} - \hat{b}x_i)^2 = \sum_{i=1}^{n}y_i^2 - \hat{a}\sum_{i=1}^{n}y_i - \hat{b}\sum_{i=1}^{n}x_i y_i$.

2. 假设回归直线过原点，即一元线性回归模型为

$$y_i = bx_i + \varepsilon, i = 1,2,\cdots,n$$

$E(\varepsilon_i) = 0, D(\varepsilon_i) = \sigma^2$，各观测值相互独立.

(1)写出 b 的最小二乘估计，并给出 σ^2 的无偏估计；

(2)对给定的 x_0，其对应的因变量均值的估计为 $\hat{y}_0$，求 $D(\hat{y}_0)$.

3. 某建材实验室在做陶粒混凝土强度试验中，考察每立方米混凝土的水泥用量 x(kg)对 28 天后的混凝土抗压强度 y (kg/cm)的影响，则得如下数据

x	150	160	170	180	190	200	210	220	230	240	250	260
y	56.9	58.3	61.6	64.6	68.1	71.3	74.1	77.4	80.2	82.6	86.4	89.7

(1)求 y 对 x 的线性回归方程，并问：每立方米混凝土中每增加 1 公斤水泥时，可提高的抗压强度是多少？

(2)检验回归效果的显著性($\alpha=0.05$)；

(3)求相关系数 r，并求回归系数 b 的 95%的置信区间；

(4)求 $x_0 = 22.5$ (kg)时，y_0 的预测值及 95%的预测区间.

4. 假设 x 是一可控变量，y 是一随机变量且服从正态分布，现在不同的 x 值下，分别对 y 进行观测，得数据如下：

x：0.25　0.37　0.44　0.55　0.60　0.62　0.68　0.70　0.73　0.75　0.82
　0.84　0.87　0.88　0.90　0.95　1.00

y：2.57　2.31　2.12　1.92　1.75　1.71　1.60　1.51　1.53　1.41　1.33

1.31　1.25　1.20　1.19　1.15　1.00

(1)求 y 对 x 的线性回归方程,并求 $\sigma^2 = D(y)$ 的无偏估计;

(2)求回归系数 a,b 的置信度为95%的置信区间;

(3)检验线性回归效果的显著性($\alpha = 0.05$);

(4)求 y 的置信度为95%的置信区间.

(5)为了把观测值 y 限制在区间(1.08,1.68),需要把 x 的值限制在什么范围之内?

5. 在回归分析中,常对数据进行变换:

$$\tilde{y}_i = \frac{y_i - c_1}{d_1}, \tilde{x}_i = \frac{x_i - c_2}{d_2}, i = 1,2,\cdots,n$$

其中 $c_1, c_2, d_1 > 0, d_2 > 0$ 是适当选取的常数.

(1)试建立由原始数据和变换后数据的最小二乘估计、总平方和、回归平方和以及残差平方和之间的关系;

(2)证明:由原始数据和变换后数据得到的F检验统计量的值保持不变.

6. 测得一组弹簧形变 x(cm)和相应的外力 y(N)数据如下:

x	1	1.2	1.4	1.6	1.8	2.0	2.2	2.4	2.8	3.0
y	3.08	3.76	4.31	5.02	5.51	6.25	6.74	7.40	8.54	9.24

由胡克定理知 $y = kx$,若假定 $y = kx + \varepsilon, \varepsilon \sim N(0, \sigma^2)$,试估计 k,并在 $x = 2.6$cm 处给出相应外力 y 的95%预测区间.(提示:应用第2题的结论)

7. 我们知道营业税税收总额 y 与社会商品零售总额 x 有关,为能从社会商品零售总额去预测税收总额,需要了解两者之间的关系.现收集了如下九组数据(单位:亿元)

序号	社会商品零售总额 x	营业税税收总额
1	142.08	3.93
2	177.30	5.96
3	204.68	7.85
4	242.68	9.82
5	316.24	12.50
6	341.99	15.55
7	332.69	15.79
8	389.29	16.39
9	453.40	18.45

(1)画出散点图；

(2)建立一元线性回归方程，并作显著性检验(取 $\alpha=0.05$)，列出方差分析表；

(3)若已知某年社会商品零售额为 300 亿元，试给出营业税税收总额的概率为 0.95 的预测区间；

(4)若已知回归直线过原点，试求回归方程，并在显著性水平 0.05 下作显著性检验.

8. 在林业工程中，需要知道树干的体积 y 与树干直径 x_1 和树干高度 x_2 之间的关系，下表给出了一组树干的体积，直径和高度的观测值：

序号	直径	树高	体积
1	8.4	71	10.4
2	8.7	66	10.4
3	8.9	64	10.3
4	10.6	73	16.5
5	10.8	82	18.9
6	10.9	84	19.8
7	11.1	67	15.7
8	11.1	76	18.3
9	11.2	81	22.7
10	11.3	76	20
11	11.4	80	24.3
12	11.5	77	21.1
13	11.5	77	21.5
14	11.8	70	21.4
15	12.1	76	19.2
16	13	75	22.3
17	13	86	33.9
18	13.4	87	27.5
19	13.8	72	25.8
20	13.9	65	25
21	14.1	79	34.6

续 表

序号	直径	树高	体积
22	14.3	81	31.8
23	14.6	75	36.7
24	16.1	73	38.4
25	16.4	78	42.7
26	17.4	82	55.5
27	17.6	83	55.8
28	18	81	58.4
29	18.1	81	51.6
30	18.1	81	51.1
31	20.7	88	77.1

试求 y 对 x_1 和 x_2 的回归方程,并作显著性检验.

9.对于如下的一组数据

x	2	3	4	5	6	7	8	9
y	6.42	8.20	9.58	9.50	9.70	10.00	9.93	9.99

x	10	11	12	13	14	15	16
y	10.49	10.59	10.60	10.80	10.60	10.90	10.76

试分别按(1) $y=a+\frac{b}{x}$;(2) $y=ae^{\frac{b}{x}}$;建立 y 对 x 的回归方程,并用判定系数 R^2 指出哪一种相关较好.

10.某研究机构对200只北京鸭进行试验,得到鸭的周龄 x 与平均日增重 y 的数据如下:

x	1	2	3	4	5	6	7	8	9
y	21.9	47.1	61.9	70.8	72.8	66.4	50.3	25.3	3.2

试求回归方程 $\hat{y}=\hat{a}+\hat{b}_1x+\hat{b}_2x^2$,并检验回归效果的显著性.

习题九解答

第十章 方差分析

在第八章中，我们曾经就两个正态总体的均值是否相等的假设检验问题作了较为详尽的探讨，并就各种不同的情形建立了一系列相关的检验方法. 在那里，我们主要讨论某一个因素的两个不同水平对总体某一数量指标的影响程度的显著性问题(如在例 8.2.4 中考察的两种不同品牌的种子对产量的影响). 但是，在科学试验和生产实践中，影响试验结果和统计数据的因素往往有很多. 例如学生的成绩就受到教师、教学设备、教材、教学管理等多个因素的影响；农作物的产量除了受种子这一因素的影响外，还受肥料、土壤、水分、农药等其他因素的影响. 有时即使只考虑某一个因素，该因素所处的水平也会有多个. 例如如果只考虑种子这一个因素，在实际中所涉及的种子品牌也可能会有多个. 由于每一个因素的改变都有可能影响总体的数量指标，因此为了保证总体的某个数量指标达到我们所希望的水平，就有必要找出对总体有显著影响的那些因素. 为此我们必须通过试验取得样本，并建立适当的数学模型和数学方法来处理样本，以考察某一个因素不同的水平以及不同因素之间对试验指标影响的显著性问题. 本章介绍的方差分析就是根据试验的结果进行分析鉴别各相关因素对试验结果影响显著性程度的有效方法.

§10.1 单因素试验的方差分析

10.1.1 问题的提出

一般地，我们称试验要考察的指标为试验**指标**，试验中需要考察的可以控制的条件称为**因素**，如种子，肥料，土壤，水分，农药等均为因素. 因素一般用 $A,B,C,\cdots$ 表示. 因素在试验中所处的不同状态称为**水平**. 如果在一项试验中只有一个因素在改变，则称该试验为单因素试验，如果有多于一个因素在改变则称为多因素试验. 本节主要讨论处理单因素试验的统计推断方法，即单因素方差分析方法.

例 10.1.1 用四种不同的工艺生产电灯泡. 从各种工艺生产的电灯泡中分别抽取样品，并测得样品的寿命(小时)如下：

表 10-1-1

工艺	A_1	A_2	A_3	A_4
观　测　值	1620 1670 1700 1750 1800	1580 1600 1640 1720	1460 1540 1620	1500 1550 1610 1680

给定显著性水平 $\alpha=0.05$，试检验这四种工艺生产的电灯泡寿命是否有显著差异？

若这四种工艺生产的电灯泡寿命没有显著影响，则我们采用成本最低的生产工艺. 若有显著差异，则选择使得电灯泡寿命最长的生产工艺.

现在的问题是：在什么情况下可以认为电灯泡的寿命有显著差异？

在此例中，影响电灯泡寿命的因素为工艺，四个不同的工艺代表四种不同的水平. 由于在每种不同的水平中所抽取的样本容量是不相同的，因此这是一个单因素四水平不等重复的试验.

用 x_i 表示第 i 种工艺生产的灯泡的寿命，$i=1,2,3,4$，并假定 $x_i\sim N(\mu_i,\sigma^2)$，$i=1,2,3,4$，即它们服从等方差的正态分布. x_1,x_2,x_3,x_4 可以看作四个总体. 如果可以认为 $\mu_1=\mu_2=\mu_3=\mu_4$，则我们就推断这四种工艺生产的电灯泡寿命没有显著差异，否则，当 μ_1,μ_2,μ_2,μ_4 不全相等时，就推断不同工艺生产的灯泡寿命有显著差异. 因此，问题就转化为，需在显著性水平 $\alpha=0.05$ 下检验假设：

$$H_0:\mu_1=\mu_2=\mu_3=\mu_4$$

$$H_1:\mu_1,\mu_2,\mu_2,\mu_4 \text{ 不全相等.}$$

若拒绝 H_0，则认为不同工艺生产的灯泡寿命有显著差异，若接受 H_0，就认为各工艺生产的灯泡的寿命没有显著差异.

因此，单因素方差分析所涉及的问题是多个正态总体均值是否相同的检验问题，它是第八章两个总体均值是否相等的显著性检验问题的一个推广.

表中相应于水平 A_i 的数据可以看成是从总体 x_i 中抽取的一组样本值. 表中所列的各个样本值之间的差异是由两方面的原因产生的. 一是在电灯泡生产过程由于纯粹随机因素的影响而产生的，此时即使相同的工艺也仍然会产生寿命数据的差异；二是由于工艺的不同而产生的. 接受 H_0，即认为各工艺生产的灯泡的寿命没有显著差异，实际上就是认为数据上的差异纯粹是由随机波动引起的. 因此在接下来的讨论中有必要找到一种方法来分析上述两方面的原因对数据之间差异的"贡献".

方差分析(analysis of variance)原文的含义就是关于数据差异的分析.

下面我们先对一般的情形进行讨论，然后再回来解决例 10.1.1 中的问题.

10.1.2 数学模型

设因素 A 有 r 个不同的水平 $A_1, A_2, \cdots, A_r$，在水平 A_j 下的总体记为 $x_j, j=1, 2, \cdots, r$，并设 $x_1, x_2, \cdots, x_r$ 相互独立且

$$x_j \sim N(\mu_j, \sigma^2), j=1,2,\cdots,r$$

在水平 A_j 下进行 n_j 次试验，得到取自总体 x_j 的容量为 n_j 的样本 $x_{1j}, \cdots, x_{n_j j}(j=1, 2, \cdots, r)$. 于是有

$$x_{ij} \sim N(\mu_j, \sigma^2), j=1,2,\cdots,r; i=1,2,\cdots,n_j$$

并且所有的 x_{ij} 相互独立. 在实际问题中 x_{ij} 表示具体的数值，但是在做统计分析时它又是随机变量，这一点与第八章类似，符号的具体含义根据上下文确定.

设试验的结果为：

表 10-1-2

水平	A_1	A_2	$\cdots$	A_r
观察值	x_{11}	x_{12}	$\cdots$	x_{1r}
	x_{21}	x_{22}	$\cdots$	x_{2r}
	$\cdots$	$\cdots$	$\cdots$	$\cdots$
	$x_{n_1 1}$	$x_{n_2 2}$	$\cdots$	$x_{n_r r}$
样本和	$T_{\cdot 1}$	$T_{\cdot 2}$	$\cdots$	$T_{\cdot r}$
样本均值	$\bar{x}_{\cdot 1}$	$\bar{x}_{\cdot 2}$	$\cdots$	$\bar{x}_{\cdot r}$
总体均值	μ_1	μ_2	$\cdots$	μ_r

表 10-1-2 中，$T_{\cdot j} = \sum_{i=1}^{n_j} x_{ij}$ 表示取自总体 x_j 的样本之和，$\bar{x}_{\cdot j} = T_{\cdot j}/n_j$ 表示相应的样本均值.

令 $\varepsilon_{ij} = x_{ij} - \mu_j (j=1,2,\cdots,r; i=1,2,\cdots,n_j)$，则 ε_{ij} 是在水平 A_j 下做第 i 次观察时由于随机因素的影响而产生的随机误差. 于是表 10.1.2 中的观察值可写成如下的数据结构：

$$\begin{cases} x_{ij} = \mu_j + \varepsilon_{ij}, & j=1,2,\cdots,r; i=1,2,\cdots n_j \\ \varepsilon_{ij} \sim N(0, \sigma^2), & \text{各 } \varepsilon_{ij} \text{ 相互独立} \end{cases} \tag{10.1.1}$$

上式称为单因素方差分析的数学模型. 单因素方差分析的主要任务主要可归结为以下两个：

(1)在给定的显著性水平 α 下检验假设：

$$H_0:\mu_1 = \mu_2 = \cdots = \mu_r;H_1:\mu_1,\mu_2,\cdots,\mu_r \text{ 不全相等}; \tag{10.1.2}$$

(2)估计参数 $\mu_1,\cdots,\mu_r,\sigma^2$.

在式(10.1.1)中所表示的数据结构中考虑了在每一个水平下随机因素对试验结果的影响,并将其用 ε_{ij} 表示.然而正如前面所讨论的,数据之间差异除了随机误差外,还受到因素所处的水平的影响.为了将不同水平对试验结果的影响也考虑在内,特引进如下符号:

$$n = \sum_{j=1}^{r} n_j,\mu = \frac{1}{n}\sum_{j=1}^{r} n_j\mu_j,\alpha_j = \mu_j - \mu,\quad j = 1,2,\cdots,r$$

称 μ 为**总平均值**,α_j 为水平 A_j 下的总体平均值与总平均值的差异,习惯上称 α_j 为水平 A_j 的**效应**,它反映了水平 A_j 对总平均值 μ 的“贡献”大小.若 $\alpha_j > 0$,则 A_j 的效应为正,若 $\alpha_j < 0$,则 A_j 的效应为负.显然效应 $\alpha_j(j = 1,2,\cdots,r)$ 之间存在着如下的关系式:

$$\sum_{j=1}^{n} n_j\alpha_j = 0$$

于是,单因素方差分析的数学模型(10.1.1)可以化为

$$\begin{cases} x_{ij} = \mu + \alpha_j + \varepsilon_{ij}, \\ \sum_{j=1}^{r} n_j\alpha_j = 0, \qquad j = 1,2,\cdots,r;i = 1,2,\cdots,n_j \\ \varepsilon_{ij} \sim N(0,\sigma^2), \qquad \text{各 } \varepsilon_{ij} \text{ 相互独立} \end{cases} \tag{10.1.3}$$

模型(10.1.3)实际上把数据 x_{ij} 分解成三个部分:

(1)因素 A 的总平均值 μ;

(2)水平 A_j 的效应 α_j,它由因素 A 的各个水平之间的差异引起;

(3)随机波动引起的误差 ε_{ij}.

于是检验假设(10.1.2)等价于检验如下的假设:

$$H_0:\alpha_1 = \alpha_2 = \cdots = \alpha_r = 0;H_1:\alpha_1,\alpha_2,\cdots,\alpha_r \text{ 不全为零} \tag{10.1.4}$$

10.2.3 统计分析

要检验假设(10.1.2)或(10.1.4),关键是要确立检验统计量以及拒绝域的形式.本节的一个基本的思路是,将反映表(10.1.2)中观察值差异的某个量分解成两个部分,其中的一个部分主要反映由水平之间的差异而引起的偏差而另一部分则主要反映随机误差.如果原假设 H_0 为真,则由水平之间差异而引起的偏差就不会很大,否则,就有充分的理由拒绝 H_0.

下面我们从平方和的分解入手,导出检验假设(10.1.2)或(10.1.4)的检验统计量和拒绝域.

1. 平方和分解

首先引入总平方和

$$S_T = \sum_{j=1}^{r}\sum_{i=1}^{n_j}(x_{ij}-\bar{x})^2,\text{其中 } \bar{x} = \frac{1}{n}\sum_{j=1}^{r}\sum_{i=1}^{n_j}x_{ij}$$

$\bar{x}$ 是数据的总平均,称为**样本总平均值**. S_T 反映了表(10.1.2)中全部观察值之间的差异,称为**总偏差平方和**,简称为**总平方和**.记水平 A_j 下的样本均值记为 $\bar{x}_{\cdot j}$,则

$$\bar{x}_{\cdot j} = \frac{1}{n_j}\sum_{i=1}^{n_j}x_{ij}$$

下面我们来分解 S_T,为此将其写成

$$\begin{aligned} S_T &= \sum_{j=1}^{r}\sum_{i=1}^{n_j}(x_{ij}-\bar{x}_{\cdot j}+\bar{x}_{\cdot j}-\bar{x})^2 \\ &= \sum_{j=1}^{r}\sum_{i=1}^{n_j}(x_{ij}-\bar{x}_{\cdot j})^2+\sum_{j=1}^{r}\sum_{i=1}^{n_j}(\bar{x}_{\cdot j}-\bar{x})^2+2\sum_{j=1}^{r}\sum_{i=1}^{n_j}(x_{ij}-\bar{x}_{\cdot j})(\bar{x}_{\cdot j}-\bar{x}) \end{aligned}$$

由于上式中的第三项(即交叉项)

$$\begin{aligned} 2\sum_{j=1}^{r}\sum_{i=1}^{n_j}(x_{ij}-\bar{x}_{\cdot j})(\bar{x}_{\cdot j}-\bar{x}) &= 2\sum_{j=1}^{r}(\bar{x}_{\cdot j}-\bar{x})\sum_{i=1}^{n_j}(x_{ij}-\bar{x}_{\cdot j}) \\ &= 2\sum_{j=1}^{r}(\bar{x}_{\cdot j}-\bar{x})\left(\sum_{i=1}^{n_j}x_{ij}-n_j\bar{x}_{\cdot j}\right) = 0 \end{aligned}$$

于是 S_T 就可以分解成如下的形式

$$S_T = S_E + S_A \tag{10.1.5}$$

其中

$$S_E = \sum_{j=1}^{r}\sum_{i=1}^{n_j}(x_{ij}-\bar{x}_{\cdot j})^2 \tag{10.1.6}$$

$$\begin{aligned} S_A &= \sum_{j=1}^{r}\sum_{i=1}^{n_j}(\bar{x}_{\cdot j}-\bar{x})^2 = \sum_{j=1}^{r}n_j(\bar{x}_{\cdot j}-\bar{x})^2 \\ &= \sum_{j=1}^{r}n_j\bar{x}_{\cdot j}^2 - n\bar{x}^2 \end{aligned} \tag{10.1.7}$$

S_E 中的各项 $(x_{ij}-\bar{x}_{\cdot j})^2$ 表示在给定的水平 A_j 下,样本观察值 x_{ij} 与样本均值 $\bar{x}_{\cdot j}$ 之间的差异,这是由随机波动引起的误差.称 S_E 为**误差平方和**. S_A 中的各项 $n_j(\bar{x}_{\cdot j}-\bar{x})^2$ 表示水平 A_j 下的样本均值与样本总平均值之间的差异,它反映了各个水平之间的差异以及随机误差.称 S_A 为因素 A 的**效应平方和**.

从直观上看,若(10.1.2)中的原假设 H_0 为真,即 $\mu_1=\cdots=\mu_r=\mu$,则由于 $\bar{x}_{\cdot 1},\cdots,\bar{x}_{\cdot r},\bar{x}$ 分别为 $\mu_1,\cdots,\mu_r,\mu$ 无偏估计,$n_j(\bar{x}_{\cdot j}-\bar{x})^2$ 就不应该很大,因此 S_A 应该偏小,如果 S_A 偏大,则有理由怀疑原假设 H_0 的正确性.

为了给出假设检验问题(10.1.2)或(10.1.4)的检验统计量,下面我们对 S_E,S_A 做进一步的统计分析.

2. S_E,S_A 的统计特性

我们有如下定理.

定理 10.1.1 在单因素方差模型(10.1.3)中,我们有

(1) $\dfrac{S_E}{\sigma^2} \sim \chi^2(n-r)$; (10.1.8)

(2) $E(S_A) = (r-1)\sigma^2 + \sum_{j=1}^{r} n_j \alpha_j^2$; (10.1.9)

(3)当 H_0 为真,即 $\mu_1 = \cdots = \mu_r$ 或 $\alpha_1 = \cdots \alpha_r = 0$ 时,$\dfrac{S_A}{\sigma^2} \sim \chi^2(r-1)$,且 S_E 与 S_A 相互独立.

证 (1)由于当 $j = 1,2,\cdots,r$ 给定时,$x_{ij}(i = 1,2,\cdots,n_j)$ 可以视作水平 A_j 下取自正态总体 $X_j \sim N(\mu_j,\sigma^2)$ 的样本,因此由定理 6.3.2,有

$$\frac{1}{\sigma^2}\sum_{i=1}^{n_j}(x_{ij}-\bar{x}_{\cdot j})^2 \sim \chi^2(n_j-1)$$

由于假设各个水平下的总体相互独立,从而由 χ^2 分布的可加性,再注意到

$$\sum_{j=1}^{r}(n_j-1) = n-r$$

有

$$\frac{S_E}{\sigma^2} = \sum_{j=1}^{r}\left(\frac{1}{\sigma^2}\sum_{i=1}^{n_j}(x_{ij}-\bar{x}_{\cdot j})^2\right) \sim \chi(n-r)$$

(2)由 $\bar{x}_{\cdot j} \sim N\left(\mu_j,\dfrac{\sigma^2}{n_j}\right)$,$\bar{x} \sim N\left(\mu,\dfrac{\sigma^2}{n}\right)$,可得

$$\begin{aligned} E(S_A) &= E\left[\sum_{j=1}^{r} n_j \bar{x}_{\cdot j}^2 - n\bar{x}^2\right] = \sum_{j=1}^{r} n_j E(\bar{x}_{\cdot j}^2) - nE(\bar{x}^2) \\ &= \sum_{j=1}^{r} n_j\left[\frac{\sigma^2}{n_j} + (\mu+\alpha_j)^2\right] - n\left[\frac{\sigma^2}{n} + \mu^2\right] \\ &= (r-1)\sigma^2 + 2\mu\sum_{j=1}^{r} n_j\alpha_j + n\mu^2 + \sum_{j=1}^{r} n_j\alpha_j^2 - n\mu^2 \end{aligned}$$

由于 $\sum_{j=1}^{r} n_j\alpha_j = 0$,故有

$$E(S_A) = (r-1)\sigma^2 + \sum_{j=1}^{r} n_j\alpha_j^2$$

(3)首先我们有分解式

$$
\begin{aligned}
\sum_{j=1}^{r}\sum_{i=1}^{n_j}(x_{ij}-\mu)^2 &= \sum_{j=1}^{r}\sum_{i=1}^{n_j}(x_{ij}-\bar{x}+\bar{x}-\mu)^2 \\
&= \sum_{j=1}^{r}\sum_{i=1}^{n_j}(x_{ij}-\bar{x})^2+\sum_{j=1}^{r}\sum_{i=1}^{n_j}(\bar{x}-\mu)^2+2\sum_{j=1}^{r}\sum_{i=1}^{n_j}(x_{ij}-\bar{x})(\bar{x}-\mu) \\
&= \sum_{j=1}^{r}\sum_{i=1}^{n_j}(x_{ij}-\bar{x})^2+n(\bar{x}-\mu)^2 \\
&= S_E+S_A+n(\bar{x}-\mu)^2
\end{aligned}
$$

从而有

$$
\frac{1}{\sigma^2}\sum_{j=1}^{r}\sum_{i=1}^{n_j}(x_{ij}-\mu)^2=\frac{S_E}{\sigma^2}+\frac{S_A}{\sigma^2}+n\left(\frac{\bar{x}-\mu}{\sigma}\right)^2 \tag{10.1.10}
$$

若 H_0 为真,即 $\mu_1=\cdots=\mu_r=\mu$,则有 $\frac{x_{ij}-\mu}{\sigma}\sim N(0,1)$,$\frac{\bar{x}-\mu}{\sigma/\sqrt{n}}\sim N(0,1)$,注意到 $x_{ij}(j=1,2,\cdots,r;\ i=1,2,\cdots,n_j)$ 的独立性,故有

$$
\frac{1}{\sigma^2}\sum_{j=1}^{r}\sum_{i=1}^{n_j}(x_{ij}-\mu)^2=\sum_{j=1}^{r}\sum_{i=1}^{n_j}\left(\frac{x_{ij}-\mu}{\sigma}\right)^2\sim\chi^2(n)
$$

$$
n\left(\frac{\bar{x}-\mu}{\sigma}\right)^2\sim\chi^2(1)
$$

由于 $\frac{S_A}{\sigma^2}=\sum_{j=1}^{r}n_j\left(\frac{\bar{x}_{\cdot j}-\bar{x}}{\sigma}\right)^2$ 是 $x_{ij}(j=1,2,\cdots,r;\ i=1,2,\cdots,n_j)$ 的一个二次型,并且有 r 项平方和.另外,有如下的线性约束条件:

$$
\sum_{j=1}^{r}\sqrt{n_j}\left[\sqrt{n_j}\left(\frac{\bar{x}_{\cdot j}-\bar{x}}{\sigma}\right)\right]=0 \tag{10.1.11}
$$

所以其自由度为 $r-1$. 因此(10.1.10)式两端各项的自由度之间存在关系:

$$
n=(n-r)+(r-1)+1
$$

故由 Cochran 分解定理,当 H_0 成立时,有

$$
\frac{S_A}{\sigma^2}\sim\chi^2(r-1)
$$

并且 $S_E,S_A,\left(\frac{\bar{x}-\mu)}{\sigma/\sqrt{n}}\right)^2$ 相互独立.

定理得证.

3. 假设检验的检验统计量和拒绝域

由定理 10.1.1 知,$\frac{S_E}{\sigma^2}\sim\chi^2(n-r)$,并且在(10.1.4)中的原假设 H_0 为真时,$\frac{S_A}{\sigma^2}\sim\chi^2(r-1)$,且 S_E 与 S_A 相互独立.于是,当 H_0 为真时,有

$$F=\frac{S_A/(r-1)}{S_E/(n-r)}\sim F(r-1,n-r) \tag{10.1.12}$$

由(10.1.9), $E[S_A/(r-1)]=\sigma^2+\frac{1}{r-1}\sum_{j=1}^{r}n_j\alpha_j^2$, 故当 H_0 为真即 $\alpha_1=\cdots=\alpha_r=0$ 时, $E\left(\frac{S_A}{r-1}\right)=\sigma^2$, 当 H_0 不真时, $E\left(\frac{S_A}{r-1}\right)>\sigma^2$. 又 $S_E/(n-r)$ 的分布与 H_0 无关,因此,当 H_0 不真时, F 的取值有偏大的趋势,故若取 F 为检验统计量,则其拒绝域的形式应为

$$F=\frac{S_A/(r-1)}{S_E/(n-r)}\geqslant k$$

若取显著性水平为 α, 则由(10.1.12)马上可得

$$\alpha=F_\alpha(r-1,n-r)$$

由此可得假设检验问题(10.1.2)或(10.1.4)的拒绝域为

$$F=\frac{S_A/(r-1)}{S_E/(n-r)}\geqslant F_\alpha(r-1,n-r) \tag{10.1.13}$$

上面统计分析的结果可排成表 10-1-3 的形式,并称其为**方差分析表**.

表 10-1-3 单因素方差分析表

方差来源	平方和	自由度	均方	F 比
因素 S_A	S_A	$r-1$	$\overline{S}_A=S_A/(r-1)$	$F=\overline{S}_A/\overline{S}_E$
误　差	S_E	$n-r$	$\overline{S}_E=S_E/(n-r)$	
总　和	S_T	$n-1$		

表 10.1.3 中 $\overline{S}_A,\overline{S}_E$ 分别称为 S_A,S_E 的均方. 另外,由于总偏差平方和 S_T 中涉及到的变量 $(x_{ij}-\overline{x})$ 之间仅满足一个约束条件 $\overline{x}=\frac{1}{n}\sum_{j=1}^{r}\sum_{i=1}^{n_j}x_{ij}$, 故其自由度为 $n-1$.

在实际问题中,表 10-1-3 中各项按照下面的公式来计算会更方便一些.

记 $T_{\cdot j}=\sum_{i=1}^{n_j}x_{ij}$, $T=\sum_{j=1}^{r}T_{\cdot j}$, $S_{\cdot j}^2=\sum_{i=1}^{n_j}x_{ij}^2$, 则

$$\begin{aligned} S_T&=\sum_{j=1}^{r}S_{\cdot j}^2-\frac{T^2}{n}\\ S_A&=\sum_{j=1}^{r}\frac{T_{\cdot j}^2}{n_j}-\frac{T^2}{n}\\ S_E&=S_T-S_A \end{aligned} \tag{10.1.14}$$

有时为了方便计算,我们常常要对已有的数据作线性变换,令 $y_{ij}=b(x_{ij}-a)$, a,b

为适当常数且 $b \neq 0$. 可以证明,利用新数据所进行的方差分析所得结果不会发生改变.

续例 10.1.1 对例 10.1.1 进行单因素方差分析.

解 为了简化计算,我们将所有的数据都减去一个常数 $a = 1500$, 然后将初步计算结果列入表 10-1-4 中.

表 10-1-4

工艺	A_1	A_2	A_3	A_4	$\sum$
	120 170 200 250 300	80 100 140 220	−40 40 120	0 50 110 180	
$T_{\cdot j}$ $S_{\cdot j}^2$	1040 235800	540 84400	120 17600	340 47000	2040 384800

通过公式(10.1.14)及以上数据可以算得,

$T = 2040$,

$$S_T = 384800 - \frac{(2040)^2}{16} = 124700,$$

$$S_A = \frac{(1040)^2}{5} + \frac{(540)^2}{4} + \frac{(120)^2}{3} + \frac{(340)^2}{4} - \frac{(2040)^2}{16} = 62820$$

具体分析结果见如下的方差分析表

表 10-1-5 例 10-1-2 的方差分析表

方差来源	平方和	自由度	均方	F 比
因素 A	62820	3	20940	4.06
误　差	61880	12	5157	
总　和	124700	15		

查表得 $F_{0.05}(3,12) = 3.49$, 由于 $F > 3.49$, 故拒绝原假设,即认为不同工艺生产的灯泡寿命有显著差异. ◇

例 10.1.2 设有三台机器,用来生产规格相同的铝合金薄板. 取样,测量薄板的厚度精确至千分之一厘米. 得结果如表 10-1-6 所示. 问在显著性水平 $\alpha = 0.05$ 下能否认为机器这一因素对厚度有显著的影响.

表 10-1-6

机器	机器 A_1	机器 A_2	机器 A_3	$\sum$
铝合金薄板厚度	0.236 0.238 0.248 0.245 0.243	0.257 0.253 0.255 0.254 0.261	0.258 0.264 0.259 0.267 0.262	
$T_{\cdot j}$ $S_{\cdot j}^2$	1.21 0.292918	1.28 0.32772	1.31 0.343274	3.8 0.963912

解 假定机器 A_i 生产的铝合金薄板厚度服从正态分布 $N(\mu_i,\sigma^2)$,$i=1,2,3$. 由题意,需在显著性水平 $\alpha=0.05$ 下检验假设:

$$H_0:\mu_1=\mu_2=\mu_3;H_1:\mu_1,\mu_2,\mu_2\text{ 不全相等}$$

由于 $r=3,n_j=5(j=1,2,3),n=15$,利用公式(10.1.14),得

$$S_T=0.963912-(3.8)^2/15=0.00124533$$

$$S_A=\frac{1}{5}(1.21^2+1.28^2+1.31^2)-(3.8)^2/15=0.00105333$$

$$S_E=S_T-S_A=0.000192$$

具体分析结果见如下的方差分析表.

表 10-1-7 例 10.1.2 的方差分析表

方差来源	平方和	自由度	均方	F 比
因素 A	0.00105333	2	0.00052667	32.92
误　差	0.000192	12	0.000016	
总　和	0.00124533	14		

由于 $F_{0.05}(2,12)=3.89<32.92$,故拒绝 H_0,即可以认为各台机器生产的铝合金薄板的厚度有显著差异. ◇

4. 参数估计

由上面的讨论,容易证明各参数的点估计如下:

$\hat{\mu}=\bar{x}$ 是 μ 的无偏估计;

$\hat{\mu}_j=\bar{x}_{\cdot j}$ 是 μ_j 的无偏估计;

$\hat{\alpha}_j=\bar{x}_{\cdot j}-\bar{x}$ 是 α_j 的无偏估计;

$\hat{\sigma}^2=\dfrac{S_E}{n-r}$ 是 σ^2 的无偏估计.

当拒绝原假设 H_0 时，对于任意的 $j \neq k$，常常需要给出 $\mu_j - \mu_k$ 的区间估计. 下面给出具体的求解过程.

由于

$$\bar{x}_{\cdot j} - \bar{x}_{\cdot k} \sim N\left(\mu_j - \mu_k, \frac{\sigma^2}{n_j} + \frac{\sigma^2}{n_k}\right)$$

$$\frac{S_E}{\sigma^2} \sim \chi^2(n-r)$$

并且 $\bar{x}_{\cdot j} - \bar{x}_{\cdot k}$ 与 S_E 独立(可由定理 6.3.2 证明之)，于是

$$\frac{(\bar{x}_{\cdot j} - \bar{x}_{\cdot k}) - (\mu_j - \mu_k)}{\sqrt{\bar{S}_E\left(\frac{1}{n_j} + \frac{1}{n_k}\right)}} = \frac{(\bar{x}_{\cdot j} - \bar{x}_{\cdot k}) - (\mu_j - \mu_k)}{\sigma\sqrt{\frac{1}{n_j} + \frac{1}{n_k}}} \Big/ \sqrt{\frac{S_E}{\sigma^2(n-r)}} \sim t(n-r)$$

据此可得均值差 $\mu_j - \mu_k$ 的置信度为 $1-\alpha$ 的置信区间为

$$\left(\bar{x}_{\cdot j} - \bar{x}_{\cdot k} - t_{\alpha/2}(n-r)\sqrt{\bar{S}_E\left(\frac{1}{n_j} + \frac{1}{n_k}\right)},\ \bar{x}_{\cdot j} - \bar{x}_{\cdot k} + t_{\alpha/2}(n-r)\sqrt{\bar{S}_E\left(\frac{1}{n_j} + \frac{1}{n_k}\right)}\right)$$

例 10.1.3　求例 10.1.1 中的未知参数 $\sigma^2, \mu_j, \mu, \alpha_j$ 的点估计及均值差的置信度为 95%的置信区间.

解　$\hat{\sigma}^2 = \frac{S_E}{n-r} = 5257, \hat{\mu}_1 = \bar{x}_{\cdot 1} = \frac{1040}{5} = 208, \hat{\mu}_2 = \bar{x}_{\cdot 2} = \frac{540}{4} = 135,$

$\hat{\mu}_3 = \bar{x}_{\cdot 3} = \frac{120}{3} = 40, \hat{\mu}_4 = \bar{x}_{\cdot 4} = \frac{340}{4} = 85, \hat{\mu} = \bar{x} = \frac{2040}{16} = 127.5,$

$\hat{\alpha}_1 = \bar{x}_{\cdot 1} - \bar{x} = 208 - 127.5 = 80.5, \hat{\alpha}_2 = \bar{x}_{\cdot 2} - \bar{x} = 135 - 127.5 = 7.5,$

$\hat{\alpha}_3 = \bar{x}_{\cdot 3} - \bar{x} = 40 - 127.5 = -87.5, \hat{\alpha}_4 = \bar{x}_{\cdot 4} - \bar{x} = 85 - 127.5 = -42.5,$

均值差的区间估计如下.

由 $t_{0.025}(n-r) = t_{0.025}(12) = 2.1788$，得

$$t_{\alpha/2}(n-r)\sqrt{\bar{S}_E\left(\frac{1}{n_1} + \frac{1}{n_2}\right)} = 2.1788\sqrt{5257(1/5+1/4)} = 105.9724$$

$$t_{\alpha/2}(n-r)\sqrt{\bar{S}_E\left(\frac{1}{n_1} + \frac{1}{n_3}\right)} = 2.1788\sqrt{5257(1/5+1/3)} = 115.3681$$

$$t_{\alpha/2}(n-r)\sqrt{\bar{S}_E\left(\frac{1}{n_1} + \frac{1}{n_4}\right)} = 2.1788\sqrt{5257(1/5+1/4)} = 105.9724$$

$$t_{\alpha/2}(n-r)\sqrt{\bar{S}_E\left(\frac{1}{n_2} + \frac{1}{n_3}\right)} = 2.1788\sqrt{5257(1/4+1/3)} = 120.6548$$

$$t_{\alpha/2}(n-r)\sqrt{\bar{S}_E\left(\frac{1}{n_2} + \frac{1}{n_4}\right)} = 2.1788\sqrt{5257(1/4+1/4)} = 111.7047$$

$$t_{\alpha/2}(n-r)\sqrt{\bar{S}_E\left(\frac{1}{n_3} + \frac{1}{n_4}\right)} = 2.1788\sqrt{5257(1/3+1/4)} = 120.6548$$

所以 $\mu_1-\mu_2,\mu_1-\mu_3,\mu_1-\mu_4,\mu_2-\mu_3,\mu_2-\mu_4,\mu_3-\mu_4$ 的置信度为95%的置信区间分别为

$$(208-135\pm105.9724)=(-32.9724,178.9724)$$
$$(208-40\pm115.3681)=(52.6319,283.3681)$$
$$(208-85\pm105.9724)=(17.0276,228.9724)$$
$$(135-40\pm120.6548)=(-25.6548,215.6548)$$
$$(135-85\pm111.7047)=(-61.7047,161.7047)$$
$$(40-85\pm120.6548)=(-165.6548,75.6548)$$

◇

练习题

选择题

当组数等于2时,对于同一资料,方差分析的结果与t检验的结果 ( )

(A)完全等价而且 $F=\sqrt{t}$　　(B)方差分析结果更加准确

(C)t检验结果更加准确　　(D)完全等价而且 $t=\sqrt{F}$

§10.2 双因素试验的方差分析

上一节我们讨论了单因素试验的方差分析方法,但在实际问题中影响试验指标的因素往往有两个或两个以上.因此,有必要考察多个因素中的每一个因素对试验指标的影响是否显著的问题,这就要用到多因素试验的方差分析.本节重点探讨双因素试验的方差分析方法.至于更多因素的方差分析,其基本思想和方法与本节所阐述的没有本质上的区别.

设因素 A 有 r 个不同的水平 $A_1,A_2,\cdots,A_r$,因素 B 有 s 个不同的水平 $B_1,B_2,\cdots,B_s$.在两个因素 A,B 不同水平的组合 $(A_i,B_j)(i=1,2,\cdots,r;j=1,2,\cdots,s)$ 下进行一组试验取得样本.双因素方差分析的任务有两个,其一是通过样本考察每一个因素单独对试验指标的影响是否显著,其二是考察这两个因素联合起来对试验指标的影响是否显著.后者实际上是考虑了两个因素的**交互作用**.这就意味着,当我们进行双因素方差分析时,实际上需要考虑三个因素对试验指标的影响.这三个指标就是:A,B 以及它们之间的交互作用.

10.2.1 双因素等重复试验的方差分析

设影响试验指标的两个因素为 A,B,因素 A 有 r 个不同的水平 $A_1,A_2,\cdots,A_r$,因素 B 有 s 个不同的水平 $B_1,B_2,\cdots,B_s$.在因素 A,B 水平的每对组合 (A_i,B_j) $(i=1,\cdots,r;j$

$=1,\cdots,s)$ 下的试验指标总体记为 x_{ij}，并假定 $x_{ij}(i=1,\cdots,r;j=1,\cdots,s)$ 相互独立且服从正态分布 $N(\mu_{ij},\sigma^2)$. 在因素 A,B 水平的每对组合 (A_i,B_j) 下进行 $t(t\geqslant 2)$ 次独立重复试验，得到一组取自总体 x_{ij} 中的容量为 t 的样本，记为 $x_{ijk}(k=1,2,\cdots,t)$ 则有 $x_{ijk}\sim N(\mu_{ij},\sigma^2)$. 将双因素等重复试验的试验结果列表如下：

表 10-2-1

因素 B / 因素 A	B_1	B_2	$\cdots$	B_s
A_1	$x_{111},x_{112},\cdots,x_{11t}$	$x_{121},x_{122},\cdots,x_{12t}$	$\cdots$	$x_{1s1},x_{1s2},\cdots,x_{1st}$
A_2	$x_{211},x_{212},\cdots,x_{21t}$	$x_{221},x_{222},\cdots,x_{22t}$	$\cdots$	$x_{2s1},x_{2s2},\cdots,x_{2st}$
$\vdots$	$\vdots$	$\vdots$	$\cdots$	$\vdots$
A_r	$x_{r11},x_{r12},\cdots,x_{r1t}$	$x_{r21},x_{r22},\cdots,x_{r2t}$	$\cdots$	$x_{rs1},x_{rs2},\cdots,x_{rst}$

令 $\varepsilon_{ijk}=x_{ijk}-\mu_{ij}$，则 $\varepsilon_{ijk}(i=1,\cdots,r;j=1,\cdots,s;k=1,\cdots,t)$ 相互独立，且 $\varepsilon_{ijk}\sim N(0,\sigma^2)$. 于是表 10.2.1 中的数据就有如下的结构

$$\begin{cases}x_{ijk}=\mu_{ij}+\varepsilon_{ijk}, & i=1,\cdots,r;j=1,\cdots,s;k=1,\cdots,t\\ \varepsilon_{ijk}\sim N(0,\sigma^2), & \text{各 } \varepsilon_{ijk} \text{ 相互独立}\end{cases} \tag{10.2.1}$$

上式就是双因素方差分析的数学模型. 双因素方差分析的一个基本任务就是要在给定的显著性水平 α 下检验假设：

$$H_0:\mu_{ij} \text{ 全相等};H_1:\mu_{ij} \text{ 不全相等} \qquad (i=1,\cdots,r;j=1,\cdots,s) \tag{10.2.2}$$

为了对表(10.2.1)中数据的结构有更清晰的理解，特引入如下的记号.

$$\mu=\frac{1}{rs}\sum_{i=1}^{r}\sum_{j=1}^{s}\mu_{ij};$$

$$\mu_{i\cdot}=\frac{1}{s}\sum_{j=1}^{s}\mu_{ij},\alpha_i=\mu_{i\cdot}-\mu,j=1,2,\cdots,r;$$

$$\beta_j=\mu_{\cdot j}-\mu,j=1,2,\cdots,s.$$

称 μ 为总平均，称 α_i 为水平 A_i 的效应，β_j 为水平 B_j 的效应，易见

$$\sum_{i=1}^{r}\alpha_i=0,\sum_{j=1}^{s}\beta_j=0$$

这样就将 μ_{ij} 表示成

$$\mu_{ij}=\mu+\alpha_i+\beta_j+(\mu_{ij}-\mu_{i\cdot}-\mu_{\cdot j}+\mu),i=1,\cdots,r;j=1,\cdots,s \tag{10.2.3}$$

记

$$\gamma_{ij}=\mu_{ij}-\mu_{i\cdot}-\mu_{\cdot j}+\mu,i=1,\cdots,r;j=1,\cdots,s \tag{10.2.4}$$

则(10.2.3)变为

$$\mu_{ij} = \mu + \alpha_i + \beta_j + \gamma_{ij}$$

称 γ_{ij} 为水平 A_i 和水平 B_j 的**交互效应**. 可以认为 γ_{ij} 是由水平 A_i 和水平 B_j 的交互作用引起的. 易见

$$\sum_{i=1}^{r} \gamma_{ij} = 0, \qquad j = 1,2,\cdots,s.$$

$$\sum_{j=1}^{s} \gamma_{ij} = 0, \qquad i = 1,2,\cdots,r$$

于是,表(10.2.1)中数据的结构又可以写成如下的数学模型:

$$\begin{cases} x_{ijk} = \mu + \alpha_i + \beta_j + \gamma_{ij} + \varepsilon_{ijk}, \\ \varepsilon_{ijk} \sim N(0,\sigma^2), \text{各 } \varepsilon_{ijk} \text{ 相互独立}, \qquad i = 1,\cdots,r, j = 1,\cdots,s, \\ \qquad k = 1,\cdots,t \\ \sum_{i=1}^{r} \alpha_i = 0, \sum_{j=1}^{s} \beta_j = 0, \sum_{i=1}^{r} \gamma_{ij} = \sum_{j=1}^{s} \gamma_{ij} = 0, \end{cases} \tag{10.2.5}$$

其中 $\mu,\alpha_i,\beta_j,\gamma_{ij},\sigma^2$ 都是未知参数.

(10.2.5)式就是我们所要研究的双因素试验方差分析的数学模型. 在该模型中,数据 x_{ijk} 之间的差异被分解成四个部分:

(1)因素 A 中各个水平 A_i 的效应 α_i;

(2)因素 B 中各个水平 B_j 的效应 β_j;

(3)因素 A,B 联合作用下的交互效应 γ_{ij};

(4)随机误差 ε_{ijk}.

这样假设检验问题(10.2.2)可以表述成如下的三个假设检验问题:

$H_{01}:\alpha_1 = \alpha_2 = \cdots = \alpha_r = 0; H_{11}:\alpha_1,\cdots,\alpha_r$ 不全为零 (10.2.6)

$H_{02}:\beta_1 = \beta_2 = \cdots = \beta_s = 0; H_{12}:\beta_1,\cdots,\beta_s$ 不全为零 (10.2.7)

$H_{03}:\gamma_{ij} = 0, i = 1,\cdots r, j = 1,\cdots,s; H_{13}:\gamma_{ij}$ 不全为零 (10.2.8)

与单因素情况类似,对这些问题的检验也是建立在平方和分解的基础上进行的.

记

$$\bar{x} = \frac{1}{rst}\sum_{i=1}^{r}\sum_{j=1}^{s}\sum_{k=1}^{t} x_{ijk}$$

$$\bar{x}_{ij\cdot} = \frac{1}{t}\sum_{k=1}^{t} x_{ijk}, i = 1,\cdots,r; j = 1,\cdots,s$$

$$\bar{x}_{i\cdot\cdot} = \frac{1}{st}\sum_{j=1}^{s}\sum_{k=1}^{t} x_{ijk}, i = 1,2,\cdots,r$$

$$\bar{x}_{\cdot j\cdot}=\frac{1}{rt}\sum_{i=1}^{r}\sum_{k=1}^{t}x_{ijk},j=1,2,\cdots,s$$

总平方和定义为

$$S_T=\sum_{i=1}^{r}\sum_{j=1}^{s}\sum_{k=1}^{t}(x_{ijk}-\bar{x})^2$$

对总平方和可以作如下的分解：

$$\begin{aligned}S_T&=\sum_{i=1}^{r}\sum_{j=1}^{s}\sum_{k=1}^{t}(x_{ijk}-\bar{x})^2\\&=\sum_{i=1}^{r}\sum_{j=1}^{s}\sum_{k=1}^{t}[(x_{ijk}-\bar{x}_{ij\cdot})+(\bar{x}_{i\cdot\cdot}-\bar{x})^2+(\bar{x}_{\cdot j\cdot}-\bar{x})\\&\quad+(\bar{x}_{ij\cdot}-\bar{x}_{i\cdot\cdot}-\bar{x}_{\cdot j\cdot}+\bar{x})]^2\\&=\sum_{i=1}^{r}\sum_{j=1}^{s}\sum_{k=1}^{t}(x_{ijk}-\bar{x}_{ij\cdot})^2+st\sum_{i=1}^{r}(\bar{x}_{i\cdot\cdot}-\bar{x})^2+rt\sum_{j=1}^{s}(\bar{x}_{\cdot j\cdot}-\bar{x})^2\\&\quad+t\sum_{i=1}^{r}\sum_{j=1}^{s}(\bar{x}_{ij\cdot}-\bar{x}_{i\cdot\cdot}-\bar{x}_{\cdot j\cdot}+\bar{x})^2\end{aligned}$$

由此即得平方和的分解式：

$$S_T=S_E+S_A+S_B+S_{A\times B}\tag{10.2.9}$$

其中

$$S_E=\sum_{i=1}^{r}\sum_{j=1}^{s}\sum_{k=1}^{t}(x_{ijk}-\bar{x}_{ij\cdot})^2$$

$$S_A=st\sum_{i=1}^{r}(\bar{x}_{i\cdot\cdot}-\bar{x})^2$$

$$S_B=rt\sum_{j=1}^{s}(\bar{x}_{\cdot j\cdot}-\bar{x})^2$$

$$S_{A\times B}=t\sum_{i=1}^{r}\sum_{j=1}^{s}(\bar{x}_{ij\cdot}-\bar{x}_{i\cdot\cdot}-\bar{x}_{\cdot j\cdot}+\bar{x})^2$$

S_E 称为**误差平方和**，S_A，S_B 分别称为因素 A、因素 B 的**效应平方和**，$S_{A\times B}$ 称为 A，B 的**交互效应平方和**.

关于各平方和的统计特性，可归结为如下两个定理.

定理 10.2.1 在有交互作用的双因素方差分析数学模型(10.2.5)下，有

(1) $E(S_E)=rs(t-1)\sigma^2$； (10.2.10)

(2) $E(S_A)=(r-1)\sigma^2+st\sum_{i=1}^{r}\alpha_i^2$； (10.2.11)

(3) $E(S_B)=(s-1)\sigma^2+rt\sum_{j=1}^{s}\beta_j^2$ (10.2.12)

(4) $E(S_{A\times B})=(r-1)(s-1)\sigma^2+t\sum_{i=1}^{r}\sum_{j=1}^{s}\gamma_{ij}^2$ (10.2.13)

定理证明请读者自己完成.

定理 10.2.2 在有交互作用的双因素方差分析数学模型(10.2.5)以及假设检验问题(10.2.6)(10.2.7)(10.2.8)中,有

(1) $\frac{S_E}{\sigma^2}\sim\chi^2(rs(t-1))$; (10.2.14)

(2)当 H_{01} 为真时,$\frac{S_A}{\sigma^2}\sim\chi^2(r-1)$; (10.2.15)

(3)当 H_{02} 为真时,$\frac{S_B}{\sigma^2}\sim\chi^2(s-1)$; (10.2.16)

(4)当 H_{03} 为真时,$\frac{S_{A\times B}}{\sigma^2}\sim\chi^2((r-1)(s-1))$. (10.2.17)

定理的证明可参见[9].

由定理 10.2.2 可知,当 $H_{01}:\alpha_1=\alpha_2=\cdots=\alpha_r=0$ 为真时,有

$$F_A=\frac{S_A/(r-1)}{S_E/[rs(t-1)]}\sim F(r-1,rs(t-1)) \tag{10.2.18}$$

于是,若取 F_A 为检验统计量,则由(10.2.11)式,H_{01} 拒绝域的形式应取为 $F_A\geqslant k$. 对于给定的显著性水平 α,得 H_{01} 拒绝域为

$$F_A=\frac{S_A/(r-1)}{S_E/[rs(t-1)]}\geqslant F_\alpha(r-1,rs(t-1)) \tag{10.2.19}$$

同理,当 H_{02},H_{03} 为真时,有

$$F_B=\frac{S_B/(s-1)}{S_E/[rs(t-1)]}\sim F(s-1,rs(t-1)) \tag{10.2.20}$$

$$F_{A\times B}=\frac{S_{A\times B}/[(r-1)(s-1)]}{S_E/[rs(t-1)]}\sim F((r-1)(s-1),rs(t-1)) \tag{10.2.21}$$

并且对于给定的显著性水平 α,H_{02} 的拒绝域为

$$F_B=\frac{S_B/(s-1)}{S_E/[rs(t-1)]}\geqslant F_\alpha(s-1,rs(t-1)) \tag{10.2.22}$$

H_{03} 的拒绝域为

$$F_{A\times B}=\frac{S_{A\times B}/[(r-1)(s-1)]}{S_E/[rs(t-1)]}\geqslant F_\alpha((r-1)(s-1),rs(t-1)) \tag{10.2.23}$$

上述结果可汇总为下列的方差分析表 10.2.2.

表 10-2-2 中各个平方和可以按下面的步骤计算:

$n=rst$,$T=\sum_{i=1}^{r}\sum_{j=1}^{s}\sum_{k=1}^{t}x_{ijk}$

$$T_{ij\cdot} = \sum_{k=1}^{t} x_{ijk}, i = 1,2,\cdots,r; j = 1,,2,\cdots,s \tag{10.2.24}$$

$$T_{i\cdot\cdot} = \sum_{j=1}^{s}\sum_{k=1}^{t} x_{ijk}, i = 1,2,\cdots,r \tag{10.2.25}$$

$$T_{\cdot j\cdot} = \sum_{i=1}^{r}\sum_{k=1}^{t} x_{ijk}, j = 1,2,\cdots,s \tag{10.2.26}$$

$$S_T = \sum_{i=1}^{r}\sum_{j=1}^{s}\sum_{k=1}^{t} x_{ijk}^2 - \frac{T^2}{n} \tag{10.2.27}$$

$$S_A = \frac{1}{st}\sum_{i=1}^{r} T_{i\cdot\cdot}^2 - \frac{T^2}{n} \tag{10.2.28}$$

$$S_B = \frac{1}{rt}\sum_{j=1}^{s} T_{\cdot j\cdot}^2 - \frac{T^2}{n} \tag{10.2.29}$$

$$S_{A\times B} = \frac{1}{t}\sum_{i=1}^{r}\sum_{j=1}^{s} T_{ij\cdot}^2 - \frac{T^2}{n} - S_A - S_B \tag{10.2.30}$$

$$S_E = S_T - S_A - S_B - S_{A\times B} \tag{10.2.31}$$

表 10-2-2 双因素等重复试验的方差分析表

方差来源	平方和	自由度	均方	F 比
因素 A	S_A	$r-1$	$\bar{S}_A = S_A/(r-1)$	$F_A = \bar{S}_A/\bar{S}_E$
因素 B	S_B	$s-1$	$\bar{S}_B = S_B/(s-1)$	$F_B = \bar{S}_B/\bar{S}_E$
交互作用	$S_{A\times B}$	$(r-1)(s-1)$	$\bar{S}_{A\times B} = S_{A\times B}/(r-1)(s-1)$	$F_{A\times B} = \bar{S}_{A\times B}/\bar{S}_E$
误差	S_E	$rs(t-1)$	$\bar{S}_E = S_E/[rs(t-1)]$	
总和	S_T	$rst-1$		

例 10.2.1 设有三种型号的造纸机 A_1,A_2,A_3 使用四种不同的涂料 B_1,B_2,B_3,B_4 制造铜版纸，对每种不同搭配进行二次重复测量，结果列于下表.

涂料 B / 机器 A	B_1	B_2	B_3	B_4
A_1	**42.5 42.6**	**42.0 42.2**	**43.9 43.6**	42.2 42.5
A_2	**42.1 42.3**	**41.7 41.5**	**43.1 43.0**	41.5 41.6
A_3	43.6 43.8	43.6 43.2	44.1 44.2	42.9 43.0

试在显著性水平 $\alpha = 0.05$ 下检验不同的机器，不同的涂料以及它们之间的交互作用的影响是否显著?

解 为了计算的方便,将测量结果的数据均减去 42. 初步计算结果列表如下

	B_1	B_2	B_3	B_4	$T_{i\cdot\cdot}$	$T_{i\cdot\cdot}^2$	$\sum_j T_{ij\cdot}^2$
A_1	0.5,0.6 (1.1)	0,0.2 (0.2)	1.9, 1.6 (3.5)	0.2 ,0.5 (0.7)	5.5	30.25	13.99
A_2	0.1,0.3 (0.4)	−0.3,−0.5 (0.8)	1.1, 1.0 (2.1)	−0.5,−0.4 (−0.9)	0.8	0.64	6.02
A_3	1.6,1.8 (3.4)	1.6, 1.2 (2.8)	2.1, 2.2 (4.3)	0.9, 1.0 (1.9)	12.4	153.76	41.5
$T_{\cdot j\cdot}$	4.9	2.2	9.9	1.7	18.7	184.65	61.51
$T_{\cdot j\cdot}^2$	24.01	4.84	98.01	2.89	129.75		
$\sum_j \sum_k x_{ijk}^2$	6.51	4.38	17.63	2.51	31.03		

由题意知,$r=3, s=4, t=2, n=24$,按公式(10.2.27)—(10.2.31)计算可得

$$S_T=\sum_{i=1}^{r}\sum_{j=1}^{s}\sum_{k=1}^{t}x_{ijk}^2-\frac{T^2}{n}=31.03-\frac{18.7^2}{24}=16.4596$$

$$S_A=\frac{1}{st}\sum_{i=1}^{r}T_{i\cdot\cdot}^2-\frac{T^2}{n}=\frac{184.65}{8}-\frac{18.7^2}{24}=8.5109$$

$$S_B=\frac{1}{rt}\sum_{j=1}^{s}T_{\cdot j\cdot}^2-\frac{T^2}{n}=\frac{129.75}{6}-\frac{18.7^2}{24}=7.0546$$

$$S_{A\times B}=\frac{1}{t}\sum_{i=1}^{r}\sum_{j=1}^{s}T_{ij\cdot}^2-\frac{T^2}{n}-S_A-S_B$$

$$=\frac{61.51}{2}-\frac{18.7^2}{24}-8.5109-7.0546=0.6191$$

$$S_E=S_T-S_A-S_B-S_{A\times B}=0.275$$

列方差分析表如下

表 10-2-3 例 10.2.1 方差分析表

方差来源	平方和	自由度	均方	F 比
因素 A	8.5109	2	4.2555	185.83
因素 B	7.0546	3	2.3515	153.03
交互作用	0.6191	6	0.1032	4.51

续　表

方差来源	平方和	自由度	均方	F 比
误差	0.275	12	0.0229	
总和	16.4596	23		

由于 $F_{0.05}(2,12)=3.89, F_{0.05}(3,12)=3.49, F_{0.05}(6,12)=3.00, F_A > F_{0.05}(2,12)$，$F_B > F_{0.05}(3,12), F_{A\times B} > F_{0.05}(6,12)$. 故机器，涂料以及它们的交互作用的影响都是显著的. ◇

10.2.2　双因素无重复试验的方差分析

在双因素试验方差分析的数学模型中，如果在每一对水平的组合 (A_i,B_j) 下只做一次试验，即 $t=1$，则数据结构变为 $x_{ij}=\mu+\alpha_i+\beta_j+\gamma_{ij}+\varepsilon_{ij}$. 于是 $\gamma_{ij}+\varepsilon_{ij}$ 以结合在一起的形式出现，这样就不能有效地将交互作用和随机误差分离开来. 但是如果在处理实际问题中，我们能事先确定两个因素之间不存在交互作用或者可以忽略交互作用，则此时即使 $t=1$，即在每对水平的组合下只做一次试验，我们也能对两个因素的效应进行分析. 具体过程如下.

设对于两个因素的每一组合 (A_i,B_j) 下只做一次试验，试验结果由下表给出：

表 10-2-4

因素 B ＼ 因素 A	B_1	B_2	…	B_s
A_1	x_{11}	x_{12}	…	x_{1s}
A_2	x_{21}	x_{22}	…	x_{2s}
…	…	…	…	…
A_r	x_{r1}	x_{r2}	…	x_{rs}

设 $x_{ij}(i=1,\cdots,r;j=1,\cdots,s)$ 相互独立，且设 $x_{ij}\sim N(\mu_{ij},\sigma^2)$. 由于不存在交互作用，所以 $\gamma_{ij}=0$，因此此时表 10.2.4 中数据结构的数学模型可以写成如下形式

$$\begin{cases} x_{ij}=\mu+\alpha_i+\beta_j+\varepsilon_{ij}, \quad i=1,2,\cdots,r;j=1,2,\cdots,s \\ \varepsilon_{ij}\sim N(0,\sigma^2), \\ \sum_{i=1}^{r}\alpha_i=0, \sum_{j=1}^{s}\beta_j=0 \end{cases} \tag{10.2.32}$$

其中 μ 为总平均，α_i 为水平 A_i 的效应，β_j 为水平 B_j 的效应，且 $\mu,\alpha_i,\beta_j,\sigma^2$ 均为未知参数. 此时要检验假设有以下两个：

$$H_{01}:\alpha_1=\alpha_2=\cdots=\alpha_r=0 \leftrightarrow H_{11}:\alpha_1,\cdots,\alpha_r \text{ 不全为零} \tag{10.2.33}$$

$$H_{02}:\beta_1=\beta_2=\cdots=\beta_s=0 \leftrightarrow H_{12}:\beta_1,\cdots,\beta_s \text{ 不全为零} \tag{10.2.34}$$

与双因素等重复试验方差分的讨论过程类似,可以得到如下的方差分析表:

表 10-2-5 双因素无重复试验的方差分析表

方差来源	平方和	自由度	均方	F 比
因素 A	S_A	$r-1$	$\overline{S}_A=S_A/(r-1)$	$F_A=\overline{S}_A/\overline{S}_E$
因素 B	S_B	$s-1$	$\overline{S}_B=S_B/(s-1)$	$F_B=\overline{S}_B/\overline{S}_E$
误差	S_E	$(r-1)(s-1)$	$\overline{S}_E=S_E/[(r-1)(s-1)]$	
总和	S_T	$rs-1$		

取显著性水平 α,可得假设 H_{01} 的拒绝域为

$$F_A=\frac{\overline{S}_A}{\overline{S}_E}\geqslant F_\alpha(r-1,(r-1)(s-1)) \tag{10.2.35}$$

假设 H_{02} 的拒绝域为

$$F_B=\frac{\overline{S}_B}{\overline{S}_E}\geqslant F_\alpha(s-1,(r-1)(s-1)) \tag{10.3.36}$$

具体计算过程如下

$$n=rs,T=\sum_{i=1}^{r}\sum_{j=1}^{s}x_{ij}$$

$$T_{i\cdot}=\sum_{j=1}^{s}x_{ij},i=1,2,\cdots,r$$

$$T_{\cdot j}=\sum_{i=1}^{k}x_{ij},j=1,2,\cdots,s$$

$$S_T=\sum_{i=1}^{r}\sum_{j=1}^{s}x_{ij}^2-\frac{T^2}{n} \tag{10.2.37}$$

$$S_A=\frac{1}{s}\sum_{i=1}^{r}T_{i\cdot}^2-\frac{T^2}{n} \tag{10.2.38}$$

$$S_B=\frac{1}{r}\sum_{j=1}^{s}T_{\cdot j}^2-\frac{T^2}{n} \tag{10.2.39}$$

$$S_E=S_T-S_A-S_B \tag{10.2.40}$$

例 10.2.2 某厂生产某种产品使用了 3 种不同的催化剂和 4 种不同的原料,每种搭配都做一次试验,测得成品压强数据如下:

原料 B / 催化剂 A	B_1	B_2	B_3	B_4
A_1	31	34	35	39
A_2	33	36	37	38
A_3	35	37	39	42

试在显著性水平 $\alpha=0.05$ 下检验不同催化剂及不同原材料对压强有无显著影响?

解　为方便起见,将测量结果均减去30.这里不考虑两个因素的交互作用,初步计算结果列表如下.

原料 B / 催化剂 A	B_1	B_2	B_3	B_4	T_i	T_i^2
A_1	1	4	5	9	19	361
A_2	3	6	7	8	24	576
A_3	5	7	9	12	33	1089
$T._j$	9	17	21	29	76	2026
$T._j^2$	80	289	441	841	1652	
$\sum_i x_{ij}^2$	35	101	155	289	580	

于是 $S_T=\sum_{i=1}^{r}\sum_{j=1}^{s}x_{ij}^2-\frac{T^2}{n}=580-\frac{76^2}{12}=98.67$

$$S_A=\frac{1}{s}\sum_{i=1}^{r}T_{i\cdot}^2-\frac{T^2}{n}=\frac{2026}{4}-\frac{76^2}{12}=25.17$$

$$S_B=\frac{1}{r}\sum_{j=1}^{s}T_{\cdot j}^2-\frac{T^2}{n}=\frac{1652}{3}-\frac{76^2}{12}=69.34$$

$$S_E=S_T-S_A-S_B=4.16$$

列方差分析表如下

表 10-2-6　例 10.2.2 的方差分析表

方差来源	平方和	自由度	均方	F 比
因素 A	25.17	2	12.585	$F_A=18.16$
因素 B	69.34	3	23.113	$F_B=33.35$

续 表

方差来源	平方和	自由度	均方	F 比
误差	4.16	6	0.693	
总和	98.67	11		

因为 $F_{0.05}(2,6)=5.14<F_A$, $F_{0.05}(3,6)=4.76<F_B$,故催化剂和原材料对压强的影响都是显著的. ◇

§10.3 Excel 在方差分析中的应用

下面通过若干例子说明 Excel 2007 在方差分析中的应用.

例 10.3.1(单因素方差分析) 为了考察不同品种小麦与单位公顷产量之间的关系,从而选择播种高产的小麦品种,某农场做了一个实验,选取了 3 个小麦品种,分别播种在 5 块土地中,得到如下数据.

样本序号	品种 1	品种 2	品种 3
1	4350	4128	4695
2	4655	3725	4250
3	4050	3820	4650
4	4280	3950	4600
5	4180	3930	4550

设各品种小麦的样本分别来自于正态总体 $N(\mu_i,\sigma^2)$, $i=1,2,3$,试根据这些数据做方差分析,以考察不同品种的小麦单位公顷产量是否有显著差别.

解 本题是需要检验如下假设

$$H_0:\mu_1=\mu_2=\mu_3, H_1:\mu_1,\mu_2,\mu_3\text{ 不全相同}$$

用 Excel 2007 求解的具体步骤如下.

(1)打开 Excel 工作表,将数据输入区域 A1 : D6,如表 10-3-1 所示.

表 10-3-1 小麦品种实验数据

	A	B	C	D
1	样本序号	品种1	品种2	品种3
2	1	4350	4128	4695
3	2	4655	3725	4250
4	3	4050	3820	4650
5	4	4280	3950	4600
6	5	4180	3930	4550
7				

(2)依次单击“数据”、“数据分析”,“方差分析:单因素方差分析”和“确定”,弹出对话框.

(3)在对话框中选择变量的输入范围“B1:D6”,选择“标志位于第一行”,规定显著性水平 $\alpha(A)$ 为 0.05,输出选项为“新工作表组”,单击“确定”.如图 10-3-1 所示.

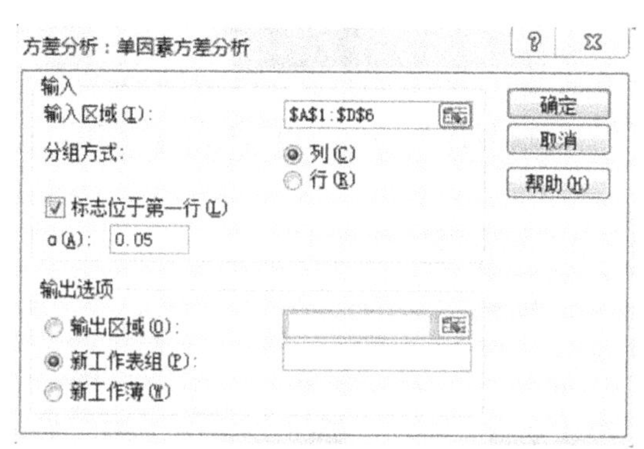

图 10-3-1 “方差分析:单因素方差分析对话框”

(4)显示结果有两大部分,“SUMMARY”和“方差分析”.其中“SUMMARY”是关于样本的一些信息,包括各组的观测数、观测值的和、观测值的均值和方差.“方差分析”部分则以方差分析表的形式给出方差分析的结果,给出了 F 统计量的值,p 值和 F 检验的临界值等.如表 10-3-2 所示.

表 10-3-2 单因素方差分析结果

1	方差分析:单因素方差分析						
2							
3	SUMMARY						
4	组	观测数	求和	平均	方差		
5	品种1	5	21515	4303	51445		
6	品种2	5	19553	3910.6	22961.8		
7	品种3	5	22745	4549	30880		
8							
9							
10	方差分析						
11	差异源	SS	df	MS	F	P-value	F crit
12	组间	1036747	2	518373.6	14.77033	0.000581	3.885294
13	组内	421147.2	12	35095.6			
14							
15	总计	1457894	14				

在方差分析表中,“差异源”表示“方差来源”,“组间”表示小麦品种这一“因素”,“组内”表示“误差”.

由于 p 值小于 0.01,所以不同品种的小麦单位公顷产量有显著差别,且是高度显著的. ◇

例 10.3.2(双因素无重复方差分析) 应用 Excel 对例 10.2.2 作方差分析.

解 (1)打开 Excel 工作表,输入数据,如表 10-3-3

表 10-3-3 基本数据

	A	B	C	D	E
1	催化剂A 原料B	B1	B2	B3	B4
2	A1	1	4	5	9
3	A2	3	6	7	8
4	A3	5	7	9	12

(2)依次单击“数据”、“数据分析”,“方差分析:无重复双因素分析”和“确定”,弹出对话框.

(3)依照图 10-3-2 所示选择,再单击“确定”

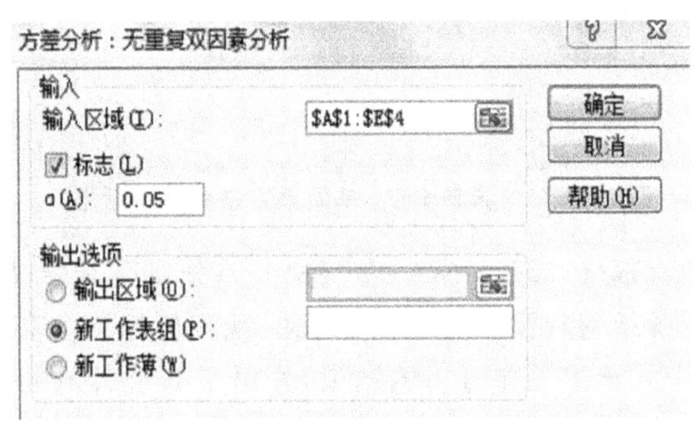

图 10-3-2 “方差分析:无重复双因素分析”对话框

(4)方差分析的基本结果如表 10-3-4 所示

表 10-3-4 无重复双因素方差分析检验结果

	A	B	C	D	E	F	G
1	方差分析:无重复双因素分析						
2							
3	SUMMARY	观测数	求和	平均	方差		
4	A1	4	19	4.75	10.91667		
5	A2	4	24	6	4.666667		
6	A3	4	33	8.25	8.916667		
7							
8	B1	3	9	3	4		
9	B2	3	17	5.666667	2.333333		
10	B3	3	21	7	4		
11	B4	3	29	9.666667	4.333333		
12							
13							
14	方差分析						
15	差异源	SS	df	MS	F	P-value	F crit
16	行	25.16667	2	12.58333	18.12	0.002866	5.143253
17	列	69.33333	3	23.11111	33.28	0.00039	4.757063
18	误差	4.166667	6	0.694444			
19							
20	总计	98.66667	11				

表 10.3.4 中,“差异源”下面的“行”表示因素 A(催化剂),“列”表示因素 B(原料),从表中显示的结果看,催化剂和原材料对压强的影响都是高度显著的. ◇

例 10.3.3 应用 Excel 对例 10.2.1 作方差分析.

解 (1)打开 Excel 工作表,输入数据,如表 10-3-5 所示

表 10-3-5 基本数据

	A	B	C	D	E
1	机器A 涂料B	B1	B2	B3	B4
2	A1	42.5	42	43.9	42.2
3		42.6	42.2	43.6	42.5
4	A2	42.1	41.7	43.1	41.5
5		42.3	41.5	43	41.6
6	A3	43.6	43.6	44.1	42.9
7		43.8	43.2	44.2	43

(2)依次单击“数据”“数据分析”“方差分析:可重复双因素分析”和“确定”,弹出对话框.

(3)依照图 10-3-3 所示选择,其中每一行的样本数为重复试验的次数,本题应选“2”,最后单击“确定”.

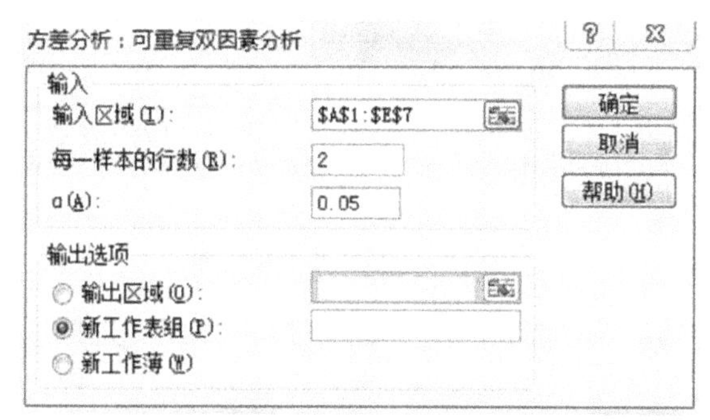

图 10-3-3 “方差分析:可重复双因素分析”对话框

(4)显示结果分“SUMMARY”和“方差分析”两部分,分别如表 10-3-6 和表 10-3-7 所示.

表 10-3-6　各组观测值的和、观测值的均值和方差

3	SUMMARY	B1	B2	B3	B4	总计
4	A1					
5	观测数	2	2	2	2	8
6	求和	85.1	84.2	87.5	84.7	341.5
7	平均	42.55	42.1	43.75	42.35	42.6875
8	方差	0.005	0.02	0.045	0.045	0.475536
9						
10	A2					
11	观测数	2	2	2	2	8
12	求和	84.4	83.2	86.1	83.1	336.8
13	平均	42.2	41.6	43.05	41.55	42.1
14	方差	0.02	0.02	0.005	0.005	0.425714
15						
16	A3					
17	观测数	2	2	2	2	8
18	求和	87.4	86.8	88.3	85.9	348.4
19	平均	43.7	43.4	44.15	42.95	43.55
20	方差	0.02	0.08	0.005	0.005	0.234286
21						
22	总计					
23	观测数	6	6	6	6	
24	求和	256.9	254.2	261.9	253.7	
25	平均	42.81667	42.36667	43.65	42.28333	
26	方差	0.501667	0.714667	0.259	0.405667	

在表 10-3-7 中,“差异源”下面的“样本”表示因素 A,“列”表示因素 B, 交互表示“交互作用”,“内部”表示“误差”.

表 10-3-7　方差分析结果表

方差分析						
差异源	SS	df	MS	F	P-value	F crit
样本	8.510833	2	4.255417	185.6909	9.4E-10	3.885294
列	7.054583	3	2.351528	102.6121	8.05E-09	3.490295
交互	0.619167	6	0.103194	4.50303	0.012883	2.99612
内部	0.275	12	0.022917			
总计	16.45958	23				

从表 10-3-7 中 F 检验的 p 值可以看出,因素 A(机器)和因素 B(涂料)的影响是高度显著的(因为它们均小于 0.01),交互作用的影响是显著的但不是高度显著的(介于 0.05 和 0.01 之间). ◇

习题十

第十章　内容提要

1. 三台机器制造同一种产品，记录五天的产量如下：

机器	A_1	A_2	A_3
日产量	138	163	155
	144	148	144
	135	152	159
	149	146	147
	143	157	153

试在显著性 $\alpha = 0.05$ 下检验这三台机器的日产量是否有显著差异.

2. 下列数据给出了对灯泡光通量的试验结果(单位:流明/瓦特).

工厂	测量值					
1	9.47	9.00	9.12	9.27	9.27	9.25
2	10.80	11.28	11.15			
3	10.37	10.42	10.28			
4	10.65	10.33				
5	9.54	8.62				

试在显著性水平 $\alpha = 0.05$ 下检验不同工厂生产的灯泡光通量有无显著差别?

3. 将抗生素注入人体会产生抗生素与血浆蛋白质结合的现象，以致降低了药效. 下表列出 5 种常用的抗生素注入牛的体内时，抗生素与血浆蛋白质结合的百分比. 试在显著性水平 $\alpha = 0.05$ 检验这些百分比的均值有无显著的差异. 设各总体服从正态分布，且方差相同.

抗生素	青霉素	四环素	链霉素	红霉素	氯霉素
测量值	29.6	27.3	5.8	21.6	29.2
	24.3	32.6	6.2	17.4	32.8
	28.5	30.8	11.0	18.3	25.0
	32.0	34.8	8.3	19.0	24.2

4. 一个年级有三个小班，他们进行了一次数学考试. 现从各个班级随机地抽取了一些学生，记录其成绩如下：

1班			2班			3班		
73	66	89	88	77	78	68	41	79
60	82	45	31	48	78	59	56	68
80	43	93	91	62	51	91	53	71
36	73	77	76	85	96	79	71	15
			74	80	56		87	

试在显著性水平 $\alpha = 0.05$ 下检验各班级的平均分数有无显著差异.设各个总体服从正态分布,且方差相同.

5.为了寻找适应某地区的高产水稻品种,今选取五个不同品种的种子进行试验,每一品种在四种试验田上试种.假定这 20 块土地面积与其他条件基本相同,观测到各块土地的产量 (kg) 如下:

种子品种 A	田号			
	1	2	3	4
A_1	67	67	55	42
A_2	68	96	90	66
A_3	60	69	50	55
A_4	79	64	81	70
A_5	90	70	79	88

试检验:(1)种子品种对水稻高产有无显著影响 ($\alpha = 0.01$);(2)第 2、5 号种子对水稻高产的影响有无显著差异 ($\alpha = 0.05$).

6.下面记录了三位操作工分别在四种不同机器上操作三天的日产量:

机器 A	操作工 B								
	B_1			B_2			B_3		
A_1	15	15	17	19	19	16	16	18	21
A_2	17	17	17	15	15	15	19	22	22
A_3	15	17	16	18	17	16	18	18	18
A_4	18	20	22	15	16	17	17	17	17

试在显著性 $\alpha = 0.05$ 下检验操作工人之间的差异是否显著?机器之间差异是否显著?交互影响是否显著?

7. 在化工生产中为了提高得率，选了三种不同浓度、四种不同温度情况做试验. 为了考虑浓度与温度的交互作用，在浓度(%)与温度(℃)的每一种水平组合下各做两次试验，其得率数据如下面的表所示(数据均已减去 75)：

浓度 A \ 温度 B	$B_1=10$	$B_2=24$	$B_3=38$	$B_4=52$
$A_1=2$	**14　10**	**11　11**	**13　9**	10　12
$A_2=4$	**9　7**	**10　8**	**7　11**	6　10
$A_3=6$	5　11	13　14	12　13	14　10

试在显著性 $\alpha=0.05$ 下检验不同浓度、不同温度以及它们之间的交互作用对得率有无显著影响？

8. 考察合成纤维弹性，影响因素为：收缩率 A 和总的拉伸倍数 B. 试验结果如下表：

B \ A	$A_1=0$	$A_2=4$	$A_3=8$	$A_4=12$
$B_1=460$	**71　73**	**73　75**	**76　73**	75　73
$B_2=520$	**72　73**	**76　74**	**79　77**	73　72
$B_3=580$	**75　73**	**78　77**	**74　75**	70　71
$B_4=640$	77　75	74　74	74　73	69　69

试在显著性 $\alpha=0.05$ 下检验因素 A,B 及它们的交互作用对试验结果是否有显著性影响差异？

9. 进行农业试验，选择四个不同品种的小麦及三块试验田，每块试验田分成四块面积相等的小块，各种植一个品种的小麦，收获量 (kg) 如下：

试验田 A \ 品种 B	B_1	B_2	B_3	B_4
A_1	**26**	**30**	**22**	20
A_2	**25**	**23**	**21**	21
A_3	24	25	20	19

试在显著性 $\alpha=0.05$ 下检验小麦品种及试验田对收获量是否有显著影响？

10. 在橡胶生产过程中，选择四种不同的配料方案 A 及五种不同的硫化时间 B，测得产品的抗断强度(kg/cm^3)如下：

配料方案 \ 硫化时间	B_1	B_2	B_3	B_4	B_5
A_1	**151**	**157**	**144**	**134**	136
A_2	**144**	**162**	**128**	**138**	132
A_3	**134**	**133**	**130**	**122**	125
A_4	131	126	124	126	121

试分别在显著性水平 $\alpha = 0.05, 0.01$ 下检验配料方案及硫化时间对产品的抗断强度是否有显著影响?

习题十解答

附表 1　泊松分布表

设 $X \sim P(\lambda)$，表中给出概率

$$P\{X \geqslant x\} = \sum_{r=x}^{+\infty} \frac{\lambda^r}{r!} e^{-\lambda}$$

x	$\lambda=0.2$	$\lambda=0.3$	$\lambda=0.4$	$\lambda=0.4$	$\lambda=0.6$
0	1.0000000	1.0000000	1.0000000	1.0000000	1.0000000
1	0.1812692	0.2591818	0.3296800	0.323469	0.451188
2	0.0175231	0.0369363	0.0615519	0.090204	0.121901
3	0.0011485	0.0035995	0.0079263	0.014388	0.023115
4	0.0000568	0.0002658	0.0007763	0.001752	0.003358
5	0.0000023	0.0000158	0.0000612	0.000172	0.000394
6	0.0000001	0.0000008	0.0000040	0.000014	0.000039
7			0.0000002	0.000001	0.000003

x	$\lambda=0.7$	$\lambda=0.8$	$\lambda=0.9$	$\lambda=1.0$	$\lambda=1.2$
0	1.0000000	1.0000000	1.0000000	1.0000000	1.0000000
1	0.503415	0.550671	0.593430	0.632121	0.698806
2	0.155805	0.191208	0.227518	0.264241	0.337373
3	0.034142	0.047423	0.062857	0.080301	0.120513
4	0.005753	0.009080	0.013459	0.018988	0.033769
5	0.000786	0.001411	0.002344	0.003660	0.007746
6	0.000090	0.000184	0.000343	0.000594	0.001500
7	0.000009	0.000021	0.000043	0.000083	0.000251
8	0.000001	0.000002	0.000005	0.000010	0.000037
9				0.000001	0.000005
10					0.000001

x	$\lambda=1.4$	$\lambda=1.6$	$\lambda=1.8$		
0	1.0000000	1.0000000	1.0000000		
1	0.753403	0.798103	0.834701		
2	0.408167	0.475069	0.537163		
3	0.166502	0.216642	0.269379		
4	0.053725	0.078813	0.108708		
5	0.014253	0.023682	0.036407		
6	0.003201	0.006040	0.010378		
7	0.000622	0.001336	0.002569		
8	0.000107	0.000260	0.000562		
9	0.000016	0.000045	0.000110		
10	0.000002	0.000007	0.000019		
11		0.000001	0.000003		

$$P\{X \geqslant x\} = \sum_{r=x}^{+\infty} \frac{\lambda^r}{r!} e^{-\lambda}$$

续附表 1

x	$\lambda=2.5$	$\lambda=3.0$	$\lambda=3.5$	$\lambda=4.0$	$\lambda=4.5$	$\lambda=5.0$
0	1.0000000	1.0000000	1.0000000	1.0000000	1.0000000	1.0000000
1	0.917915	0.950213	0.969803	0.981684	0.988891	0.993262
2	0.712703	0.800852	0.864112	0.908422	0.938901	0.959572
3	0.456187	0.576810	0.679153	0.761897	0.826422	0.875348
4	0.242424	0.352768	0.463367	0.566530	0.657704	0.734974
5	0.108822	0.184737	0.274555	0.371163	0.467896	0.559507
6	0.042021	0.083918	0.142386	0.214870	0.297070	0.384039
7	0.014187	0.033509	0.065288	0.110674	0.168949	0.237817
8	0.004247	0.011905	0.026739	0.051134	0.086586	0.133372
9	0.001140	0.003803	0.009874	0.021368	0.040257	0.068094
10	0.000277	0.001102	0.003315	0.008132	0.017093	0.031828
11	0.000062	0.000292	0.001019	0.002840	0.006669	0.013695
12	0.000013	0.000071	0.000289	0.000915	0.002404	0.005453
13	0.000002	0.000016	0.000076	0.000274	0.000805	0.002019
14		0.000003	0.000019	0.000076	0.000252	0.000698
15		0.000001	0.000004	0.000020	0.000074	0.000226
16			0.000001	0.000005	0.000020	0.000069
17				0.000001	0.000005	0.000020
18					0.000001	0.000005
19						0.000001

附表 2 标准正态分布表

$$\Phi(x)=\int_{-\infty}^{x}\frac{1}{\sqrt{2\pi}}e^{-u^2/2}du$$

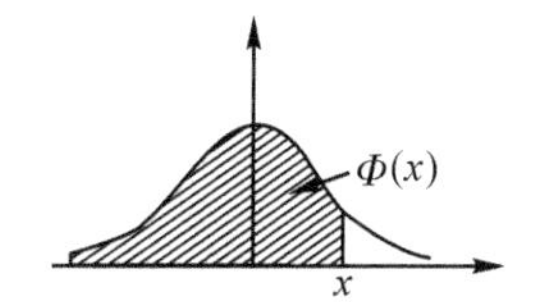

x	0	1	2	3	4	5	6	7	8	9
0.0	0.5000	0.5040	0.5080	0.5120	0.5160	0.5199	0.5239	0.5279	0.5319	0.5359
0.1	0.5398	0.5438	0.5478	0.5517	0.5557	0.5596	0.5636	0.5675	0.5714	0.5753
0.2	0.5793	0.5832	0.5871	0.5910	0.5948	0.5987	0.6026	0.6064	0.6103	0.6141
0.3	0.6179	0.6217	0.6255	0.6293	0.6331	0.6368	0.6406	0.6443	0.6480	0.6517
0.4	0.6554	0.6591	0.6628	0.6664	0.6700	0.6736	0.6772	0.6808	0.6844	06879
0.5	0.6915	0.6950	0.6985	0.7019	0.7054	0.7088	0.7123	0.7157	0.7190	0.7224
0.6	0.7257	0.7291	0.7324	0.7357	0.7389	0.7422	0.7454	0.7486	0.7517	0.7549
0.7	0.7580	0.7611	0.7642	0.7673	0.7703	0.7734	0.7764	0.7794	0.7823	0.7852
0.8	0.7881	0.7910	0.7939	0.7967	0.7995	0.8023	0.8051	0.8078	0.8106	0.8133
0.9	0.8159	0.8186	0.8212	0.8238	0.8264	0.8289	0.8315	0.8340	0.8365	0.8389
1.0	0.8413	0.8438	0.8461	0.8485	0.8508	0.8531	0.8554	0.8577	0.8599	0.8621
1.1	0.8643	0.8665	0.8686	0.8708	0.8729	0.8749	0.8770	0.8790	0.8810	0.8830
1.2	0.8849	08869	0.8888	0.8907	0.8925	0.8944	0.8962	0.8980	0.8997	0.9015
1.3	0.9032	0.9049	0.9066	0.9082	0.9090	0.9115	0.9131	0.9147	0.9162	0.9177
1.4	0.9192	0.9207	0.9222	0.9236	0.9251	0.9265	0.9278	0.9292	0.9306	0.9319
1.5	0.9332	0.9345	0.9357	0.9370	0.9382	0.9394	0.9406	0.9418	0.9430	0.9441
1.6	0.9452	0.9463	0.9474	0.9484	0.9495	0.9505	0.9515	0.9525	0.9535	0.9545
1.7	0.9554	0.9564	0.9573	0.9582	0.9591	0.9599	0.9608	0.9616	0.9625	0.9633
1.8	0.9641	0.9648	0.9656	0.9664	0.9671	0.9678	0.9686	0.9693	0.9700	0.9706
1.9	0.9713	0.9719	0.9726	0.9732	0.9738	0.9744	0.9750	0.9756	0.9762	0.9767
2.0	0.9772	0.9778	0.9783	0.9788	0.9793	0.9798	0.9803	0.9808	0.9812	0.9817

续附表 2

x	0	1	2	3	4	5	6	7	8	9
2.1	0.9821	0.9826	0.9830	0.9834	0.9838	0.9842	0.9846	0.9850	0.9854	0.9857
2.2	0.9861	0.9864	0.9868	0.9871	0.9874	0.9878	0.9881	0.9884	0.9887	0.9890
2.3	0.9893	0.9896	0.9898	0.9901	0.9904	0.9906	0.9909	0.9911	0.9913	0.9916
2.4	0.9918	0.9920	0.9922	0.9925	0.9927	0.9929	0.9931	0.9932	0.9934	0.9936
2.5	0.9938	0.9940	0.9941	0.9943	0.9945	0.9946	0.9948	0.9949	0.9951	0.9952
2.6	0.9953	0.9955	0.9956	0.9957	0.9959	0.9960	0.9961	0.9962	0.9963	0.9964
2.7	0.9965	0.9966	0.9967	0.9968	0.9969	0.9970	0.9971	0.9972	0.9973	0.9974
2.8	0.9974	0.9975	0.9976	0.9977	0.9977	0.9978	0.9979	0.9980	0.9981	
2.9	0.9981	0.9982	0.9982	0.9983	0.9984	0.9985	0.9985	0.9986	0.9986	
3.0	0.9987	0.9990	0.9993	0.9995	0.9997	0.9698	0.9998	0.9999	0.9999	1.0000

注：表中末行系函数值 $\Phi(3.0)$，$\Phi(3.1)$，…，$\Phi(3.9)$

附表 3 χ^2 分布表

$P\{\chi^2(n) > \chi_\alpha^2(n)\} = \alpha$

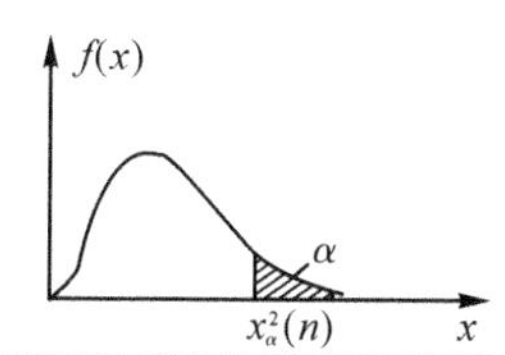

n	$\alpha=0.995$	0.99	0.975	0.95	0.90	0.75
1	—	—	0.001	0.004	0.016	0.102
2	0.010	0.020	0.051	0.103	0.211	0.575
3	0.072	0.115	0.216	0.352	0.584	1.213
4	0.207	0.297	0.484	0.711	1.064	1.923
5	0.412	0.554	0.831	1.145	1.610	2.675
6	0.676	0.872	1.237	1.635	2.204	3.455
7	0.989	1.239	1.690	2.167	2.833	4.255
8	1.344	1.646	2.180	2.733	3.490	5.071
9	1.735	2.088	2.700	3.325	4.168	5.899
10	2.156	2.558	3.247	3.940	4.865	6.737
11	2.603	3.053	3.816	4.575	5.578	7.584
12	3.074	3.571	4.404	5.226	6.304	8.438
13	3.565	4.107	5.009	5.892	7.042	9.299
14	4.075	2.660	5.629	6.571	7.790	10.165
15	4.601	5.229	6.262	7.261	8.547	11.037
16	5.142	5.812	6.908	7.962	9.312	11.912
17	5.697	6.408	7.564	8.672	10.085	12.792
18	6.255	7.015	8.231	9.390	10.865	13.675
19	6.844	7.633	8.907	10.117	11.651	14.562
20	7.434	8.260	9.591	10.851	12.443	15.452
21	8.034	8.897	10.283	11.591	13.240	16.344
22	8.643	9.542	10.982	12.338	14.042	17.240
23	9.260	10.196	11.689	13.091	14.848	18.137
24	9.886	10.856	12.401	13.848	15.659	19.037
25	10.520	11.524	13.120	14.611	16.473	19.939
26	11.160	12.198	13.844	15.379	17.292	20.843
27	11.808	12.879	14.573	16.15t	18.114	21.749
28	12.461	13.565	15.308	16.928	18.939	22.657
29	13.121	14.257	16.047	17.708	19.768	23.567

续附表 3

n	α=0.995	0.99	0.975	0.95	0.90	0.75
30	13.787	14.954	16.791	18.493	20.599	24.478
31	14.458	15.655	17.539	19.281	21.434	25.390
32	15.134	16.362	18.291	20.072	22.271	26.304
33	15.815	17.074	19.047	20.807	23.110	27.219
34	16.501	17.789	19.806	21.664	23.952	28.136
35	17.192	18.509	20.569	22.465	24.797	29.054
36	17.887	19.233	21.336	23.269	25.613	29.973
37	18.586	19.960	22.106	24.075	26.492	30.893
38	19.289	20.691	22.878	24.884	27.343	31.815
39	19.996	21.426	23.654	25.695	28.196	32.737
40	20.707	22.164	24.433	26.509	29.051	33.660
41	21.421	22.906	25.215	27.326	29.907	34.585
42	22.138	23.650	25.999	28.144	30.765	35.510
43	22.859	24.398	26.785	28.965	31.625	36.430
44	23.584	25.143	27.575	29.787	32.487	37.363
45	24.311	25.901	28.366	30.612	33.350	38.291

n	α=0.25	0.10	0.05	0.025	0.01	0.005
1	1.323	2.706	3.841	5.024	6.635	7.879
2	2.773	4.605	5.991	7.378	9.210	10.597
3	4.108	6.251	7.815	9.348	11.345	12.838
4	5.385	7.779	9.488	11.143	13.277	14.860
5	6.626	9.236	11.071	12.833	15.086	16.750
6	7.841	10.645	12.592	14.449	16.812	18.548
7	9.037	12.017	14.067	16.013	18.475	20.278
8	10.219	13.362	15.507	17.535	20.090	21.955
9	11.389	14.684	16.919	19.023	21.666	23.589
10	12.549	15.987	18.307	20.483	23.209	25.188
11	13.701	17.275	19.675	21.920	24.725	26.757
12	14.845	18.549	21.026	23.337	26.217	28.299
13	15.984	J9.812	22.362	24.736	27.688	29.819
14	17.117	21.064	23.685	26.119	29.141	31.319
15	18.245	22.307	24.996	27.488	30.578	32.801
16	19.369	23.542	26.296	28.845	32.000	34.267
17	20.489	24.769	27.587	30.191	33.409	35.718
18	21.605	25.989	28.869	31.526	34.805	37.156

续附表 3

n	α=0. 25	0. 10	0. 05	0. 025	0. 01	0. 005
19	22. 718	27. 204	30. 144	32. 852	36. 191	38. 582
20	23. 828	28. 412	31. 410	34. 170	37. 566	39. 997
21	24. 935	29. 615	32. 671	35. 479	38. 932	41. 401
22	26. 039	30. 813	33. 924	36. 781	40. 289	42. 796
23	27. 141	32. 007	35. 172	38. 076	41. 638	44. 181
24	28. 241	33. 196	36. 415	39. 364	42. 980	45. 559
25	29. 339	34. 382	37. 652	40. 646	14. 314	46. 928
26	30. 435	35. 563	38. 885	41. 923	45. 642	48. 290
27	31. 528	36. 741	40. 113	43. 194	46. 963	49. 645
28	32. 620	37. 916	41. 337	44. 461	48. 278	50. 993
29	33. 711	39. 087	42. 557	45. 722	49. 588	52. 336
30	34. 800	40. 256	43. 773	46. 979	50. 892	53. 672
31	35. 887	41. 422	44. 985	48. 232	52. 191	55. 003
32	36. 973	42. 585	46. 194	49. 480	53. 486	56. 328
33	38. 053	43. 745	47. 400	50. 725	54. 776	57. 648
34	39. 141	44. 903	48. 602	51. 966	56. 061	58. 964
35	40. 223	46. 059	49. 802	53. 203	57. 342	60. 275
36	41. 304	47. 212	50. 998	54. 437	58. 619	61. 581
37	42. 383	48. 363	52. 192	55. 668	59. 892	62. 883
38	43. 462	49. 513	53. 384	56. 896	61. 162	64. 181
39	44. 539	50. 660	54. 572	58. 120	62. 428	65. 476
40	45. 616	51. 805	55. 758	59. 342	63. 691	66. 766
41	46. 692	52. 949	53. 942	60. 561	64. 950	68. 053
42	47. 766	54. 090	58. 124	61. 777	66. 206	69. 336
43	48. 840	55. 230	59. 304	62. 990	67. 459	70. 606
44	49. 913	56. 369	60. 481	64. 201	68. 710	71. 893
45	50. 985	57. 505	61. 656	65. 410	69. 957	73. 166

附表4　t 分布表

$P\{t(n)>t_{\alpha}(n)\}=\alpha$

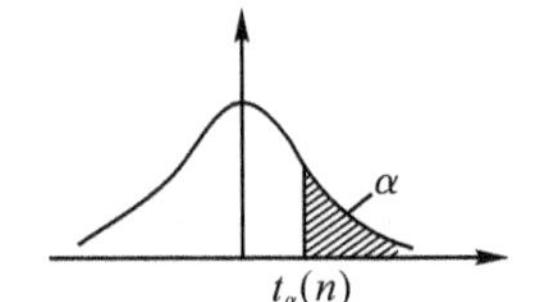

n	$\alpha=0.25$	0.10	0.05	0.025	0.01	0.005
1	1.0000	3.0777	6.3138	12.7062	31.8207	63.6574
2	0.8165	1.8856	2.9200	4.3027	6.9646	9.9248
3	0.7649	1.6377	2.3534	3.1824	4.5407	5.8409
4	0.7407	1.5332	2.1318	2.7764	3.7469	4.6041
5	0.7267	1.4759	2.0150	2.5706	3.3649	4.0322
6	0.7176	1.4398	1.9432	2.4469	3.1427	3.7074
7	0.7111	1.4149	1.8946	2.3646	2.9980	3.4995
8	0.7064	1.3968	1.8595	2.3060	2.8965	3.3554
9	0.7027	1.3830	1.8331	2.2622	2.8214	3.2498
10	0.6998	1.3722	1.8125	2.2281	2.7638	3.1693
11	0.6974	1.3634	1.7959	2.2010	2.7181	3.1058
12	0.6955	1.3562	1.7823	2.1788	2.6810	3.0545
13	0.6938	1.3502	1.7709	2.1604	2.6503	3.0123
14	0.6924	1.3450	1.7613	2.1448	2.6245	2.9768
15	0.6912	1.3406	1.7531	2.1315	2.6025	2.9467
16	0.6901	1.3368	1.7459	2.1199	2.5835	2.9208
17	0.6892	1.3334	1.7396	2.1098	2.5669	2.8982
18	0.6884	1.3304	1.7341	2.1009	2.5524	2.8784
19	0.6876	1.3277	1.7291	2.0930	2.5395	2.8609
20	0.6870	1.3253	1.7247	2.0860	2.5280	2.8453
21	0.6864	1.3232	1.7207	2.0796	2.5177	2.8314
22	0.6858	1.3212	1.7171	2.0739	2.5083	2.8188
23	0.6853	1.3195	1.7139	2.0687	2.4999	2.8073
24	0.6848	1.3178	1.7109	2.0639	2.4922	2.7969
25	0.6844	1.3163	1.7081	2.0595	2.4851	2.7874
26	0.6840	1.3150	1.7058	2.0555	2.4786	2.7787
27	0.6837	1.3137	1.7033	2.0518	2.4727	2.7707
28	0.6834	1.3125	1.7011	2.0484	2.4671	2.7633

续附表 4

n	α=0.25	0.10	0.05	0.025	0.01	0.005
29	0.6830	1.3114	1.6991	2.0452	2.4620	2.7564
30	0.6828	1.3104	1.6973	2.0423	2.4573	2.7500
31	0.6825	1.3095	1.6955	2.0395	2.4528	2.7440
32	0.6822	1.3086	1.6939	2.0369	2.4487	2.7385
33	0.6820	1.3077	1.6924	2.0345	2.4448	2.7333
34	0.6818	1.3070	1.6909	2.0322	2.4411	2.7284
35	0.6816	0.3062	1.6896	2.0301	2.4377	2.7238
36	0.6814	1.3055	1.6883	2.0281	2.4345	2.7195
37	0.6812	1.3049	1.6871	2.0262	2.4314	2.7154
38	0.6810	1.3042	1.6860	2.0244	2.4286	2.7116
39	0.6808	1.3036	1.6849	2.0227	2.4258	2.7079
40	0.6807	1.3031	1.6839	2.0211	2.4233	2.7045
41	0.6805	1.3025	1.6829	2.0195	2.4208	2.7012
42	0.6804	1.3020	1.6820	2.0181	2.4185	2.6981
43	0.6802	1.3016	1.6811	2.0167	2.4163	2.6951
44	0.6801	1.3011	1.6802	2.0154	2.4141	2.6923
45	0.6800	1.3006	1.6794	2.0141	2.4121	2.6806

附表 5　F 分布表

$$P\{F(m,n)>F_{\alpha}(m,n)\}=\alpha$$

$$\alpha=0.10$$

n \ m	1	2	3	4	5	6	7	8	9	10	12	15	20	24	30	40	60	120	∞
1	39.86	49.50	53.59	55.83	57.24	58.29	58.91	59.44	59.86	60.19	60.71	61.22	61.74	62.00	62.26	62.53	62.79	63.06	63.33
2	8.53	9.00	9.16	9.24	9.29	9.33	9.35	9.37	9.38	9.39	9.41	9.42	9.44	9.45	9.46	9.47	9.47	9.48	9.49
3	5.54	5.46	5.39	5.34	5.31	5.28	5.27	5.25	5.24	5.23	5.22	5.20	5.18	5.18	5.17	5.16	5.15	5.14	5.13
4	4.54	4.32	4.19	4.11	4.05	4.01	3.98	3.95	3.94	3.92	3.90	3.87	3.84	3.83	3.82	3.80	3.79	3.78	3.76
5	4.06	3.78	3.62	3.52	3.45	3.40	3.37	3.34	3.32	3.30	3.27	3.24	3.21	3.19	3.17	3.16	3.14	3.12	3.10
6	3.78	3.46	3.29	3.18	3.11	3.05	3.01	2.98	2.96	2.94	2.90	2.87	2.84	2.82	2.80	2.78	2.76	2.74	2.72
7	3.59	3.26	3.07	2.96	2.88	2.83	2.78	2.75	2.72	2.70	2.67	2.53	2.59	2.58	2.56	2.54	2.51	2.49	2.47
8	3.46	3.01	2.92	2.81	2.73	2.67	2.62	2.59	2.56	2.54	2.50	2.46	2.42	2.40	2.38	2.36	2.34	2.32	2.29
9	3.36	3.01	2.81	2.69	2.61	2.55	2.51	2.47	2.44	2.42	2.38	2.34	2.30	2.28	2.25	2.23	2.21	2.18	2.16
10	3.29	2.92	2.73	2.61	2.52	2.46	2.41	2.38	2.35	2.32	2.28	2.24	2.20	2.18	2.16	2.13	2.11	2.08	2.06
11	3.23	2.86	2.66	2.54	2.45	2.39	2.34	2.30	2.27	2.25	2.21	2.17	2.12	2.10	2.08	2.05	2.03	2.06	1.97
12	3.18	2.81	2.61	2.48	2.39	2.33	2.28	2.24	2.21	2.19	2.15	2.10	2.06	2.04	2.01	1.99	1.96	1.93	1.90
13	3.14	1.76	2.56	2.43	2.35	2.28	2.23	2.20	2.16	2.14	2.10	2.05	2.01	1.98	1.96	1.93	1.90	1.88	1.85
14	3.10	2.73	2.52	2.39	2.31	2.24	2.19	2.15	2.12	2.10	2.05	2.01	1.96	1.94	1.91	1.89	1.86	1.83	1.80
15	3.07	2.70	2.49	2.36	2.27	2.21	2.16	2.12	2.09	2.06	2.02	1.97	1.92	1.90	1.87	1.85	1.82	1.79	1.76
16	3.05	2.67	2.46	2.33	2.24	2.18	2.13	2.09	2.06	2.03	1.99	1.94	1.89	1.87	1.84	1.81	1.78	1.75	1.72

续附表 5

$\alpha=0.10$

m / n	1	2	3	4	5	6	7	8	9	10	12	15	20	24	30	40	60	120	∞
17	3.03	2.64	2.44	2.31	2.22	2.15	2.10	2.00	2.03	2.00	1.96	1.91	1.86	1.84	1.81	1.78	1.75	1.72	1.69
18	3.01	2.62	2.42	2.29	2.20	2.13	2.08	2.04	2.00	1.98	1.93	1.89	1.84	1.81	1.78	1.75	1.72	1.69	1.66
19	2.99	2.01	2.40	2.27	2.18	2.11	2.06	2.02	1.98	1.96	1.91	1.86	1.81	1.79	1.76	1.73	1.70	1.67	1.63
20	2.97	2.59	2.38	2.25	2.16	2.09	2.04	2.00	1.96	1.94	1.89	1.84	1.79	1.77	1.74	1.71	1.68	1.64	1.61
21	2.96	2.57	2.36	2.23	2.14	2.08	2.02	1.98	1.95	1.92	1.87	1.83	1.78	1.75	1.72	1.69	1.66	1.62	1.59
22	2.95	2.56	2.35	2.22	2.13	2.06	2.01	1.97	1.93	1.90	1.86	1.81	1.76	1.73	1.70	1.67	1.64	1.60	1.57
23	2.94	2.55	2.34	2.21	2.11	2.05	1.99	1.95	1.92	1.89	1.84	1.80	1.74	1.72	1.69	1.66	1.62	1.59	1.55
24	2.93	2.54	2.33	2.19	2.10	2.04	1.98	1.94	1.91	1.88	1.83	1.78	1.73	1.70	1.67	1.64	1.61	1.57	1.53
25	2.92	2.53	2.32	2.18	2.09	2.02	1.97	1.93	1.89	1.87	1.82	1.77	1.72	1.69	1.66	1.63	1.59	1.56	1.52
26	2.91	2.52	2.31	2.17	2.08	2.01	1.96	1.92	1.88	1.86	1.81	1.76	1.71	1.68	1.65	1.61	1.58	1.54	1.50
27	2.90	2.51	2.30	2.17	2.07	2.00	1.95	1.91	1.87	1.85	1.80	1.75	1.70	1.67	1.64	1.60	1.57	1.53	1.49
28	2.89	2.50	2.29	2.16	2.06	2.00	1.94	1.90	1.87	1.84	1.79	1.74	1.69	1.66	1.63	1.59	1.56	1.52	1.48
29	2.89	2.50	2.28	2.15	2.06	1.99	1.93	1.89	1.86	1.83	1.78	1.73	1.68	1.65	1.62	1.58	1.55	1.51	1.47
30	2.88	2.49	2.28	2.14	2.05	1.98	1.93	1.88	1.85	1.82	1.77	1.72	1.67	1.64	1.61	1.57	1.54	1.50	1.46
40	2.84	2.44	2.23	2.09	2.00	1.93	1.87	1.83	1.79	1.76	1.71	1.66	1.61	1.57	1.54	1.51	1.47	1.42	1.38
60	2.79	2.39	2.18	2.04	1.95	1.87	1.82	1.77	1.74	1.71	1.66	1.60	1.54	1.51	1.48	1.44	1.40	1.35	1.29
120	2.75	2.35	2.13	1.99	1.90	1.82	1.77	1.72	1.68	1.65	1.60	1.55	1.48	1.45	1.41	1.37	1.32	1.26	1.19
∞	2.71	2.30	2.08	1.94	1.85	1.77	1.72	1.67	1.63	1.60	1.55	1.49	1.42	1.38	1.34	1.30	1.24	1.17	1.00

续附表 5

$\alpha=0.05$

n \ m	1	2	3	4	5	6	7	8	9	10	12	15	20	24	30	40	60	120	∞
1	161.4	199.5	215.7	224.6	230.2	234.0	236.8	238.9	240.5	241.9	243.9	245.9	248.0	249.1	250.1	251.1	252.2	253.3	254.3
2	18.51	19.00	19.16	19.25	19.30	19.33	19.35	19.37	19.38	19.40	19.41	19.43	19.45	19.45	19.46	19.47	19.48	19.49	19.50
3	10.13	9.55	9.28	9.12	9.01	8.94	8.89	8.85	8.81	8.79	8.74	8.70	8.66	8.64	8.62	8.59	8.57	8.55	8.53
4	7.71	6.94	6.59	6.39	6.26	6.16	6.09	6.04	6.00	5.96	5.91	5.86	5.80	5.77	5.75	5.72	5.69	5.66	5.63
5	6.61	5.79	5.41	5.19	5.05	4.95	4.88	4.82	4.77	4.74	4.68	4.62	4.56	4.53	4.50	4.46	4.43	4.40	4.36
6	5.99	5.14	4.76	4.53	4.39	4.28	4.21	4.15	4.11	4.06	4.00	3.94	3.87	3.84	3.81	3.77	3.74	3.70	3.67
7	5.59	4.74	4.35	4.12	3.97	3.87	3.79	3.73	3.68	3.64	3.57	3.51	3.44	3.41	3.38	3.34	3.30	3.27	3.23
8	5.32	4.46	4.07	3.84	3.69	3.58	3.50	3.44	3.39	3.35	3.28	3.22	3.15	3.12	3.08	3.04	3.01	2.97	2.93
9	5.12	4.26	3.86	3.63	3.48	3.37	3.29	3.23	3.18	3.14	3.07	3.01	2.94	2.90	2.86	2.80	2.79	2.75	2.71
10	4.96	4.10	3.71	3.48	3.33	3.22	3.14	3.07	3.02	2.98	2.91	2.85	2.77	2.74	2.70	2.66	2.62	2.58	2.54
11	4.84	3.98	3.59	3.36	3.20	3.09	3.01	2.95	2.911	2.85	2.79	2.72	2.65	2.61	2.57	2.53	2.49	2.45	2.40
12	4.75	3.89	3.49	3.26	3.11	3.00	2.91	2.85	2.80	2.75	2.69	2.62	2.54	2.51	2.47	2.43	2.38	2.34	2.30
13	4.67	3.81	3.41	3.18	3.03	2.92	2.83	2.77	2.71	2.67	2.60	2.53	2.46	2.42	2.38	2.34	2.30	2.25	2.21
14	4.60	3.74	3.34	3.11	2.96	2.85	2.76	2.70	2.65	2.60	2.53	2.46	2.39	2.35	2.31	2.27	2.22	2.18	2.13
15	4.54	3.68	3.29	3.06	2.90	2.79	2.71	2.64	2.59	2.54	2.48	2.40	2.33	2.29	2.25	2.20	2.16	2.11	2.07
16	4.49	3.63	3.24	3.01	2.85	2.74	2.66	2.59	2.54	2.49	2.42	2.35	2.28	2.24	2.19	2.15	2.11	2.06	2.01
17	4.45	3.59	3.20	2.96	2.81	2.70	2.61	2.55	2.49	2.45	2.38	2.31	2.23	2.19	2.15	2.10	2.06	2.01	1.96
18	4.41	3.55	3.16	2.93	2.77	2.66	2.58	2.51	2.46	2.41	2.34	2.27	2.19	2.15	2.11	2.06	2.02	1.97	1.93
19	4.38	3.52	3.13	2.90	2.74	2.63	2.54	2.48	2.42	2.38	2.31	2.23	2.16	2.11	2.07	2.03	1.98	1.93	1.88
20	4.35	3.49	3.11	2.87	2.71	2.60	2.51	2.45	2.39	2.35	2.28	2.20	2.12	2.08	2.04	1.99	1.95	1.90	1.84
21	4.32	3.47	3.07	2.84	2.68	2.57	2.49	2.42	2.37	2.32	2.25	2.18	2.10	2.05	2.01	1.96	1.92	1.87	1.81

续附表 5

$\alpha=0.05$

m / n	1	2	3	4	5	6	7	8	9	10	12	15	20	24	30	40	60	120	∞
22	4.30	3.44	3.05	2.82	2.66	2.55	2.46	2.40	2.34	2.30	2.23	2.15	2.07	2.03	1.98	1.94	1.89	1.84	1.78
23	4.28	3.42	3.03	2.80	2.64	2.53	2.44	2.37	2.32	2.27	2.20	2.13	2.05	2.01	1.96	1.91	1.86	1.81	1.76
24	4.26	3.40	3.01	2.78	2.62	2.51	2.42	2.36	2.30	2.25	2.18	2.11	2.03	1.98	1.94	1.89	1.84	1.79	1.73
25	4.24	3.39	2.99	2.76	2.60	2.49	2.40	2.34	2.28	2.24	2.16	2.09	2.01	1.96	1.92	1.87	1.82	1.77	1.71
26	4.23	3.37	2.98	2.74	2.59	2.47	2.39	2.32	2.27	2.22	2.15	2.07	1.99	1.95	1.90	1.85	1.80	1.75	1.69
27	4.21	3.35	2.96	2.73	2.57	2.46	2.37	2.31	2.25	2.20	2.13	2.06	1.97	1.93	1.88	1.84	1.79	1.73	1.67
28	4.20	3.34	2.95	2.71	2.56	2.45	2.36	2.29	2.24	2.19	2.12	2.04	1.96	1.91	1.87	1.82	1.77	1.71	1.65
29	4.18	3.33	2.93	2.70	2.55	2.43	2.35	2.28	2.22	2.18	2.10	2.03	1.94	1.90	1.85	1.81	1.75	1.70	1.64
30	4.17	3.32	2.92	2.69	2.53	2.42	2.33	2.27	2.21	2.16	2.09	2.01	1.93	1.89	1.84	1.79	1.74	1.68	1.62
40	4.08	3.23	2.84	2.61	2.45	2.34	2.25	2.18	2.12	2.08	2.00	1.92	1.84	1.79	1.74	1.69	1.64	1.53	1.51
60	4.00	3.15	2.76	2.53	2.37	2.25	2.17	2.10	2.04	1.99	1.92	1.84	1.75	1.70	1.65	1.59	1.53	1.47	1.39
120	3.92	3.07	2.68	2.45	2.29	2.17	2.09	2.02	1.96	1.91	1.83	1.75	1.66	1.61	1.55	1.50	1.43	1.35	1.25
∞	3.84	3.00	2.60	2.37	2.21	2.10	2.01	1.94	1.88	1.83	1.75	1.67	1.57	1.52	1.46	1.39	1.32	1.22	1.00

续附表 5

$\alpha=0.025$

n \ m	1	2	3	4	5	6	7	8	9	10	12	15	20	24	30	40	60	120	∞
1	647.8	799.5	864.2	899.6	921.8	937.1	943.2	956.7	963.3	368.6	976.7	984.9	933.1	997.2	1001	1006	1010	1014	1018
2	38.51	39.00	39.17	39.25	39.30	39.33	39.36	39.37	39.39	39.40	39.41	39.43	39.45	39.46	39.46	39.47	39.48	39.49	39.50
3	17.44	16.04	15.44	15.10	14.88	14.73	14.62	14.54	14.47	14.42	14.34	14.25	14.17	14.12	14.08	14.04	13.99	13.95	13.90
4	12.22	10.65	9.98	9.60	9.36	9.20	9.07	8.98	8.90	8.84	8.75	8.66	8.56	8.51	8.46	8.41	8.36	8.31	8.26
5	10.01	8.43	7.76	7.39	7.15	6.98	6.85	6.76	6.68	6.62	6.52	6.43	6.33	6.28	6.23	6.18	6.12	6.07	6.02
6	8.81	7.26	6.60	6.23	5.99	5.82	5.70	5.60	5.52	5.46	5.37	5.27	5.17	5.12	5.07	5.01	4.96	4.90	4.85
7	8.07	6.54	5.89	5.52	5.29	5.12	4.99	4.90	4.82	4.76	4.67	4.57	4.47	4.42	4.36	4.31	4.25	4.20	4.14
8	7.57	6.06	5.42	5.05	4.82	4.65	4.53	4.43	4.36	4.30	4.20	4.10	4.00	3.95	3.89	3.84	3.78	3.73	3.67
9	7.21	5.71	5.08	4.72	4.48	4.23	4.20	4.10	4.03	3.96	3.87	3.77	3.67	3.61	3.56	3.51	3.45	3.39	3.33
10	6.94	5.46	4.83	4.47	4.24	4.07	3.95	3.85	3.78	3.72	3.62	3.52	3.42	3.37	3.31	3.26	3.20	3.14	3.08
11	6.72	5.26	4.63	4.28	4.04	3.88	3.76	3.66	3.59	3.53	3.43	3.33	3.23	3.17	3.12	3.06	3.00	2.94	2.88
12	6.55	5.10	4.47	4.12	3.89	3.73	3.61	3.51	3.44	3.37	3.28	3.18	3.07	3.02	2.96	2.91	2.85	2.79	2.72
13	6.41	4.97	4.35	4.00	3.77	3.60	3.48	3.39	3.31	3.25	3.15	3.05	2.95	2.89	2.84	2.78	2.72	2.66	2.60
14	6.30	4.86	4.24	3.89	3.66	3.50	3.38	3.29	3.21	3.15	3.05	2.95	2.84	2.79	2.73	2.67	2.61	2.55	2.49
15	6.20	4.77	4.15	3.80	3.58	3.41	3.29	3.20	3.12	3.06	2.96	2.86	2.76	2.70	2.64	2.59	2.52	2.46	2.40
16	6.12	4.69	4.08	3.73	3.5	3.34	3.22	3.12	3.05	2.99	2.89	2.79	2.68	2.63	2.57	2.51	2.45	2.38	2.32
17	6.04	4.62	4.01	3.66	3.44	3.28	3.16	3.06	2.98	2.92	2.82	2.72	2.62	2.56	2.50	2.44	2.38	2.32	2.25
18	5.98	4.56	3.95	3.61	3.38	3.22	3.10	3.01	2.93	2.87	2.77	2.67	2.56	2.50	2.44	2.38	2.32	2.26	2.19
19	5.92	4.51	3.90	3.56	3.33	3.17	3.05	2.96	2.88	2.82	2.72	2.62	2.51	2.45	2.39	2.38	2.27	2.20	2.13
20	5.87	4.46	3.86	3.51	3.29	3.13	3.01	2.91	2.84	2.77	2.68	2.57	2.46	2.41	2.35	2.29	2.22	2.16	2.09
21	5.83	4.42	3.82	3.48	3.25	3.09	2.97	2.87	2.80	2.73	2.64	2.58	2.42	2.37	2.31	2.25	2.18	2.11	2.04

续附表 5

$\alpha=0.025$

n \ m	1	2	3	4	5	6	7	8	9	10	12	15	20	24	30	40	60	120	∞
22	5.79	4.38	3.78	3.44	3.22	3.05	2.93	2.84	2.76	2.70	2.60	2.50	2.39	2.33	2.27	2.21	2.14	2.08	2.00
23	5.75	4.35	3.75	3.41	3.18	3.02	2.90	2.81	2.73	2.67	2.57	2.47	2.36	2.30	2.24	2.18	2.11	2.04	1.97
24	5.72	4.32	3.72	3.38	3.15	2.99	2.87	2.78	2.70	2.64	2.54	2.44	2.33	2.27	2.21	2.15	2.08	2.07	1.94
25	5.69	4.20	3.69	3.35	3.13	2.97	2.85	2.75	2.68	2.61	2.51	2.41	2.30	2.24	2.18	2.12	2.05	1.98	1.91
26	5.66	4.27	3.67	3.33	3.10	2.94	2.82	2.73	2.65	2.59	2.49	2.39	1.28	2.22	2.16	2.09	2.03	1.95	1.88
27	5.63	4.24	3.65	3.31	3.08	2.92	2.80	2.71	2.63	2.57	2.47	2.36	1.25	2.19	2.13	2.07	2.00	1.93	1.85
28	5.61	4.22	3.63	3.29	3.06	2.90	2.78	2.69	2.61	2.55	2.45	2.34	2.23	2.17	2.11	2.05	1.98	1.91	1.83
29	5.59	4.20	3.61	3.27	3.04	2.88	2.76	2.67	2.59	2.53	2.43	2.32	2.21	2.15	2.09	2.03	1.96	1.89	1.81
30	5.57	4.18	3.59	3.25	3.03	2.87	2.75	2.65	2.57	2.51	2.41	2.31	3.20	2.14	2.07	2.01	1.94	1.87	1.79
40	5.42	4.05	3.46	3.13	2.90	2.74	2.62	2.53	2.45	2.39	2.29	2.18	2.07	2.01	1.94	1.88	1.80	1.72	1.64
60	5.29	3.93	3.34	3.01	2.79	2.63	2.51	2.41	2.33	2.27	2.17	2.06	1.94	1.88	1.82	1.74	1.67	1.58	1.48
120	5.15	3.08	3.23	2.89	2.67	2.52	2.39	2.30	2.22	2.16	2.05	1.94	1.82	1.76	1.69	1.61	1.58	1.43	1.31
∞	5.02	3.60	3.12	2.79	2.57	2.41	2.29	2.19	2.11	2.05	1.94	1.83	1.71	1.64	1.57	1.48	1.39	1.27	1.00

续附表 5

$\alpha=0.01$

n \ m	1	2	3	4	5	6	7	8	9	10	12	15	20	24	30	40	60	120	∞
1	1052	4999.5	5403	5625	5764	5859	5928	5982	6022	6056	6106	6157	6209	6235	6261	6287	6313	6339	6366
2	98.50	99.00	99.17	99.25	99.30	99.33	99.36	99.37	99.39	99.40	99.42	99.43	99.45	99.46	99.47	99.47	99.48	99.49	99.50
3	24.12	30.82	29.46	28.71	28.24	27.91	27.67	27.49	27.35	27.23	27.05	26.87	26.69	26.50	26.50	26.41	26.32	26.22	26.13
4	21.20	18.00	16.69	15.98	15.52	15.21	14.98	14.80	14.66	14.55	14.37	14.20	14.02	13.93	13.84	13.75	13.65	13.50	13.40
5	16.26	13.27	12.06	11.39	10.97	10.67	10.46	10.29	10.16	10.05	9.89	9.72	9.55	9.47	9.38	9.29	9.20	9.11	9.02
6	13.75	10.92	9.78	9.15	8.75	8.47	8.26	8.10	7.98	7.87	7.72	7.56	7.40	7.31	7.23	7.14	7.06	6.97	6.88
7	12.25	9.55	8.45	7.85	7.46	7.19	6.99	6.84	6.72	6.62	6.47	6.31	6.16	6.07	5.99	5.91	5.82	5.74	5.65
8	11.26	8.65	7.59	7.01	6.63	6.37	6.18	6.03	5.91	5.81	5.67	5.52	5.36	5.28	5.20	5.12	5.03	4.95	4.86
9	10.56	8.02	6.99	6.42	6.06	5.80	5.61	5.47	5.35	5.26	5.11	4.96	4.81	4.73	4.65	4.57	4.48	4.40	4.31
10	10.04	7.56	6.55	5.99	5.64	5.39	5.20	5.06	4.94	4.85	4.71	4.56	4.41	4.33	4.25	4.17	4.08	4.00	3.91
11	9.65	7.21	6.22	5.67	5.32	5.07	4.89	4.74	4.63	4.54	4.40	4.25	4.10	4.02	3.94	3.86	3.78	3.69	3.60
12	9.33	6.93	5.95	5.41	5.06	4.82	4.64	4.50	4.39	4.30	4.16	4.01	3.86	3.78	3.70	3.62	3.54	3.45	3.36
13	9.07	6.70	5.74	5.21	4.86	4.62	4.44	4.30	4.19	4.10	3.96	3.82	3.66	3.59	3.51	3.43	3.34	3.25	3.17
14	8.86	6.51	5.56	5.04	4.69	4.46	4.28	4.14	4.03	3.94	3.80	3.66	3.51	3.43	3.35	3.27	3.18	3.09	3.00
15	8.68	6.36	5.42	4.89	4.56	4.32	4.14	4.00	3.89	3.80	3.67	3.52	3.37	3.29	3.21	3.13	3.05	2.96	2.87
16	8.53	6.23	5.29	4.77	4.44	4.20	4.03	3.89	3.78	3.69	3.35	3.41	3.26	3.18	3.10	3.02	2.93	2.84	2.75
17	8.40	6.11	5.18	4.67	4.34	4.10	3.93	3.79	3.68	3.59	3.46	3.31	3.16	3.08	3.00	2.92	2.83	2.75	2.65
18	8.29	6.01	5.09	4.58	4.25	4.01	3.84	3.71	3.60	3.51	3.37	3.23	3.08	3.00	2.92	2.84	2.75	2.66	2.57
19	8.18	5.93	5.01	4.50	4.17	3.94	3.77	3.63	3.52	3.43	3.30	3.15	3.00	2.92	2.84	2.76	2.67	2.58	2.49
20	8.10	5.85	4.94	4.43	4.10	3.87	3.70	3.56	3.46	3.37	3.23	3.09	2.94	2.86	2.78	2.69	2.61	2.52	2.42
21	8.02	5.78	4.87	4.37	4.04	3.81	3.64	3.51	3.40	3.31	3.17	3.03	2.88	2.80	2.72	2.64	2.55	2.46	2.36

续附表 5

$\alpha=0.01$

n \ m	1	2	3	4	5	6	7	8	9	10	12	15	20	24	30	40	60	120	∞
22	7.95	5.72	4.82	4.31	3.99	3.76	3.59	3.45	3.55	3.26	3.12	2.98	2.83	2.75	2.67	2.58	2.50	2.40	2.31
23	7.88	5.66	4.76	4.26	3.94	3.71	3.54	3.41	3.30	3.21	3.07	2.93	2.78	2.71	2.62	2.54	2.45	2.35	2.26
24	7.82	5.61	4.72	4.22	3.90	3.67	3.50	3.36	3.26	3.17	3.03	2.89	2.74	2.66	2.58	2.49	2.40	2.31	2.21
25	7.77	5.57	4.68	4.18	3185	3.63	3.46	3.32	3.22	3.13	2.99	2.85	2.70	2.62	2.54	2.45	2.36	2.27	2.17
26	7.72	5.53	4.64	4.14	3.82	3.59	3.42	3.29	3.18	3.09	2.96	2.81	2.66	2.58	2.50	2.42	2.33	2.23	2.13
27	7.68	5.49	4.60	4.11	3.78	3.56	3.39	3.26	3.15	3.06	2.93	2.78	2.63	2.55	2.47	2.38	2.29	2.20	2.10
28	7.64	5.45	4.57	4.07	3.75	3.53	3.36	3.23	3.12	3.03	2.90	2.75	2.60	2.52	2.44	2.35	2.26	2.17	2.06
29	7.60	5.42	4.54	4.04	3.73	3.50	3.33	3.20	3.09	3.00	2.87	2.73	2.57	2.49	2.41	2.33	2.23	2.14	2.03
30	7.56	5.39	4.51	4.02	3.70	3.47	3.30	3.17	3.07	2.98	2.84	2.70	2.55	2.47	2.39	2.30	2.21	2.11	2.01
40	7.31	5.18	4.31	3.83	3.51	3.29	3.12	2.99	2.89	2.80	2.66	2.52	2.37	2.29	2.20	2.11	2.02	1.92	1.80
60	7.08	4.98	4.13	3.65	3.34	3.12	2.95	2.82	2.72	2.63	2.50	2.35	2.20	2.12	2.03	1.94	1.84	1.73	1.60
120	6.85	4.79	3.95	3.48	3.17	2.96	2.79	2.66	2.56	2.47	2.34	2.19	2.03	1.95	1.86	1.76	1.66	1.53	1.38
∞	6.63	4.61	3.78	3.32	3.02	2.80	2.64	2.51	2.41	2.32	2.18	2.04	1.88	1.79	1.70	1.59	1.47	1.32	1.00

续附表 5

$\alpha=0.005$

n \ m	1	2	3	4	5	6	7	8	9	10	12	15	20	24	30	40	60	120	∞
1	16211	20000	21615	22500	23056	23437	23715	23925	24091	24224	24426	24630	24836	24940	25044	25148	25253	25359	25465
2	198.5	199.0	199.2	199.2	199.3	199.3	199.4	199.4	199.4	199.4	199.4	199.4	199.4	199.5	199.5	199.5	199.5	199.5	199.5
3	55.55	49.80	47.47	46.19	45.39	44.84	44.43	44.13	43.88	43.69	43.39	43.08	42.78	42.62	42.47	42.31	42.15	41.99	41.83
4	31.33	26.28	24.26	23.15	22.46	21.97	21.62	21.35	21.14	20.97	20.70	20.44	20.17	20.03	19.89	19.75	19.61	19.47	19.32
5	22.78	18.31	16.53	15.56	14.94	14.51	14.20	13.96	13.77	13.62	13.38	13.15	12.90	12.78	12.66	12.53	12.40	12.27	12.14
6	18.63	14.54	12.92	12.03	11.46	11.07	10.79	10.57	10.39	10.25	10.03	9.81	9.59	9.47	9.36	9.24	9.12	9.00	8.88
7	16.24	12.40	10.88	10.05	9.52	9.16	8.89	8.68	8.51	8.38	8.18	7.97	7.75	7.65	7.53	7.42	7.31	7.19	7.08
8	14.69	11.04	9.60	8.81	8.30	7.95	7.69	7.50	7.34	7.21	7.01	6.81	6.61	6.50	6.40	6.29	6.18	6.06	5.95
9	13.61	10.11	8.72	7.96	7.47	7.13	6.88	6.69	6.54	6.42	6.23	6.03	5.83	5.73	5.62	5.52	5.41	5.30	5.19
10	12.83	9.43	8.08	7.34	6.87	6.54	6.30	6.12	5.97	5.85	5.66	5.47	5.27	5.17	5.07	4.97	4.86	4.75	4.64
11	12.23	8.91	7.60	6.88	6.42	6.10	5.86	5.68	5.54	5.42	5.24	5.05	4.86	4.76	4.65	4.55	4.44	4.34	4.23
12	11.75	8.51	7.23	6.52	6.07	5.76	5.52	5.35	5.20	5.09	4.91	4.72	4.53	4.43	4.33	4.23	4.12	4.01	3.90
13	11.37	8.19	6.93	6.23	5.79	5.48	5.25	5.08	4.94	4.82	4.64	4.46	4.27	4.17	4.07	3.97	3.87	3.76	3.65
14	11.06	7.92	6.68	6.00	5.56	5.26	5.03	4.86	4.72	4.60	4.43	4.25	4.06	3.96	3.86	3.76	3.66	3.55	3.44
15	10.80	7.70	6.48	5.80	5.37	5.07	4.85	4.67	4.54	4.42	4.25	4.07	3.88	3.79	3.69	3.58	3.48	3.37	3.26
16	10.58	7.51	6.30	5.64	5.21	4.91	4.69	4.52	4.38	4.27	4.10	3.92	3.73	3.64	3.54	3.44	3.33	3.22	3.11
17	10.38	7.35	6.16	5.59	5.07	4.78	4.56	4.39	4.25	4.14	3.97	3.79	3.61	3.51	3.41	3.31	3.21	3.10	2.98
18	10.22	7.21	6.03	5.37	4.96	4.66	4.44	4.28	4.14	4.03	3.86	3.68	3.50	3.40	3.30	3.20	3.10	2.99	2.87
19	10.07	7.09	5.92	5.27	4.85	4.56	4.34	4.18	4.04	3.93	3.76	3.59	3.40	3.31	3.21	3.11	3.00	2.89	2.78
20	9.94	6.99	5.82	5.17	4.76	4.47	4.26	4.09	3.96	3.85	3.68	3.50	3.32	3.22	3.12	3.02	2.92	2.81	2.69
21	9.83	6.89	5.73	5.09	4.68	4.39	4.18	4.01	3.88	3.77	3.60	3.43	3.24	3.15	3.05	2.95	2.84	2.73	2.61

续附表 5

$\alpha=0.005$

n \ m	1	2	3	4	5	6	7	8	9	10	12	15	20	24	30	40	60	120	∞
22	9.73	6.81	5.65	5.02	4.61	4.32	4.11	3.94	3.81	3.70	3.54	3.36	3.18	3.08	2.98	2.88	2.77	2.66	2.55
23	9.63	6.73	5.58	4.95	4.54	4.26	4.05	3.88	3.75	3.64	3.47	3.30	3.12	3.02	2.92	2.82	2.71	2.60	2.48
24	9.55	6.66	5.52	4.89	4.49	4.20	3.99	3.83	3.69	3.59	3.42	3.25	3.06	2.97	2.87	2.77	2.66	2.55	2.43
25	9.48	6.60	5.46	4.84	4.43	4.15	3.94	3.78	3.64	3.54	3.37	3.20	3.01	2.92	2.82	2.72	2.61	2.50	2.38
26	9.41	6.54	5.41	4.79	4.38	4.10	3.89	3.73	3.60	3.49	3.38	3.15	2.97	2.87	2.77	2.67	2.56	2.45	2.33
27	9.34	6.49	5.36	4.74	4.34	4.06	3.85	3.69	3.56	3.45	3.28	3.11	2.93	2.83	2.73	2.63	2.52	2.41	2.29
28	9.28	6.44	5.32	4.70	4.30	4.02	3.81	3.65	3.52	3.41	3.25	3.07	2.89	2.79	2.69	2.59	2.48	2.37	2.25
29	9.23	6.40	5.28	4.66	4.26	3.98	3.77	3.61	3.48	3.38	3.21	3.04	2.86	2.76	2.66	2.56	2.45	2.33	2.21
30	9.18	6.35	5.24	4.62	4.23	3.95	3.74	3.58	3.45	3.34	3.18	3.01	2.82	2.73	2.63	2.52	2.42	2.30	2.18
40	8.83	6.07	4.98	4.37	3.99	3.71	3.51	3.35	3.22	3.12	2.95	2.78	2.60	2.50	2.40	2.30	2.18	2.06	1.93
60	8.49	5.79	4.73	4.14	3.76	3.49	3.29	3.13	3.01	2.90	2.74	2.57	2.39	2.29	2.19	2.08	1.96	1.82	1.69
120	8.18	5.54	4.50	3.92	3.55	3.28	3.09	2.93	2.81	2.71	2.54	2.37	2.19	2.09	1.98	1.87	1.75	1.61	1.41
∞	7.88	5.30	4.28	3.72	3.35	3.09	2.90	2.74	2.62	2.52	2.36	2.19	2.00	1.90	1.79	1.67	1.53	1.36	1.00

续附表 5

$\alpha=0.001$

n \ m	1	2	3	4	5	6	7	8	9	10	12	15	20	24	30	40	60	120	∞
1	4053+	5000+	5404+	5625+	5764+	5859+	5929+	5981+	6023+	6056+	6107+	6158+	6209+	6235+	6261+	6287+	6313+	6340+	6366+
2	998.5	999.0	999.2	999.2	999.3	999.3	999.4	999.4	999.4	999.4	999.4	999.4	999.4	999.5	999.5	999.5	999.5	999.5	999.5
3	167.0	148.5	141.1	137.1	134.6	132.8	131.6	130.61	129.9	129.2	128.3	127.4	126.4	125.9	125.4	125.0	124.5	124.0	123.5
4	74.14	61.25	53.18	53.44	51.71	50.53	49.66	49.00	48.47	48.05	47.41	46.76	46.10	45.77	45.43	45.09	44.75	44.40	44.05
5	47.18	37.12	33.20	31.09	29.75	28.84	28.16	27.64	27.24	26.92	26.42	25.91	25.39	25.14	24.87	24.60	24.33	24.06	23.79
6	35.51	27.00	23.70	21.92	20.81	20.03	19.46	19.03	18.69	18.41	17.99	17.56	17.12	16.89	16.67	16.44	16.21	15.99	15.75
7	29.25	21.69	18.77	17.19	16.21	15.52	15.02	14.63	14.33	14.08	13.71	13.32	12.93	12.73	12.53	12.33	12.12	11.91	11.70
8	25.42	18.49	15.83	14.39	13.49	12.86	12.40	12.04	11.77	11.54	11.19	10.84	10.18	10.30	10.11	9.92	9.73	9.53	9.33
9	22.86	16.39	13.90	12.56	11.71	11.13	10.70	10.37	10.11	9.89	9.57	9.24	8.90	8.72	8.55	8.37	8.19	8.00	7.81
10	21.04	14.91	12.55	11.28	10.48	9.92	9.52	9.20	8.96	8.75	8.45	8.13	7.80	7.64	7.47	7.30	7.12	6.94	6.67
11	19.69	13.81	11.56	10.35	9.58	9.05	8.66	8.35	8.12	7.92	7.63	7.32	7.01	6.85	6.68	6.52	6.35	6.17	6.00
12	18.64	12.97	10.80	9.63	8.89	8.38	8.00	7.71	7.48	7.29	7.00	6.71	6.40	6.25	6.09	5.93	5.76	5.59	5.42
13	17.81	12.31	10.21	9.07	8.35	7.86	7.49	7.21	6.98	6.80	6.52	6.23	5.93	5.78	5.63	5.47	5.30	5.14	4.97
14	17.14	11.78	9.73	8.62	7.92	7.43	7.08	6.80	6.58	6.40	6.13	5.85	5.56	5.41	5.25	5.10	4.94	4.77	4.60
15	16.59	11.34	9.34	8.25	7.57	7.09	6.74	6.47	6.26	6.08	5.81	5.54	5.25	5.10	4.95	4.80	4.64	4.47	4.31
16	16.12	10.97	9.00	7.94	7.27	6.81	6.46	6.19	5.98	5.81	5.55	5.27	4.99	4.85	4.70	4.54	4.39	4.23	4.06
17	15.72	10.66	8.73	7.68	7.02	7.56	6.22	5.96	5.75	5.58	5.32	5.05	4.78	4.63	4.48	4.33	4.18	4.02	3.85
18	15.38	10.39	8.49	7.46	6.81	6.35	6.02	5.76	5.56	5.39	5.13	4.87	4.59	4.45	4.30	4.15	4.00	3.84	3.67
19	15.08	10.16	8.28	7.26	6.62	6.18	5.85	5.59	5.39	5.22	4.97	4.70	4.43	4.29	4.14	3.99	3.84	3.68	3.51
20	14.82	9.95	8.10	7.10	6.46	6.02	5.69	5.44	5.24	5.08	4.82	4.56	4.29	4.15	4.00	3.86	3.70	3.54	3.38
21	14.59	9.77	7.94	6.95	6.32	5.88	5.56	5.31	5.11	4.95	4.70	4.44	4.17	4.03	3.88	3.74	3.58	3.42	3.26

续附表 5

$\alpha=0.001$

n \ m	1	2	3	4	5	6	7	8	9	10	12	15	20	24	30	40	60	120	∞
22	14.38	9.61	7.80	6.81	6.19	5.76	5.44	5.19	4.99	4.83	4.58	4.33	4.06	3.92	3.78	3.63	3.48	3.32	3.15
23	14.19	9.47	7.67	6.69	6.08	5.65	5.33	5.09	4.89	4.73	4.48	4.23	3.96	3.82	3.68	3.53	3.38	3.22	3.05
24	14.03	9.34	7.55	6.59	5.98	5.55	5.23	4.99	4.80	4.64	4.39	4.14	3.87	3.74	3.59	3.45	3.29	3.14	2.97
25	13.88	9.22	7.45	6.49	5.88	5.46	5.15	4.91	4.71	4.56	4.31	4.06	3.79	3.66	3.52	3.37	3.22	3.06	2.89
26	13.74	9.12	7.36	6.41	5.80	5.38	5.07	4.83	4.64	4.48	4.24	3.99	3.72	3.59	3.44	3.30	3.15	2.99	2.82
27	13.61	9.02	7.27	6.33	5.73	5.31	5.00	4.76	4.57	4.41	4.17	3.92	3.66	3.52	3.38	3.23	3.08	2.92	2.75
28	13.50	8.93	7.19	6.25	5.66	5.24	4.93	4.69	4.50	4.35	4.11	3.86	3.60	3.46	3.32	3.18	3.02	2.86	2.69
29	13.39	8.85	7.12	6.19	5.59	5.18	4.87	4.64	4.45	4.29	4.05	3.80	3.54	3.41	3.27	3.12	2.97	2.81	2.54
30	13.29	8.77	7.05	6.12	5.53	5.12	4.82	4.58	4.39	4.24	4.00	3.75	3.49	3.36	3.22	3.07	2.92	2.76	2.59
40	12.61	8.25	6.60	5.70	5.13	4.73	4.44	4.21	4.02	3.87	3.64	3.40	3.15	3.01	2.87	2.73	2.57	2.41	2.23
60	11.97	7.76	6.17	5.31	4.76	4.37	4.09	3.87	3.69	3.54	3.31	3.08	2.83	2.69	2.55	2.41	2.25	2.08	1.89
120	11.38	7.32	5.79	4.95	4.42	4.04	3.77	3.55	3.38	3.24	3.02	2.78	2.53	2.40	2.26	2.11	1.95	1.76	1.54
∞	10.83	6.91	5.42	4.62	4.10	3.74	3.47	3.27	3.10	2.96	2.74	2.51	2.27	2.12	1.99	1.84	1.66	1.45	1.00

注：符号“＋”表示要将所列数乘以 100。

附录 习题答案

第一章

1.1 练习题

(1)B;∅. (2)(a)(D) (b)(A)

1.2 练习题

(1)(a)$\frac{1}{2}$ (b)$\frac{5}{9}$ (2)(a)(D) (b)(B)

1.3 练习题

(1)(a)$\frac{1}{6}$ (b)0.0898 (2)(D)

1.4 练习题

(1)0.7 (2)(C)

1.5 练习题

(1) (a) $(1-a)(1-b)$ (b)$\frac{1}{3}$ (2)(D)

习 题 一

1. (1) $S=\{0,1,2,3\}$ (2) $S=\{1,2,\cdots,\}$ (3) $S=\{(x,y):x^2+y^2<1\}$ (4) $S=(0,2)$ (5) $S=\{2,3,\cdots,12\}$ (6) $S=\{(x,y,z):x+y+z=1\}$ (7) $S=\{0,1,2,\cdots\}$

2. (1) $A\bar{B}\bar{C}$ (2) $A(B\cup C)$ (3) $A\cup B\cup C$ (4) $A\bar{B}\bar{C}\cup\bar{A}B\bar{C}\cup\bar{A}\bar{B}C$ (5) $\bar{A}\cup\bar{B}\cup\bar{C}$ (6) $\bar{A}\cup\bar{B}\cup\bar{C}$

3. $1-z;y-z;1-x+z;1-x-y+z$ **4.** 0.3 **5.** 0.6 **6.** $\frac{17}{36}$ **7.** $\frac{5}{8}$

8. $P(A)+P(B)-2P(AB)$ **9.** (1)$\frac{1}{12}$ (2)$\frac{1}{20}$ **10.** (1)$\frac{4}{33}$ (2)$\frac{10}{33}$

11. (1) $\dfrac{\binom{400}{90}\binom{1100}{110}}{\binom{1500}{200}}$ (2) $1-\dfrac{\binom{1100}{200}+\binom{400}{1}\binom{1100}{199}}{\binom{1500}{200}}$

12. $\dfrac{13}{21}$ **13.** $\dfrac{1}{5}$ **14.** (1)0.25 (2)$\dfrac{1}{3}$ **15.** (1) $\dfrac{m-1}{2M-m-1}$ (2) $\dfrac{2m}{M+m-1}$

16. (1)$\dfrac{5}{18}$ (2)$\dfrac{35}{228}$ (3) $\dfrac{1}{4}$ **17.** (1)$\dfrac{28}{45}$ (2)$\dfrac{1}{45}$ (3)$\dfrac{16}{45}$ (4)$\dfrac{1}{5}$

18. $\dfrac{n+N(n+m)}{(n+m)(N+M+1)}$ **19.** (1)0.96 (2) 0.5 **20.** (1)$\dfrac{3}{20}$ (2)$\dfrac{1}{2}$ **21.** $\dfrac{3}{7}$

22. (1)0.4 (2)0.4856 **23.** $\dfrac{(n-1)^2+n}{n^2(n-1)}$ **24.** $p_0+\sum\limits_{k=1}^{\infty}\dfrac{p_k}{2^{k-1}}$ **25.** 0.3231

26. $P(A\mid R)=\dfrac{4}{9}$ $P(B\mid R)=\dfrac{2}{9}$ $P(C\mid R)=\dfrac{3}{9}$ **27.** $\dfrac{1}{4}$ **28.** $\dfrac{2}{3}$ **29.** $\dfrac{2}{3}$ **30.** 0.458

31. (1) $\binom{n+m}{m+1}p^n(1-p)^{m+1}$ (2)提示:利用第一小题的结果,并考虑第 $m+1$ 次失败发生时刻的所有可能的情形。

32. (1)$\alpha=(0.94)^n$ (2)$\beta=\binom{n}{2}(0.94)^{n-2}(0.06)^2$ (3)$\theta=1-n(0.94)^{n-1}(0.06)-(0.94)^n$

第二章

2.2 练习题

(1) (a) $1-(0.99)^{80}\approx 0.55$ (b) $\dfrac{3}{7}\cdot\left(\dfrac{4}{7}\right)^{k-1}$ (2)(D)

2.3 练习题

(1) $A=\dfrac{1}{2},B=\dfrac{1}{\pi}$ (2)(D)

2.4 练习题

(1) (a) 0 (b) 1 (2)(a)(B) (b)(C)

2.5 练习题

(1)(a) $N(0,\sigma^2)$ (b) $f_Y(y)=\begin{cases}2f_X(y), & y\geqslant 0\\ 0, & y<0\end{cases}$ (2)(A)

习 题 二

1. (1)

X	2	3	4	5	6	7	8	9	10	11	12
P	$\frac{1}{36}$	$\frac{2}{36}$	$\frac{3}{36}$	$\frac{4}{36}$	$\frac{5}{36}$	$\frac{6}{36}$	$\frac{5}{36}$	$\frac{4}{36}$	$\frac{3}{36}$	$\frac{2}{36}$	$\frac{1}{36}$

(2)

Y	1	2	3	4	5	6
P	$\frac{11}{36}$	$\frac{9}{36}$	$\frac{7}{36}$	$\frac{5}{36}$	$\frac{3}{36}$	$\frac{1}{36}$

2.

X	1	2	3	4
P	0.7	0.24	0.054	0.006

3.

X	0	1	2	3
P	0.504	0.398	0.092	0.006

4. (1) $P(X=k)=\frac{C_{10}^{k}C_{90}^{5-k}}{C_{100}^{5}}$, $k=0,1,2,3,4,5$ (2) $1-\frac{C_{90}^{5}}{C_{100}^{5}}$ 5. (1)3 (2)0.6 (3)0.4

6. $P(X=n)=C_{n-1}^{k-1}p^{k}(1-p)^{n-k}$, $n=k,k+1,\cdots$ 7. $B(20,0.8)$ 8. (1)$\frac{32}{243}$ (2)$\frac{11}{243}$

9. (1)0.3208 (2)0.2430 10. $B(4,0.6513)$ 11. ≈ 0.8622 12. $2\frac{e^{-2}}{3}$

13. (1)0.1462 (2)0.5595 14. (1)e^{-6} (2)$1-e^{-8}$

15.

X	-1	1	3
P	0.4	0.4	0.2

16. $\frac{1}{4},\frac{1}{16}$ 17. (1) $a=1$, $b=-1$ (2) $f(x)=\begin{cases} xe^{-\frac{x^2}{2}}, & x\geqslant 0 \\ 0, & x<0 \end{cases}$

18. (1)1 (2)0.75 (3) $F(x)=\begin{cases} 0, & x<-1 \\ 0.5x^2+x+0.5, & -1\leqslant x<0 \\ -0.5x^2+x+0.5, & 0\leqslant x<1 \\ 1, & x\geqslant 1 \end{cases}$

19. (1)$\frac{1}{36}$ (2)0.5, $\frac{2}{27}$, $\frac{13}{27}$ (3) $F(x)=\begin{cases} 0, & x<-3 \\ \frac{1}{2}+\frac{1}{4}x-\frac{1}{108}x^3, & -3\leqslant x\leqslant 3 \\ 1, & x>3 \end{cases}$

20. (1)0.5 (2) $F(x)=\begin{cases} 0.5e^{x}, & x<0 \\ 1-0.5e^{-x}, & x\geqslant 0 \end{cases}$ 21. $\frac{17}{625}$, 0.0037

22.

Y	100	-200
P	$e^{-0.25}$	$1-e^{-0.25}$

23. (1)0.5 (2) $Y \sim b(4,0.75)$ **24.** (1) $F(x)=\begin{cases}1-\dfrac{100}{x}, & x>100\\ 0, & x\leqslant 100\end{cases}$ (2) $\dfrac{8}{27}$

25. 0.3 **26.** (1)0.6687 (2)0.3753 (3)-2.2897 **27.** (1) 走第二条 (2) 走第一条

28. 0.6826 **29.** 186.1588 **30.** (1)0.0641 (2)0.0090

31.

Y	0	1	16
P	0.4	0.4	0.2

32.

Y	-1	1
P	$\frac{1}{3}$	$\frac{2}{3}$

33. $f_Y(y)=\begin{cases}\dfrac{1}{4\sqrt{y}}, & 0<y<4\\ 0, & \text{其他}\end{cases}$ **34.** $f_Y(y)=\begin{cases}\dfrac{1}{y^2}, & y>1\\ 0, & y\leqslant 1\end{cases}$

35. (1) $f_Y(y)=\begin{cases}\dfrac{1}{y\sqrt{2\pi}}e^{-\frac{(\ln y)^2}{2}}, & y>0\\ 0, & \text{其他}\end{cases}$ (2) $f_Y(y)=\begin{cases}\dfrac{1}{2\sqrt{\pi(y-1)}}e^{-\frac{y-1}{4}}, & y>1\\ 0, & y\leqslant 1\end{cases}$

(3) $f_Y(y)=\begin{cases}\dfrac{2}{\sqrt{2\pi}}e^{-\frac{y^2}{2}}, & y>0\\ 0, & y\leqslant 0\end{cases}$

36. $f_Y(y)=\begin{cases}2e^{2y}, & y<0\\ 0, & y\geqslant 1\end{cases}$

第三章

3.1 练习题

(1)(a) $A=\dfrac{1}{\pi^2}, B=C=\dfrac{\pi}{2}$ (b) $F_X(x)=\begin{cases}0, & x<0\\ x, & 0\leqslant x\leqslant 1\\ 1, & x>1\end{cases}$ (2)否

3.2 练习题

(1) 0 (2)(C)

3.3 练习题

(1) $\mu_1=0,\mu_2=0,\sigma_1^2=1,\sigma_2^2=1,\rho=\dfrac{1}{2}$ (2)(A)

3.4 练习题

(1)(a) $Z\sim\begin{pmatrix}0 & 1\\ 1/4 & 3/4\end{pmatrix}$ (b)$\dfrac{1}{2}$ (2)(C)

3.5 练习题

(1)(a) $f_{X|Y}(x\mid y)=\begin{cases}1, & 0\leqslant x\leqslant 1\\ 0, & \text{其他}\end{cases}$

(b) $P\{X=k\mid Y=n\}=\dbinom{n}{k}p^k(1-p)^{n-k},k=0,1,2,\cdots,n$

3.7 练习题

(1)(a) $N(0,13)$ (b) $F(z,z)$ (c) $f_Z(z)=\begin{cases}z, & 0\leqslant z<1\\ 2-z, & 1\leqslant z<2\\ 0, & \text{其他}\end{cases}$

(2)(a)(D) (b)(D)

习 题 三

1.(1)有放回 $P(X=i,Y=j)=C_4^i0.7^i0.3^j,\ i+j=4$

$P(X=i)=C_4^i0.7^i0.3^{4-i},\ i=0,1,2,3,4,P(Y=j)=C_4^j0.7^{4-j}0.3^j,\ j=0,1,2,3,4$

(2)无放回 $P(X=i,Y=j)=\dfrac{C_7^iC_3^j}{C_{10}^4},\ i+j=4$

$P(X=i)=\dfrac{C_7^iC_3^{4-i}}{C_{10}^4},\ i=0,1,2,3,4,P(Y=j)=\dfrac{C_7^{4-j}C_3^j}{C_{10}^4},\ j=0,1,2,3$

2.(1) $P(X=i,Y=j)=\dfrac{C_3^iC_2^jC_2^{4-i-j}}{C_7^4},2\leqslant i+j\leqslant 4,P(X=i)=\dfrac{C_3^iC_4^{4-i}}{C_7^4},0\leqslant i\leqslant 3,$

$P(Y=j)=\dfrac{C_2^jC_5^{4-j}}{C_7^4},0\leqslant j\leqslant 2$ (2)$\dfrac{9}{35}$

3. (1)

X \ Y	0	1	2	$P\{X=x_i\}=p_{i.}$
0	0.2304	0.3072	0.1024	0.64
1	0.1152	0.1536	0.0512	0.32

2	0.0144	0.0192	0.0064	0.04
$P\{Y=y_j\}=p_{\cdot j}$	0.36	0.48	0.16	1

(2)0.8512

4.

X \ Y	1	2	$P\{X=x_i\}=p_{i\cdot}$
1	0.25	0.25	0.5
2	0.25	0.25	0.5
$P\{Y=y_j\}=p_{\cdot j}$	0.5	0.5	1

5.

X_1 \ X_2	−1	1	$P\{X_1=x_i\}=p_{i\cdot}$
−1	0.25	0	0.25
1	0.5	0.25	0.75
$P\{X_2=y_j\}=p_{\cdot j}$	0.75	0.25	1

6.

X \ Y	0	1	2	$P\{X=x_i\}=p_{i\cdot}$
0	$\frac{4}{36}$	$\frac{4}{36}$	$\frac{1}{36}$	$\frac{1}{4}$
1	$\frac{8}{36}$	$\frac{8}{36}$	$\frac{2}{36}$	$\frac{1}{2}$
2	$\frac{4}{36}$	$\frac{4}{36}$	$\frac{1}{36}$	$\frac{1}{4}$
$P\{Y=y_j\}=p_{\cdot j}$	$\frac{4}{9}$	$\frac{4}{9}$	$\frac{1}{9}$	1

7.

X \ Y	0	1	2	3	$P\{X=x_i\}=p_{i\cdot}$
0	0.15	0.1	0.0875	0.0375	0.3750
1	0.1	0.175	0.1125	0	0.3875
2	0.0875	0.1125	0	0	0.2000
3	0.0375	0	0	0	0.0375
$P\{Y=y_j\}=p_{\cdot j}$	0.3750	0.3875	0.2000	0.0375	1

8. (1) $k=2$　(2) $f_X(x)=\begin{cases} e^{-x}, & x>0 \\ 0, & x\leqslant 0 \end{cases}$, $f_Y(y)=\begin{cases} 2e^{-2y}, & y>0 \\ 0, & y\leqslant 0 \end{cases}$

(3) $1-2e^{-1}+e^{-2}$　(4) $e^{-1}-e^{-3}$

(5) $F(x,y)=\begin{cases}(1-e^{-x})(1-e^{-2y}), & x>0,y>0\\ 0, & 其他\end{cases}$

9. (1)6

(2) $f_X(x)=\begin{cases}6(x-x^2), & 0<x<1\\ 0, & 其他\end{cases}$, $f_Y(y)=\begin{cases}6(\sqrt{y}-y), & 0<y<1\\ 0, & 其他\end{cases}$

(3)0.5　(4) $\dfrac{4\sqrt{2}-5}{4\sqrt{2}-3}$

10. (1)1　(2) $f_X(x)=\begin{cases}e^{-x}, & x>0\\ 0, & x\leqslant 0\end{cases}$, $f_Y(y)=\begin{cases}ye^{-y}, & y>0\\ 0, & y\leqslant 0\end{cases}$

(3) $1+e^{-1}-2e^{-0.5}$

11. (1) $f_X(x)=\begin{cases}2.4x^2(2-x), & 0<x<1\\ 0, & 其他\end{cases}$, $f_Y(y)=\begin{cases}2.4y(1-y)(3-y), & 0<y<1\\ 0, & 其他\end{cases}$

(2)43/80

12. (1)

U \ V	0	1
0	0.25	0
1	0.25	0.5

(2)不独立

13. (1)有放回时不独立　(2)无放回时也不独立

14.

X \ Y	y_1	y_2	y_3	$P\{X=x_i\}=p_{i\cdot}$
x_1	$\frac{1}{24}$	$\frac{1}{8}$	$\frac{1}{12}$	$\frac{1}{4}$
x_2	$\frac{1}{8}$	$\frac{3}{8}$	$\frac{1}{4}$	$\frac{3}{4}$
$P\{Y=y_j\}=p_{\cdot j}$	$\frac{1}{6}$	$\frac{1}{2}$	$\frac{1}{3}$	1

15. $P(U=1,V=1)=\frac{1}{9}$, $P(U=2,V=1)=\frac{2}{9}$, $P(U=2,V=2)=\frac{1}{9}$,

$P(U=3,V=1)=\frac{2}{9}$, $P(U=3,V=2)=\frac{2}{9}$, $P(U=3,V=3)=\frac{1}{9}$

17. 0.5　**18.** 不独立　**19.** 独立

20. (1) $f(x,y)=\begin{cases}\dfrac{1}{\sqrt{2\pi}}e^{-\frac{y^2}{2}}, & 0<x<1,-\infty<y<+\infty\\ 0, & 其他\end{cases}$

(2) $\Phi(1)+\dfrac{1}{\sqrt{2\pi}}e^{-0.5}-\dfrac{1}{\sqrt{2\pi}}$

21. $P(X=i\mid Y=1)=\dfrac{C_3^iC_2^{3-i}}{C_5^3}$，$i=1,2,3$

22.

Y	0	1	2
$P(Y\mid X=1)$	$\frac{8}{31}$	$\frac{14}{31}$	$\frac{9}{31}$

23.

X \ Y	0	1	2
0	$\frac{7}{20}$	$\frac{7}{40}$	$\frac{7}{40}$
1	$\frac{3}{20}$	$\frac{1}{10}$	$\frac{1}{20}$

X	0	1
$P(X\mid Y=1)$	$\frac{7}{11}$	$\frac{4}{11}$

24. (1) $P\{X=n\}=\dfrac{(\lambda_1+\lambda_2)^n}{n!}e^{-(\lambda_1+\lambda_2)}$，$n=0,1,2,\cdots$

$P\{Y=m\}=\dfrac{\lambda_1^m}{m!}e^{-\lambda_1}$，$m=0,1,2,\cdots$

(2) 当 $m=0,1,2,\cdots$ 时，

$$P\{X=n\mid Y=m\}=\frac{\lambda_2^{n-m}}{(n-m)!}e^{-\lambda_2},n=m,m+1,m+2,\cdots;$$

当 $n=0,1,2,\cdots$ 时，

$$P\{Y=m\mid X=n\}=\binom{n}{m}\left(\frac{\lambda_1}{\lambda_1+\lambda_2}\right)^m\left(\frac{\lambda_2}{\lambda_1+\lambda_2}\right)^{n-m},m=0,1,2,\cdots,n$$

25. 当 $0<y<1$ 时 $f_{X|Y}(x\mid y)=\begin{cases}\dfrac{1}{x^2y}, & x>\dfrac{1}{y}\\ 0, & x\leqslant\dfrac{1}{y}\end{cases}$，

当 $y\geqslant 1$ 时 $f_{X|Y}(x\mid y)=\begin{cases}\dfrac{y}{x^2}, & x>y\\ 0, & x\leqslant y\end{cases}$，

当 $x\geqslant 1$ 时 $f_{Y|X}(y\mid x)=\begin{cases}\dfrac{1}{2y\ln x}, & \dfrac{1}{x}<y<x\\ 0, & 其他\end{cases}$

26. 当 $0<y<1$ 时 $f_{X|Y}(x\mid y)=\begin{cases}\dfrac{3}{2}x^2y^{-\frac{3}{2}}, & -\sqrt{y}<x<\sqrt{y}\\ 0, & 其他\end{cases}$

当 $-1<x<1$ 时 $f_{Y|X}(y\mid x)=\begin{cases}\dfrac{2y}{1-x^4}, & x^2<y<1\\ 0, & 其他\end{cases}$

27. 当 $y>0$ 时 $P(X>1 \mid Y=y)=e^{-\frac{1}{y}}$

28. (1)当 $0<y<1$ 时 $f_{X|Y}(x \mid y)=\begin{cases}1, & 0<x<1 \\ 0, & \text{其他}\end{cases}$

(2)Z 的分布函数略

Z	0	1
P	$\frac{1}{2}$	$\frac{1}{2}$

29. (1)

Z_1	0	1
P	$\frac{1}{4}$	$\frac{3}{4}$

(2)

Z_2	-1	0	1
P	$\frac{1}{4}$	$\frac{1}{2}$	$\frac{1}{4}$

30. $f_Z(z)=\begin{cases}2z, & 0<z<1 \\ 0, & \text{其他}\end{cases}$

31. (1) $f_Z(z)=\begin{cases}ze^{-z}, & z>0 \\ 0, & z\leqslant 0\end{cases}$ (2) $f_U(u)=\begin{cases}\dfrac{1}{(1+u)^2}, & u>0 \\ 0, & u\leqslant 0\end{cases}$

32. $f_Z(z)=\begin{cases}z^2, & 0<z<1 \\ z(2-z), & 1\leqslant z<2 \\ 0, & \text{其他}\end{cases}$

33. $f_Z(x)=\begin{cases}0, & z\leqslant 0 \\ \dfrac{1}{2}(1-e^{-z}), & 0<z<2 \\ \dfrac{1}{2}(e^2-1)e^{-z} & z\geqslant 2\end{cases}$

34. $f_U(u)=\begin{cases}0.5(2-u), & 0<u<2 \\ 0, & \text{其他}\end{cases}$

35. $f_M(x)=\begin{cases}\dfrac{nx^{n-1}}{\theta^n}, & 0<x<\theta \\ 0, & \text{其他}\end{cases}$, $f_N(y)=\begin{cases}\dfrac{n(\theta-y)^{n-1}}{\theta^n}, & 0<y<\theta \\ 0, & \text{其他}\end{cases}$

36. (1) $f_X(x)=\begin{cases}2x, & 0<x<1 \\ 0, & \text{其他}\end{cases}$, $f_Y(x)=\begin{cases}1-0.5y, & 0<y<2 \\ 0, & \text{其他}\end{cases}$

(2) $f_Z(z)=\begin{cases}\dfrac{2}{3}z, & 0\leqslant z\leqslant 1 \\ \dfrac{1}{3}(3-z), & 1<z\leqslant 3 \\ 0, & \text{其他}\end{cases}$ (3)$\dfrac{3}{4}$

37. $f_Z(z)=\begin{cases}p, & 1<z\leqslant 2\\ 1-p, & 0<z\leqslant 1\\ 0, & \text{其他}\end{cases}$

38. (1) $f_Z(z)=\begin{cases}4z\mathrm{e}^{-2z}, & z>0\\ 0, & z\leqslant 0\end{cases}$ (2) $f_Z(z)=\begin{cases}\dfrac{1}{2}\mathrm{e}^{z}, & z\leqslant 0\\ \dfrac{1}{2}\mathrm{e}^{-z}, & z>0\end{cases}$

39. (1) $f_Z(z)=\begin{cases}1-\mathrm{e}^{-\frac{1}{z}}-\dfrac{1}{z}\mathrm{e}^{-\frac{1}{z}}, & z>0\\ 0, & z\leqslant 0\end{cases}$

(2) $f_Z(z)=\begin{cases}\dfrac{\lambda_1\lambda_2}{(\lambda_1 z+\lambda_2)^2}, & z>0\\ 0, & z\leqslant 0\end{cases}$

第四章

4.1 练习题

(1)(a)$\frac{19}{9}$ (b)$\frac{1}{3}$ (c) $n\frac{\lambda_1}{\lambda_1+\lambda_2}$ (d)$\frac{7}{12}$

(2)(a) (C) (b)(A)

4.2 练习题

(1)(a) $\frac{1}{9}$ (b) $\frac{1}{2}\mathrm{e}^{-1}$ (c)0.4096

(2)(a)D

4.3 练习题

(1)(a)0.9 (b)−1 (2)(a)(D) (b)(D) (c)(D)

4.5 练习题

(1)(a) $P(s)=\frac{p^r s^r}{(1-qs)^r}, E(X)=\frac{r}{p}, D(X)=\frac{rq}{p^2}$ (b) $\frac{1-P(s)}{1-s}, \frac{1}{2}\left[P(s^{\frac{1}{2}})+P(s^{-\frac{1}{2}})\right]$

习 题 四

1. 0.1,3.2 **2.** $\frac{91}{36}$ **3.** $\frac{11}{8}$ **4.** 1.0556 **5.** 0.75 **6.** 5.216 **7.** 1.5 **8.** 2,0.25

9. $0,\frac{\pi^2}{4}-2$ **10.** 2 **11.** $\frac{35}{3}$ **12.** $(n+2)/3$ **13.** $-\frac{3}{16},0$ **14.** $\frac{15}{28},\frac{8}{7}$ **15.** $\frac{2}{3},\frac{2}{15}$ **16.** $\frac{2}{3}$

17. $\frac{2}{3}$ **18.** $\frac{1300}{3}$ **19.**(提示:利用数学期望的性质)$\frac{nM}{N}$

20. 提示:从数学期望的定义出发,并设法改变级数求和顺序.

21. 0.6,0.46 **22.** $\frac{71}{64}$ **23.**(提示:利用数学期望和方差的性质)$\frac{k}{p},\frac{k(1-p)}{p^2}$ **24.** $a=1$

25. $\frac{3}{20}$ **26.** (1) $a=\frac{3}{5},b=\frac{6}{5}$ (2) $\frac{2}{25}$ **27.** $0.5-0.25\sin 2,\frac{1}{12}$

28. $f_Z(z)=\begin{cases}4z^3, & 0<z<1\\ 0, & \text{其他}\end{cases},\frac{4}{5},\frac{2}{75}$ **29.** 5 **30.** $1-\frac{2}{\pi}$ **31.** 0.25 **32.** $\frac{3}{25}$

33. $\frac{15}{256}$ 0.1434 **34.** $\frac{4}{225}$ $\frac{4}{\sqrt{66}}$ **35.** 0 0 **36.** 0 **37.** $\frac{\sqrt{6}}{4}$ **38.** 29.8 20.2

39. (1)0,2 (2)0,不相关 (3)不独立 **40.** $\frac{7}{18}$ **41.** $\frac{245}{81}$ **43.** $\frac{1+2y}{3}$

45. $P(s)=e^{\lambda t(\sum_{i=0}^{\infty}p_i s^i-1)},E(X)=\lambda t\sum_{i=1}^{\infty}ip_i$

第五章

5.1 练习题

(1) μ_k (2)(a)(C) (b)(C)

5.2 练习题

(1)0.975 (2)(C)

5.3 练习题

(1)(a)1 (b) $X\pm Y,XY$ (c) $X\pm a$ (d)0 **(2)**(B)

习 题 五

1. 0.9270 **2.** 0.0465 **3.** (1)0.8944 (2)0.1379 **4.** (1)0.4854 (2)162

5. (1)0.0003 (2)0.5 **6.** (1)0.182 (2)443 **7.** 0.0062 **8.** 0.9545 **9.** 0.0122 **10.** 98

11. 147 **12.** (1)0.904 (2)147 **13.** 12655

第六章

6.1 练习题

(1) $N(0,n)$ (2)(a)(B) (b)(D)

6.2 练习题

(1)(a) $1-2\alpha$ (b) $C=9/4$；(1,1) (c) σ^2 (2)(a)(C) (b)(C) (c)(C) (d)(A)

6.3 练习题

(1)(a) 0.5 (b) t，9 (2)(a)(D) (b)(D)

习 题 六

1. 1.3067 **2.** 16 **3.** $a=\dfrac{1}{20}$ $b=\dfrac{1}{100}$

4. (1) $P\left\{\overline{X}=\dfrac{k}{n}\right\}=\dbinom{n}{k}p^k(1-p)^{n-k},k=0,1,2,\cdots,n$

(2) $E(\overline{X})=p,D(\overline{X})=\dfrac{p(1-p)}{n},E(S^2)=p(1-p)$

5. $F(10,5)$ **6.** $2(n-1)\sigma^2$ **8.** $t(n-1)$ **9.** $k=\dfrac{3}{2}$ **10.** 0.025

11. 0.58 0.29 **12.** $F(1,1)$ **13.** $\dfrac{2}{5n}$

14.

$X(1)$	1	2	3	4	5
P	0.5904	0.28	0.104	0.024	0.0016

$X(4)$	1	2	3	4	5
P	0.0016	0.024	0.104	0.28	0.5904

15. (1) 0.9370 (2) 0.3308.

17. $f_{m_{0.5}}(x)=3780x^9(1-x)^9(3-2x)^4(2x+1)^4$， $0\leqslant x\leqslant 1$

第七章

7.1 练习题

(1)(a) $\hat{p}=\overline{X}$ (b) $\hat{p}=1-\Phi(1)$ (2)(a)(D) (b)(D)

7.2 练习题

(1) $a+b=1$ (2)(D)

7.3 练习题

(1)增大 (2)(A)

7.4 练习题

(1)-0.4383 (2)(B)

习 题 七

1. (1) $\hat{\theta}=\dfrac{2\overline{X}-1}{1-\overline{X}}$ (2) $\hat{p}=\dfrac{1}{\overline{X}}$ (3) $\hat{\theta}=\overline{X}-\dfrac{1}{2}$

(4) $\left(\dfrac{\overline{X}}{1-\overline{X}}\right)^2$ (5) $\hat{\theta}=\dfrac{\overline{X}}{\overline{X}-1}$ (6) $\hat{\sigma}=\sqrt{\dfrac{1}{2n}\sum\limits_{i=1}^{n}X_i^2}$

2. (1) $\hat{\theta}=-1-\dfrac{n}{\sum\limits_{i=1}^{n}lnX_i}$ (2) $\hat{p}=\dfrac{1}{\overline{X}}$ (3) $\hat{\theta}=X_{(1)}$

(4) $\hat{\theta}=\dfrac{n^2}{\left(\sum\limits_{i=1}^{n}lnX_i\right)^2}$ (5) $\hat{\theta}=\dfrac{n}{\sum\limits_{i=1}^{n}lnX_i}$ (6) $\hat{\sigma}=\dfrac{1}{n}\sum\limits_{i=1}^{n}|X_i|$

3. $\hat{p}=\dfrac{\overline{X}}{m}$ **4.** (1) $e^{-\bar{x}}$ (2)0.3253

5. 矩估计值 $\hat{\theta}=\dfrac{1}{4}$,最大似然估计值 $\hat{\theta}=\dfrac{7-\sqrt{13}}{12}$

6. 矩估计 $\hat{\theta}=\dfrac{3}{4}-\dfrac{\overline{X}}{2}$;最大似然估计 $\hat{\theta}=\dfrac{N}{2n}$

7. (1) $\hat{\theta}=2\overline{X}-\dfrac{1}{2}$ (2)否

8. $c=\dfrac{1}{2(n-1)}$ **9.** $a=\dfrac{1}{3},b=\dfrac{2}{3}$ **10.** (2) $\hat{\lambda}_M=\overline{X},\hat{\lambda}_M^2=(\overline{X})^2$

12. (0.0775,0.0845) **13.** $n \geqslant \frac{4z_{\alpha/2}\sigma^2}{L^2}$ **14.** $n \geqslant 97$ **15.** (0.00133,0.00584)

16. (5.013, 31.626),(2.239, 5.624) **17.** (−36.53,76.53)

18. (1.47,10.03) **19.** (0.2217,3.601)

21. $\hat{\theta} = \overline{X}$,是 θ 的有效估计

22. (1) 2^X **23.** (1) $e^{\mu+\frac{1}{2}}$ (2) (−0.98, 0.98) (3) $(e^{-0.48}, e^{1.48})$

24. (1) $\frac{\sum_{i=1}^{n}(X_i - \overline{X})^2}{\chi^2_{1-\alpha}(n-1)}$ (2)选择适当的 n 使 $\frac{\chi^2_{\alpha/2}(n-1)}{\chi^2_{1-\alpha/2}(n-1)} = e^L$

25. (1)选择合适的 α_1,使 $\frac{2\sigma(z_{\alpha_1} - z_{1-\alpha+\alpha_1})}{\left(\sum_{i=1}^{n} t_i^4\right)^{1/2}} = L$ (2)取 $t_i = 1, i = 1,2,\cdots,n$

27. (1) $\left(\overline{X} - \overline{Y} - z_{\alpha-\alpha_1}\sqrt{\frac{\sigma_1^2}{n_1} + \frac{\sigma_2^2}{n_2}}, \overline{X} - \overline{Y} + z_{\alpha_1}\sqrt{\frac{\sigma_1^2}{n_1} + \frac{\sigma_2^2}{n_2}}\right)$,其中 α_1, n_1, n_2 满足

$z_{\alpha-\alpha_1} + z_{\alpha_1} = \frac{L}{\sqrt{\frac{\sigma_1^2}{n_1} + \frac{\sigma_2^2}{n_2}}}$ (2) $n = 137$

28. (1) $\hat{\mu} = \overline{X}$ (2)是 **29.** $\hat{\theta} = \frac{3}{2}\overline{X}$

30. (1) $E(X) = \frac{\sqrt{\pi\theta}}{2}$; $E(X^2) = \theta$ (2) $\hat{\theta}_n = \frac{1}{n}\sum_{i=1}^{n} X_i^2$

(3) $D(\hat{\theta}_n) = \frac{1}{n}[2\theta^2 - \theta^2] = \frac{\theta^2}{n}$, $\lim_{n\to\infty} D(\hat{\theta}_n) = 0$ ∴ $\hat{\theta}_n$ 为 θ 的一致估计量 ∴ $a = \theta$.

31. (1) $\beta = \frac{\overline{X}}{\overline{X} - 1}$ (2) $\hat{\beta} = \frac{n}{\sum_{i=1}^{n} lnX_i}$ (3) $\hat{\alpha} = \min\{X_1, X_2, \cdots, X_n\}$

第八章

8.1 练习题

(1)增加样本容量 (2)(B)

8.2 练习题

(1)均值,总体方差已知,总体方差未知 (2)(B)

8.3 练习题

(1)相同,不同 (2)(A)

习 题 八

1. 可以认为这批产品的指标的期望值 μ 为 1600.

2. 接受原假设. **3.** 拒绝 H_0.

4. (1) 拒绝 H_0 (2)接受 H_0. **5.** 能认为早上的身高要比晚上身高高.

6. 速度有显著差异,均匀性无显著差异 **7.** 有显著差异.

8. 第二台机器的加工精度高 **9.** 方差无显著差异,均值有显著差异

10. 可以认为两车床生产的滚珠直径的均值相等

11. (1)可以认为改变工艺前后椭圆度的方差没有显著差异 (2)可以认为改变工艺前后椭圆度的均值没有显著差异.

12. 不能认为第一台机器生产的部件重量的方差显著地大于第二台机器生产的部件重量的方差.

13. 可以认为暴雨次数服从泊松分布 **14.** 与星期几无关.

15. 服从正态分布 **16.** 无显著差异.

17. 不能认为新安眠药已达到新的疗效. **18.** $\frac{1}{4}+\frac{3}{4}\ln\frac{3}{4},\frac{9}{16}-\frac{9}{8}\ln\frac{3}{4}$

19. $\dfrac{\overline{X}-2\overline{Y}}{\sqrt{\dfrac{\sigma_1^2}{n_1}+\dfrac{4\sigma_2^2}{n_2}}}\geqslant u_\alpha$. **20.** A 种药在病人身体细胞内的浓度的方差为 B 种药的方差的$\frac{2}{3}$.

第九章

1. 略.

2. (1) $\hat{b}=\dfrac{\sum\limits_{i=1}^{n}x_iy_i}{\sum\limits_{i=1}^{n}x_i^2}$,$\sigma^2$ 的无偏估计为 $\dfrac{1}{n-1}\sum\limits_{i=1}^{n}(y_i-\hat{y}_i)^2$ (2) $D(\hat{y}_0)=\dfrac{x_0^2\sigma^2}{\sum\limits_{i=1}^{n}x_i^2}$.

3. (1)$\hat{y}=10.28+0.304x$ 约 0.304(kg/cm^2) (2)回归效果显著 (3)(0.2949,0.3131) (4)78.68,(77.47,79.89).

4. (1) $\hat{y}=3.0332-2.0698x$, 0.0019

(2) a:(2.9671,3.1117),b:(−2.1711,−1.9625)

(3)线性回归效果显著

(4) $(\hat{y}-\delta(x),\hat{y}+\delta(x))$,其中 $\delta(x)=0.1073\sqrt{0.7506+(x-0.7029)^2}$

(5)需要把 x 的值限制在(0.7,0.9)内.

5. (1) $\tilde{b}=\dfrac{d_2}{d_1}\hat{b},\tilde{a}=\dfrac{1}{d_1}\hat{a}-\dfrac{1}{d_1}(c_1-\hat{b}c_2)$,$S_T=d_1^2\tilde{S}_T,S_R=d_1^2\tilde{S}_R,S_e=d_1^2\tilde{S}_e$.

6. $\hat{k}=0.3245$,y_0 的预测区间为(0.8006,0.8868).

7. (2)回归方程为 $\hat{y}=-2.26+0.0487x$,在 $\alpha=0.05$ 下回归方程是显著的,具体方差分析表如下:

来源	平方和	自由度	均方和	F 比
回归	203.40	1	203.40	179.65
残差	7.93	7	1.13	
总计	211.33	8		

(3)(9.688,14.999) (4) $\hat{y}=0.0417x$，在 $\alpha=0.05$ 下过原点的回归方程显著.

8. $\hat{y}=-52.83+4.48x_1+0.298x_2$，回归效果高度显著.

9. (1) $\hat{y}=0.0823+\dfrac{0.1312}{x}$ (2) $\hat{y}=11.6791e^{-\frac{1.1107}{x}}$ (3)方程(2)比方程(1)好.

10. (1) $\hat{y}=-8.3515+34.8267x-3.7623x^2$ (2)回归效果显著.

第十章

10.1 练习题

(D)

习 题 十

1. 三台机器的日产量有显著差异. **2.** 有显著差别.

3. 差异显著. **4.** 无显著差异.

5. (1)种子品种对水稻高产无显著差异 (2)第 2,5 号种子对水稻高产无显著差异.

6. 机器间无显著差异，操作工人和交互作用有显著差异.

7. 只有浓度的影响是显著的

8. A 的影响显著，B 的影响不显著，交互作用影响显著.

9. 小麦品种对收获量有显著差异，试验田对收获量无显著影响.

10. 在显著性水平 $\alpha=0.05$ 下两者均有显著影响，在显著性水平 $\alpha=0.01$ 下硫化时间无显著影响，配料方案有显著影响.

参考文献

[1] 刘禄勤,龚小庆,王文祥.概率论与数理统计[M].北京:高等教育出版社,2002.

[2] 龚小庆,王炳兴.概率论与数理统计[M].杭州:浙江大学出版社,2007.

[3] 龚小庆、王炳兴. 概率论与数理统计教程[M]. 杭州:浙江工商大学出版社,2012(5).

[4] 钱敏平,叶俊.随机数学[M].北京:高等教育出版社, 2000.

[5] 华中理工大学数学系.概率论与数理统计[M].北京:高等教育出版社;施普林格出版社,1999.

[6] 盛骤,谢式千,潘承毅.概率论与数理统计(第四版)[M].北京:高等教育出版社, 2008.

[7] 朱勇华,邰淑彩,孙韫玉.应用概率统计[M].武汉:武汉水利电力大学出版社,2000.

[8] 陈希孺,概率论与数理统计[M].合肥:中国科学技术大学出版社, 1992.

[9] 梁烨,柏芳.Excel 统计分析与应用[M].北京:机械工业出版社,2009.

[10] 李贤平. 概率论基础(第二版)[M]. 北京:高等教育出版社,2010.

[11] 茆诗松、程依明、濮晓龙. 概率论与数理统计教程(第二版)[M]. 北京:高等教育出版社,2011.

[12] 魏宗舒,等. 概率论与数理统计教程[M]. 北京:高等教育出版社,1983.

[13] Richard J Larsen, Morris L Marx. An Introduction to Mathematical Statistics and It's Application [M]. Second Edition. Prentice-Hall, Englewwood Cliffs, New Jersey, 1986.